21世纪资源环境生态规划教材

An Introduction to Quantitative Geography

Geography

计量地理学导论

陈彦光 ◇ 编著

图书在版编目(CIP)数据

计量地理学导论/陈彦光编著. —北京：北京大学出版社，2022.7
21世纪资源环境生态规划教材
ISBN 978-7-301-32842-2

Ⅰ.①计… Ⅱ.①陈… Ⅲ.①计量地理－教材 Ⅳ.①P91

中国版本图书馆CIP数据核字（2022）第017881号

书　　名　计量地理学导论
　　　　　JILIANG DILIXUE DAOLUN
著作责任者　陈彦光　编著
责任编辑　王树通
标准书号　ISBN 978-7-301-32842-2
出版发行　北京大学出版社
地　　址　北京市海淀区成府路205号　100871
网　　址　http://www.pup.cn　　新浪微博：@北京大学出版社
电子信箱　zpup@pup.pku.edu.cn
电　　话　邮购部 010-62752015　发行部 010-62750672　编辑部 010-62765014
印 刷 者　天津和萱印刷有限公司
经 销 者　新华书店
　　　　　787毫米×980毫米　16开本　20印张　450千字
　　　　　2022年7月第1版　2022年7月第1次印刷
定　　价　60.00元

内容简介

本书是计量地理学的入门课程，目标是引导地理专业本科生学习常用的统计分析和空间建模方法。全书分为五大部分、九章内容。第一部分（第1章）属于绪论，综述计量地理学的来龙去脉；第二部分（第2章）属于基础知识，讲述常用空间测度及其建构思想；第三部分（第3章～第6章）属于统计地理学的内容，讲述多元统计分析方法，包括回归分析、主成分分析和因子分析及其案例；第四部分（第7章和第8章）属于数学地理学的内容，讲述空间统计基础和空间分析方法，包括空间相互作用模型、空间自相关分析方法及其应用、空间自回归建模思想；第五部分（第9章）属于无尺度空间分析的内容，讲述基本的地理分形理论和分维测量方法。常规的数学方法基于特征尺度建模和开展定量分析，而分形理论则是基于标度进行建模和数据分析。无尺度分析或可成为未来地理空间分析的重要方向之一。本书作为北京大学本科生计量地理学教材试用多年（2006—2020年），其特点是过程细致、案例简明，便于读者自学。

本书可以供地理学、生态学、环境科学、地质学、经济学、城市规划学等诸多领域的学生学习或教师参考。

序　言
——态度决定一切

2020年1月16日，陈彦光教授邀约我春节后为他即将出版的大学本科教材《计量地理学导论》写个短序，着重于给年轻人一些寄语。不料，1月23日除夕前一天武汉封城，国家遭遇了“庚子疫难”，在两个多月里生活节奏完全被打乱了。经过艰苦奋战，国内新冠肺炎疫情终于渐趋平静，国外的疫情却更加肆虐。4月4日清明节，大地回春，国家为抗疫中牺牲的烈士和逝世同胞隆重志哀，4月8日武汉重新开城。在这里留个记录吧，愿天下苍生平安惜福！

言归正传。计量地理学是20世纪五六十年代西方地理学“计量革命”留下的一个成果。我念大学时，虽修读了高等数学，但学界在经济地理的教学和研究中却少有应用，当然那时更没人开计量地理课。直到20世纪70年代，我从英文期刊上了解到国外“计量革命”的一些动态，这给我这颗在特殊年代里长期封闭的心灵以巨大的震动。由此，我在随后进行的城市化研究中，突破原来传统文字描述的路子，开始学着应用计量方法来分析问题。

1981年6月，在吴传钧先生[①]牵线搭桥之下，美籍华人王益寿教授[②]应邀在陕西师范大学地理系举办城市地理和人口地理讲习班，这是我国改革开放之初，地理学开始中美学术交流活动中的一件大事。听众为年龄跨度很大的来自20来个高校地理系的教员。我从他的课上，进一步了解了计量方法在人文地理的一些应用案例。课间，我将第一篇个人署名论文《城市化与国民生产总值关系的规律性探讨》的油印稿送给王教授，请他指教。不久，1981年10月香港中文大学梁蕲善教授[③]应北大地理系的邀请，给学生开设计量地理学课程，我趁机一起听了这门课。梁教授温文儒雅、教学认真，在一个月的时间里，紧凑地讲了全部十一章内容，其中穿插了许多实际例子，比较容易理解，给我留下极为深刻的印象。我的那本纸色已经发黄的课堂笔记，整整100页，厚厚一本，我珍藏至今。

以上经历对我在后来的教学和科研中比较注意计量分析，起了很大作用。仅举一例，1986—1987年我应邀访问英国诺丁汉大学地理系，计量地理学家John Cole教授[④]了解到我带去的《中国城市统计年鉴1985》第一次公布了中国各市(包括辖县)各工业部门的产值资料，

---

① 吴传钧(1918—2009)，我国杰出的地理学家、中国现代人文与经济地理学的主要开拓者。

② 王益寿(I-shou Wang)，美国加州大学北岭分校教授。

③ 梁蕲善，香港中文大学教授，著有《地理统计图表与计量分析法》(香港中国地理模型出版社)。他是最早将计量地理学引进中国的学者之一。

④ John Peter Cole，英国著名地理学家，诺丁汉大学地理系教授。早期与C. A. M. King合著*Quantitative Geography: Techniques and Theories in Geography*(Wiley, 1968)，后来转向城市地理和区域地理。

建议我做中国城市工业职能分类的研究。我建立了理论框架和 295×19 的数据矩阵以后，请我的英国合作者用他们系现成的计算机软件分别采用主因素分析、5 种聚类分析和纳尔逊统计分析等多种方法做了预研究。我再对各方法的结果加以对比，最后确定的分类选用沃德误差法（Ward's Error Method）的聚类分析与纳尔逊统计分析相结合来表达，窃以为对前人城市职能分类的研究有些微推进。回国后，对原来并不理想的资料又进行更新，做了好几轮的跟踪研究①。

坦率地说，我并不长于计量地理，甚至可以说它是我的短板。但是，我还是有几点体会，愿与年轻朋友们分享：(1) 计量地理是地理科学知识体系里很重要的组成部分，不论您是什么专业，以后从事什么工作，都是有用的，值得把这门课学习好。(2) 有了计量分析的本领，还要以您的专业视角投身到社会生活中去，发现问题、解决问题，要避免花哨的数学游戏；正确的定量分析结果，还应转化为定性化表述，提高可读性，便于为人们所理解。(3) "rubbish in, rubbish out"，是西方反思"计量革命"时很著名的一句话。在中国应用计量方法时，对您所处理的数据资料，特别是统计资料（尤其是城市统计资料），要耐心地鉴别数据所代表的含义和口径，在做中外对比研究的时候，这一点更加重要。一旦利用了概念错误或不可比的数据，再漂亮的模型和计算也只能得到"垃圾"。(4) 数学是一门抽象的学科，因为抽象，数学基础一般的人会感到枯燥无趣，这是可以理解的。因此，对计量地理学的任课老师而言，如何提高课程的知识性、趣味性，从而提高同学们学习的积极性是一大考验。对现在的大学生而言，你们的数学程度肯定高于我们"40 后"这代人。如果对数学还感到纠结，我则想借用著名足球教练米卢的一句话送给你们：学好计量地理，"态度决定一切"！

我一直认为，陈彦光教授是一位有才华的严肃学者。他在数量地理领域已经辛勤耕耘了几十年。他教学认真，讲课生动，很受学生欢迎。这本《计量地理学导论》从 2006 年开始写作，一轮教学一轮修改，经过十四五年的打磨，在内容上已经相当丰富，在结构上也比较严谨。我祝贺该书的正式出版，这正好与他的研究生教材《地理数学方法》成为一对姊妹篇，相信对大学生的学习会发挥积极的作用。

周一星

2020 年 4 月 13 日于北大蓝旗营寓所

① 请见《中国城市（包括辖县）的工业职能分类：理论、方法和结果》，载于《城市地理求索：周一星自选集》，北京：商务印书馆，2010：104—116。

前言

计量地理学是基于地理研究对象、数学方法和系统思想发展起来的一门学科。在数学工具引入地理学的同时，一般系统论的有关理论和思维方式也被引入地理分析。1948 年，哈佛大学以地理学不是科学为由，宣布取缔地理系，美国其他著名高校纷纷效仿，美国地理学风雨飘摇。年轻的美国地理学家为了“救亡图存”，掀起了一场“计量”运动，这就是地理学史家所谓的“计量革命”。计量革命实际上从 1953 年持续到 1963 年前后，此后地理学家试图启动地理学的“理论革命”。然而，到了 1976 年，地理学的理论革命进程难以为继，不了了之。后人以为地理学计量革命以失败告终，其实真正失败的是地理学的理论革命，计量革命的工作在地理界早已深入人心。尽管如此，理论革命的失败导致计量方法的部分受挫，在学科中留下了令人不安的阴影。大部分地理学家的研究开始向传统的区域思潮回归。另有一小部分地理学家则向着计算地理学(computational geography)的领域拓展，发展了地理计算(GeoComputation)科学。与此同时，基于系统思想发展起来的地理信息系统(GIS)导致了地理学的技术革命。GIS 革命承继计量革命，继续支撑地理科学的发展。在计算机编程和模拟、遥感数据、GIS 的基础上发展了地理信息科学(geographical information science)。今天，地理计算科学和地理信息科学成为地理学的两大前沿领域。这两个方向与整个科学界的大势不谋而合。实际上，科学家发现，几乎所有的学科都不约而同地发展了两大方向：计算科学和信息科学。对于地理学而言，分别就是地理计算科学和地理信息科学。

数学方法用于科学研究主要发挥两种作用：一是理论建模的辅助工具，二是观测数据的整理手段。首先，借助数学方法，可以构造假设、建立模型、发展理论，这种研究模式属于假设-建模(postulate-modeling)分析范式；其次，利用统计工具，可以整理观测或者实验数据，这种研究属于假说-检验(hypothesis-testing)分析范式。基于第一种范式，发展了理论地理学，理论地理学理当以数学地理学为主体，以统计地理学为辅助工具；基于第二种方法，发展了计量地理学，计量地理学实则以统计地理学为主导，以数学地理学为理论支撑。两类研究相辅相成，不可严格分开。构造假设、建立模型之后，通常需要借助观测和统计数据的处理来开展实证分析，检验模型的应用效果；获得观测或者实验数据之后，借助计量方法开展经验分析，一旦发现普遍性的数学规律，又可以上升到理论模型，从而发展新的理论规律。城市人口密度衰减的 Clark 模型，城市空间相互作用的引力模型，城市位序-规模分布的 Zipf 定律，城市人口-城区面积的异速生长定律等，最初原本是经验模型或者经验定律，如今都可以借助最大熵原理，利用假设-建模方法将其推导出来，从而使之成为规范的理论模型。

数学理论只是科学研究的手段之一，而且是一种发轫于古希腊的、源远流长的研究方法。文艺复兴之后实验室实验方法兴起，二战之后计算机模拟技术兴起，世纪之交又发展了数据密集计算方法。如今,数学理论、实验室实验、计算机模拟和数据密集计算分别形成数学、实验、模拟和计算四大科学研究方法范式。实验室实验在地理学中的应用有局限,其他范式都可以应用于地理学。不管采用什么方法,数学建模都是第一位的。毕竟科学研究可以归结为两个环节:描述和理解。首先描述一种现象,然后理解该现象的运作原理。描述之后可以预测,理解之后可以解释。科学的两大基本功能分别就是解释和预测。理解通常是在描述的基础上进行的。数学方法总是走在科学研究的前面,因为采用数学方法可以更为精确地描述。一门学科地位上升通常有两大标志:一是成功地数学化,二是立足本学科对整个科学界共同感兴趣的问题发表自己独到的见解。然而,计量革命之后,地理学理论水平并未上升到如此境地,这是令许多学者感到困惑的问题,以致一些学者误以为数学工具不适合地理学中的人文现象和复杂性研究。

较之于地理学面对的复杂空间系统而言,常规的数学工具的确显得简陋。科学研究的主要数学工具是高等数学,包括"老三高"和"新三高"。老三高包括微积分理论、线性代数学以及概率论和统计学,新三高包括拓扑学、泛函分析理论和抽象代数学。目前只有非常发达的学科如理论物理学才用新三高,大部分学科都是以老三高为建模和分析手段的基础。可是,高等数学在地理学研究中却不能有效应用。问题如下:第一,微积分是基于欧氏几何学发展起来的,主要用于处理光滑、规则的现象。可是,地理现象却是不规则的,地理过程表现的曲线也不平滑。第二,线性代数主要是基于达朗贝尔(d'Alembert)的线性叠加原理,它的基本假设就是研究对象具有线性可加和性质,或者可以近似为线性过程,或者可以转化为线性分析。可是,地理演化过程本质上是非线性的。第三,统计学的基础主要是概率论中的特征分布,即有尺度分布,特别是正态分布。理论基础是中心极限定理。可是,地理现象的概率分布多数属于无特征尺度的分布,主要是 Pareto-Mandelbrot 分布。不满足中心极限定理。由于地理空间现象及其演化过程与高等数学的基本性质相互对立,传统的高等数学在地理研究中的应用受到极大的局限。

无论计量地理学,还是理论地理学,只要用到数学方法,都涉及一个概念:特征尺度(characteristic scale)。常规的定量分析和数学建模,都是基于特征尺度的。在理论建设方面,一个好的数学模型,通常涉及三种尺度:表征环境容量的宏观尺度,表征要素相互作用的微观尺度,以及系统演化的特征尺度。当且仅当找到特征尺度,才能建立有效的数学模型。在数据分析方面,则必须找出有效的长度、面积、体积、密度、特征值、平均值、标准差,诸如此类的测度。如果上述测度不依赖于测量尺度,则系统具有特征尺度,常规数学工具可以发挥有效的数据整理功能。如果我们研究的对象具有特征尺度,那就好办了,定量方法可以直接采用基于高等数学的各种数据处理方法;但是,如果研究对象没有特征尺度,传统的定量分析方法失效了,必须借助基于标度(scaling)分析的数学方法。传统计量地理学的发展,都是基于如下假设:地理系统有特征尺度,从而可以开展有效的统计或者计量分析。计量革命之后的理论革命受挫,主要原因可能就在这里。

特征尺度是一个非常简单的、基本的观测值，通常表现为一维测度，故又叫作特征长度。有了这个观测值，研究对象的其他信息都明确了。比方说，对于一个圆，半径是它的特征长度，只要知道半径，圆的周长和面积都知道了。圆是各向同性的，一个方向可以代替其他任何方向，故一个半径就足以形成特征长度。但是，各向异性的图形，需要在正交方向取多个特征长度。如矩形的边长，三角形的底边和高，统计样本的稳定的平均值和标准差，相关或者距离矩阵的特征根等，都是特征长度。这类特征长度涉及两个乃至更多的独立方向。对于一个湖泊或者一个岛屿，其面积的等效圆的半径可以视为其特征长度。所有的定量分析和数学建模，要想真正有效，必须找到所谓的特征长度。人口密度衰减的 Clark 模型是有特征长度的，人口衰减率的倒数就是城市的特征半径，它表示城市环带人口最密集的地带到城市中心的距离。可是，城市位序-规模分布的 Zipf 定律就没有特征长度。如果找不到特征长度，强行建模和分析，效果一定不理想。在这种情况下，可以采用标度分析代替特征尺度分析。

标度这个概念今天成了物理学、生物学、经济学、理论地理学、城市地理学等众多领域或者分支领域关心的前沿问题之一。但是，这个概念其实来自地理现象。一幅地图的比例尺，就是尺度(scale)，根据比例尺将地图连续放大或者缩小，地图信息量改变，但形状不变，这个过程就是标度(scaling)。分形理论的创始人 Mandelbrot 通过海岸线问题将标度概念引入科学分析，启发他提出这个概念的原始问题之一是城市位序-规模的 Zipf 分布或者 Pareto 分布。今天人们提到无尺度分布，典型的就是 Pareto-Mandelbrot 分布。为什么这么多领域重视标度分析呢？因为各个领域都遇到了没有特征尺度的复杂现象，这类现象无法利用传统的方法开展有效分析。标度分析最有效的数学工具是分形几何学。此外，复杂网络理论、异速生长分析、小波分析，如此等等，都可以用于标度分析。标度分析的作用在于，引入一个标度指数(scaling exponent)，如分形维数，作为特征参数，代替特征尺度。比方说，一个分形体，它是没有特征尺度的，过去的定量分析方法无效，但它的标度指数——分形维数却有特征大小。标度指数也好，分形维数也好，如同基尼系数、弹性系数之类，将众多复杂的数据浓缩为一个简单的数值，揭示研究对象的根本特征。

不论是从地理空间的角度，还是从概率论的角度，世界上的现象大致上可以区分为两类分布：一是有特征尺度的分布，最典型的是正态分布即高斯分布(中庸型分布)，代表性的现象是人类身高——特别高的人和特别矮的人都很少，绝大多数人的身高在平均身高附近变动；二是无特征尺度分布(简称无尺度分布)，最典型的是 Pareto 分布(极端型分布)，代表性的现象是人类收入——非常富有的人很少，绝大多数人的收入不高。所以，在见到一个人之前，可以估计他的身高，但无法判断他的财富。如果一个民族的平均身高是 1.7 米，那么身高相当于平均值两倍的情况(3.4 米)几乎为 0；但是，如果知道一个国家的人均收入是 5 万美元，则收入为 10 万美元、20 万美元、40 万美元、80 万美元……的个人毫不稀奇。特别是，特征尺度可以用于解决具体问题。如前所述，人的身高服从正态分布，正态分布包括平均值和标准差两个特征长度。只要计算出人的平均身高和标准差，就可以采用最优方式确定家具的尺寸、建筑物的高度。以床铺为例，平均身高加上 2 倍标准差，95%的人可用；平均身高加上 3 倍标准差，99.7%的人可用。城市人口密度衰减有特征尺度，对应于正态分布有 Sherratt-Tanner 模型，对应于指数分布有 Clark 模型；城市交通网络密度衰减一般没有尺度，对应于 Mandelbrot 分布是 Smeed 模型；城市规模分布也是无特征尺度的，Zipf 定律等价于 Pareto 分布。知道一个国家的城市平均规模，对我们分析城市体系的结构和预测城市的增长，没有太多的实际作用。

在 20 世纪 80 年代之前，科学界对无特征尺度分布现象的性质了解很少，所有的定量分析和数学建模，都是不论青红皂白，将其作为有特征尺度分布来对待和处理。因为，过去的数学方法无一例外地是基于有特征尺度分布的思想建立起来的。可是，对于人文地理学现象来说，现实的分布大多数没有特征尺度。所以，地理学计量革命时期理论地理学家建立的很多理论和方法，实际应用过程中常遇到麻烦——解释和预测不准确。以城市为例，城市形态、城市空间结构、城市规模分布、城市等级体系，如此等等，大多没有特征尺度。例如，我们可以计算一个城市样本的人口规模的平均值，但它没有分析上的意义，因为平均值依赖于采样区域和样本的规模，并且不能代表大多数城市的情况。城市规模的平均值和标准差，既不能告诉我们城市的最佳规模何在，也无助于城市发展的预测。

限制地理学从计量化走向理论化的原因还有诸多方面。根本原因在于，地理系统作为复杂系统，在研究方法上是不可还原的。然而，在科学领域，显著的科学成就都是倚重还原论的。不仅如此，科学研究中数学建模的难题都被地理学家遇到。难题之一是空间维度（spatial dimension），有空间维度就有量纲问题，常规的基于欧氏几何学的数学工具往往无能为力。难题之二是时间滞后（time lag），有反应延迟（response delay）就有非线性，有非线性就会出现复杂性。难题之三是相互作用（interaction），相互作用是 20 世纪整个科学界难题，这个难题在地理学领域尤其突出。这三个方面的问题使得假设-建模的理论研究方式困难重重。概括起来，地理学理论化的障碍在于：还原论的局限，高等数学与地理系统性质的矛盾，基于特征尺度的常规数学方法与无尺度地理系统的冲突，以及空间维度、时间滞后、相互作用导致的建模难题。了解到问题的症结所在，也就知道解决问题的方向所在。复杂性理论是针对还原论发展起来的整体论思维，混沌数学、R/S 分析之类是针对线性叠加原理发展的非线性数学工具，分形几何学是针对特征尺度发展起来的标度分析数学工具。特别值得强调的是分形几何学，这是探索标度、非线性、复杂性和奇异性的有效工具之一。

本教材的主要内容基于传统的数学思想和方法：还原论的思维，微积分原理，线性叠加思想以及特征尺度分布。毕竟，人类思维是对立统一、相辅相成的，不可非此即彼、顾此失彼。要认识非线性，首先得了解线性；要理解标度，首先得明白特征尺度；要学习分形几何学，首先得认识欧氏几何学。即便在空间复杂性研究中，微积分、线性代数和概率论与统计学依然发挥重要作用。虽然如此，作为导论，本教材不失时机地在特征尺度的基础上，介绍了标度思想，例如在空间相互作用等内容中，就结合特征尺度讲述标度问题。特别是最后一章，就是为今后学习标度分析打基础、做铺垫的。全书共分五大部分、9 章内容。

具体说来,各章的主要内容大致如下。第1章是计量地理学发展概述,讲述计量地理学概念、计量地理学与理论地理学的联系和区别、计量革命的前因后果、计量方法的来龙去脉、教学的目标与要求。第2章是地理现象的空间分布测度,主要讲各种指数的构造思想与方法。在地理学中,常用的测度可以概括为点、线、面三个方面的指数。着重讲述测度的意义、好的测度的标准、测度构造的思路、常用测度的表达式及其应用方法。测度既是数学建模的基础,也是科学描述的手段。不少学者抱怨地理数学模型如引力模型不好用,其实,引力模型很好,关键在于用法适当。如果在测度或者算法方面出现失误,则效果很差。第3章、第4章分别讲授地理系统的一元线性回归和多元线性回归分析。多元线性回归是一元线性回归的推广,一元线性回归是多元线性回归的特例。通过多元线性回归类比,可以学习很多看起来比较复杂的数学方法,如主成分分析、因子分析、判别分析、谱分析、小波分析、灰色系统建模。只要是基于还原论的数学方法,大都可以进行多元回归类比。第5章讲授可线性化的简单非线性模型及其参数估计方法。有一类非线性数学模型,可以通过简单的数学变换如取对数转换为线性表达,从而可以采用一元线性回归分析或者多元线性回归分析估计参数。这类模型有两种用途:一是理论建模,好的理论模型基本上都是简单的非线性函数形式;二是应用预测,可以借助这些模型对人口增长、城市化水平上升、城市形态刻画、城市用地扩展、中心地等级体系进行预测和描述,诸如此类,在自然地理学中用途更为广泛。第6章讲授地理空间的因子分析,这是简单的协方差逼近技术。如果一个数据集合中存在明显的因果分类,则可以采用各种回归分析方法,但如果数据集合中没有显而易见的因果关系,则可以采用主成分分析或者因子分析探索地理系统隐藏的前因或者后果。不仅如此,主成分分析可以帮助我们检测回归分析的多重共线性问题、简化和规范指标体系、开展系统的综合评价。第7章讲授引力模型与空间相互作用分析。引力模型是空间作用的行为模型,基于最大熵原理的空间相互作用模型则是一种规范模型,前者用于历史和现状的描述,后者则用于规划和空间优化。通过引力模型和空间相互作用模型,讲授量纲概念、维数思想、尺度与标度问题。第8章讲授空间自相关和空间自回归。着重讲述空间自相关分析的来龙去脉、主要测度和分析方法,最后通过时空序列分析类比,引导出一系列空间自回归模型。最后一章,第9章,讲授地理分析中的分形和分维,这是地理空间无尺度分析的基础知识。

前面几章以特征尺度分析为主,但也涉及无尺度分析。空间自相关和空间相互作用模型,情况复杂一点:如果距离衰减函数取负指数或者阶梯函数,则属于有特征尺度的空间分析(有尺度空间分析);如果距离衰减函数取负幂律,则涉及无特征尺度的空间分析,即空间标度分析(无尺度空间分析)。分形理论则是纯粹的标度分析,分维是最常见的标度指数。通过最后一章,告诉学生,地理系统很多现象没有特征尺度,传统的数学工具到此无效。要想全面了解地理系统的本性并发展地理科学理论,标度是不可回避的难题和重要分析方法。

这本教材的写作历经15年的时光。2006年接手北京大学城市与环境学院本科生计量地理学课程,本人在备课的同时着手撰写教材。2008年即与北京大学出版社王树通先生讨论出版此教材事宜，没想到此后一晃又过10多年了。在此期间，本教材的内容经过多次增删和调整。有些内容删除了，如地理时间序列分析；有些内容补充进来了，如地理分形建模与分维分析。至于教学案例，则经过多个轮次的筛选与更新。2020年度北京大学教材建设立项，本书列入立项名单，于是一鼓作气完成书稿。作者的博士研究生王子涵和付萌协助校对了本书的部分或者全部内容。尽管如此，书中的失误和不足之处也在所难免，希望读者发现问题后不吝赐教。最后，对于上述资助或者帮助的单位和个人，在此一并致谢！

陈彦光

2020年5月

目　　录

第1章 计量地理学发展概述

计量地理学是地理科学体系中的重要组成,它包括两块内容:一是地理观测数据整理的常用手段;二是地理数学模型建设的一般思路。这门学科主要向学生介绍地理空间的定量分析方法,为研究者系统、深入地探索地理空间规律提供工具。然而,由于种种原因,该学科在地理界也曾引起过诸多误解。计量地理学是怎样的一门学科?计量方法发展的来龙去脉是什么?计量革命为什么没有达到预期的效果?计量地理学与理论地理学有何联系和区别?地理空间思维的演变历程如何?如此等等,都是地理学专业的学生应该了解的基本问题。了解这些问题对今后地理学科建设和地理知识的应用都大有裨益。本章主要讲述学习计量地理学的必要性、计量革命发生的前因后果、计量地理学的现状和前景,以及这门课程最基本的教学目标和内容。通过本章学习,学生可以获得对计量地理学的新的理解,为后续内容的学习以及今后的实践与应用奠定基础并开拓视野。

§1.1 为什么要学习计量地理学

1.1.1 什么是计量地理学?

计量地理学,简而言之,就是研究并发展地理数学模型与地理空间现象定量分析方法的学科。计量地理学发展的基础是地理思想、数学方法和计算机技术。计量地理学首先是整理地理观测数据的工具,然后在构造假设、建立地理数学模型、发展地理学理论方面提供必要的方法基础。根据当代英国计量地理学的代表人物 Fotheringham 等(2000)的观点,计量地理学主要由如下活动构成:空间数据(spatial data)的数值分析;空间理论(spatial theory)的开发;空间过程(spatial processes)数学模型的建设与检验。所有这些活动的目的都是为了加强人们对地理空间过程的理解。理解空间过程可以是直接的,也可以是间接的——在后一种情况下,空间过程需要借助一定的逻辑推断才能得以认识。

在地理学界,人们对计量地理学概念的认识有广义和狭义之分。广义的计量地理学包括理论地理学(theoretical geography)和狭义的计量地理学,前者的核心是数学地理学(mathematical geography),主要目标是构造假设、建立模型、发展地理学的基础理论;后者的骨干是统计地理学(statistical geography),主要目标是整理地理观测数据、对地理系统进行发展预测分析。为了表述的方便,下面将广义的计量地理学译为"定量地理学(quantitative geography)",其对应概念是"定性地理学(qualitative geography)";将狭义的计量地理学称作"计量地理学",其平行概念是理论地理学。国内有些学者将计量地理学与理论地理学等量齐观,这是针对定量地理学的一种笼统看法，实则理论地理学主要构成定量地理学的一个局部，它与狭义的计量地理学是姊妹关系。

讨论地理学的计量化和数学化问题，不能单纯地就地理学论地理学。科学是一个内在的整体，科学体系被分割为各个组成部分是由于人类目前认识能力的局限。只有将地理学置放于整个科学体系之中，才能更为深刻地看清问题的实质。为了了解地理数量方法的来龙去脉，有必要从更高的层面进行考察。众所周知，德国物理学家、X-射线的发现者伦琴(Wilhelm Conrad Roentgen，1845—1923)是1901年开始的第一届诺贝尔物理学奖的获得者之一，当有人问及这位卓越的实验物理学家，科学家需要什么样的修养时，他的回答是："第一是数学，第二是数学，第三还是数学！"数学工具对于科学研究的意义，人们早有认识。约400年前的1623年，伽利略(Galileo Gililei，1564—1642)在其《哲学原理》一书中曾经指出："宇宙是一部关于哲学的鸿篇巨制，这部伟大的著作永远向我们敞开。但是，一个人如果事先不理解它的书写语言，他就不可能读懂这部著作。大自然的奥秘是用数学语言写成的，这种语言的特征是三角形、圆和其他几何图形。不掌握这些语言，人类就什么也不可能看懂；没有这些语言，一个人只能在黑暗的迷宫中徘徊。"当然，数学语言只是科学工作者必备语言的一个分支，属于所谓"自然语言"；交流语言(如汉语、英语)和算法语言(计算机语言)的重要性不言而喻。一个科学研究团队最好有人分别掌握这三种语言。

从某种意义上讲，地理世界也是一部关于哲学的鸿篇巨制，地理研究同样需要数学方法。特别之处在于，反映地理系统奥秘的语言特征不是欧几里得几何学的要素——三角形、圆和其他规则的几何图形，而是一种不规则的、貌似无序而背后有序的几何图形。下面将从一般科学出发，说明数学方法在地理研究中的必要性。

1.1.2　为什么地理科学研究需要数学工具？

科学研究的主要任务究竟是什么？在20世纪初期之前，科学的主要任务被认为是探索真理；但是，第二次世界大战之后，人们的观念变了，科学任务不再定位为寻找真理，而是定位为建立模型。Von Neumann(1961)曾经指出："科学不是试图解释(现象)，甚至也不是设法揭示(隐含的意义)，科学的主要任务是建立模型。"理论模型的重要构成或者表现形式是数学模型。建立模型的目的一般认为是为了解释和预言，预言包括预测。计量地理学家Fotheringham和O'Kelly(1989)曾经指出："所有的数学建模都具有有时似乎相互矛盾的两个目标：解释和预言。"但是，也有一些不同的看法。Kac(1969)曾在"科学中的一些数学模型"一文中指出："(数学)模型的主要作用与其说是解释和预言——尽管这是科学的主要职能——毋宁说是极化思想和提出明确的问题。"可以认为，Kac(1969)的观点对Neumann(1961)的观点是一种补充。概括起来，要点如下：

(1) 科学的主要职能：对世界进行解释和预言。

(2) 科研的主要任务：建立模型。

(3) 数学模型的功能：① 发挥科学的解释和预言职能；② 极化思想、激励问题，开拓知识领域。顺便指出，对于地理学而言，数学建模的作用之一是系统优化。

从这里不难得到一个非常简单的逻辑：虽然科学的主要职能是对世界上的某种现象、过程和格局进行解释和预言，但解释和预言主要是借助理论模型来实现。著名地理学家 Longley(1999)指出："按照最一般的理解，一个'模型'可以定义为恰到好处的'现实的简化'"。数学模型则是用数学语言对现实进行的不多不少、恰到好处的简化表达。根据 Arora 和 Rogerson(1991)的观点，数学模型就是"为了更为准确地理解和分析现实状况(real situation)并预测其未来的发展趋势而做出的现实状况的数学表征(representation)或者变换(transformation)"。科学研究主要是认识、解释世界并预测世界的变化趋势。当我们试图为研究对象提出一种一般的解释框架或者预测模式的时候，我们实际上是在建立一种模型；但这种解释框架或者预测模式是采用数学语言表述的时候，我们就是在建立有关的数学模型。

数学是科学研究的重要工具，但并非必要工具。有人将数学比喻为认识世界的"显微镜"和"望远镜"，不懂数学也可以取得重要的科学成就。达尔文(Charles Robert Darwin，1809—1882)未能掌握足够的数学知识，但他提出了世界上五大学说之一——进化论。进化论其实是一种解释性的理论模型。掌握数学方法可以更为准确和有效地解决问题。达尔文的表弟 Francis Galton(1822—1911)因为掌握了数据处理方法而在统计学、地理学、气象学、心理学和生物学(特别是遗传学和优生学)等多个领域有突出贡献。计量地理学的重要数学工具之一是回归分析，Galton 就是这种方法的奠基人。由于在地理科学考察方面的成就，Galton 曾经获得英国皇家地理学会的金质奖章。今天，数学在科学研究中的重要性远比达尔文时代重要多了。Neumann 曾经感叹，数学方法渗透进、支配着一切自然科学的理论分支，它已越来越成为衡量学术成就的主要标志。

地理研究毫无疑问需要数学方法。Bunge(1991)在其《理论地理学》一书中引用 J. Kemeny 的话说："是不是所有的科学都能够使用数学？回答是肯定的。而且它们必须使用数学。"众所周知，一门学科要想从经验科学发展成为理论科学，首先必须成为一门实证科学，而数量化是实证化的基本前提。放弃数量化，就意味着放弃一门学科的理论化。一门学科没有自己的理论，充其量只能成为一门寄人篱下的学科，其应用功能比较有限。这样强调数学的功用绝对不是说地理学专业的每一位工作者都要学习数学，而是说，从专业分工的角度看，一个地理科学团队必须具有学习过定量地理学的研究人员。如今各个知识领域都很庞大，任何人都不可能成为全才，但作为一门学科，必须发展地理数学分支。

迄今为止，地理学只能算是一门经验科学，而不是一门严格意义的理论科学——它没有自己的范式(paradigm)，没有自己完整的理论体系。地理学的发展目前正面临一场理论变革。为了说明这个问题，需要说明传统地理学建设的困难所在。科学史家 Henry(2002)曾从历史和哲学的角度讨论了科学的发展和革命，并将科学方法归结为两个方面：其一，世界图景的数学化(mathematization of the world picture)；其二，经验(experience)和实验(experiment)。数学和实验是科学研究的一般方法，没有这两大方法，科学就不可能取得如此众多的成就。1953 年，爱因斯坦(Einstein，1879—1955)曾经指出："西方科学的发展是以两个伟大的成就为基础：一是希腊哲学发明的形式逻辑体系(在欧几里得几何学中)，二是通过系统(受控)实验发现有可能找到的因果关系(在文艺复兴时期)。"根据 Bunge(1991),"逻辑包括数学,并与符号之间的关系有关",形式逻辑运用的极致便是数学语言。因此,西方近代科学方法有两个显著特征:一是实证道路,二是数学语言。实证道路是针对系统受控实验来说,数学语言则是针对逻辑表达而言。

然而,数学理论和实验方法在地理研究中的应用都存在很大的局限。地理学数量化的主要障碍在于传统数学与地理现象之间的不相容性。如前所述,在伽利略看来,大自然的数学语言是以欧氏几何为基础的,在伽利略以前的哥白尼(Nicolaus Copernicus, 1473—1543)、开普勒(Johannes Kepler, 1571—1630)等人将天文学归结为几何学,伽利略则用同样的方式对待地面上的动力学。但是,基于欧氏几何的数学方法却无法处理地理系统的动力学:虽然学者们也用欧氏几何学画出 Thünen 同心圆、Weber 三角以及 Christaller(1933)正六边形,但对地理学的动力学却无能为力。究其原因,在于地理现象的空间分布的"破碎"而又没有规则——地理学在很大程度上是一门空间性质的科学,地理研究必然要用到几何学以及基于几何学的其他数学方法。艾南山(1993)指出,正是在古代的大地测量过程中诞生了几何学:地理学(geography)和几何学(geometry)在英文中都带地(geo)字头,由此可见地理学与几何学的渊源关系。但是,随着地理学的发展,它与几何学逐渐分道扬镳,从而与数学的关系也就渐行渐远。

特别地,解释一下地理学的实验问题。地理学界一直有一种观点,那就是地理学是不可实验的学科。当然这种观点存在争议。所谓科学实验,主要是指系统的受控实验。为了解释各种现象背后隐藏的因果关系,人们通常要找到各种可能的影响因素。然后控制一些影响变量,让其中一个或者几个变量发生改变,考察被影响的因素如何变化。通过诸如此类的操作可能找到事物发展变化的前因后果。在地理学的特定分支领域或者一些相关的交叉领域如土壤、生态、环境化学等分支,当然是可以进行实验室实验的。但是,就整个地理系统而言,很难开展常规的实验。一是尺度与规模问题,庞大的地理系统不可能搬进实验室;二是控制问题,实验必须是受控实验,而地理系统不可控制,无法在真实地理系统中进行实验;三是不可逆问题,一旦在真实地理系统中进行实验操作,出现后果后就无法返回当初的起点。地理系统演化的不可逆问题,本质上或许可以归结为不可控问题。

1.1.3 学习计量地理学的必要性

对于地理专业的学生而言,学习计量地理学的知识十分必要,非常重要。意义至少体现在如下几个方面:一是培养学生的科学思维,二是训练规范的学术研究方法,三是提高地理学科的学术竞争力。

首先解释第一个方面——培养学生的科学思维。在地理界长期存在一种反科学思潮,当然这种思潮来自海外,特别是与某些后现代主义之类存在关系。如果在地理界强调科学,往往有学者振振有词地质问:"那你告诉我什么是科学?"因为科学缺乏普遍认可的定义而否定科学,这正是缺乏科学常识的体现。科学,以及科学中的很多概念,没有形成不争的定义。但是,这并不妨碍人们区分科学与非科学的思维。科学的定义及其判断标准不是等价的概念。所谓科学思维，最根本的，其实就是尊重事实、讲究逻辑。当你思考问题以事实为根据、以逻辑为准绳的时候，你就采用了科学的思维方式；当你想当然地判断、根据权威观点进行判断、根据圣人的教条进行判断、根据海外学说进行判断的时候，你很可能就陷入了非科学甚至伪科学的境地了（图1-1-1）。所以科学的精神就是平等和自由的精神。科学的判断不是根据声望、地位，不是根据权势和财大气粗，而是根据逻辑和事实。在科学面前，一个学术界的泰山北斗级的人物可能要向一个初出茅庐的毛头小子俯首认输，如果前者掌握的事实不足、逻辑不清而后者拥有令人信服的事实依据和逻辑推理！中国古代用于指导学童们生活规范的童蒙箴言《弟子规》中有句："见未真，勿轻言；知未的，勿轻传。"这种精神正是一种科学精神，可见中国传统文化的一些思想的精髓与当代科学内在一致。

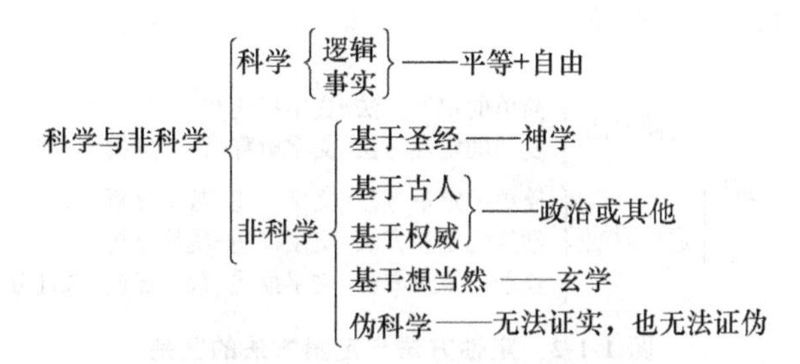

图1-1-1 科学与非科学的区别举例

科学的判断基准不是正确与否，而是是否可以重复和可以验证。科学家都是不断犯错、反复纠错的一类人，他们是一群矛盾体。在正规的、容易对公众形成误导的场合，真正的科学家不会轻易说"我认为……"，而是要陈述"我证明……"；真正的科学家不会无所不知地对任何一知半解的问题妄发评论，而是经常表达自己对专业之外问题的无知。然而，在课堂教学的时候，为了启发学生的思维，科学家又会非常大胆地假设，并提出自己的猜想，然后鼓励或引导学生去小心地求证。杨振宁曾经评论说他的老师Teller在课堂上讲述十个问题可能九个有错，但是没有关系，因为他启发了学生的创造思维。在科学探索中的大胆猜想和在公众面前发言的谨小慎微集于一身，由此可见科学工作者的两副面孔。

然后再看第二个方面——训练规范的学术研究方法。定性方法是一种容易理解的概念，没有太多需要解释的问题。然而，在实际工作中，定性与定量方法之间存在一个流行的误会。不少地理工作者认为，只要运用数学工具开展研究工作，那就属于定量方法；只要不涉及数学工具，采用纯粹的文字描述和解释，那就是定性研究。这种区分是不甚准确的。实际上，如果一种研究用到数学语言，但没有开展系统的数据分析，则依然属于定性研究，而不属于定量分析。当一种研究运用到系统的数字分析时，即便不采用复杂的数学工具，那也是定量研究（图1-1-2）。简而言之，如果一个研究过程仅仅是确定研究对象的成分和性质，那就是定性分析(qualitative analysis)；如果还要继续确定各种成分的数量和比例，就进入定量分析(quantitative analysis)过程了。不仅定量研究涉及数据分析，定性研究也可能分析数据。但是，前者主要是基于假说-检验过程进行证明或者证伪,后者则是基于深度调研解读数字的含义(表 1-1-1)。定性分析关心的是含义(meaning),而定量分析倚重的是测度(measurement)。两种分析方法性质不同、哲学基础有异,但各有优长、功能互补,对于地理研究都非常重要。没有定性分析,就难以揭示地理演化的深刻思想;没有定量分析,就无法揭示地理过程的精确内在关系。

表 1-1-1 定性方法与定量方法的哲学比较

哲学基础	定性方法	定量方法
本体论	模糊实在(intangible reality)	确切实在(tangible reality)
认识论	通过社会交互作用/解释性理解构建的知识	通过经验研究和演绎/归纳推理确定的规律
方法论	深度调研(in depth fieldwork)	假说-检验(hypothesis-testing)
数据分析	意义解读(interpretation of meaning)	证明/证伪(verification/falsification)

资料来源:McEvoy and Richards (2006)。

研究方法
- 定性方法
  - 简单的定性方法=文字描述和解析
  - 复杂的定性方法=文字解释+数学建模
- 定量方法
  - 简单的定量方法=文字描述+数字分析
  - 常规的定量方法=文字描述+统计分析
  - 复杂的定量方法=文字描述+数学建模+统计分析

图 1-1-2 定性方法与定量方法的区别

在地理研究中,一个完整的研究过程,最好是定性、定量相结合的过程。提出假设的阶段利用的是定性分析,建立模型之后需要定量探讨,最后仍要借助定性方法将发现和结果落实到研究结论。对于地理系统而言,一种现象的出现或者事件的发生,可能是一种趋势,代表一种规律;也可能是一种偶然现象,代表微小涨落或者随机扰动。在地理分析过程中,如果不对数据开展规范的统计分析,仅仅进行简单的数据对比,很可能将趋势与随机扰动混为一谈,从而得出错误的判断和背离事实的推论(图 1-1-3)。在这方面,国内外都有很多教训。美国著名城市学家 Berry(1976)曾经断言西方一些国家如美国发生了逆城市化(counter-urbanization),其依据就是城市人口向乡村倒流。众所周知,所谓的"化(-ization)",应当反映一种显著的趋势,否则就不能称之为"化"。城市化也罢,郊区化也罢,都是人口流动趋势的表达。既然逆城市化了,城市人口的倒流就应该成为一种趋势。可是,后来的研究表明,所谓逆城市化,其实并不代表一种趋势,仅仅是一种暂时现象,是城市化过程中的一种涨落现象。美国的城市化水平依然在提高,Berry 的判断不符合实际情况。如果 Berry 等当初对数据开展适当的显著性分析,有效识别城乡人口迁移的趋势性和随机性,他就不会提出一个不切实际的推断。后来 Berry 意识到逆城市化并不存在,因为城市人口和经济活动向乡村迁移尚未形成趋势。Berry 自己缄默了,但由于他的巨大影响,逆城市化这个概念在学术界却不胫而走,谬种流传至今。

最后看第三个方面——提高地理学科的学术竞争力。衡量一门学科发展程度的标准之一是该门学科对数学的应用水平。虽然很多地理学家不承认这个标准,但整个科学界的准则不

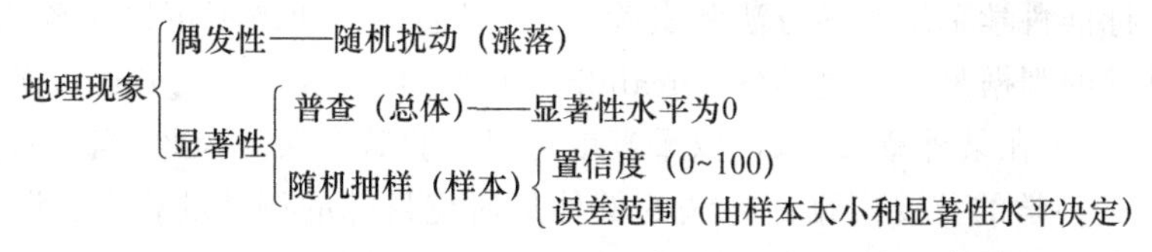

图 1-1-3 地理现象或者事件的分类与判别

会因为某个学科某些人的拒绝认同而有所改变。对近代地理学发展有巨大影响的德国著名哲学家康德(I. Kant,1724—1804)就是一个非常重视科学研究中数学方法运用的思想家。在康德眼中,如果一个学科没有用到数学,那就根本算不上是科学。与康德持相似观点的思想家和科学家不胜枚举。这暗示科学发展的数学标准不是某个人的心血来潮。如果地理学家不遵循整个科学界的标准,我们的学科很难形成核心竞争力。20 世纪 80 年代,Thrall(1985)在其《雅典"科学地理学"会议》报道中曾经指出:"如果我们(地理学)想与自然科学和社会科学领域的其他学科竞争,那么我们的教员和学生在数学、统计学和计算机素养(literacy)方面就必须具备坚实的基础。"这种判断今天看来仍旧具有重要意义。

§ 1.2 计量革命与定量地理学的发展

1.2.1 地理学的例外主义与计量革命

科学研究通常要寻找一般的法则,通过揭示普适法则认识自然规律,从而实现解释和预测的目的。在自然科学领域,一般性的法则常常叫作自然定律(laws of nature)。定律是科学探索过程中逻辑思维的指路明灯。然而,由于缺乏有效的数学工具,又没有相应的实验手段,地理学工作者在过去的很长时期面对地球表层的复杂系统常常无能为力。于是,许多地理学家不得不放弃对科学法则的追求,转而根据有限的经验描述特定区域的具体现象,有人甚至断言地理系统演化没有数学意义的规律可循。这样一来,地理学在研究方法和发展目标方面就偏离了标准科学的轨道,走上了一条较之于其他自然科学领域"与众不同"的发展途径。那时,占据地理学主流地位的是所谓"区域思潮"。该思潮的学术导向与标准科学的发展方向背道而驰。危机终于出现了。1948 年,美国哈佛大学以"地理学不是科学"为由,宣布取缔地理系。美国其他大学纷纷效仿,地理学面临前所未有的危机。由于美国战后成为世界科学中心,美国地理界的大事件难免会对全世界地理学的发展产生影响。

危机往往意味着转机,美国地理界很多青年学者在地理学面临多米诺效应(domino effect)式变化时纷纷"救亡图存"。正是在这样的背景下,地理学的计量革命发生了。德国流亡学者 Schaefer(1953)在美国发表了一篇对他本人而言空前绝后的文章——《地理学的例外主义(exceptionalism):一个方法论的探讨》。文章指出当时地理学研究的"例外主义"倾向。所谓例外,就是研究方法和目标的例外:标准科学追求普遍规律,而当时的地理学放弃了对一般规律的追求;标准科学采用数学方法和实验手段,但地理学却既不可以实验,也没有应用数学方法;标准科学的判据是可重复性(replicability)和可验证性(verifiability),而当时的地理学不重视这种判据……在某种意义上,可以重复就可以检验其正误。因此,当"一言以蔽之"的时候,可重复性就是科学的首要判据。方法的例外是研究目标的例外的根源:没有相应的逻辑思维工具,就无法建立严格的数理演绎体系(表 1-2-1)。

表 1-2-1 地理学与标准科学的比较

项目		标准科学	地理学
目标		寻求一般法则	关注区域差异
任务		建立模型(解释,预言,启发,优化)	似无共识(解释? 积累资料?)
判断标准		① 可重复;② 可验证	似无简单标准
方法	数学	数学化,定量分析	未能数学化,定性分析为主
	实验	实验室实验,计算机模拟	经验观察
功能		解释,预言	说明,比较,预测
发展后果		理论科学	经验科学

地理学的例外可以通过与其他学科的比较看得出来。不妨选择三个代表性的学科:物理学、经济学和地理学。下面是三个典型学科的比较,"+"表示成功运用某种方法,"−"表示没有或者未能成功运用某种方法(表 1-2-2)。物理学在逻辑思维、数学工具、实验方法等方面都应用得很成功,发展水平最高。经济学在逻辑分析、数学理论方面的应用都很突出,因此而成为社会科学中地位最高的学科(从以诺贝尔的名义为之设奖可见一斑)。地理学主要是运用逻辑思维中的归纳法和经验观测法,计量革命之后采用数学工具整理观测数据,在数学建模和实验方面缺乏实质性的进展,它发展的总体水平不尽如人意。

表 1-2-2 地理学与物理学和经济学在研究方法方面的比较

类型	内容	物理学	经济学	地理学
逻辑	归纳法	+	+	+
	演绎法	+	+	−
数学	整理实验或者观测数据	+	+	+
	构造假设、建立模型、发展理论	+	+	−
经验	观察、测量	+	+	+
实验	实验室受控实验	+	−	−
	计算机模拟实验	+	−	−

至少在方法层面,学科发展危机导致地理学的范式转型。前述 Schaefer(1953)的这篇文章在美国地理界可谓是"一石激起千层浪",地理学的"计量革命(quantitative revolution)"因此而被触发。以年轻人为主体的、受过一定科学思维训练的地理学者发动了一场寻找"规律(law)"的运动。他们期望利用"规律"解释地理现象,特别是人文地理学领域的各种过程和格

局。在研究目标转向的同时，哲学层面引入了逻辑实证主义(logical positivism)。地理学从一门"区域描述"的学科被重新定位为一门"空间分布(spatial distributions)"的科学。统计分析和数学工具被广泛运用，研究内容也从独特的区域描述转向了一般性的区位分析(locational analysis)。就历程而言，地理学的计量化(quantification)过程大体遵循一条"S"形的曲线：起初比较缓慢，主要是强调假说-检验，使用的是像卡方检验(chi-square test)之类的相关分析技术；后来引进了社会物理学(social physics)的一些思想，应用数学建模和更为高深的统计分析技术……地理工作者从一些经济学家如 Christaller(1933)、Lösch(1954)、Thünen(1826)以及 Weber(1909)的作品中寻找灵感。基于逻辑实证主义的地理学计量革命的繁盛期并不长久，20 世纪 70 年代逐渐衰落。然而，这场运动对于地理学科来说影响深远：计量运动使得地理学逐步演变成为一门空间科学。诚然，任何事物的发展都会有正反两方面的效应。在计量革命过程中也出现了种种问题，特别是数学方法的误用和数据的滥用。因此，地理学的计量化受到一些讨厌数学的地理工作者的攻击，理由是地理数学模型因为太过确定而脱离现实、缺乏生气，甚至将人类变成了自动机(automata)。而且，地理数学方法的发展导致人们忽视了人类主观经验的重要性。有些评论家认为这种"数字鼓捣(number crunching)"在当时之所以流行是因为它可以让地理研究在政治上表现纯洁性，此外它还可以使得地理学家的学术地位在整个科学界得以提高。

学习一门学科主要有两条思路：一是逻辑的思路，二是历史的思路。一个系统发展的逻辑进程与历史进程之间存在对应关系。虽然本门课程不打算采用历史思路的教学方法，但了解一下地理学定量方法的来龙去脉，对更好地学习有关方法大有裨益。下面着重论述 20 世纪 50—70 年代的地理学"计量运动"过程及其有关问题。

1.2.2 历史上的两大阵营

第二次世界大战以后的国际形势是，欧美主要势力分为所谓的两大阵营(two camps)：一是以美国为霸主的资本主义阵营，二是以苏联为领袖的社会主义阵营。两大阵营之间有一个意识形态冲突的边缘和政治势力分隔的地理界线，国际政治学中称之为"铁幕(Iron Curtain)"。在回顾地理学计量革命的时候，Philo 等(1998)学者引用了当时的国际政治概念将 20 世纪 50—70 年代的地理学分为两大阵营：以传统描述方法为主的定性地理学阵营和以常用数学方法为主的定量地理学阵营。

定量地理学的发轫可以追溯到各类区位论研究乃至更早，但其形成则是地理学"计量革命"以后的事情。直到 Schaefer(1953)发表文章的时期，地理研究主要是运用定性的描述方法。对地理学"例外主义"的批判激发了地理学家对地理"法则"的探索热情，从而引发一场地理学自我拯救的运动，在此过程中，定量地理学的框架逐渐成形。与定性地理学相比，定量地理学有许多自己的特征，毕竟研究的方法发生了巨大的变化。定性地理学有许多别称或者"绰号"，定量地理学的称呼则相对规范(表 1-2-3)。

表1-2-3　定性地理学和定量地理学的比较

阵营	定性地理学(qualitative geography)	定量地理学(quantitative geography)
等价概念	精神地理学(spiritual geography)	科学地理学(scientific geography)
相关称呼	社会-文化地理学(social-cultural geography);精神地理学(spiritual geography);神秘地理学(mystical geography);艺术地理学(artistic geography)	科学-计量地理学(scientific-quantitative geography)
研究对象	人的世界(the people world)	物质世界(the thingworld)
目标特性	特殊性的(idiographic)	法则性的(nomothetic)
方法特征	关注含义(meaning),强调主观理解和交流,经验分析	关注测度(measurement),强调客观预测和控制,理论探讨
研究内容	地域差异(areal differentiation)的分析	空间结构(spatial structure)的模型
修饰词	印象性的(impressionistic)/解释性的(interpretative)/语言描述的('humane' word-pictures of the world)	严格的(rigorous)/计量的(quantitative)/建模的(modelling)/空间科学的(spatial-scientific)
分析行为	认识(converse)/调和(consort)/参入(engage)/移情(empathize)	计数(count)/校准(calibrate)/绘图(map)/建模(model)
形容词	软的(soft)/宽松的(sloppy)-容易的(easy)/差的(bad)-贬值的(devalued)	硬的(hard)/严格的(rigorous)-困难的(difficult)/好的(good)-贵重的(valued)
属性	阴性方法('feminine' approach)	阳性方法('masculine' approach)
比喻	女权主义(feminism)	大男子主义(masculinism)
缺陷	有地无理(What's where in the globe)	有理无地(The geography of nowhere)

资料来源:Philo等(1998);Burton (1963);Johnston (1985);Mayhew (1997)。

定性地理学和定量地理学两大阵营一度严重对立,互相攻讦。定量地理学挖苦定性地理学为关于"'有地无理'的旧式区域地理学(old-fashioned regional geography)",而定性地理学家则反唇相讥,说定量地理学为"有理无地"的地理学。与地球无关,还能叫地理学吗?一个共同的看法是,定量地理学在当时的学术界的确显得有些霸道,有人称之为"学术帝国主义(academic imperialism)"——可见当时的政治概念深深影响着地理学的意识形态。用"帝国主义"形容定量地理学未免有些见外了——定量也罢、定性也罢,毕竟都是一家人。因此,当人们将定量地理学称为"大男子主义(masculinism)"的地理学,相对而言,定性地理学就是"女权主义"(feminism)地理学了:社会上男女要平权,地理界的定量与定性研究也要争取平等的地位。

不过,也有学者不赞成将地理学简单划分为定性和定量两个领域。在计量运动的热潮时期,Spate(1960)在其《地理学的质与量》一文中就曾经喊出"打倒二分法(Down with dichotomies)"的口号。的确,有些学者的研究集成了定量、定性两种不同的思想,很难将它们单纯地归类为定性研究或者定量分析。虽然如此,"计量运动"时期,地理界的对立情绪是非常明显的，有时甚至觉得难以调和。然而世界大势“分久必合”，以后的情况逐渐发生了变化，新区域地理学(new regional geography)应运而生。20 世纪 90 年代以后，人们开始重新思考地理学的定性、定量区别。Philo 等(1998)曾经总结了三个方面的标志：其一，定性地理学家利用计算机程序包(computer packages)展开对访谈文本(interview transcripts)和其他原始文件进行系统分析方面的兴趣迅速增长。其二，定量地理学家在处理人文地理学问题方面的能力已经准备就绪：一方面，政治、社会和文化问题可以经过量化形成他们进行分析的数据基础；另一方面，他们也开始注重思考自己的发现、地图和其他研究成果中更为广泛的人文意义。其三，理论家和学科史学家较之从前现已能够更为理性地对待地理学定性、定量倾向交替发展的复杂历史——定性与定量的杂合(hybridities)过程构成地理学学科的过去和今天。

1996 年，英国皇家地理学会(Royal Geographical Society，RGS)—不列颠地理学家研究院(Institute of British Geographers，IBG)在格拉斯哥(Glasgow)的斯特拉思克莱德(Strathclyde)大学举行年会，会议与“计量方法和社会与文化地理研究小组(Quantitative Methods and Social and Cultural Geography Research Groups，QMSCGRG)”联合举办，大会的主题便是“反思定量地理学：社会和文化的视角(Reconsidering Quantitative Geography：Social and Cultural Perspectives)”。这次会议的主要目的是聚光于定量地理学，为计量地理学家和社会-文化地理学家提供对话机会，批评性地反思(人文)地理学数量化的作用、成就和缺陷，当然，会议的议程不限于此——对定性地理学有关问题的反思也不可避免地涌现出来。虽然该次会议主要是英国、美国、加拿大等少数发达国家的学者参加，但却标志着地理学定性研究与定量分析两大阵营的握手言和：定性地理学家越来越需要地理计量方法，定量地理学家越来越重视社会和文化问题，他们的研究殊途同归，没有必要继续同床异梦。

1.2.3 定量地理学的发展阶段

今天看来，地理数学方法的产生与发展是一个颇有争议的问题。即便是回归方法在人文地理学中的最早应用，至今也似乎没有一个学术共识。就整个地理学的数量化发展脉络看来，可以将其大致地划分为四个阶段(表 1-2-4)。这四个阶段反映了定量地理学的杂化历史(hybrid histories)。

第一阶段，数学和定量思想的萌芽。可以 1650 年 Bernhard Varenius 的拉丁文《地学通论》(*Geographia Generalis*)出版为标志，1672 年著名英国科学家牛顿(Isaac Newton，1642—1727)将其改版，1734 年译成英文后书名改为《一般地理学的综合体系——解释地球的特征和性质》(*A Compleat System of General Geography*：*Explaining the Nature and Properties of the Earth*)。该著作的基本构架受古罗马学者 Ptolemy 的数学地理学思想支配，目标在于“解释地球的性质和特征”。这一时期主要是地理学的综合时代，到德国的 Humboldt(全名：Baron Friedrich Heinrich Alexander von Humboldt，1769—1859)时期达到高峰。Humboldt 很重视数量化方法在地理学中的应用，Dickinson 等(1933)在其《地理学的形成》一书中曾经指出：“Humboldt 主要是一位自然地理学家，他的方法是真正科学的，他不仅协调各种观测事实，而且建立法则以解释性质与分布。"在此期间，Johann von Thünen (1783—1850)发展了他的农业区位论。总之这是定量地理学发展的初始混沌时期，定量方法与定性方法混杂在一起，地理学的和非地理学的定量化内容混杂在一起，彼此之间往往没有明确的界限。

表 1-2-4 定量地理学发展的四个阶段

阶段	时间段	起点标志	高峰期标志	阶段特征
第一阶段	1650 年—20 世纪初	Varenius《地学通论》的发表	Humboldt 的学术成就	萌芽：混合数学化阶段
第二阶段	20 世纪初到 20 世纪 50 年代初期	Weber 工业区位论的创建	Christaller 的中心地理论为标志	发轫：初步理论化阶段
第三阶段	从 20 世纪 50 年代中期到 20 世纪 70 年代末	Schaefer 对"例外主义"的批判	1964 年国际 CQMG 成立	高峰：全面计量化阶段
第四阶段	从 20 世纪 80 年代初期至今	新数学方法的引入	暂且不详	转型：计算化、信息化和理论化阶段

说明：由于第四阶段处于正在进行时期，故高峰期的成就暂且无法评估。

第二阶段，定量方法和理论建模的发轫。大致可以以 1909 年 Alfred Weber(1868—1958)的工业区位论发表为标志，到 1940 年 August Lösch(1906—1945)的区位论分析方法为尾声。1930 年 Walter Christaller (1893—1969)的中心地理论建立标志着高峰期。这一时期具有人文意义的理论地理学正式诞生，Christaller 也因此被 Bunge(1962)誉为"理论地理学之父"。第二阶段的基本特点是人文意义的地理学理论创生，但像第一个阶段一样，这个时期仍然不是纯粹的地理学数量化，因为区位论的发展与经济学之间存在紧密的联系——区位论的创始人都是经济学出身的专家、学者。

第三阶段，计量化和系统分析。以 20 世纪 50 年代 Schaefer(1953)对"例外主义"的批判为标志，此后的 10 余年即 20 世纪 50—60 年代地理学界掀起了所谓"反区域思潮"，借助数学特别是统计学工具发起了学科变革的"计量运动"。1964 年第 20 届国际地理学大会上"地理学定量方法委员会(CQMG)"的成立标志着运动的高峰。1976 年，在莫斯科举行的第 23 届国际地理学大会上，CQMG 宣布解散。从此以后地理学又一度"阴盛阳衰"。一般认为，CQMG 解散这一事件标志着地理学"计量运动"的结束，或者是"计量革命"的失败。但不同学者有不同的看法。Burton(1963)认为，早在 20 世纪 60 年代初期，地理学的"计量革命"已经结束，因为数量表达和统计分析能力的重要性在地理学界已被普遍认同，英美地理学家的研究目标和精神面貌都发生了根本的转变。在 Burton(1963)看来，地理学那时已经站在"理论革命"的门槛上，地理学家需要进一步地运用统计-数学工具发展一套有特色的空间分析模型和理论。一个不争的事实是，这个时期是地理研究的全面计量化阶段。在数学方法、定量工具被引入地理学的同时，系统思想和系统分析方法也被引入地理研究和地理空间分析。

第四阶段，数学化和理论建设。20 世纪 80 年代以后，随着新的数学方法包括分形(fractal)、混沌(chaos)、小波分析(wavelet analysis)等数学工具的引入，地理数量方法的发展进入了一个全新的阶段。如果说 20 世纪 60 年代前后发生的是“计量革命”，则今天的地理学变革是可谓“理论革命(theoretical revolution)”了。不仅如此，后面将要讲到，这个时期计算地理学(computational geography)开始萌芽。因此第四阶段也许可以称为理论化、计算化和信息化阶段。

1.2.4 定量地理学的哲学基础

科学方法的背后，总是存在某种哲学思想。哲学思维往往影响一种方法的应用方向。然而，当代计量地理学家 Fotheringham 等(2000)曾经指出，与地理学的其他分支不同，定量地理学领域很难说是植根于某种哲学理念或政治议程。对于大多数从事数量工作的地理学者而言，定量方法的运用仅仅是基于一种简单的信念：在很多情况下，数值性数据分析和定量理论推理可以提供更为有效且一般可靠的获取空间过程知识的手段。定量地理学的主要研究目标不是提供一些完美无缺的工作成果，它的目标乃是寻求“在发生最小差错的前提下获取空间过程的最多知识”。因此，对定量地理学的恰当提问应该是“它有何用(How useful is it)?”而不是“它能否完全避免差错(Is it completely free of error)?”这样说并不意味着差错可以忽略不计，实际情况则是，评估差错的能力正是许多计量研究的重要组成部分，也显然是决定分析效果的必要成分。

虽然定量地理方法不是源于某种哲学理念，从哲学的角度审视定量地理学还是十分有益的。20 世纪末，英国著名女地理学家、元胞地理学(cellular geography)的重要发展人 Couclelis(1997)从地理空间(geographic space)的视角比较了定性地理学与定量地理学的哲学和方法论基础(表 1-2-5)。另外，Philo 等(1998)从哲学的角度将计量地理学的本体论、认识论以及方法论总结如下：

(1) 本体论(ontology)。倾向于逻辑实证主义思想，假定研究领域服从法则，切实(tangible)、可测(measurable)，而且稳定。

(2) 认识论(epistemology)。遵循常规的假说-检验(hypothesis-testing)方法——Karl Popper 的证伪(falsification)原则是定量地理学逻辑判断的重要思想。

(3) 方法论(methodology)。计量地理学方法的特征表现在以下三个方面：其一是计数的(enumerative)——对研究对象进行计算(counting)。这属于测量过程和测度研究，处于定量分析的前数学阶段。其二是统计的(statistical)——描述(descriptive)与推断(inferential)形式。这用到数学方法的第二种功能：整理和分析观测数据。其三是数学的(mathematical)——基于方程建设数学模型。这用到数学方法的第一种功能：构造假设、建立模型、发展理论。本体论、认识论、方法论、方法、技术、应用和研究任务的关系可用图 1-2-1 直观表示。

表 1-2-5　定性地理学和定量地理学的空间类型及其相应的哲学概念

<table>
<tr><th>类别</th><th colspan="2">定性地理学</th><th colspan="3">定量地理学</th><th colspan="2">元胞地理学</th></tr>
<tr><td>空间类型</td><td colspan="2">笛卡儿的(Cartesian)</td><td colspan="3">莱布尼兹的(Leibnitzian)</td><td colspan="2">冯·诺依曼的(Neumanian)</td></tr>
<tr><td>空间性质</td><td colspan="2">绝对(absolute)</td><td colspan="3">相对(relative)</td><td colspan="2">邻近(proximal)</td></tr>
<tr><td>特征词</td><td colspan="2">地方(place)/场所(site)</td><td colspan="3">关系(relation)/位置(situation)</td><td colspan="2">邻居(neighborhood)</td></tr>
<tr><td>关键词</td><td colspan="2">区位(location)</td><td colspan="3">联系(connection)</td><td colspan="2">接近(nearness)</td></tr>
<tr><td rowspan="3">处理方法</td><td colspan="2">地理编码(geo-coding，GIS)</td><td colspan="3">城市或区域模型(urban or regional models)</td><td>邻接(adjacency)</td><td>影响(influence)</td></tr>
<tr><td>矢量-对象(vector-objects)</td><td>栅格-场(raster- fields)</td><td rowspan="2">空间相互作用(spatial interaction)</td><td rowspan="2">核心-边缘(core-periphery)</td><td rowspan="2">输入-输出(input-output)</td><td colspan="2">元胞自动机(cellular automata，CA)</td></tr>
<tr><td colspan="2">Voronoi</td><td>标准(standard)</td><td>推广(generalized)</td></tr>
</table>

说明：根据 Couclelis(1997)。注意作者强调的特征词的英语语义差别：Site——a place in and of itself；Situation——the position of a place relative to other relevant places。

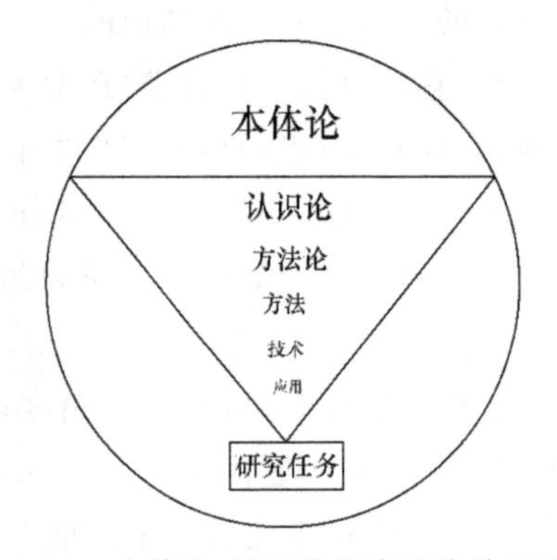

图 1-2-1　本体论、认识论和方法论关系示意

说明：这个示意图由瑞典地理学家 Anders Löfgren 于 1996 年给出，转引自 Holt-Jensen(1999)。

可以看到，定量地理学的哲学基础并不纯粹，逻辑实证主义与 Popper 的证伪原则在许多情况下并不兼容。但是，它们在不同的时空场合都被定量地理学引以为哲学基础。如果一味地坚持逻辑实证主义，就得认可 Hegel(全名：Georg Wilhelm Friedrich Hegel，1770—1831)的“存在的就是合理的”哲学理念，从而只能用地理现实评判地理数学模型。这样一来，就实际上否认地理空间的优化余地和规划的可能性。然而地理系统作为自组织系统，不可能一次性达到优化状态。这就意味着，在许多情况下，可以用模型评判现实，而不是用现实检验模型。至于方法论，定量研究的数据提取与管理等技术早年倚重测量(surveying)和制图(cartography)，后来仰仗遥感(remote sensing，RS)和地理信息系统(Geographical Information System，GIS)。然而，GIS 的编码思路却与定性地理学的空间思想更为接近。今天，定量地理学的组成更加丰富了——混杂的成分(messy ingredients)是定量地理学一贯的特色。新派定量地理学的倡导者、地理计算方法的开创人之一的 Openshaw(1998)将 20 世纪 70 年代以前的计量地理学称为"经典的计量地理学(classical quantitative geography)",将 1990 年以后的定量地理学称为"计算人文地理学(Computational Human Geography, CHG)"——有人将后者叫作 CHG 框架。

1.2.5 计量运动的得失

如何评价计量革命及其倡导者,长期以来在学科内外是一个存在异议的问题。计量革命的前因是"二战"之后地理学在美国科学界地位不高而遇到生存危机,后果则是使得其他学科对地理学刮目相看。实际上,计量革命的初衷就是增强地理学的政治纯洁性,提高地理学家的社会地位。不能说地理学业已实现了这个目标,但可以肯定在相当大的程度上改变了不利处境。澳大利亚 Queensland 大学地理学教授 Stimson(2008)在 1960 年是年仅 16 岁的大学生,他曾经以计量革命亲历者的身份对计量和理论地理学的前辈及其功绩做出如下评述:"他们的贡献涉及诸多领域,从经济地理学、城市地理学、社会地理学到行为地理学,并且一直延伸到地理信息科学(Geographical Information Science, GISc)的发展。他们是我们这个行业的真正巨人,代表着一类学者的典范:开拓了地理分析与建模的先河,使得人文地理学因为严格科学方法的采用而成为更受尊重的社会科学。"在计量革命最繁荣或者理论革命刚开端的时候,外界对地理学的评价已经很高了。Boulding (1966)曾经高度评价地理学在社会科学中的地位:"在所有的学科中,只有地理学达到了研究地球及其全部系统的境界,因此它有权自称为人文科学的王后。"Boulding 其人具有多方面的成就,但不是一个地理学家,他的称号包括经济学家、系统科学家、教育家、交叉学科哲学家、和平活动家、诗人、宗教神秘主义者以及虔诚的贵格会教徒(devoted Quaker)。他是一般系统论的协同发展者,为系统理论在社会科学特别是在经济学中的应用做出了很大贡献。可见,Boulding 对地理学的评价代表了一个学识渊博、见多识广的业外人士的评价。在 Boulding 看好地理学的那个时候,Stimson(2008)是澳大利亚的一名地理专业的研究生,在导师的忠告下阅读了大量计量和理论地理学文献。当他广泛了解地理学在理论和方法方面的长足进步之后情不自禁地发出感叹:"哇! 人文地理学是一门真正的科学了,而不再仅仅是一种描述性的人文学科!"

但也有学者冷静地指出,对计量运动的意义不要估计过高。例如 Chisholm(1975)就认为:20 世纪 50—60 年代的地理学计量化只是一种进展(evolution),而不是一种革命(revolution)。科学的革命需要发生 Kuhn 所谓的范式(paradigm)转变。虽然这一时期统计分析方法在地理分析中得到大范围的推广,但正规的空间组织理论并未建立起来。实际上,不同学者对"quantitative revolution"一词的理解并不相同。在 Burton(1963)等人看来,"quantitative geography"并不包括"theoretical geography";而在另一些学者那里,"quantitative geography"包括"theoretical geography"的内容。因此,Burton(1963)的"quantitative revolution"主要是指统计分析应用方面的巨大变革,谓之"革命"也未尝不可;而在另一些学者的观念中,"quantitative revolution"包括"theoretical revolution"。地理学没有发展理论性的巨大变革,当然不能说“革命成功”了。

英国 Birmingham 大学学者 Moss(1985)曾经指出,数学方法用于科学研究主要发挥两种作用：其一,构造假设、发展理论的辅助工具(数学分析——数学地理学的关键内容,目标在于理论研究);其二,实验结果统计整理的手段(统计分析——统计地理学的关键内容,目标在于应用研究)(表 1-2-6)。20 世纪 60 年代前后,西方地理学界开展了轰轰烈烈的地理学数量化运动,但后期效果并不理想,究其原因,Moss(1985)认为,(当时)数学用于地理学主要是作为整理数据的工具,而在构造假设、建立数学模型方面缺乏突破性进展：“第一个功能(指构造假设、发展理论)比第二个功能(指实验结果统计整理)重要得多。然而地理学家却过分夸大了数学作为统计整理手段的作用而不重视运用数学建立自己的理论体系,况且相当部分的数据又不是通过实验途径取得的,其精确性和可靠性都比较低。”也就是说,当初虽然发展了狭义的定量地理学(即本章所谓的“计量地理学”),但严格意义的理论地理学没有发展起来。

表 1-2-6 数学方法在地理研究中的主要功能

功能	用途	地理学分支	定量地理学核心	重要性
理论功能	理论目标：构造假设、建立模型	理论地理学	数学地理学	较大
应用功能	应用目标：整理观测或者实验数据	计量地理学	统计地理学	较小

地理学的理论革命遭受挫折的原因不仅如此。以下三个方面也是非常重要的：第一,地理过程的非线性(nonlinearity)和复杂性(complexity)——用传统的数学工具不能刻画;第二,地理空间的非欧性和分数维(fractional dimension)——用基于欧氏几何学的数学方法难以描述;第三,地理分布的无尺度(scale-free)性或者标度不变性(scaling invariance)——传统的概率论和统计学与此矛盾。今天数学分为所谓的“老三高”(数学分析、线性代数和概率论与统计学)和“新三高”(泛函分析、抽象代数和拓扑学)。计量革命时期的地理学主要是借助所谓的“老三高”的理论与方法(图 1-2-2)。可是,传统的高等数学在地理学研究中存在严重的局限。第一,微积分是基于欧氏几何学发展起来的,主要用于处理光滑、规则的现象——当初意大利数学家 B. Cavalieri (1598—1647)提出微积分思想的论著标题就是“不可分连续量的几何学”。可是,地理现象却是不规则的,地理过程表现的曲线也是不光滑的。总之,连续但未必可积。第二,线性代数主要是基于线性叠加原理,它的基本假设就是研究对象具有线性性质,或者可以近似为线性过程,或者可以转化为线性分析。可是,地理演化过程本质上是非线性的。第三,统计学的基础主要是概率论中的特征分布,即有尺度分布,特别是正态分布。可是,地理现象多数属于无特征尺度的分布,主要是 Pareto-Mandelbrot 分布。由于地理现象大多没有特征尺度,不仅传统的概率论与统计学在地理观测数据整理方面功能受限,而且地理理论模型建设也出现障碍。我国著名科学家郝柏林(1986)曾经指出：“一个好的模型,往往要涉及三个层次,一个由特征尺度决定的基本层次,更大尺度的环境用‘平均场’、决定外力的‘位势’等代替,而更小尺度上的相互作用化成了摩擦系数、扩散系数,这些通常取自实验的‘常数’。”没有特征尺度,就无法找到模型建设的基本层次,从而很难得到有效的数学模型。由于地理空间现象及其演化过程与高等数学的基本性质不能完全

相容,传统的高等数学在地理研究中无法发挥太大的作用(表 1-2-7)。

表 1-2-7 常用高等数学的特性与地理学需要的对比

序号	传统高等数学	地理学需要
1	微积分——规则几何学(连续可积)	不规则几何学(离散或者连续而不可积)
2	线性代数——线性叠加原理(可叠加)	非线性不可加和原理(不可叠加)
3	概率论与统计学——有尺度分布(平均值有效)	概率与统计——无尺度分布(平均值无效)

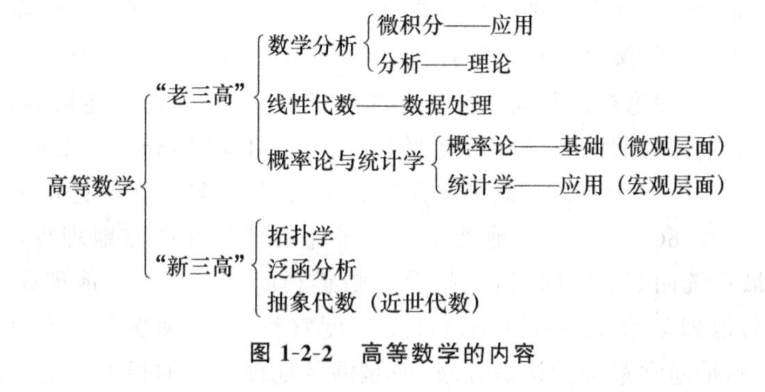

图 1-2-2 高等数学的内容

1.2.6 地理学的新困惑

计量运动的结束,被一些人认为是计量革命的失败。其实,更为准确地说,应该是地理学理论革命的失败。综观整个地理学计量运动的过程,大体可以分为两个阶段。20 世纪 60 年代初期之前主要是考虑将数学特别是统计学方法作为一种观测数据整理工具的引入问题;20 世纪 60 年代中期之后,地理学家着手考虑构造假设、建立模型、发展理论。前一过程是地理学的计量化问题,后一个过程实际上则是地理学的理论化问题。就地理学的计量化而言,其发展大体是成功的,定量分析方法影响广泛,并且计量思想在地理界已经深入人心。但是,就地理学的理论化而言,其成果不尽如人意,以致该运动最后不了了之。究其原因,不是地理学家不够努力,更不是当时的地理学家水平不到,而是发展的现实条件尚不成熟。如前所述,地理过程是一种非线性过程,而传统高等数学(线性代数)只能在一般层面求解线性系统方程;地理格局是一种不规则的分维空间,而传统高等数学(微积分)则只能处理基于欧氏几何学规则格局的整数维空间结构;地理分布是一种无特征尺度的分布,而传统的高等数学(概率论与统计学)只能解决有特征尺度的分布问题。

在理论建模过程中,最难处理的是分布中的空间维度(spatial dimension)和反应中的时间滞后(time lag)。不仅如此,相互作用(interaction)也是地理描述和建模的困难所在。经济理论发展要比地理理论简单得多,至少经济学不需要考虑空间变量——经济学家常常将空间变量约化为一个模型参数。对于地理学家来说,最难处理的是地理格局中的距离变量、地理过程中的反应延迟以及人与环境的非线性交互关系。这三个方面正是地理系统复杂性的表现。由于空间维度、时间滞后和人地关系，地理学的理论建模比任何一个学科的模型建设都要困难。所以，尽管地理学的计量化已经发展到相当高的程度，但地理学的理论化始终没有登堂入室。

不论怎样，计量革命挽救了美国地理学。此后由于GIS带来的技术和方法的变革，地理学进入了全新的发展阶段。有人将GIS以及相关的地理信息科学的发展视为计量革命之后地理学的"继续革命"。2006年，以"地理分析中心(Center for Geographic Analysis, CGA)"的创立为标志，地理学专业返回哈佛大学，而CGA成立的目标就是借助GIS开展地理分析。此后不久，英国剑桥大学正式设立理论地理学教授讲席，这标志地理学地位在欧美的实质性提升。然而，正如统计学不能解决地理学的理论化问题一样，GIS同样不能解决地理学的理论化问题。计量革命之后的理论革命只能开放不结果实的智慧之花，而未能培养新的地理学范式。在这种情况下，计量革命前的区域思潮再度兴起。于是，正如Johnston(2008)疑惑的那样，地理学在科学化方面兜了一个大圈子，似乎又返回到出发点(区域学派→计量革命→理论革命→新区域学派)。20世纪80年代前后，地理学理论革命的挫折在西方地理界产生了消极影响，在一些学者向区域传统回归的同时，另一些学者则感到前景迷茫——地理虚无主义情绪悄然蔓延。加拿大著名地理学家Hurst(1985)甚至一度宣称："地理学既不存在，也没有未来"。诸如此类的问题，不是通常意义的认识分歧，而是涉及地理系统的根本性质及其哲学基础。在西方，每隔十年，科学界就会发生巨大的变化。但是，地理学却没有根本性的变革。世纪之交的时候，Atkinson等(2000)仍在感叹："作为地理学家，我们为什么想要放弃地理学?"

在西方，地理学理论革命受挫之后，老的计量和理论地理学家感到疑惑，中青年地理学者感到迷茫。一部分人返回传统的区域思想，一部分在进行新理论和新方法的探索，还有一些人开始走向极端。新地理学、新新地理学、新新新地理学，可谓是后浪推前浪，新潮赶旧潮。激进主义、女权主义、后现代主义纷纷粉墨登场。但是，毋庸讳言，在思潮澎湃的地理学发展进程中，反科学思潮在地理界恶性蔓延。特别是后现代主义的一些消极成分悄悄地渗透到人文地理学领域。不能说所有的后现代讨论都是非理性的，但反科学的观念在各种与之相关的论坛和文献中的确甚嚣尘上。到了世纪之交，人文地理学中的非理性思想和反科学观念已经相当普遍，引起了很多严肃的地理学家的深深忧虑或不安。Openshaw和Abrahart(2000)曾经这样描述当时的人文地理学状况："现代人文地理学的很多内容如今看来十分混乱、站不住脚。大部分不是地理学，许多无异于讲故事，还有一些过于理论和复杂，差不多都不是以科学为基础，极少用到世界数据库，大量的是孤立现象的轶事般描述，这些与当代世界的需要没有关系，绝少用到甚至完全没有用到当代技术手段，不关心满足快速变化世界的社会需求或者商业需求。"

更糟糕的是，后现代非理性、反科学观念在哲学层面谬种流传，喋喋不休，影响着地理学界思想尚未成熟的新生代。没有规矩不成方圆，不尊重科学的准则，学术研究就会偏离正常的轨道。后现代主义的许多研究，其实是用哗众取宠代替哲学思考，用胡言乱语代替理性判断，用不懂装懂代替真知灼见，用"圈层"利益代替知识追求……长此以往，地理学术泡沫就会到处冒泡。在 Openshaw 等(2000)对人文地理学现状发表批评意见之后 10 年，华盛顿大学教授、有着 50 年地理工作经历的资深地理学家 Morrill(2008)在美国《地理分析》杂志上发表了一篇标题有点怪怪的随感——《地理学(还)是一门科学吗?》这篇文章的标题"怪"就怪在括号中的"还(still)"这个词。没有参考文献，没有指名道姓地批评什么人。作者表示:"我不想谈论作为人本性(humanity)的地理实践——对于人本性我很尊重，我也不谈论作为自然科学的自然地理学，我想说的被视为社会科学的那部分地理学内容。"他的观点大意如下:地理科学实践长期以来在方法论基础和基本原理方面受到批评，这些批评无可厚非。但是，他感到不能容忍的是:空间(space)和地方(place)中人类行为的客观发现和解释方面的基本科学观念受到地理界反科学人士的持久攻击。作者的观点可以概括为一句话:"科学的认识论与相对的认识论不可兼容。"相对的认识论就是后现代主义以及其他反科学的各种"主义"的认识论。

然而，世事难料。就在一些地理学家悲观失望的时候，地理学的发展似乎又在峰回路转。由于传统数学方法在地理描述和解释方面的局限，地理学理论体系能否发展起来引起多方面的怀疑。后现代主义地理学家干脆否定空间秩序的存在，唐晓峰等(2000)在评述 Johnston 的《地理学与地理学家》一书时引用后现代主义的观点说:"当我们寻找空间秩序的时候，我们才发现，这个世界原来是没有秩序的。"没有秩序，那就意味着地理系统的演化是随机的，地理现象的分布是或然的和不确定的。可是，在同一时期观察世界之后，混沌学家却得出了与地理学家完全相反的结论——他们发现大自然只让很少几类现象是自由的。不自由那就意味着并非真正的随机，从而表面紊乱的现象背后可能隐含着更为深刻的秩序。非线性科学的发展为我们探索这类秩序提供了有力的工具。混沌学研究确定论系统的内在随机行为，分形论探索随机现象背后的秩序和规则。混沌和分形研究殊途同归，都汇流于复杂性理论，复杂图式介于随机和有序之间，是随机背景上演化出来的某种结构和秩序。对于地理研究而言，分形几何学(fractal geometry)适于描绘破碎而没有规则的地理现象，混沌数学(chaotic mathematics)则适合于解析变化莫测的复杂地理过程。

在各种各样的"新生"地理数学方法中，有必要提到仿生数学体系。仿生数学方法包括元胞自动机(Cellular Automata, CA)、人工神经网络(Artificial Neural Nets, ANN)、遗传算法(Genetic Algorithms, GA)以至人工生命(Artificial life, A-life)的思想和理念。如前所述，地理研究的困难性在于地理系统的复杂性，而复杂性的本质联系着非线性。非线性暗示不可叠加性和不可还原性。数学方法在解决线性问题方面取得了巨大成就，但在处理复杂的非线性系统方面，却长期无能为力。近年来，致力于解决复杂非线性问题的数理工具正在逐步成长起来。人们发现，复杂系统的演化过程，实质上是一种复杂的计算过程。生物进化、生命演化和生理变化其实都是一种对非线性系统的计算和求解过程，而生物进化、生命演化等在处理非线性计算过程时常常要比人类早先发明的数学方法要高明得多。于是科学家模仿生命演化、生理变化和生物进化创造了一系列新的数理科学，有人称之为仿生数学群。仿生数学体系与混沌数学、分形几何学等结合起来，可望解决地理研究中的许多理论和应用难题。

§1.3 计量地理学发展的现状与趋势

1.3.1 第四范式与计量地理学的新方向

计量地理学的未来方向与整个地理学的发展方向息息相关。20世纪末，英国计量地理学家Fotheringham(1997，1998，1999)先后在*Progress in Human Geography*发表3篇文章，论述地理计量方法的发展趋势。他指出，地理计量方法的第一个趋势着重于局部(local)化，第二个趋势着重于计算(computational)化，第三个趋势着重于可视(visual)化。第一个方向需要利用地理加权回归(Geographically Weighted Regression，GWR)技术，与Fotheringham等(2002)感兴趣的一个方向有关，根本原因在于地理统计的空间非平稳性；第二个方向则代表比较公认的一种趋势，主要就是计算地理学(computational geography)，近年来是地理学方法研究的热点之一；第三个方向与第二个方向有一定联系，但却是一个相对独立的发展方向。可视化主要是地理分析的直观表达和显示技术，今天的可视化根本上依赖于计算机图形学、多媒体技术以及相关的计算机图像处理技术。其实地理学还有一个非常重要、但也非常困难的发展方向，那就是基于当代数学方法的地理学理论化趋势。

一门学科的发展依赖于研究方法的进步。当代科学常用的三种研究方法包括数学理论、实验室实验和计算机模拟，这三种方法分别代表科学研究的第一、第二和第三范式。随着数据挖掘技术水平的提高，人类获取各种数据的规模和尺度越来越大，高性能超级计算机处理的信息量在2010年之前就已经达到千千兆字节(terabyte)乃至千千千兆字节(petabyte)。因此，传统的数据分析和处理方法已经不能有效适应如此规模宏大的数据集合。在这个背景下，计算机科学家、图灵(Turing)奖获得者、有“数据库超级天才”之称的Jim Cray提出了“第四范式(the fourth paradigm)”——数据密集科学(data-intensive science)的概念。Bell等(2009)指出：“至少从17世纪牛顿运动定律提出以来，科学家已经认识到实验和理论科学是理解自然的基本范式。最近几十年，计算机模拟已经实质上变成了第三范式：一种科学家用于探索理论和实验两种范式鞭长莫及或者力不从心的领域——如宇宙的演化、载人小汽车碰撞测试以及天气变化预报——的标准工具。由于模拟和实验产生更多的数据，第四个范式现已凸现出来，这个范式包括数据密集科学必要的工艺和技术。”简而言之，科学研究的四大范式可以表述为理论、实验、模拟和计算(表1-3-1)。

由于信息化时代的到来，每一种科学都似乎在沿着两个方向相辅相成、并驾齐驱地发展：一个是信息科学(information sciences)方向，另一个是计算科学(computational sciences)方向。Jim Gray指出，在过去几十年里，对于任何一个学科x，都在朝着计算化和信息化两个方向演进，在出现x-信息学(x-informatics)的同时，也出现了计算x学(computational x)。比方说，在出现生物信息学(bioinformatics)的同时，也产生了计算生物学(computational biology)。地理学也不例外。我们既有研究数据收集和地理信息分析的地理信息学(geoinformatics)，也有开展地理现象建模和模拟的计算地理学。前者与GIS结合演化出地理信息科学即前述GISc,后者则发展成为后来的地理计算科学,简称地理计算或者地学计算(GeoComputation,GC)。由于第四范式概念的影响,许多学科产生了数据密集计算(data-intensive computing)的概念。相应地,地理学界出现了数据密集地理空间计算(data-intensive geospatial computing)技术的研究趋势。在这个背景下,计量地理学必须也必然与现代数据处理技术结合起来。地理学特别是定量地理学的未来方向,或许可以概括为计算化、信息化和理论化。

表 1-3-1 四种范式及其在地理学中的应用情况

范式	名称	简称	起源	在地理学中的应用
第一范式	理论科学(逻辑,数学)	理论	古希腊时期	很早,但数学方法有局限
第二范式	实验和经验	实验	文艺复兴时期	以经验为主,实验方法有局限
第三范式	计算机模拟	模拟	二战之后	正在发展
第四范式	数据密集计算	计算	21世纪	正在发展

1.3.2 方法:从计量分析到地学计算

近年来,GC在地理界呈现快速的发展态势。导致GC发展的不仅仅是计算机技术,还有诸多学科的交叉影响,特别是复杂性理论的兴起。从某种意义上讲,复杂性理论是一般系统论的继续发展。但较之于强调静态结构描述的一般系统论,复杂性理论更加强调动力学分析。因此,一些学者如Atkinson等(2005)将GC与动力学联系起来,提出了GeoDynamics的概念。实际上,GC是由计算地理学这个名词拓展而来的一个概念。GC的倡导者和奠基人之一Openshaw等(2000)在其主编的*GeoComputation*一书的开头就写道:"GC新颖、令人振奋,并且就摆在我们面前,但它究竟是什么东西?有些作者认为自从计算机应用于地理学的时候就有了地学计算,而另外一些人则或多或少地认为GC是崭新的发明。"GC是计算机技术在地理学中应用发展的重要产物。1993年,英国Leeds大学地理学院基于40多年的空间分析与建模经验成立计算地理中心(Center for Computational Geography, CCG),旨在发展和应用地理系统分析、建模和可视化的最高技术水平的工具。1996年,Leeds大学主办第一届国际计算地理学学术会议。在大会筹备过程中,有关学者对计算地理学概念展开了讨论。人们感到,计算地理学这个概念比较狭隘:由于中心词是地理学,计算方法在空间分析中的应用可能因此受限;同样的原因,可能会限制其他领域的地学工作者的参与。早先,Openshaw(1994,1998)提出过"计算人文地理学(CHG)"一词,但这个概念无法接纳自然地理学的研究内容。正当地理学家意见纷纭、莫衷一是的时候,冰川物理学博士、被人们昵称为"冰(ice)地理学家"的女学者T. Murray提出了Geocomputation这个更为一般化的概念。这个名词具有三个优点:一是简明易懂,二是可以囊括自然、人文两大领域,三是有利于多学科交叉。后来有人建议将字母C大写,采用GeoComputation代替Geocomputation以突出计算的特性。

GC是一个开放的领域,它是多学科交叉的结果。1998年的地学计算国际学术会议预告中,GC被解释为众多学科汇集的空间计算(spatial computation),这些学科包括计算机科学、地理学、地图空间信息学(geomatics)、信息科学、数学以及统计学。不仅如此。GC的源流和基础还有地理信息系统(GIS)和定量地理学等多种领域。Openshaw等(2000)概括了GC发展的四种首要的边缘科技:① GIS——创生数据;② 人工智能(Artificial Intelligence, AI)和计算智能(Computational Intelligence, CI)——提供智能工具;③ 高性能计算(HPC)——提供动力;④ 科学——提供哲学基础。Longley等(1998)曾进行过如下概括:"可以认为,地学计算包括大批基于计算机的模型和技术,其中大多来自人工智能以及近来定义的计算智能领域。它们包括专家系统、元胞自动机、神经网络、模糊集合、遗传算法、分形建模、可视化与多媒体、试探性数据分析和数据挖掘,以及诸如此类。"

任何新生事物的发展都会引起众多的争议,鲜有学术概念出现不争的定义。Longley等(2001)将GC定义为计算密集型方法在自然和人文地理学中的应用。在此之前P. Rees等提出"地学计算可被定义为计算(computing)技术应用于地理问题的处理方法"。Couclelis给出的临时性初步定义与此类似:综合应用计算方法和技术"去描绘空间特性、解释地理现象、解决地理问题"。如果采纳Rees等的定义,则早在20世纪60年代,地学计算就已萌生。Openshaw等(2000)不赞成这个观点,他认为在1996年之前不存在严格意义的GC。Openshaw所理解的GC可以归结如下:在地理和地球系统('geo')背景下,在范围广泛的问题研究中,计算科学范式的应用。在Openshaw看来,GC是一种以高性能计算为基础的解决通常不可解甚至不可知问题的方法,包括三个内在相关的组成部分:一是地理或者环境数据,二是现代计算技术,三是高性能计算硬件。顾名思义,GC的特色在于三个方面:① 强调"地(geo)"学的主题;② 强调计算的特殊地位;③ 最重要的是基本的思维方式。Openshaw在评述了多位学者的定义、观点和论述之后,总结了关于GC的"6个不(是)":① 不是GIS的别名;② 不是定量地理学;③ 不是极端归纳法优越论(inductivism);④ 不缺乏理论;⑤ 不缺少哲学;⑥ 不是百宝囊或者混杂的工具袋。根据逻辑学的基本规则我们知道,一个概念不可以用否定式给出定义,但否定的陈述的确有助于读者认识GC的范围和定位。

地理系统分析需要借助模型寻求理解,而模型建设的前提是研究对象的适当简化和假设条件的合理构造。但是,由于计算能力的限制,过去的地理建模往往用了过多的假设,并且对研究对象进行了过度的简化,因而难以获得可靠的研究结果。GC可望帮助地理学家在一定程度上改变此类窘境。从这种思想出发,Fischer等(2001)给出了一个关于GC的特殊定义。除了考虑由CI技术提供的更多的计算效率和"模糊性(fuzziness)"之外,他们认为GC可以"利用计算密集程序减少假设的数量,并且消除由于计算能力局限导致的不恰当的简化,从而改善研究结果的质量"。这个定义与前述几种定义的视角不同,但不乏启发意义。

GC的起源与计算科学(computational science)有关,计算科学被视为20世纪晚期出现的多学科交叉型科学研究范式。实际上,计算科学起源于众多的传统学科,例如宇宙学(cosmology)、地理学、药物学(pharmacology),以及相关的分支领域——在这些领域里,计算是寻求问题解答的首要工具。计算科学迄今为止没有统一的定义,但有一些代表性的看法。Sameh(1995)认为计算科学是多学科的综合体,这些学科以某个应用领域(比方说地理学)为顶点,在概念上可以表示为一个金字塔。金字塔的四个基石如下:① 算法(algorithms);② 建构(architectures);③ 系统软件;④ 性能评估与分析。O'Leary(1997)的见解与此不同,但有类似之处:计算科学是团队导向的(team-oriented)交叉学科,它依赖于数学、计算机科学以及数值分析等特定理学和工程学科的基础要素。尽管不同学者对计算科学有不同的定义,但基本上有一个共识,即 Armstrong(2000)所说的"利用模型获得理解"。

计算科学与计算机科学(computer science)不是等价的概念,但与计算机科学有深刻的联系。正是基于计算机领域的一系列科学和技术的发展才奠定了 GC 发展的坚实基础。因此,Longley 等(1998)曾经引用 MacMillan 的话说,计算机导致的新技术之于 GC 正如望远镜之于天文学。至于计算机科学对于 GC 发展的作用,Gahegan(1999)概括为四个方面:① 计算机结构和设计(即并行处理);② 搜寻、分类、预测和建模(例如人工神经网络);③ 知识发现(即数据挖掘工具);④ 可视化(例如代替借助图像表示的统计摘要)。由此可见,计量地理学的计算化、可视化等方向无不得力于计算机科学的长足进步。

在国内一些学者看来,顾名思义,GC 代表计量地理学的新进展和新方向。然而,西方学者的看法不是如此简单。在早先的时候,甚至有人试图刻意将 GC 与计量地理学切割开来。Openshaw 等(2000)认为:"GC 包括计量地理学全部工具,但其范围远比计量地理学广阔得多,因为它强调的重点非常不同。"Couclelis 感到 GC 与主流计量地理学之间存在一种令人不安的关系,因为直到世纪之交,主要的计量地理学杂志和课本鲜见地理计算导向的文章和主题。显然,Couclelis 对 GC 与计量地理学的关系感到忧虑,而 Opanshaw 等(2000)则似乎对计量地理学怀有某种敌意,他甚至宣称"计量地理学已经终结"。1999 年,Openshaw 不幸因为脑溢血而提前退休,GC 的其他倡导者如 Atkinson 等(2005)感到有必要搞好与计量地理学家的关系。因此,2003 年第 7 届国际地理计算会议在英国 Southampton 大学召开时,就考虑到要充分调动该校定量地理学家的热情和兴趣。显而易见的是,既然 GC 使用了计量地理学的全套工具,很难想象没有计量地理学家参与的 GC 将会如何发展。另外,GC 的发展与计量地理学具有某种承继关系。GC 对计量地理学肯定具有不可低估的推动作用。客观地讲,即便用最新的眼光考察,计量地理方法并非完全过时。能力的缺陷当然是一个问题,但计量地理学给人的负面印象一方面来自外行的误会,另一方面则来自一些研究者对有关方法似懂非懂的误用和滥用。Openshaw 等(2000)对计量地理学的态度显示出他们对传统定量方法本质的深深误解。

概括起来,GC 发展的一条技术主线索应是:计算机科学(在地理学中的应用)→计算科学(与地理学的交叉)→计算地理学→地理计算科学。这些学科分支分别从不同的角度和层面影响计量地理学的发展。关于 GC 的要点,概括如下:第一,GC 的核心概念是计算,而且主要是高性能计算。因此,GC 发展的基础是强大的计算机技术。第二,GC 是多学科交叉的产物,涉及地理学内外的诸多学科。相关学科的交叉与计算机技术的结合,导致了 GC 的创生。第三,

GC是面向地理学问题的，以处理海量空间数据为基础，以解释地理现象和解决地理问题为目标。第四，GC包含了计量地理学的全套工具，但同时引入了大量的、计量革命之后发展起来的新型数学工具。GC的发展将会拓展计量地理学的应用领域。第五，GC是反地理二元化的，它试图借助计算范式将自然地理问题和人文地理问题统一到同一个框架。可见，GC不仅影响计量地理学，而且正在影响着地理学的思想、方法和未来的理论建设。

1.3.3 形势：从计量革命到理论革命

GIS被视为计量革命之后地理学的一次继续革命，GC则被视为GIS革命之后的又一次继续革命。由于计量革命，地理学引入了科学研究的第一范式即数学理论范式；由于GIS革命，地理学引入了科学研究的第三范式即计算机模拟范式；由于GC以及大数据(big data)时代的来临，地理学将引入第四范式即数据密集计算(表1-3-2)。每一次方法的革命，都大大增强了地理观测数据的处理能力，从而提高了地理学的应用水平。然而，如果地理学的理论基础建设问题不能解决，则这门学科发展的危机依然存在。幸运的是，地理学理论革命的障碍正在日益减少。

表1-3-2 地理学科革命与科学研究范式的引入

方法革命	研究范式	年代	主要作用	后果
计量革命	第一范式——数学理论	20世纪50—70年代	借助统计学为地理学提供了数据整理和分析的手段，同时为假设-建模观念奠定了基础	计量地理学
GIS革命	第三范式——计算机模拟	20世纪70—90年代	在发展地理数据提取、存储、操作、分析、管理和展示技术的同时，为地理时空演化模拟提供了平台	地理信息科学
GC革命	第四范式——数据密集计算	20世纪90年代至今	利用高性能计算增强地理系统大数据的处理能力，发展空间计算方法	地理计算科学

目前看来，地理学可能已经临近理论革命的门槛。为了说明这个问题，必须明确计量地理学与理论地理学的异同。计量地理学(狭义)与理论地理学一度没有界限，长期有人将计量地理学与理论地理学等同视之，统统纳入定量地理学的范畴——实则这是一种概念的误会。计量地理学首先是一种工具，更加强调地理分析方法，追求研究对象的量化处理和数据使用，其主要基础是统计地理学，其次才是数学地理学；理论地理学理当是地理学的核心内容，更加强调建立地理学的模型、定律和原理，追求的是数学演绎、变换和推理、预言，数据拟合的采用仅仅是为了支撑某种假说和推论，其主要基础是数学地理学，其次才是统计地理学。可见，计量地理学是以地理空间数据的处理为目标，以计算机和计算方法的应用为手段，有关研究可以为理论地理学的建设服务，也可以解决现实中的应用问题为工作指向；而理论地理学则是以发展解释和预言性的原理为目标，以数据分析为手段，通常并不直接涉及社会、经济方面的建设、实践问题，但其成果却对

解决现实问题具有巨大的指导作用。计量地理学是通往理论地理学发展的重要途径之一，理论地理学为计量地理学的发展掌握方向，二者相辅相成，但不能等同划一(表 1-3-3)。

表 1-3-3 计量地理学与理论地理学的对比

类型	计量地理学	理论地理学
理论基础	统计地理学	数学地理学
数学应用	整理观测数据的工具	构造假设、建立模型、发展理论的手段
定量程度	必须定量	未必定量
分析特征	数据分析：计数、经验建模、统计检验	数学变换：假设、推理、理论建模与经验检验
分析后果	统计推断与定性结论	数学法则及其解译

无论计量地理学还是理论地理学，都会强调数学计算和模型建设。但是，两者对建模分析是有不同侧重点的。计量地理学更为关注数据分析本身及其实际用途，而理论地理学则更为关注模型分析带来的对世界的新的认识。美国数学家 Hamming (1962)则认为："数学计算的目的是洞察，而不是数字本身。"在 1983 年第 11 次纪念英国卓越统计学家 Ronald Aylmer Fisher (1890—1962)的演讲中，Samuel Karlin(1924—2007)则指出："数学模型的目的不是拟合数据，而是为了明确表达问题。"这类思想用于理论地理学非常合适，但如果用于地理计量分析则未必妥当。

计量运动主要解决数学方法用于地理研究过程中数据整理方法的问题，如今的地理学数量化则是着重于解决构造假设、建立模型的问题。二者的发展线路可以概括如下：① 计量革命——计量地理学——整理地理观测数据；② 理论革命——理论地理学——建立地理数学模型。地理学理论革命的关键是地理研究的数学化和数学地理学的发展。地理学理论探索的前沿领域之一是空间复杂性(spatial complexity)研究，要探索空间复杂性，没有相应的数学工具和模拟实验方法是不成的。幸运的是，如今时机已经渐趋成熟。第一，地理空间格局的不规则性采用欧氏几何学以及基于欧氏几何学的微积分无法有效描述，但采用分形几何学以及基于分形几何学的分数维微积分，则可望进行适当刻画。第二，地理演化过程的非线性关系采用基于 d'Alembert 叠加原理的线性代数理论无法进行有效处理，但采用非线性数学工具可望进行更为准确的数据分析。第三，地理空间分布的无尺度特性采用传统的概率论和统计学无法进行客观的检验和推断，而基于无特征尺度分布的新的数学工具正在创生过程之中(表 1-3-4)。

表 1-3-4 地理系统描述的复杂性与地理数学方法的变革

地理现象	传统数学工具	新数学方法
地理空间格局的不规则性	欧氏几何学，微积分	分形几何学，分数维微积分
地理演化过程的非线性	线性代数	非线性数学，包括混沌数学、仿生数学群
地理分布的无尺度性	概率论、统计学	基于无尺度分布的概率论和统计学

在地理数学方法发展的同时,地理系统的模拟实验技术也正在快速发展之中。计算机模拟实验可望弥补地理系统不可实验性的不足,为地理工作者寻找因果关系另辟蹊径。模拟实验和数学分析都是从数学模型出发,最后的目标也可谓殊途同归。丹麦科学家 Bak(1996)将科学的研究过程阐述如下:首先借助一个简单的数学模型描述自然界中的一类现象,然后分析这个模型——说明其"为什么"。分析的途径又有两种:一是借助纸和笔对模型开展数学分析,二是利用计算机对模型进行数值模拟实验。无论数学分析还是数值模拟,目的都是为了阐明这个简单模型的推论或者预言。那么,这两种方法哪一种更为可取呢?一般认为二者各有优长:数值模拟简单、快速、直观,而数学分析则方便、简洁、优美。但是,作为一种方法,计算机模拟和数学分析并没有根本性的区别。因此,Bak(1996)认为,科学研究中模拟范式不能代表实验室实验模式和数学理论模式之外的第三种范式。根据这种观点,前述第三范式是多余的,第四范式其实是第三范式。当然这是一家之言。

§1.4 计量地理学的教学目标和内容

1.4.1 研究过程:从描述(形式)到理解(机制)

科学的研究方法启蒙,是这门课的基本功能。计量革命之后,地理学从一门描述性的学科变成了一门空间分布的科学。地理研究从重视经验描述发展到强调理论解释。从此以后,一些地理学者滑向另外一个极端:轻视描述。殊不知科学研究始于描述。Gordon(2005)曾在《科学美国人》上撰文指出:"科学研究的一般思路是:首先描述事物是如何运转的,然后再设法理解这是为什么。"Henry(2002)在其《科学革命和现代科学的起源(第二版)》中则更具体地说明:"科学方法的两大要素在于:利用数学和测度来给出世界及其组成部分运行方式的精确描述,利用观测、经验——如果必要,还有人工设计的实验,来获得对自然的理解。"自然科学研究通常基于某种测度、采用数学方法进行描述,然后通过观测、实验或者计算机模拟揭示因果关系,寻求对事物的理解。如今社会科学也逐渐地步入规范研究过程,通过问卷调查进行描述,借助访谈分析寻求理解。问卷调查的理论基础是统计学,目的是揭示宏观规律,进而给出一种文字的或者数学的描述(全局层面);访谈分析的理论基础则是概率论,目的是了解微观要素关系,进而揭示动力学机制(局部层面)。尽管人类社会不同于自然系统,但自然科学研究与社会科学研究存在相似性或者对应性(表1-4-1)。地理学的特别之处之一在于,它横跨自然和社会科学两大领域。描述依然是地理学研究的基础。没有有效的描述,就难以寻求深入的理解。比描述更为基础的过程乃是测度,这个问题下一章将会专门讲述。

表 1-4-1 自然科学与社会科学研究方法的对比

过程	目标与层次		科学领域	
	目标	层面	自然科学研究	社会科学研究
描述	逻辑/规律	宏观层面	数学方法	问卷调查(基于统计学)
理解	机制/因果关系	微观层面	观测、经验、实验、模拟、计算	访谈分析(基于概率论)

科学研究需要提出假说或者构造假设,地理学也不例外。但是,统计学意义假说(hypothesis)与理论意义的假设(postulate)不同(表 1-4-2)。就实证分析而言,基于假说的研究范式存在两套模式。一是传统的经验研究,提出假说然后验证假说;二是当代统计学意义的研究,提出假说然后推翻假说。前者主要是基于逻辑实证主义的思想,后者更多地基于 Karl Popper 的证伪理论。提出假说、验证假说,过程单纯,操作简单,但容易导致有偏取证,从而得出有偏结论。原因很简单,如果直接去验证某一个假说,就会搜寻有利的证据,而有意无意忽略了不利的证据。所以,证伪理论要求首先构建相反的原假说,然后设法推翻这个原假说,从而承认对立假说。这样导致两种后果:其一,调查取证更为公平合理,因为必须搜寻正反两方面的证据才能开展分析;其二,结论的陈述采用置信陈述,因为推翻原假说、承认对立假说都有一个概率大小的问题和误差范围的界定。当代计量分析方法,无论回归分析、因子分析,还是自相关分析、功率谱分析,都是基于证伪思想构建原假说并推翻原假说,从而得出基于某个置信度的统计分析结论。至于理论研究,研究范式为提出假设、建立模型、数学求解,然后得出可以验证的理论或者预测模型。理论的假设不需要验证,甚至不必具有直观意义的合理性。科学家需要验证的,是基于这个假设得到的最终模型。如果基于某个假设导出的模型与观测数据拟合很好,具有令人满意的解释能力或者预测效果,则这个模型可以得到认可。至于假设的合理性,留待后人继续研究。如果后人找到某个假设,据此导出具有更高解释能力和预测效果的模型,则原来的假设可以被新的假设替代;与此相应,原来的模型也会被新的模型替代。以地理学的中心地理论为例,很多人认为中心地模型的理论假设不合理。但是,这种批评没有太多意义。道理在于,到目前为止,没有人能够提出新的假设,构建一套城市空间与等级体系理论,取代中心地理论。现在回头比较前面讨论过的定性方法与定量方法,或许可以得到新的启示(表 1-4-3)。

表 1-4-2 地理理论研究与经验研究方法的对比

类型	方法/范式	假设/假说	判据
理论研究	假设—建模—求解	假设——无须证明	对现实的解释和预言能力
经验研究	假说—检验	假说——设法推翻	显著性水平

表 1-4-3 定性方法与定量方法的研究过程比较

过程	定性方法	定量方法
出发点	意义(meaning)	测度(measurement)
描述	自然科学：数学 社会科学：文字	自然科学：测度，数学 社会科学：基于问卷的统计描述
理解	自然科学：系统受控实验 社会科学：意义解读	自然科学：模拟，计算，实验 社会科学：基于访谈的概率结构分析
建模	数学建模：假设(postulate)-方程-求解(solution)	数学建模：假说(hypothesis)-检验(testing)

1.4.2 主要目标和要求

地理系统作为复杂的空间系统具有反直观性，对于反直观的系统结构和过程需要借助定量计算和数学推理揭示真相、识破假相，这样才不至于被表面现象迷惑或者蒙蔽。当然，计量地理学在地理科学体系中的作用不仅在于提供研究方法，更重要的也许在于磨砺思维方式——导演思维体操，即培养地理工作者逐渐形成数学思维。

计量地理学的教学目标是培养学生整理观测数据的基本方法和技巧，在此基础上学习一部分经典的理论地理学模型，并初步了解构造假设、建立地理数学模型的知识，以期为今后的学科建设或者社会空间实践服务。

这门课程对学生的基本要求包括如下几个方面：

第一，学习地理空间问题的测度方法、统计分析方法，了解常见的数学模型表达，熟悉经典的理论地理学模型。

第二，掌握基本的数学和统计分析软件的常用数据处理方法，这类软件包括电子表格 Microsoft Excel、数学计算软件 Matlab 或者 Mathcad，以及统计分析软件 SPSS。

第三，能够借助数学或统计分析软件建立地理系统的经验模型，利用模型对地理系统的结构和演化进行解释和预测，并初步形成构造假设、建立理论模型的思维方式。

这门课程的主要教学目标不仅在于帮助学生学习地理空间问题的数量分析方法和技巧，更为重要的是训练学生的数学思维方式、自学能力和应用欲望。在某种意义上，地理数学思维要比地理空间分析的计量工具重要得多，因为前者是智慧层次的问题，而后者则是知识和技能层次的问题。数学思考方式包括如表 1-4-4 所示的各项能力及其相关思路。

表 1-4-4 地理数学思维的内容举例

数学思维	说明	例子
抽象化	通过简化提取关键关系或特征	将地球子午线表示为一个圆形
符号化	采用字母或者图形表示	用字母或者圆圈表示城市
利用数据	利用测量数值	借助百分比判断可能性
极限思想	无穷大或者无穷小假定	假定太阳无穷远，不同城市光线平行

（续表）

数学思维	说明	例子
建立模型	基于抽象化或者符号化结果简化现实	解释变量与响应变量的回归方程
逻辑分析	利用归纳法和演绎法	根据不同地点的天象判断大地为球形
计算推理	利用数据和逻辑分析	根据地球周长判断大地有限
可能性预测	利用概率进行最可能判断	根据正态分布推断一个事件的可能性
数学实验	基于计算机技术进行计算、模拟	改变非线性方程的参数，揭示其行为特征
置信陈述	推断结论包括置信度和误差范围	我们有95%以上的把握相信，某地城市化率达到35%～37%
空间优化	寻求空间最优解	土地利用的线性规划
其他	…	…

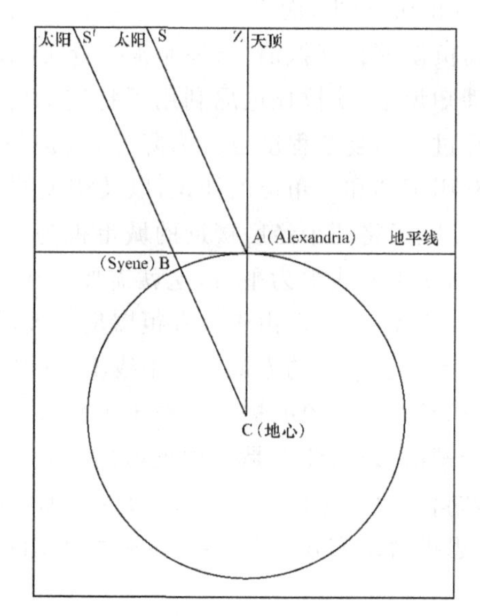

图 1-4-1　古希腊地理学家测量地球周长的原理示意

为了说明什么是地理数学思维，不妨考察一个古老而著名的案例。公元前3世纪的古希腊学者埃拉托色尼(Eratosthenes)是“地理学”这个概念的提出者，他因此而被誉为“地理学之父”。在埃拉托色尼之前，古希腊思想家亚里士多德(Aristotle，384—322B. C.)根据月食时月球在地球上的投影以及沿着子午线南北旅行时天象的变化特征推断大地是球形。如果大地是球形，则可以估算地球的周长；如果算出地球的周长，则可判断其尺度为有限。埃拉托色尼在历史上首次比较精确地测算出地球的周长，他的测量和估算过程充分表现了具体的地理知识与抽象的数学思维结合的效果(图 1-4-1)。首先，选定了两个特殊的地点——地中海岸的港市Alexandria(用A表示)和今天埃及Aswan附近的Syene(用B表示)。Syene位于赤道附近，并且与 Alexandria 近似地处于同一子午线上(实际相差 3°),二者的距离为已知,折算之后约为 800 千米;第二,选定了特殊日期,夏至日,这一天正午太阳(用 S 和 S′表示)光线直射 Syene 城;第三,考虑到地球与太阳的距离非常远,假定两个城市的太阳光线平行,然后利用平面几何知识,如平行线的性质——在同一平面内,两条平行线被第三条直线所截,同位角相等——估算 Alexandria 和 Syene 相对于地心(用 C 表示)的夹角,结果大约 7 度 12 分,即 7.2 度;第四,利用几何学中的比例关系——圆周上两点与圆心连成的夹角与 360 度之比,等于两点之间弧长与圆周长之比——估算地球周长。将当时的希腊里换算为今天的国际度量单位——千米,则估算结果为

$$\text{地球周长} \approx \frac{360^\circ}{7.2^\circ} \times 800 \approx 40\,000(\text{千米})$$

地球周长大约 4 万千米!考虑到当时的观测手段的粗糙,这个成果非常了不起。今天我们知道,地球子午线周长约为 40 008.08 千米,而赤道周长约为 40 075.7 千米。埃拉托色尼的测算过程有多种误差,但正误差与负误差相互抵消,结果非常接近实际情况。

可以看到,在具体的地理知识中,埃拉托色尼利用了特定的时间和特殊的地点。这样,不仅测量工作量大为减少,计算过程的复杂程度也大为降低,这是一种空间优化思想;在抽象的几何学知识中,埃拉托色尼利用了圆和三角形的知识,以及相关的几何学方程与定理,特别是,他采用了一些近似处理方法。除了将两个经度接近的城市视为处于同一条经线上之外,最重要的是将两座城市同一时刻的太阳光线视为平行,这就需要一个假设——地球距离太阳无穷远。虽然地球与太阳的距离并非无穷大,但由于二者距离足够大,将光线视为平行引起的误差非常之小,在实测中可以忽略不计。地球的赤道和子午线不是标准的圆周,太阳的光线也不是平行线。圆、三角形、平行线都是非常抽象的概念。至于无穷大、无穷小这类事物在现实中根本见不到,它们要么是一种合理的假设,要么是一种近似的假定。可是,这些看似无用的抽象概念一旦与具体的知识巧妙结合,灵活运用,就可以取得令人惊叹的科学成果。埃拉托色尼以及其他古希腊学者利用数学思维解决实际问题包括地理学问题的例子还有很多,有兴趣者可以查阅有关的科学史资料。

1.4.3 基本内容

这门课的教学内容主要以基于统计分析和有关数学方法的计量地理学知识为主,涉及部分理论地理学的模型和理论。一方面,讲授一些常用的观测数据的整理和分析方法;另一方面,讲授一些构造假设、求解方程、建立模型、发展理论的典范。

教学内容主要包括如下几个方面:

1. 地理空间测度。测度是联系数学方法与地理现象的纽带。用数学方法描述世界的前提是具备相应的测度方法。基本的测度包括长度(含高度、宽度等)、面积、规模。在基本的测度基础上,可以构造复合测度,如密度——密度是两个测度(如长度与面积)的比值。对于计量地理学而言,讲授的是更为复杂一点的空间测度,这些测度都是借助基本测度和相关数学知识

构造的、反映地理空间特征的指标，如城市形态的紧凑度、圆形率，地理空间分布的最邻近指数，交通网络的维数。这一部分主要是教导学生根据理想形态(如标准圆)和特定的参数(如平均值、边界值)构造地理分布特征的量化指标。

2. 地理数据的整理工具。主要是讲授最常用的相关分析和因果分析方法，包括一元线性回归、多元线性回归、可线性化的非线性模型、主成分分析。这是地理系统数据分析最核心、也是最为基本的方法，地理工作者理应熟练地掌握此类分析技术。科学研究主要是解释和预测，为此要了解系统演化的前因后果。回归分析用于解析一因一果关系和多因一果关系，主成分分析则可用于揭示系统要素与影响因素的复杂因果关系。特别是，通过与多元线性回归分析的类比，读者可以更为方便和快速地学习更多的数学方法，如因子分析、谱分析、小波分析、R/S 分析以及人工神经网络分析。

3. 地理空间模型。主要是讲授地理学的空间自相关和空间相互作用模型，这是理论地理学的代表性知识。空间自相关是由统计学中的 Pearson 相关系数推广而来的，它涉及相关和自相关思想、线性叠加原理、空间权重概念、回归分析方法等诸多知识。引力模型和空间相互作用模型是理论地理学的另一标志性内容，涉及空间优化思想、最大熵方法、假设—建模—求解思路、逻辑推理思维，如此等等。通过这部分内容的学习，学生可以深入了解地理学理论建模的精神所在，为今后解决具体问题和发展地理学理论奠定基础。

§1.5 小 结

计量地理学主要是基于传统的高等数学发展的地理空间理论和方法，该方法涉及空间数据分析、空间过程建模和空间理论开发。学习计量地理学的主要意义如下。首先，通过计量地理学的学习，地理工作者可以了解地理空间现象的规则几何学描述方法。这些方法虽然不尽切合实际，但可以启发地理思维。传统的农业区位论、工业区位论都是基于欧氏几何学的空间模型，中心地模型虽然也是以欧氏几何学为基础，但其中隐含着分形几何学的自相似原理和等级标度关系。规则现象的地理几何学模型有助于向建立不规则现象的地理空间模型过渡。其次，通过计量地理学学习，地理工作者可以掌握线性系统建模和求解方法。虽然地理过程主要是非线性过程，但是，在有些情况下，借助线性方法可以解决一些现实的理论预测和结构优化问题。特别是，线性分析可以为今后发展地理演化的非线性理论做出思维铺垫。最后，通过计量地理学的学习，地理工作者可以掌握基本的条件预测和空间统计分析知识。这些知识虽然是基于有特征尺度分布的，但它们在地理分析中具有一定程度的作用。特别是，地理系统通常是有特征尺度分布与无特征尺度分布的对立统一，了解基于有特征尺度分布的地理计量方法并非毫无必要。

计量地理学与理论地理学既有联系，又不尽相同。计量地理学是以统计地理学为核心内容，将数学工具作为地理观测数据的整理手段；理论地理学则是以数学地理学为核心，将数学工具作为构造假设、建立模型和发展理论的辅助工具。计量地理学是理论地理学的基础，理论地理学为开发地理计量工具提供新的方法、思路和模型。学习计量地理学，必须具备一定程度的高等数学知识，包括微积分、线性代数和概率论与统计学。然而，时代在进步，数学在发展，计量地理学和理论地理学都在不断地创新与进步。今天的计量地理学已经不同于四十年前“计量革命”时期的计量地理学。可以想见，随着相关的基础学科的发展，特别是，随着标度分析理论和方法的开拓，计量地理学的理论体系将会日益改进并逐步走向成熟。

第 2 章　地理现象的空间分布测度

计量革命之前，地理学是一种描述性的学科，地理研究重在揭示“意义(meaning)”；计量革命之后，地理学变成分布的科学，地理研究强调空间“测度(measure)”。测度的适当采用是有效描述的前提。人类对一种事物的准确认识是从测度开始的。人有身高体重，物有长宽大小，诸如此类都涉及测度。著名科学家 Kelvin 曾经指出：“当你对你所讨论的事物进行测量并且用数字表示它的时候，你对它有所认识；但是，如果你不能测量，不能采用数字表示，则你的知识存在缺陷，属于不能令人满意的那种(知识)。”定量描述可以为人们提供更大的信息量。在地理科学研究中，当人们讨论一个城市的时候，起码要知道它的人口规模和城区面积；当人们报告一条河流的时候，至少要提及它的河道长度和汇水面积……有了基本测度，才能建立模型。地貌学中的 Hack 定律是基于主河道长度和流域面积的，城市科学中的城市人口-城区面积异速生长定律则是基于人口规模和面积测度。Horton 和 Strahler 等在河流基本测度的基础上建立分支比、长度比等测度，提出了著名的水系构成定律；Christaller 和 Lösch 等则是在城市分级数和市场区面积的基础上发展了中心地理论。Taylor(1977)在《地理学中的定量方法》一书中指出：“测度是数学与经验研究之间的基本连接。”各式各样的定量化分析均以测度为基础。本章讲授的内容不是最基本的地理空间测度，而是在基本测度的基础上建立的各种指数(index)。这些指数可以将一系列复杂的地理数据浓缩为一个单一的数字，从而提供一种地理系统分析的简捷判据。借助这类指数，可以直观地了解描述对象的空间特征，并揭示其背后的隐藏信息。

§2.1　空间分布测度的类型和特点

2.1.1　空间分布测度的类型

空间测度可以分为基本测度和非基本测度两种类别。基本测度是在某种线状测量基础上构成的测度，如长度、面积、体积、规模。在这些基本测度中，线状测度(距离、半径、边长、周长、宽度、高度等)是最最基本的，面积、体积可以基于边长或者半径来计算，属于广义长度延伸的测度。密度属于非基本测度，因为密度是由长度与面积或者规模与面积等两种测度比值定义的一种指数。下面讲述的测度都是非基本测度。基本的地理空间测度例子有边界线长度、海岸线长度、河道长度、海拔高度、建成区面积、行政区面积、流域面积、湖泊面积……人口规模、产值金额之类也可以视为某种基本测度。至于水系密度、人口密度、城市化水平、城乡人口比率等，都属于非基本地理测度，它们是在基本测度的基础上构造的相对复杂的一种指数(Haggett, 2001;Haggett 等, 1977;林炳耀,1985;林炳耀,1998;Taylor, 1977)。

在空间测度中,距离占据非常重要的地位。人们通常采用的距离是欧几里得距离(Euclidean distance),简称“欧氏距离”。但是,在地理或者城市规划研究中,往往在非欧空间(non-Euclidean space)中思考问题,从而距离不再是欧氏距离。在图 2-1-1 所示的一个平面中,如果我们考虑 A、C 两个区位的聚落,距离如何计算? 显然 $d_{AB}=3$ 单位,$d_{BC}=4$ 单位。根据勾股定理可知

$$d_{AC}=\sqrt{d_{AB}^2+d_{BC}^2}=\sqrt{3^2+4^2}=5(\text{单位}). \tag{2-1-1}$$

但是,如果人们面临的是曼哈顿(Manhattan)式方格状街道,图中的方块代表的将是一栋栋楼房,或者一个个建筑单元,从 A 点是不能沿着对角线直达 C 点的,人们需要沿着 A—E—F—G—H—I—C 的折线途径到达 C,或者沿着 A—B—C 或 A—D—C 的路线到达 C 点。这样,一个人走的距离不再是 5 单位,而是

$$d_{AC}=\sqrt[1]{d_{AB}^1+d_{BC}^1}=\sqrt[1]{3^1+4^1}=7(\text{单位}). \tag{2-1-2}$$

这个距离人们称之为街区距离(Block distance),在聚类分析中又叫绝对距离。

街区距离可被纳入通用的距离表达式,从而与欧氏距离并入一个测度体系。假定 A、C 的坐标分别为 $A(x_1, y_1)$、$C(x_2, y_2)$,则 AC 的欧氏距离为

$$d_{AC}=\sqrt[2]{(x_1-x_2)^2+(y_1-y_2)^2}=\sqrt[2]{(1-5)^2+(4-1)^2}=5(\text{单位}), \tag{2-1-3}$$

而街区距离则是

$$d_{AC}=\sqrt[1]{|x_1-x_2|^1+|y_1-y_2|^1}=\sqrt[1]{|1-5|^1+|4-1|^1}=7(\text{单位}). \tag{2-1-4}$$

更一般地,定义一个非欧空间距离为

$$d_{AC}=\sqrt[r]{(x_1-x_2)^p+(y_1-y_2)^p}. \tag{2-1-5}$$

在公式中,幂(power)次 p 和根(root)次 r 的取值范围为 1～3。当 $p=r=2$ 时,得到欧氏距离;当 $p=r=1$ 时,得到街区距离。

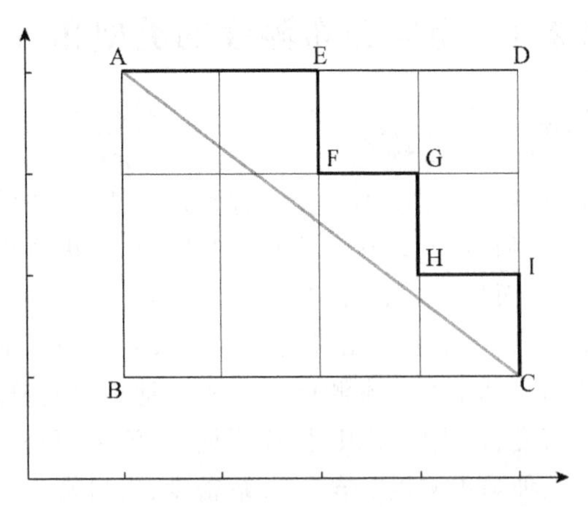

图 2-1-1 Manhattan 式非欧空间距离示意

地理事物的空间分布可以分为三大类型：点状分布、线状分布和面状分布。还可以将它们分为连续分布和离散分布。因此，地理空间测度可以分为连续分布测度和离散分布测度，还可以分为点状分布测度、线状分布测度和面状分布测度。下面分别讲述各种典型的空间测度，希望读者在学习这些测度的过程中，不仅掌握它们的应用方法，同时归纳出空间测度公式构建的基本原则。

2.1.2 空间分布测度的特点

认识空间分布测度的特性，不仅有助于读者深入理解和应用测度知识，而且有助于读者根据需要构造自己的测度公式。如前所述，本章讲述的地理空间测度实际上都是基于基本测度（长度、面积、点数等）构造的各种指数，其作用是将众多的、令人眼花缭乱的数据浓缩为一个数字，据此以一种简单、明确的方式反映某种地理空间特征。地理空间测度如同各种人们熟知的定量分析指数如城市化水平（level of urbanization）、首位度、四城市指数等一样，除了简明性之外，还具有如下几个基本特征。第一，针对性。指数的构造都有具体的目的或者指向性，只能从特定的角度揭示某种地理空间信息。第二，特征值。有效的指数必须具有特征尺度——高端数值和低端数值都很少，绝大多数计算结果落在平均值附近。第三，参照性。一个好的指数具有明确的标准值、平均值或边界值（上限或者下限），从而使得这个指数值的含义一看便知。其四，相对性。单个的指数值意义不是太明确，只有通过纵向比较（不同时刻的比较）或者横向比较（不同个体的比较），才能更为清楚地显示出地理空间信息。第五，局限性。任何指数，有优点必有缺陷，没有完美无缺的测度方法。只有用其所长、用得其所，才能有效地利用它的计量分析功能。

§2.2 点状分布测度

2.2.1 地理学空间维度要素

在空间维度方面，地理学的各种要素都可以抽象为点、线和面三种基本要素。点是零维，线是一维，面是二维，体是三维。为了解决问题方便，三维地理空间现象通常投影到二维空间。在地理分析中，点代表集中或者聚焦，往往表现为一个区位；线代表移动的路径或者区域的边界；面则是在区域连续延伸的封闭地域。点、线、面组合在一起，可以反映地物的分布内容和延展程度，在此基础上形成了地理学的逻辑框架（表2-2-1）。接下来的问题是，如何度量点线面的分布特征及其组合的结构特征？为此需要构建一些指数，来描述点分布的均衡程度、线延伸的曲折程度、面域的形状、点线面的关系，如此等等。

表 2-2-1 地理学的基本空间维度单元

	点	线	面
点	一群空间分布的点。例：城市集合	一条地理线与沿线点，或者网络与节点的关系。例：城市网络	一个区域与区域内点的关系。例：一个城市及其服务区域
线		一组或者一系列空间分布的线。例：交通网络	一个区域与区域内线的关系。例：河流及其流域，交通线及其分布区域
面			一个封闭的地理区域。例：中心地的各种交叠的服务区

说明：参考 1994 年《美国国家地理标准》。

2.2.2 中心位置测度

1. 中项中心

不妨从最简单的点的分布测度开始学习。介绍两个中心位置测度：一是中项中心，二是平均中心。先看中项中心。假设一个地理区域，其中分布 n 个点。在地图上画出纵横两条线，纵线平分区域左右的点数，横线平分区域上下的点数，两线的交点就是中项中心（medium center）位置（陈秉钊，1996）。如果点为奇数个，则中项中心一定在某个点上。如果点为偶数个，则平分线两边最邻近的点到平分线的垂直距离相等。一个简单的例子如图 2-2-1 所示，点数 $n=12$。纵线左右点数各 6 个，横线上下点数各 6 个。全部点的坐标如表 2-2-2 所示。绝对平分线的交点坐标为：$x=20$，$y=15$。容易看出，中项中心位置坐标为：$x=22.5$，$y=12$。

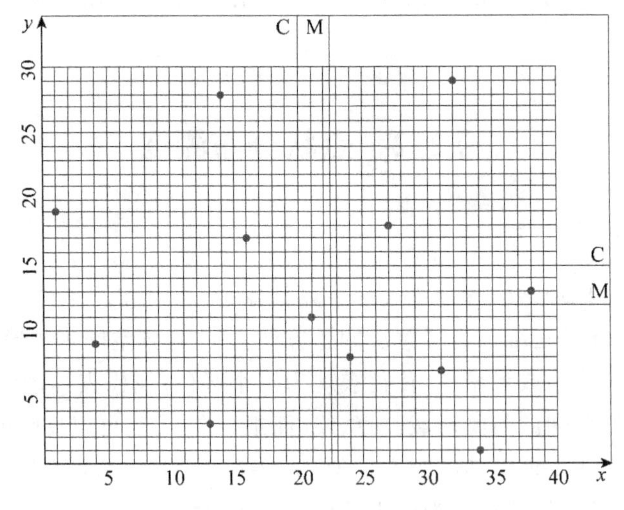

图 2-2-1 点的分布及其坐标

说明：图中给出了绝对平分线作为参照（C），显示了中项中心线（M），没有画出平均中心线。

表 2-2-2　点的坐标及其中项和平均中心的位置

子区	编号	x	y
第一子区(左上)	1	1	19
	2	14	28
	3	16	17
第二子区(右上)	4	27	18
	5	32	20
第三子区(左下)	6	4	9
	7	13	3
第四子区(右下)	8	21	11
	9	24	8
	10	31	7
	11	34	1
	12	37	13
绝对平分线交点		20	15
中项坐标		22.5	12
平均中心		21.1667	13.5833

2. 平均中心

平均中心是加权平均值的空间化的结果。一个区域中的点的平均中心(mean center)实际上是点的重心位置所在,因此又叫分布重心(center of gravity)。如果点的大小不一样,则加权平均分布中心坐标的计算公式如下:

$$\bar{x}=\frac{1}{M}\sum_{i=1}^{n}m_i x_i,\ \bar{y}=\frac{1}{M}\sum_{i=1}^{n}m_i y_i. \tag{2-2-1}$$

式中

$$M=\sum_{i=1}^{n}m_i. \tag{2-2-2}$$

这里 m_i 表示第 i 个点的"质量",可以采用地物的面积或者规模如聚落的人口数量度量($i=1,2,\cdots,n$)。对于前面的例子,$m_i\equiv1$,从而 $M=n$。因此有

$$\bar{x}=\frac{1}{n}\sum_{i=1}^{n}x_i,\ \bar{y}=\frac{1}{n}\sum_{i=1}^{n}y_i. \tag{2-2-3}$$

容易算出,平均中心的坐标为 $\bar{x}=21.1667$, $\bar{y}=13.5833$。对于本例,由于没有考虑点的"质量"差异,加权平均值等于算术平均值,并且平均中心距离中项中心不远。

2.2.3　离散或者集中测度

1. 空间分布的信息熵和均衡度

为了度量一个区域中点分布的均匀程度,可以借助网格进行计数。在此基础上,容易利用

信息熵和均衡度描述点的空间分布特征。假定区域包括 n 个点，不妨用一个最小外接矩形框将其包围，然后将这个矩形划分成 N 个大小相等的小矩形区。于是信息熵 H 可以定义为

$$H=-\sum_{i=1}^{N}p_i\log p_i, \tag{2-2-4}$$

式中 p_i 为第 i 个小区中的点的频率($i=1, 2,\cdots, N$)，即有

$$p_i=\frac{n_i}{n}=\frac{n_i}{\sum_{i=1}^{N}n_i}, \tag{2-2-5}$$

这里 n_i 为第 i 个小区中的点数。如果某个小区的数目为 0，则 $p_i=0$，根据 l'Hospital 法则可以判断，$p_i\ln(p_i)=0$。均衡度 J 为信息熵 H 与最大熵 $H_{\max}$ 之比，故又叫熵比，计算公式为

$$J=H/H_{\max}=-\sum_{i=1}^{N}p_i\ln p_i/\ln N. \tag{2-2-6}$$

式中 $H_{\max}=\ln N$ 为均匀分布时的信息熵。对于有限的区域要素，绝对均匀分布的信息熵是熵值的上限即最大值。均衡度数值介于 0～1：0 表示绝对集中，1 代表绝对均匀。用 1 减去均衡度，可得差异度，或叫冗余度(redundancy)，公式为：$C=1-J=1-H/H_{\max}$。

前述中心位置测度的案例的数据，可以用于说明信息熵和均衡度计算。对于图 2-2-1 所示的简单例子，点数为 $n=12$。最简单的情况，就是将区域均分为 4 个，即有 $N=4$(图 2-2-2)。计算的点分布频率如表 2-2-3 所示。因此，基于自然对数的信息熵为

$$H=-\sum_{i=1}^{4}p_i\ln p_i=1.3086\ (\text{nat});$$

或者，基于以 2 为底的对数，信息熵为

$$H=-\sum_{i=1}^{4}p_i\log_2 p_i=1.8879\ (\text{bit}).$$

均衡度为

$$J=H/H_{\max}=1.3086/\ln(4)=0.9440;$$

或者

$$J=H/H_{\max}=1.8879/\log_2(4)=0.9440.$$

可见，不同类型的对数函数对信息熵值有影响，但不影响均衡度值。信息熵和均衡度的含义一致。较之于信息熵，均衡度作为测度更有优势：其一，均衡度的数值意义更为清楚。均衡度有明确的上限值(1)和下限值(0)。其二，均衡度的数值独立于对数函数。如前所述，均衡度的计算结果不受对数函数底的影响。不管以 2 为底，以 10 为底，还是采用自然对数，均衡度的计算结果都是一样。

基于不同类型的对数函数，可以定义不同的信息熵，从而有不同的数值单位。常见的信息熵的单位有三种：当对数底为 2 时，单位为比特(bit)；当对数底为 10 即取常用对数(common logarithms)时，单位为笛特(det)，或者哈特(Hart)——Hartley 的缩写；当对数底为 e 即取自然对数(natural logarithms)时，单位为奈特(nat)。还有其他，例如以 3 为对数底数，则单位称

铁特(tet)。取以 2 为底的对数可以与计算机的二进制保持一致，从而为计算带来方便。所以，最常用的信息计量单位是比特。

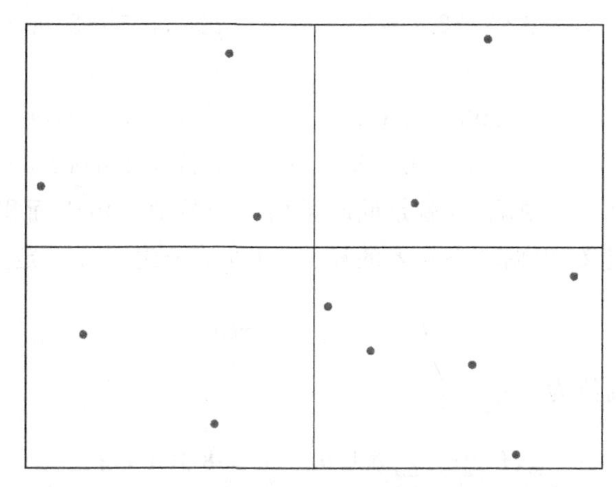

图 2-2-2 点群分布和区域均分

表 2-2-3 按平均均划分的 4 个区域的点数及其频率

子区编号	点数	频率	$-P\ln P$	$-P\log_2 P$
左上	3	0.250 0	0.346 6	0.500 0
右上	2	0.166 7	0.298 6	0.430 8
左下	2	0.166 7	0.298 6	0.430 8
右下	5	0.416 7	0.364 8	0.526 3
总计(熵)	12		1.308 6	1.887 9
单位			nat	bit
熵比(均衡度)			0.944 0	0.944 0

2. 中项中心的离散指数

根据中项中心，可以定义散点分布离散程度的指标。确定中项中心的纵线和横线将一个区域划分为 4 块，每一块的面积为 $a_i(i=1,2,3,4)$，区域总面积表示为 A，于是可以各块面积的比率反映离散程度(陈秉钊，1996)。计算公式如下：

$$v_i=\frac{a_i}{A}=\frac{a_i}{\sum_{i=1}^{4}a_i}, \tag{2-2-7}$$

式中 v_i 为离散程度系数。对于绝对均匀分布，$v_i=1/4$；对于最大集中分布，$v_i\to 0$，或者 $v_i\to 1$。如果其中一个 v_i 值趋近于 0，则必有另外一个 v_i 值趋近于 1，反之亦然。至于前面的例子，计算结果列入表 2-2-4 中。如图 2-2-1 所示，区域总面积为

$$A=30\times 40=1200,$$

子区面积为

$$a_1=18\times 22.5=405,\ a_2=18\times 17.5=315,$$
$$a_3=12\times 22.5=270,\ a_4=12\times 17.5=210.$$

于是

$$v_1=a_1/A=405/1200=0.3375,\ v_2=a_2/A=315/1200=0.2625,$$
$$v_3=a_3/A=270/1200=0.2250,\ v_4=a_4/A=210/1200=0.1750.$$

前面的离散系数有一个缺陷,那就是同时采用 4 个数值。由于面积比率在数学结构上类似于频率或者概率的定义,根据本书作者的经验,可以基于式(2-2-7)定义一个中项信息熵

$$H=-\sum_{i=1}^{4}v_i\log v_i. \tag{2-2-8}$$

基于自然对数的信息熵值为

$$H=-\sum_{i=1}^{4}v_i\ln v_i=1.3583(\text{nat});$$

均衡度为

$$J=H/H_{\max}=-\sum_{i=1}^{4}v_i\ln v_i/\ln(4)=0.9798.$$

基于以 2 为底的对数的信息熵值为

$$H=-\sum_{i=1}^{4}v_i\log_2 v_i=1.9597(\text{bit})$$

均衡度为

$$J=H/H_{\max}=-\sum_{i=1}^{4}v_i\log_2 v_i/\log_2(4)=0.9798.$$

可见,对数函数形式对于基于中项中心的信息熵的均衡度数值同样没有影响。

表 2-2-4 按中项位置划分的 4 个区域的面积及其比重

象限	高度	宽度	面积	面积比重	$-P\ln P$	$-P\log_2 P$
1	18	22.5	405	0.3375	0.3666	0.5289
2	18	17.5	315	0.2625	0.3511	0.5065
3	12	22.5	270	0.2250	0.3356	0.4842
4	12	17.5	210	0.1750	0.3050	0.4401
总计(熵)			1200		1.3583	1.9597
单位					nat	bit
熵比(均衡度)					0.9798	0.9798

2.2.4 最近邻分析

一个好的测度公式往往是基于实际分布与理论分布对比思想构造的,或者基于实际形状与标准形状对比来设计。最近邻分析(nearest neighbor analysis, NNA)将区域中点的现实分布与基于相同区域中点的理论意义的随机分布相比较。这个方法最初是植物生态学(plant ecologist)定义的一个间距指数(spacing index),用于比较观测到的一个区域的生物聚落图式与理论上的随机分布的异同。Clark 和 Evans(1954)最早提出最近邻分析概念,King(1962)将这种方法引入城镇聚落的空间分布分析。M. F. Dacey(1960, 1962)在这种方法的应用方面也有贡献(Haggett et al., 1977)。最邻近指数在城乡聚落空间分布特征分析中有一定程度的应用(Burtenshaw, 1983; Tidswell, 1978)。理论上假定所有的点服从 Poisson 分布,则其平均距离为其密度平方根倒数值的一半。用这个结果与借助图像观测到的实际的点分布格局相比较,可以得到一个比值,这个比值通常叫作最近邻指数(nearest neighbor index, NNI),或叫 R 尺度(the R scale)(Taylor,1977)。

仍然以前述中心位置测度的数据为例,说明最近邻分析的过程。最近邻指数的计算步骤如下:

第一步,界定研究区。根据研究对象定义空间范围。对于图 2-2-1 所示的散点,空间范围可取图示的矩形区。

第二步,计算研究区的面积 A。对于图 2-2-1 所示的问题,面积为 $A=30\times40=1200$(单位)。

第三步,计算最邻近点的平均距离 d_a。注意面积和距离的测度单位必须对应。如果距离以千米度量,则面积采用平方千米度量。

第四步,计算期望距离 d_e。根据 Poisson 分布,可以导出如下计算公式:

$$d_e=\frac{1}{2\sqrt{\frac{n}{A}}}, \tag{2-2-9}$$

式中 n 为点子数,A 为区域面积。对于上述问题,$n=12$,$A=1200$。于是

$$d_e=\frac{1}{2\sqrt{\frac{12}{1200}}}=5.$$

第五步,计算最近邻指数 R。计算公式为

$$R=\frac{d_a}{d_e}. \tag{2-2-10}$$

对于上述例子,关键是计算邻近点的平均距离 d_a。根据表 2-2-1 所示的坐标,容易算出点-点距离矩阵,结果如表 2-2-5 所示。表中最后一行为各个点的最近邻距离,平均值约为 8.531 7。于是 R 尺度为 $R=8.531\,7/5=1.706\,3$。

表 2-2-5 点的距离矩阵和最邻近距离

	点 1	点 2	点 3	点 4	点 5	点 6	点 7	点 8	点 9	点 10	点 11	点 12
点 1		15.81	15.13	26.02	32.57	10.44	20.00	21.54	25.50	32.31	37.59	36.50
点 2	15.81		11.18	16.40	18.03	21.47	25.02	18.38	22.36	27.02	33.60	27.46
点 3	15.13	11.18		11.05	20.00	14.42	14.32	7.81	12.04	18.03	24.08	21.38
点 4	26.02	16.40	11.05		12.08	24.70	20.52	9.22	10.44	11.70	18.38	11.18
点 5	32.57	18.03	20.00	12.08		34.41	32.20	21.10	22.47	22.02	28.07	16.76
点 6	10.44	21.47	14.42	24.70	34.41		10.82	17.12	20.02	27.07	31.05	33.24
点 7	20.00	25.02	14.32	20.52	32.20	10.82		11.31	12.08	18.44	21.10	26.00
点 8	21.54	18.38	7.81	9.22	21.10	17.12	11.31		4.24	10.77	16.40	16.12
点 9	25.50	22.36	12.04	10.44	22.47	20.02	12.08	4.24		7.07	12.21	13.93
点 10	32.31	27.02	18.03	11.70	22.02	27.07	18.44	10.77	7.07		6.71	8.49
点 11	37.59	33.60	24.08	18.38	28.07	31.05	21.10	16.40	12.21	6.71		12.37
点 12	36.50	27.46	21.38	11.18	16.76	33.24	26.00	16.12	13.93	8.49	12.37	
min	10.44	11.18	7.81	9.22	12.08	10.44	10.82	4.24	4.24	6.71	6.71	8.49

第六步,分析与解释。为了便于应用,可以借助理论推导结果将特殊的最近邻指数列表。参照表 2-2-6,可以知道点的分布特征。对于上述例子,散点为比较均衡的分布。

可以看出,R 尺度的数值范围从 0(绝对集中)经过 1(随机分布)变化到 2.149 1(中心地式的三角点阵分布)。不过,这些数值与集聚程度的关系并非线性关系,不能认为 $R=0.5$ 代表的分布相当于 $R=1.0$ 代表的分布的集聚程度的 2 倍。不仅如此,区域大小对 R 数值也有影响:在一种尺度上看似聚集分布,在另外一尺度上却是均匀的。这就为解释造成了困难,在应用时要注意区域范围的可比性和解释的合理性。

表 2-2-6 最近邻指数(R 尺度)反映的分布特征

类型编号	特殊最近邻测度值	状态或者分布特征
0	0	点的分布绝对集中
1	1/3=0.333 3	具有随机特征的集中分布
2	2/3=0.666 7	具有集聚偏向的随机分布
3	3/3=1	点子为完全随机分布
4	4/3=1.333 3	具有均匀趋势的随机分布
5	5/3=1.666 7	具有随机特征的均匀分布
6	6/3=2	点子为方格点阵分布
7	2.149 1	点子为三角点阵分布

§2.3 线状分布测度

2.3.1 网络维数

在地理空间分析中,经常用到线状分布测度。最常用的线状分布测度是线路密度,如自然地理学中的河道密度,交通地理学中的道路密度和人均道路长度。不过这个度量方法有一个缺点,那就是没有临界值或者边界值,因此可以用于相对比较,却不能用于绝对判断。还有一个缺陷,那就是密度对网络的空间结构特征没有任何反映。不同的密度值对应的空间结构可能完全一样。实际上,线状地物的密度是基于长度和面积定义的。在长度和面积的基础上可以定义一个网络维数(network dimension)。维数可以在密度的基础上,进一步反映空间结构的复杂程度。度量公式的基本思想是,将网络的现实分布与理论上的均衡分布做比较。

在数学中,点、线、面、体彼此之间不能直接成比例,只有相同维数的测度之间才能形成比例关系。此为量纲一致性原理(principle of dimension consistency)。根据量纲一致性原理,城市(或者区域)交通网络与城区面积(或者区域面积)之间满足如下几何测度关系:

$$L^{1/D_w} \propto A^{1/2}, \tag{2-3-1}$$

式中 L 为交通线长度,A 为区域面积,D_w 为网络维数。为了可比性,不计规模大小,假定比例系数为 1,在上式两边取对数,可得

$$2\ln L = D_w \ln A. \tag{2-3-2}$$

于是城市(或者区域)交通网络的维数可定义为

$$D_w = \frac{2\ln L}{\ln A}. \tag{2-3-3}$$

这个式子可以推广到自然地理学中的水系分布特征度量。

网络维数的本质是地理线的分形维数(fractal dimension),简称分维。分维是空间充填程度的一种度量。假定区域中只有一条平滑的交通路线,则 $D_w=1$;交通线充填到比较均衡的程度,$D_w=2$;如果继续发育,形成立体交通结构,则会达到 3 乃至超过 3。网络维数同时表征交通网络空间分布的密度大小和复杂程度。一般而言,交通网络的密度越大,网络维数也就越高,但二者并非线性关系。如前所述,网络密度不能反映城市或区域交通网络的空间复杂度,也没有临界值。网络维数的临界值为 2。维数越高,城市或城市体系的空间结构越复杂。研究发现,基于城市体系的区域交通网络的维数通常介于 1～2,城市内部交通网络的维数则变化于 2～4,而发达的都市区的网络维数通常在 $D_w=3$ 左右。根据经验和公式的内在含义,对于都市区而言,网络维数的数值可以概括如下:① $D<1.5$ 表示交通网络发育不全;② $D>2$,表示比较发达;③ $D>2.5$ 表示非常发达;④ $D>3$ 表示高度发达。早在 20 世纪 90 年代初期的时候,世界上的大都市如英国的伦敦、美国的纽约、中国的上海等公路交通网络维数就达到 2.5 以上,日本的东京、大阪以及法国的巴黎就接近于 3 甚至超过 3 了。

直接利用网络维数公式计算城市网络维数非常方便，以杭州市为例予以说明。杭州市不同年份城区面积和市区道路长度数据见表 2-3-1，根据这些数据容易算出历年的交通网络维数。例如 1989 年的网络维数为 $D_w=2\ln(513)/\ln(430)=2.0582$，其余依此类推。将计算结果绘成柱形图，可以看出其总体变化趋势（图 2-3-1）。考虑到 1992 年以后道路的统计口径有调整，1997 年的城区面积调整，网络维数的变化缺乏明显的规律性。总体看来，杭州市的网络维数基本上波动于 2 左右。这意味着，杭州的交通网络在世纪之交的时候距现代化都市区的水平仍有相当的距离。

表 2-3-1 杭州市交通网络维数(1989—2000)

年 份	1989	1990	1991	1992	1993	1994	1995	1996	1997	1998	1999	2000
道路长度/km	513	518	531	792	737	780	717	775	872	975	719	823
市区面积/km^2	430	430	430	430	430	430	430	430	683	683	683	683
网络维数	2.058 2	2.061 4	2.069 6	2.201 5	2.177 7	2.196 4	2.168 6	2.194 3	2.074 9	2.109 1	2.015 7	2.057 1

原始资料来源：① 中共杭州市委宣传部等. 杭州五十年. 杭州：杭州出版社，1999。② 建设部城乡规划司及建设部城乡规划管理中心。

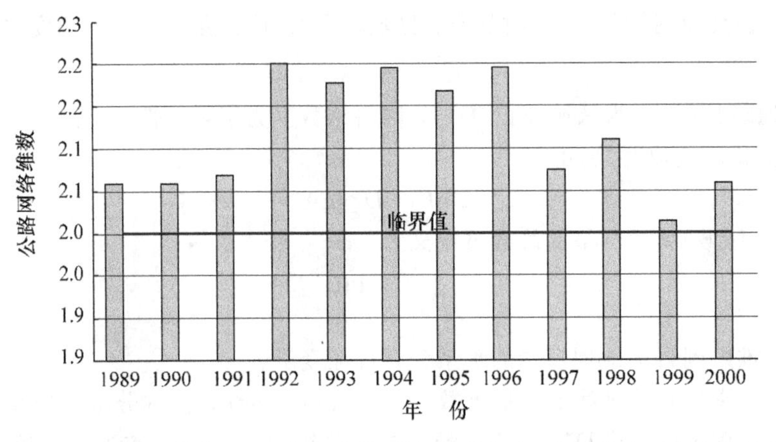

图 2-3-1 杭州市区道路分布的网络维数(城区范围的改变影响测度的结果和效果)

2.3.2 迂回指数

任意两点之间的实际连线的轨迹与其对应的欧氏直线长度之比，可以反映连线的曲折程度。迂回指数(detour index)也被译为绕曲指数，该指数被定义为两地之间实测最短距离与直线距离的比值(陈秉钊，1996)。计算公式为

$$DI=\frac{\text{两点间最短连接线路长度}}{\text{两点间直线距离}}\times 100\%. \tag{2-3-4}$$

可以看出，迂回指数的数值大于 1，或者大于 100%。

迂回指数的计算公式非常简单，应用方便。缺点是没有上限。为了试验上述测度的刻画

能力和适用范围,下面以河南省为研究区,考查 2002 年前后城市之间交通网络的空间迂回程度。河南省有 17 个主要城市,包括省会和地区首府。根据城市分布图容易测得城市两两之间的直线距离即欧氏距离,借助有关交通地图容易测算城市两两之间的最短交通里程。由于铁路网线只在有限的城市之间连通,而公路交通则所有 17 个城市都可以通达,交通里程取公路距离(表 2-3-2,表 2-3-3)。用表 2-3-3 中的交通里程数据除以表 2-3-2 中对应的直线距离数据,就可得到迂回指数(表 2-3-4)。全省平均为 1.243 4,用百分比表示就是 124.34%。

表 2-3-2 河南省 17 个主要城市之间的直线距离

单位:km

	郑州	洛阳	开封	新乡	安阳	焦作	濮阳	鹤壁	平顶山	许昌	漯河	商丘	周口	三门峡	南阳	驻马店	信阳
郑州		112	63	65	165	67	164	137	133	84	140	186	154	228	221	200	297
洛阳	112		175	149	218	95	260	209	130	146	193	294	237	116	186	238	319
开封	63	175		72	146	114	119	124	152	100	140	126	132	289	261	203	295
新乡	65	149	72		100	60	112	72	183	144	194	189	199	252	298	259	368
安阳	165	218	146	100		140	75	30	280	237	285	221	277	322	384	350	441
焦作	67	95	114	60	140		170	114	165	145	200	238	220	193	257	262	352
濮阳	164	260	119	112	75	170		78	269	217	254	152	233	363	379	333	369
鹤壁	137	209	124	72	30	114	78		254	228	261	210	256	299	357	326	417
平顶山	133	130	152	183	280	165	269	254		61	72	230	124	224	110	109	193
许昌	84	146	100	144	237	145	217	228	61		55	175	88	256	165	116	214
漯河	140	193	140	194	285	200	254	261	72	55		177	56	294	154	65	158
商丘	186	294	126	189	221	238	152	210	230	175	177		130	410	331	221	294
周口	154	237	132	199	277	220	233	256	124	88	56	130		341	209	92	173
三门峡	228	116	289	252	322	193	363	299	224	256	294	410	341		231	329	401
南阳	221	186	261	298	384	257	379	357	110	165	154	331	209	231		142	175
驻马店	200	238	203	259	350	262	333	326	109	116	65	221	92	329	142		93
信阳	297	319	295	368	441	352	369	417	193	214	158	294	173	401	175	93	

数据来源:根据地图出版社编制的《中国地图册(第 8 版)》测定,地图比例尺为 1∶3 500 000 的普通地图。表中的数据经过比例转换。

表 2-3-3 2002 年河南省 17 个主要城市之间的公路交通里程

单位:km

	郑州	洛阳	开封	新乡	安阳	焦作	濮阳	鹤壁	平顶山	许昌	漯河	商丘	周口	三门峡	南阳	驻马店	信阳
郑州		155	71	72	185	88	194	166	143	90	155	219	194	289	257	238	342
洛阳	155		226	174	285	105	299	257	181	187	234	374	296	134	274	317	421
开封	71	226		97	210	160	144	182	187	117	157	148	158	360	294	240	344
新乡	72	174	97		113	63	127	94	215	162	227	216	266	308	329	310	414
安阳	185	285	210	113		176	121	40	328	275	340	285	368	421	442	423	527

（单位：km） **（续表）**

	郑州	洛阳	开封	新乡	安阳	焦作	濮阳	鹤壁	平顶山	许昌	漯河	商丘	周口	三门峡	南阳	驻马店	信阳
焦作	88	105	160	63	176		190	157	231	178	243	276	282	239	345	326	430
濮阳	194	299	144	127	121	190		119	337	284	349	233	302	435	451	432	536
鹤壁	166	257	182	94	40	157	119		309	284	349	283	340	391	423	404	508
平顶山	143	181	187	215	328	231	337	309		70	95	270	153	315	133	178	282
许昌	90	187	117	162	275	178	284	284	70		65	200	109	321	177	148	252
漯河	155	234	157	227	340	243	349	349	95	65		198	58	368	184	83	187
商丘	219	374	148	216	285	276	233	283	270	200	198		135	508	377	251	355
周口	194	296	158	266	368	282	302	340	153	109	58	135		430	242	116	220
三门峡	289	134	360	308	421	239	435	391	315	321	368	508	430		408	451	555
南阳	257	274	294	329	442	345	451	423	133	177	184	377	242	408		161	210
驻马店	238	317	240	310	423	326	432	404	178	148	83	251	116	451	161		104
信阳	342	421	344	414	527	430	536	508	282	252	187	355	220	555	210	104	

数据来源：根据“河南省主要城镇公路里程表”，见北京天域北斗图书有限公司及北京九洲通图电子科技发展有限公司编“北斗地图系列”之一《河南省公路里程地图册》，人民交通出版社，2003。

表 2-3-4 河南省 17 个主要城市之间的迂回指数

	郑州	洛阳	开封	新乡	安阳	焦作	濮阳	鹤壁	平顶山	许昌	漯河	商丘	周口	三门峡	南阳	驻马店	信阳
郑州		1.384	1.127	1.108	1.121	1.313	1.183	1.212	1.075	1.071	1.107	1.177	1.260	1.268	1.163	1.190	1.152
洛阳	1.384		1.291	1.168	1.307	1.105	1.150	1.230	1.392	1.281	1.212	1.272	1.249	1.155	1.473	1.332	1.320
开封	1.127	1.291		1.347	1.438	1.404	1.210	1.468	1.230	1.170	1.121	1.175	1.197	1.246	1.126	1.182	1.166
新乡	1.108	1.168	1.347		1.130	1.050	1.134	1.306	1.175	1.125	1.170	1.143	1.337	1.222	1.104	1.197	1.125
安阳	1.121	1.307	1.438	1.130		1.257	1.613	1.333	1.171	1.160	1.193	1.290	1.329	1.307	1.151	1.209	1.195
焦作	1.313	1.105	1.404	1.050	1.257		1.118	1.377	1.400	1.228	1.215	1.160	1.282	1.238	1.342	1.244	1.222
濮阳	1.183	1.150	1.210	1.134	1.613	1.118		1.526	1.253	1.309	1.374	1.533	1.296	1.198	1.190	1.297	1.453
鹤壁	1.212	1.230	1.468	1.306	1.333	1.377	1.526		1.217	1.246	1.337	1.348	1.328	1.308	1.185	1.239	1.218
平顶山	1.075	1.392	1.230	1.175	1.171	1.400	1.253	1.217		1.148	1.319	1.174	1.234	1.406	1.209	1.633	1.461
许昌	1.071	1.281	1.170	1.125	1.160	1.228	1.309	1.246	1.148		1.182	1.143	1.239	1.254	1.073	1.276	1.178
漯河	1.107	1.212	1.121	1.170	1.193	1.215	1.374	1.337	1.319	1.182		1.119	1.036	1.252	1.195	1.277	1.184
商丘	1.177	1.272	1.175	1.143	1.290	1.160	1.533	1.348	1.174	1.143	1.119		1.038	1.239	1.139	1.136	1.207
周口	1.260	1.249	1.197	1.337	1.329	1.282	1.296	1.328	1.234	1.239	1.036	1.038		1.261	1.158	1.261	1.272
三门峡	1.268	1.155	1.246	1.222	1.307	1.238	1.198	1.308	1.406	1.254	1.252	1.239	1.261		1.766	1.371	1.384
南阳	1.163	1.473	1.126	1.104	1.151	1.342	1.190	1.185	1.209	1.073	1.195	1.139	1.158	1.766		1.134	1.200
驻马店	1.190	1.332	1.182	1.197	1.209	1.244	1.297	1.239	1.633	1.276	1.277	1.136	1.261	1.371	1.134		1.118
信阳	1.152	1.320	1.166	1.125	1.195	1.222	1.453	1.218	1.461	1.178	1.184	1.207	1.272	1.384	1.200	1.118	

§2.4 面状分布测度

2.4.1 简明案例的数据图表

面状分布测度主要是各种各样的形状特征的测度，它们大多是从标准圆(perfect circle)出发演绎而来。定义形状测度的数学原理就是前面提到的量纲一致性。为了说明形状测度的定义，考虑一个面域图形及其最小外接圆(minimum circumscribed circle, MCC)。为描述的规范化起见，假定图形的最长轴(longest axis)与最小外接圆的直径刚好一致，即有 $L=2R$，这里 L 为最长轴长度，R 为最小外接圆的半径。最长轴在城市形态研究中又叫 Feret 直径(Batty and Longley, 1994; Kaye, 1989; Longley et al., 1991)。为了不引起歧义，根据数学中的正交思想，定义通过圆心且与长轴相互垂直的直线被面域图形边界割下的线段为次长轴(secondary axis)，次长轴长度表示为 L'。图形的面积表示为 A，周长表示为 P，最小外接圆的面积表示为 A'(图 2-4-1)。全部基本测度的数据列入表 2-4-1。基于这些数据图表，讲解常用的形状测度，包括延伸率、形态率、紧凑度、紧凑指数、椭率指数以及 Boyce-Clark 形状指数(表 2-4-2)。顺便说明，本节所列举的各种测度广义上都可以叫作形状指数(shape index)(Haggett et al., 1977)。

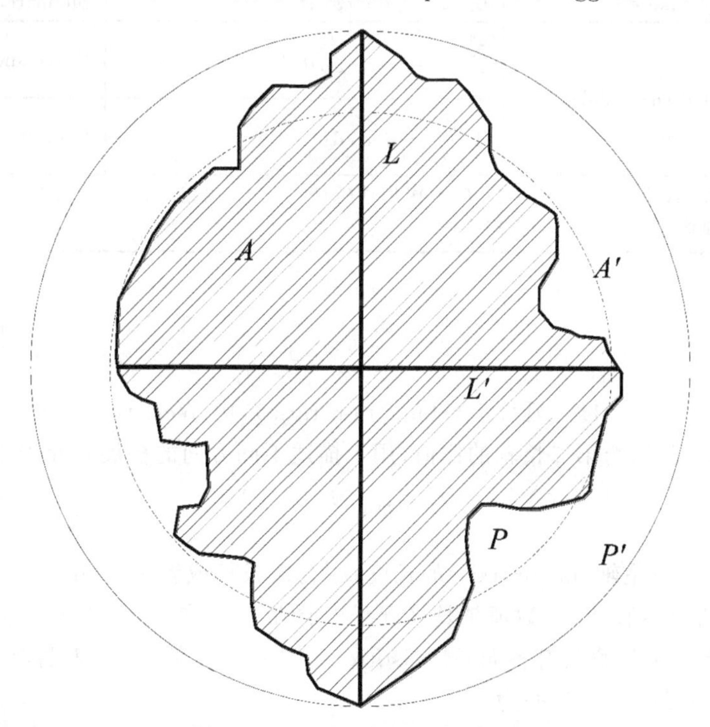

图 2-4-1 面域形状与最小外接圆

(说明：图中有两个圆，大圆为图形的最小外接圆，小圆为图形的面积等效圆。)

表 2-4-1 图形及其最小外接圆的基本测度值

图形测度			外接圆测度		
名称	符号	数值	名称	符号	数值
面积	A	122 768.712 0	面积	A'	212 730.086 4
周长	P	1567.328 8	周长	P'	1635.006 1
长轴	L	520.438 6	直径	D	520.438 6
短轴	L'	394.763 1	半径	R	260.219 3

说明：表中数据为任意单位的相对数值，用 AutoCAD 测量。

表 2-4-2 度量地理区域形状的基本测度

名称	公式	提出者
延伸率(elongation ratio)	L/L'	Werrity，1969
形态率(form ratio)	A/L^2	Horton，1932
圆形率(circularity ratio)	$(4A)/P^2$	Miller，1953
	$2\sqrt{\pi A}/P$	Richardson，1961
紧凑度(compactness ratio)	A/A'	Cole，1964
	$1.2732A/L^2=4A/(\pi L^2)$	Gibbs，1961
椭率指数(ellipticity index)	$L/\{2A/[\pi(L/2)]\}$	Stoddart，1965
放射形状指数(radial shape index)	$\sum_{i=1}^{n}\left\|(100d_i/\sum_{i=1}^{n}d_i)-(100/n)\right\|$	Boyce and Clark，1964
	$A/\sqrt{2\pi\int d_i^2\,\mathrm{d}x\,\mathrm{d}y}$	Blair and Bliss，1967

A=面积，L=最长轴(长轴，major axis)，L'=次长轴(短轴，minor axis)，P=周长，A'=最小外接圆面积，d_i=第 i 个面积到形心(centroid)的距离

资料来源：Haggett et al.，1977。

2.4.2 延伸率

最简单的形态发育测度是延伸率(elongation ratio)，由 Werrity 于 1969 年提出。该指数定义为图形的第一长轴与第二长轴的比值，用于描述不同方向的扩展差异程度。计算公式为

$$ER=\frac{L}{L'},\tag{2-4-1}$$

式中 L 为最长轴或者主轴(major axis)的长度，L'为次长轴或者次轴(minor axis)的长度。显而易见，延伸率的最小值是 1。数值越是接近于 1，图形在整体上越是接近于标准圆；图形接近于标准圆，表面形态的发育具有各向同性(isotropy)特征。数值越大，表明形态的发育偏离标准圆越远。对于图 2-4-1，延伸率为

$$ER=\frac{L}{L'}=\frac{394.763\,1}{520.438\,6}=1.318\,4.$$

数值大于1,表明图形具有特定方向的延伸性,即具有各向异性(anisotropy)特征。

2.4.3 形态率

地理现象的形态率(form ratio)概念和计算公式最初由著名地貌学理论家Horton于1932年提出,用于反映河流汇水区域的形态发育特征,后来被人文地理学者用于描述城市形态。形态率公式为

$$FR=\frac{A}{L^2}. \tag{2-4-2}$$

最初,式中A为河流汇水面积,L为主河道长度。在城市形态度量中,A为城区面积,L为城区的最小外接圆直径或者Feret直径。形态率数值越高,空间发育越是紧凑,或者说各向同性越是显著。对于图2-4-1,形态率为

$$FR=\frac{A}{L^2}=\frac{122\,768.712\,0}{520.438\,6^2}=0.453\,3.$$

实际上,形态率公式来自几何测度关系。根据量纲一致性原理,应有

$$L^{1/1}\propto A^{1/2}, \tag{2-4-3}$$

令

$$A=kL^2, \tag{2-4-4}$$

得到$k=A/L^2$,式中比例系数k就是形态率。对于标准圆,应有$A=\pi(L/2)^2=(\pi/4)L^2$,从而$k=\pi/4$。这意味着,$\pi/4$是形态率的基本参照值。

2.4.4 紧凑指数

如果一个图形逼近一个圆形,则其形态是紧凑的;反之,如果一个图形逼近一个椭圆图形,则不太紧凑。紧凑度(compaction ratio)又叫紧凑指数(compaction index),用于刻画空间分布收敛于圆形区域的程度。就数学形式而言,紧凑度先后出现了两种定义。其中之一是Horton形态率改进的结果。前述形态率公式有一个缺点,那就是标准圆的指数不是1,不便于比较。为了弥补这个缺陷,Gibbs于1961基于标准圆给出修正公式,表达式为

$$CR=\frac{FR}{\pi/4}=\frac{4A}{\pi L^2}=\frac{1.273\,2A}{L^2}. \tag{2-4-5}$$

可见,采用原始的形态率除以标准圆的形态率$\pi/4$,可以将其标准值转换为1,从而便于直观比较。对于等边三角形、正方形和正六边形,容易算出,它们各自的Gibbs紧凑度分别为0.413 5、0.636 6和0.827 0。数值越是接近于1,形状越是收敛于标准圆内。对于图2-4-1,Gibbs紧凑率为

$$CR=\frac{FR}{\pi/4}=\frac{4A}{\pi L^2}=\frac{4\times122\,768.712\,0}{520.438\,6^2\pi}=0.577\,1.$$

此数值介于三角形和正方形的紧凑指数之间。

上述紧凑度是将图形面积与长轴平方做比较。1964 年,Cole 提出另一个紧凑度定义,该测度将一个需要度量的图形的边界包围的面积与该图形的最小外接圆面积比较。计算公式为

$$CI=\frac{A}{A'}=\frac{\text{图形面积}}{\text{图形的最小外接圆面积}}. \tag{2-4-6}$$

图形面积 A 永远不会超过最小外接圆的面积 A'。因此,CI 数值介于 0～1。计算表明,等边三角形的紧凑指数为 0.413 5,正方形的紧凑指数为 0.636 6,正六边形的紧凑指数为 0.827 0。越是接近于圆形,紧凑指数越高。对于图 2-4-1,紧凑指数为 $CI=122\ 768.712\ 0/212\ 730.086\ 4=0.577\ 1$。可见,在规范化的结构定义框架里,两种紧凑度的计算结果完全一样,从而彼此在理论上等价。

2.4.5 椭率指数

将紧凑度或者紧凑指数颠倒过来,就可以得到对圆形偏离程度的度量指数。其中最常用的一个非紧凑程度的测度是椭率指数(ellipticity index)。该测度由 Stoddart 于 1965 年提出,度量方向与紧凑指数相反,刻画空间形态的不紧凑程度。椭率指数数值越高,各向异性特征越是明显。计算公式如下

$$EI=L/\left(\frac{2A}{\pi L/2}\right), \tag{2-4-7}$$

不难理解,对于圆形,面积为

$$A=\pi\left(\frac{L}{2}\right)^2=\frac{\pi L^2}{4}, \tag{2-4-8}$$

将式(2-4-8)代入式(2-4-7)立即得到 $EI=1$,这是圆形的椭率指数,也是最小椭率指数。该指数数值越大,表明形态发育越是不紧凑。容易证明,对于等边三角形、正方形以及正六边形,椭率指数分别为 2.418 4、1.570 8 和 1.209 2。椭率指数与紧凑度之间具有互为倒数的关系。对于图 2-4-1,椭率指数为

$$EI=L/\left(\frac{2A}{\pi L/2}\right)=520.438\ 6/\left(\frac{2\times 122\ 768.712\ 0}{520.438\ 6\pi/2}\right)=1.732\ 8.$$

其倒数为 0.577 1,与紧凑指数的倒数一致。

2.4.6 圆形率

在中文文献和教科书中,紧凑度常常与圆形率混为一谈。实际上,紧凑度是基于被观测图形的实际面积与图形最长轴定义的——理论上最长轴平方等价于最小外接圆面积,而圆形率则是基于图形面积与其边界长度来定义的。就数学意义而言,圆形率(circularity ratio)也是一种表示平面事物集聚紧凑程度的空间测度。早先的圆形率基于图形面积与边界长度平方来定义。Miller 于 1953 年提出一个圆形率测度,计算公式如下:

$$Ci=\frac{4A}{P^2}, \tag{2-4-9}$$

式中 P 为不规则图形的边界周长。指数 Ci 可以用于刻画形态发育结果与圆形接近的程度。当形状为圆形时，$A=\pi(L/2)^2$，$P=\pi L$，从而 $Ci=1/\pi$。这表明 $1/\pi$ 是圆形率的基本参照值 ($1/\pi\approx0.3183$)。正三角形的圆形率为 0.192 5，正方形的圆形率为 0.25，正六边形的圆形率为 0.288 7。对于图 2-4-1，圆形率为

$$Ci=\frac{4A}{P^2}=\frac{4\times122\,768.712\,0}{1567.328\,8^2}=0.199\,9.$$

这个数值介于等边三角形的圆形率与正方形的圆形率之间。

Miller 圆形率不便于直观判断，因为大多数学者对于特殊数值 $1/\pi$ 并没有太多的概念。如果将圆形率的边界值限定为 0 或者 1，则效果更好。另一个圆形率测度由著名学者 Lewis Fry Richardson 于 1961 年提出，基于面积平方根与边界长度，表达式如下：

$$Co=\frac{2\sqrt{\pi A}}{P}. \tag{2-4-10}$$

此圆形率可以更直观地刻画城市空间形态的紧凑程度，或者对圆形的接近程度。当城市形态为圆形时，结果为 $Co=1$。正三角形的圆形率为 0.777 6，正方形的圆形率为 0.886 2，正六边形的圆形率为 0.952 3。对于图 2-4-1，圆形率为

$$Co=\frac{2\sqrt{\pi A}}{P}=\frac{2\sqrt{122\,768.712\,0\pi}}{1567.328\,8}=0.792\,5.$$

这个数值高于正三角形的圆形率，小于正方形的圆形率。不难看出，对式(2-4-10)两边取平方，可以得到

$$Co^2=\frac{4\pi A}{P^2}=\pi Ci. \tag{2-4-11}$$

这表明 Richardson 圆形率与 Miller 圆形率的度量角度不同，但在数理上具有等价性。用 Miller 圆形率 Ci 值乘以圆周率 π 值再开平方根，就得到 Richardson 圆形率 Co 值。需要注意的是，数学等价不意味着数值等价：数学等价表明两个测度或者变量可以严格地相互转换，数值等价则表明两个测度或者变量之间形成严格的线性比例关系。Richardson 圆形率与 Miller 圆形率之间为平方比例关系，不是线性比例关系。

2.4.7 Boyce-Clark 形状指数

接下来介绍两个放射形状指数，它们代表狭义的形状指数。最有影响的形状指数是 Boyce-Clark 形状指数，用于度量放射状(radial shape)发育形态。虽然存在多种测度放射形状的方法，但 Boyce-Clark 形状指数定义方法具有一定的代表性。Boyce-Clark 形状指数是由 Boyce 和 Clark(1964)提出的，其基本思想是将研究对象的形状与标准圆进行比较，其计算公式为

$$SI=100\sum_{i=1}^{n}\left|d_i\Big/\sum_{i=1}^{n}d_i-\frac{1}{n}\right|, \tag{2-4-12}$$

式中，SI 是 Boyce-Clark 形状指数，d_i 为从一个图形的优势点(vantage point)到图形周界第 i 个点的径向长度，n 是具有相等角度差的辐射半径的数量。对于地理现象，形状优势点通常取形心(centroid)。n 可以取不同的数量，数量越大，形状指数值精度越高。对于标准圆或者正 n 边形，应有

$$\frac{d_i}{\sum_{i=1}^{n} d_i}=\frac{d_i}{nd_i}=\frac{1}{n}, \tag{2-4-13}$$

这意味着，对于标准圆或者正 n 边形，形状指数为 0。形状指数越大，表明形状越是具有各向异性特征；越是趋近于 0，表明越是接近于各向同性发育。式(2-4-12)中乘以 100 没有实质性的意义，目的是避免计算的数值过小。

不妨用一个非常简单的例子说明计算方法。假定某个城市形状有四个方向突出，度量长度分别是 3 单位、4 单位、5 单位和 6 单位，即有 $d_1=3, d_2=4, d_3=5, d_4=6$。于是

$$\sum_{i=1}^{4} d_i=18,\ \frac{1}{n}=\frac{1}{4}=0.25.$$

将数值代入式(2-4-12)，立即得到形状指数为 $SI=22.2222$。王新生等(2005)基于国家资源环境数据库动态土地利用数据，借助 GIS 软件支持，分别计算了 1990 年和 2000 年中国 31 个特大城市平面轮廓形状紧凑度和形状指数，据此分析中国城市形态空间特征的演化趋势。另一个放射形状指数由 Blair 和 Bliss 于 1967 年提出，不再一一详细说明(参见表 2-4-2)。其实，根据本书作者的经验，形状指数也可以采用如下度量公式

$$SI=10\sqrt{\frac{1}{n}\sum_{i=1}^{n}\left[\left(d_i\Big/\sum_{i=1}^{n} d_i\right)-\frac{1}{n}\right]^2}. \tag{2-4-14}$$

对于上面的那个简单的例子，容易算出，$SI=0.6211$。

2.4.8 其他测度方法

地理空间测度的指数还有其他一些。这些测度不仅仅用于描述城市，也可以用于刻画河流、湖泊等形态的发育特征。上述形态测度都是基于标准圆，标准圆可以是最小外接圆，也可以是面积等效圆(equivalent circle)。Taylor(1977)曾经推荐一个形态紧凑测度的定义方法。假定一个图形的面积为 A，令

$$A=\pi\left(\frac{D}{2}\right)^2, \tag{2-4-15}$$

则

$$D=2\sqrt{\frac{A}{\pi}} \tag{2-4-16}$$

为图形等效圆的直径。于是图形的紧凑测度可以定义为

$$e=\frac{D}{L}=\frac{2\sqrt{A/\pi}}{L}. \tag{2-4-17}$$

显然,e 的最大值为 1。以图 2-4-1 所示图形为例,等效圆直径为

$$D=2\sqrt{\frac{122\,768.712\,0}{\pi}}=395.365\,6,$$

于是紧凑指数为

$$e=\frac{D}{L}=\frac{395.365\,6}{520.438\,6}=0.759\,7.$$

不过,由于等效圆不同于最小外接圆,这个紧凑指数与前面的基于最小外接圆的紧凑度没有直接的可比性。

§2.5 区域的分布测度

2.5.1 区位商

所谓商,其数学含义就是两数之比。故在测度构造中,涉及两数的比值,或者比值的比值,通常叫作某某“商(quotient)”。区位商(location quotient)指的是一个地区的某种变量与特定标准相比较的系数。以产业度量为例,变量可能是一个子区域(如某个城市)的某种产业(如制造业)占该子区域全部产业的百分比(S_{ij}),标准则可能是整个区域(全省或者全国)的某种产业(如制造业)占总产业的百分比(T_j)。于是第 i 个子区域的第 j 种产业的区位商的计算公式为(Haggett et al., 1977)

$$IQ_i=\frac{S_{ij}}{T_j}=\frac{X_{ij}\Big/\sum_{j=1}^{m}X_{ij}}{Y_j\Big/\sum_{j}^{m}Y_j}=\frac{X_{ij}\Big/\sum_{j}^{m}X_{ij}}{\sum_{i}^{n}X_{ij}\Big/\sum_{i}^{n}\sum_{j}^{m}X_{ij}},\tag{2-5-1}$$

式中 X_{ij} 表示子区域 i 的第 j 种产业在该区域的分量,Y_j 表示总区域的第 j 种产业在整个区域的分量,$i=1,2,\cdots,n$,$j=1,2,\cdots,m$,这里 m 为产业类型数,n 为子区域数。$IQ_i=1$ 表示平均水平,大于 1 表示高于平均水平,小于 1 表示低于平均水平。区位商值高的产业可能具备相对的发展优势,因而可能是区域经济规模扩大的重要源泉。

以山东省淄博市产业描述为例,说明区位商的应用。按三次产业结构划分,通过区位商分析淄博市三大产业及其各个部门在山东省和全国范围内是否具备相对优势(表 2-5-1)。根据公式的含义,区位商大于 1 的行业达到区域平均水平以上;区位商大于 1.5 的行业,在该区域中发展到很高的水平。区位商越大,该区域内该行业的增长程度越高或者现状优势越明显。如果将城市全部活动划分为基本部分和非基本部分,区位商大于 1 的行业是具有基本活动功能的部门。区位商大于 1 的部门是对城市外部服务的,拥有对外输出的区域优势,能通过循环累积作用进一步扩大经济规模,为城市创造收入。

表 2-5-1　以山东省和全国为基数的淄博市主要产业部门的区位商(2002)

产业门类(按三次产业结构划分)	产业增加值/亿元			区位商	
	淄博市	山东省	全国	在山东省	在全国
国内生产总值	780.00	10 552.06	104 790.60	1.0000	1.0000
第一产业	48.33	1390.00	16 117.30	0.470 4	0.402 9
第二产业	452.87	5309.54	53 540.70	1.153 9	1.136 4
工业	408.46	4629.54	46 535.70	1.193 6	1.179 2
建筑业	44.41	680.00	7005.00	0.883 5	0.851 7
第三产业	278.80	3852.52	30 183.60	0.979 0	1.240 9
农林牧副渔服务业	2.28	25.50	265.10	1.209 6	1.155 5
地质勘查业、水利管理业	1.80	23.21	343.10	1.049 2	0.704 8
交通运输、仓储及邮电通信业	48.15	173.81	5968.30	3.747 7	1.083 9
批发和零售贸易、餐饮业	78.00	1047.83	7818.80	1.007 0	1.340 2
金融保险业	36.85	457.20	5585.90	1.090 4	0.886 3
房地产业	36.84	429.32	1885.40	1.160 9	2.625 1
社会服务业	15.42	300.49	986.30	0.694 2	2.100 4
卫生体育社会服务业	10.08	149.27	986.30	0.913 5	1.373 0
教育文艺广播电视业	13.85	298.76	2768.70	0.627 1	0.672 1
科研综合技术服务业	3.60	40.69	702.70	1.196 9	0.688 3
国家机关党政机关社会团体	25.40	344.35	2584.60	0.997 9	1.320 3
第三产业其他行业	6.53	65.89	288.40	1.340 7	3.041 9

资料来源：根据 2003 年《淄博统计年鉴》《山东统计年鉴》和 2003—2004 年《中国统计年鉴》计算。

区位商反映的是相对优势，也可理解为比较优势。该测度不能代表一种产业的绝对优势水平。仅具有较强的对外输出优势的行业，如果规模过小，过于分散，对城市产业发展来说也是不经济的，不宜选作重点发展的产业。为了反映出这些优势行业对外输出的规模，有人引入另一个指标——规模指数 β，其表达式为

$$\beta=(L_i-1)\times s_i, \tag{2-5-2}$$

其中 L_i 为 i 部门的区位商，s_i 为 i 部门的产值规模。这一指标除了能反映各行业在区域竞争中是否具有比较优势外，还能反映出该行业是否具有规模优势。显然，规模指数 β 的临界值是0。然而，作为一种测度，式(2-5-2)有一个明显的缺陷：没有明确的上、下限，从而数值变化范围过大。顺便说明，区位商不仅可以用于描述区域产业的相对优势水平，也可以用于反映区域人口、用地等的空间优势。区位商可以推广为任意两个比分之比，在此基础上发展一系列相对发展水平的测度，如一个区域的能耗商、水耗商。能耗商就是某行业部门万元产值耗能量与全部产业部门万元产值耗能量之比，水耗商就是某行业部门万元产值耗水量与全部产业部门万元产值耗水量之比。其余测度的定义依此类推。

2.5.2 中心性

区位商经过推广，可以发展为中心性(centrality)的计量公式。中心性最初由中心地理论的创始人 Christaller(1966)提出。以电话测度为例，广义区位商的计算公式为

$$L_c = \frac{T_z/P_z}{T_g/P_g}, \tag{2-5-3}$$

式中 L_c 相当于以电话为测度的区位商，T_z 为某个子区域的电话机量——可以用电话机数量或者交换机容量等度量，T_g 为总区域的电话量，P_z 为某个子区域的人口数量，T_g 为总区域的人口数量。区位商可以反映相对规模，不能反映绝对数量。中心性可以同时反映相对量与绝对量的信息，计算公式为

$$C = T_z\left(1 - \frac{1}{L_c}\right). \tag{2-5-4}$$

式中 C 表示中心性。

以淄博市 2004 年的情况为例，说明中心性的计算方法。基于淄博市当年的统计数据，根据上述公式，容易算出广义区位商和中心性(表 2-5-2)。计算结果表明，无论采用电话机台数、城市电话还是市话交换机容量度量，淄博市的张店都是全市的中心；中心性次强的是周村，然后博山等而下之。张店区是淄博市政府所在地，也是淄博市的中心区。博山则远离中心区。可以看到，中心性的衰减大体反映了地理学的距离衰减效应。

表 2-5-2 基于电话机的淄博市各区县的信息中心性对比(2004)

区县	电话	总人口/人	人均	区位商	中心性
淄川	205 008	672 612	0.304 8	0.960 1	−8508.929 5
张店	300 150	696 953	0.430 7	1.356 6	78 906.155 8
博山	152 635	468 558	0.325 8	1.026 2	3893.875 2
临淄	206 233	593 989	0.347 2	1.093 7	17 674.503 5
周村	115 882	314 020	0.369 0	1.162 5	16 198.101 7
桓台	146 692	487 295	0.301 0	0.948 3	−7997.081 0
高青	86 552	361 015	0.239 7	0.755 2	−28 050.199 0
沂源	104 203	555 434	0.187 6	0.591 0	−72 116.426 7
全市	1 317 355	4 149 876	0.317 4	1	0

资料来源：根据 2005 年《淄博统计年鉴》数据计算。

2.5.3 Lorenz 曲线和集中化指数

1. Lorenz 曲线和 Gini 系数

Lorenz 曲线实际上是某种频率累计曲线或者百分比累计曲线。Lorenz 曲线有两种表示方法，一是凸形表示，即频率或者百分比分布从大到小排列的累计结果(图 2-5-1a)；二是凹形表示，即频率或者百分比分布从小到大排列的累计结果(图 2-5-1b)。两种表示方法在形式上

是对偶的，计算结果是等价的。经典的 Lorenz 曲线是凸形的(Lorenz, 1905)，但凹形曲线有应用方面的特点(Gastwirth, 1972)。今天人们更多地采用凸形 Lorenz 曲线估计 Gini 系数，毕竟从大到小累计要比从小到大累计符合习惯一些。

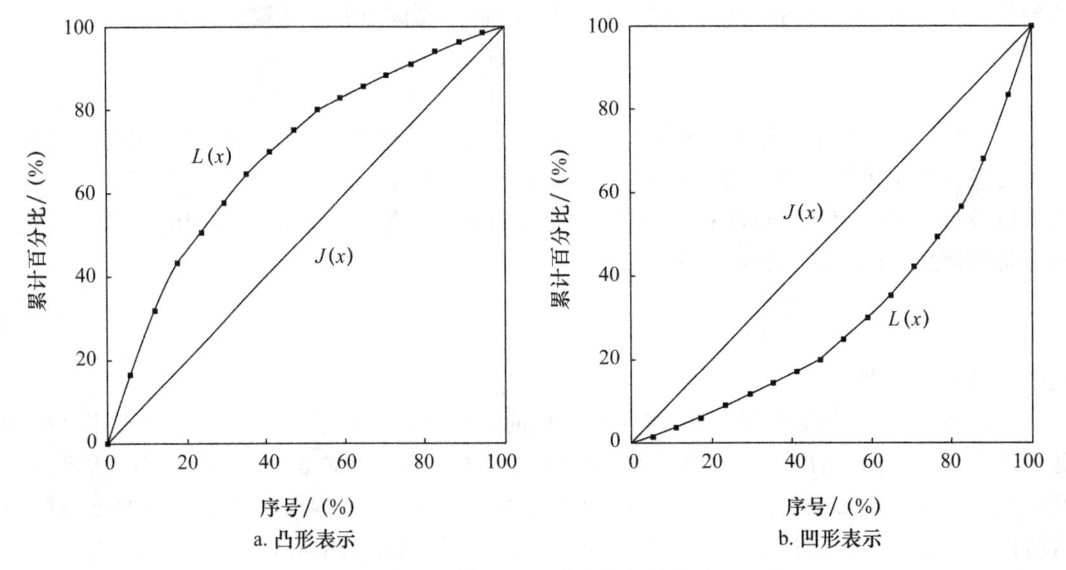

图 2-5-1　凸凹两种 Lorenz 曲线的规范化表示示意

说明：序号以百分比显示，对角线表示为 $J(x)$，曲线表示为函数 $L(x)$。

在 Lorenz 曲线的基础上，可以定义一个指数反映分布的差异性。定义的方法是比较实际累计分布曲线与均匀累计分布直线的差别程度。对于某种频率或者百分比分布，如果分布是绝对均匀的，则累计曲线是一条直线。在坐标图上，形成图 2-5-1 所示的对角线，相应的函数可以表示为

$$J(x)=Cx, \tag{2-5-5}$$

这里 x 表示顺序，C 为系数。假定有 N 个样品，数据以百分比的形式给出，则斜率为 $C=100/N$。对于归一化的变量，$C=1$。如果分布是绝对集中的，则累计频率或者百分比曲线与对角线连线包围的区域可以覆盖半个三角形：覆盖上三角区或者下三角区。现实中的 Lorenz 曲线 $L(x)$ 位于上述两种极端情况之间。Lorenz 曲线 $L(x)$ 与均匀分布曲线即对角线 $J(x)$ 包围的面积越大，则分布就越是集中，反之越是均匀。根据分布的几何特征，可以定义一个刻画不均匀程度的指数如下

$$G=\frac{1}{100N/2}\int_0^N [L(x)-J(x)]\,\mathrm{d}x, \tag{2-5-6}$$

这里 G 就是著名的 Gini 系数。式(2-5-6)的几何意义是 Lorenz 曲线 $L(x)$ 与对角线 $J(x)$ 围成的面积与对角线以上三角形面积的比率。当 $G=0$ 时，Lorenz 曲线与对角线吻合，此时为绝对均匀分布；当 $G=1$ 时，Lorenz 曲线覆盖整个三角形，此时为绝对集中分布。可见 G 值介于 0～1。

严格意义的 Gini 系数难以计算，通常都是近似估计。在文献中，Gini 系数采用如下公式估算

$$G=\frac{1}{2N(N-1)\bar{x}}\sum_{i=1}^{N}\sum_{j=1}^{N}|x_i-x_j|, \tag{2-5-7}$$

式中 G 为 Gini 系数的近似表示，x 为系统要素的某个测度，如人口规模($i,j=1,2,\cdots,N$，这里 N 为要素数目)。容易证明，G 的数值变化于 0～1 之间。当 $x_i\equiv x_j$，即所有的要素一样大小的时候，$G=0$；当某个 $x_i\neq 0$，而其余的 $x_{j\neq i}=0$ 的时候，可得

$$G=\frac{2(N-1)x_i}{2N(N-1)\bar{x}}=\frac{x_i/N}{\bar{x}}=1.$$

本书作者发现，Gini 系数也可以采用如下公式近似计算

$$G=\frac{S_d}{S_s}=\frac{\sum_{i=1}^{N}\sum_{j=1}^{N}|x_i-x_j|}{\sum_{i=1}^{N}\sum_{j=1}^{N}(x_i+x_j)_{i\neq j}}, \tag{2-5-8}$$

式中 S_d 表示数值两两之差的绝对值之和，S_s 表示数值两两之和的总和(不包括自我相加的结果)。这个公式的好处在于，可以将数据处理过程表示为矩阵运算形式，简明直观。两两数值之差的绝对值构成一个矩阵，两两数值之和构成另一个矩阵。扣除对角线元素，分别加和，其比例即为 Gini 系数。如果不扣除对角线元素，即将数值自我加和也考虑进来，则式(2-5-8)改为

$$G=\frac{N}{N-1}\frac{S_d}{S_s^*}=\frac{N}{N-1}\frac{\sum_{i=1}^{N}\sum_{j=1}^{N}|x_i-x_j|}{\sum_{i=1}^{N}\sum_{j=1}^{N}(x_i+x_j)}=\frac{\sum_{i=1}^{N}\sum_{j=1}^{N}|x_i-x_j|}{\sum_{i=1}^{N}\sum_{j=1}^{N}(x_i+x_j)-2\sum_{i=1}^{N}x_i}. \tag{2-5-9}$$

简而言之，计算两两数值之差的绝对值(自我相减为 0，忽略不计)，求和；再计算两两之和(不包括自我相加)，再求和；数值差绝对值之和与数值和之和的比值，便是所要估计的 Gini 系数。在文献中还有一个不平衡指数，用以衡量区域要素的分布差异(周一星，1995)。假定将整个区域划分为 N 个部分，不平衡指数 S 的计算公式为

$$S=\frac{\sum_{i=1}^{N}X_i-50(N+1)}{100N-50(N+1)}, \tag{2-5-10}$$

式中 X_i 为某种测度如人口或者产值的累积百分比。显然 $I=0$ 表示绝对均匀，$I=1$ 表示绝对集中。可以证明，式(2-5-10)与式(2-5-7)、式(2-5-8)以及式(2-5-9)彼此等价。

如果不计算 Gini 系数，通过比较 Lorenz 曲线的凸起或者凹陷程度，也可以直观地判知不同事物分布的差异性大小。例如，将 2000 年山东省 17 个主要城市的城区人口和城区面积的 Lorenz 曲线画在同一幅图中，可以清楚地看出，相对于面积分布的 Lorenz 曲线，人口分布的 Lorenz 曲线与对角线之间包围的面积更大一些(图 2-5-2)。由此可以断定，山东 17 市的人口规模差异比面积差异更大，亦即更加不均衡。

2. 集中化指数

然而,上述近似公式给出的结果其实都不是严格意义的Gini系数的近似值。它们在数值上都等同于集中化指数(index of concentration)。为了描述等级分布的差异性,人们基于累计分布提出了一个集中化指数 I 用以代替Gini系数 G(林炳耀,1985)。基于凸形Lorenz曲线,集中化指数 I 的计算公式如下:

$$I=\frac{A-R}{M-R}. \tag{2-5-11}$$

式中 A 是实际累积百分比总和,R 是均匀分布时的累积百分比总和,M 是集中分布的累积百分比总和。对凹形Lorenz曲线,计算公式加上一个负号即可

$$I=\frac{R-A}{M-R}. \tag{2-5-12}$$

可以证明,式(2-5-11)、式(2-5-12)与式(2-5-7)、式(2-5-8)、式(2-5-9)、式(2-5-10)相互等价。也就是说,所谓不平衡指数和集中化指数与Gini系数的近似估计值是同一个概念,只是表达形式不同而已。假定有 N 个样品,则基于凸形曲线,可得

$$M=100+100+\cdots+100=100N, \tag{2-5-13}$$

$$R=\frac{100(1+2+\cdots+N)}{N}=\frac{100}{N}\frac{1}{2}N(N+1)=50(N+1). \tag{2-5-14}$$

将式(2-5-13)、式(2-5-14)代入式(2-5-11)立即得出不平衡指数。基于凹形Lorenz曲线和相应的数学公式可以推导出相同的结果。

下面以山东城市2000年的人口普查数据为例说明集中化指数的计算方法。当年山东省有48个建制市,为了简明起见,只考虑17个地级市,即样本数取 $N=17$(表2-5-3)。不妨基于凸形Lorenz曲线说明集中化指数的计算过程,结果如图2-5-2所示。

第一步,求实际累计百分比之和。将数据从大到小依次排序,然后将数据加和,计算百分比分布。将百分比逐步累计,然后将累计分布求和,得到 $A=1226.761$。

第二步,求集中分布的累计结果之和。绝对集中分布就是假设某一个样品(譬如说,青岛)的分布为100%,其余样本的分布为0。于是加和得到

$$M=100N=100\times 17=1700.$$

第三步,求均匀分布的累计结果之和。均匀分布假定所有样品大小一样,其数值就是实际分布的平均值,亦即对角线的斜率,$C=100/N=100/17=5.882$。于是加和得到

$$R=50(N+1)=50\times 18=900.$$

第四步,求集中化指数。将上述 A 值、M 值和 R 值代入集中化指数公式,即式(2-5-11),得到

$$I=\frac{1226.7607-900}{1700-900}=0.4085.$$

类似地,可以计算凹形分布的集中化指数。对于凹形分布,计算过程与凸形分布大同小异,不同之处在于原始数据从小到大排列。此时 $A=573.2393$,M 值和 R 值不变。于是计算结果为

$$I=\frac{R-A}{M-R}=\frac{900-573.2393}{1700-900}=0.4085.$$

可见最终数值完全一样。此外，也可以不按百分比计算，而是按照累积频率计算，结果相同。

表 2-5-3 集中化指数的计算过程(从大到小排列——凸形)

城市	人口	百分比	累积百分比	集中分布	集中累积	均匀分布	均匀累积
青岛市	2 720 972	16.548 8	16.548 8	100	100	5.882 4	5.882 4
济南市	2 585 986	15.727 9	32.276 7	0	100	5.882 4	11.764 7
淄博市	1 762 448	10.719 1	42.995 8	0	100	5.882 4	17.647 1
潍坊市	1 248 588	7.593 9	50.589 7	0	100	5.882 4	23.529 4
烟台市	1 207 894	7.346 4	57.936 0	0	100	5.882 4	29.411 8
临沂市	1 097 802	6.676 8	64.612 8	0	100	5.882 4	35.294 1
济宁市	874 422	5.318 2	69.931 0	0	100	5.882 4	41.176 5
泰安市	853 414	5.190 4	75.121 4	0	100	5.882 4	47.058 8
枣庄市	757 097	4.604 6	79.726 1	0	100	5.882 4	52.941 2
日照市	499 972	3.040 8	82.766 9	0	100	5.882 4	58.823 5
东营市	491 347	2.988 4	85.755 2	0	100	5.882 4	64.705 9
聊城市	451 616	2.746 7	88.501 9	0	100	5.882 4	70.588 2
菏泽市	448 121	2.725 5	91.227 4	0	100	5.882 4	76.470 6
威海市	437 164	2.658 8	93.886 2	0	100	5.882 4	82.352 9
德州市	391 381	2.380 4	96.266 5	0	100	5.882 4	88.235 3
滨州市	386 683	2.351 8	98.618 3	0	100	5.882 4	94.117 6
莱芜市	227 175	1.381 7	100.000 0	0	100	5.882 4	100.000 0
总和	16 442 082	100.000 0	1226.760 7	100.000 0	1700.000 0	100.000 0	900.000 0

资料来源：原始数据来自周一星，于海波(2004)基于人口普查资料的处理结果。

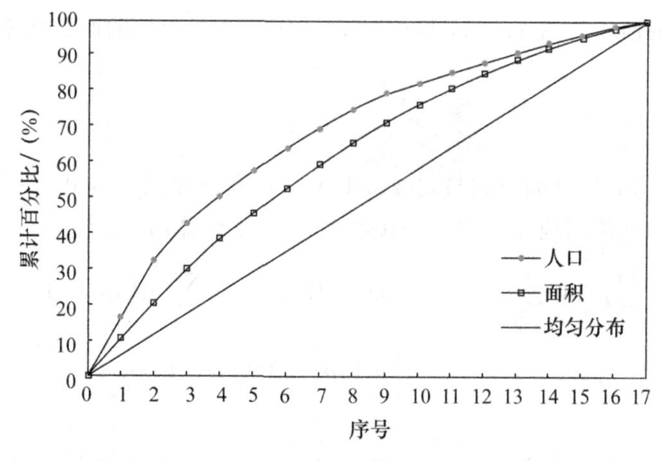

图 2-5-2 山东省 17 个地级城市人口和面积的 Lorenz 曲线(2000)

2.5.4 信息熵和均衡度

1. 等级结构的信息熵和均衡度

前面采用信息熵和均衡度描述点集的空间分布特征。实际上，信息熵和均衡度也可以用来描述一个区域中地理事物等级差异的均衡性。例如，可以用它们反映城市等级体系的规模分布特征。考虑一个区域的 N 个城市，每个城市的规模为 $S_i(i=1, 2,\cdots, N)$。定义一个城市的规模比率为

$$p_i=\frac{S_i}{\sum_{i=1}^{N}S_i}, \tag{2-5-15}$$

则城市等级体系的信息熵为

$$H=-\sum_{i=1}^{N}p_i\log p_i, \tag{2-5-16}$$

均衡度为

$$J=\frac{H}{H_{\max}}=-\frac{1}{\log N}\sum_{i=1}^{N}p_i\log p_i. \tag{2-5-17}$$

以山东省17个主要城市为例，不难算出

$$H=-\sum_{i=1}^{17}p_i\ln p_i=2.588\,4(\text{nat}),$$

相应地，均衡度为

$$J=H/\ln(17)=2.588\,4/2.833\,2=0.913\,6.$$

均衡度的数值介于 0～1，并且不受对数形式的影响。

2. 内部结构的信息熵和均衡度

信息熵和均衡度还可以用来描述城市内部土地利用结构的均衡性。考虑一个城市的 N 类土地，每类土地的面积为 $A_i(i=1, 2,\cdots, N)$。定义一类土地的面积比率为

$$p_i=\frac{A_i}{\sum_{i=1}^{N}A_i}, \tag{2-5-18}$$

则城市土地利用结构的信息熵公式与式(2-5-16)一样，均衡度公式与式(2-5-17)一样。以天津市 2001—2003 年的 9 类用地($N=9$)为例(表 2-5-4)，不难算出

$$H_{2001}=-\sum_{i=1}^{9}p_i\ln p_i=1.995\,2(\text{nat}),\ H_{2002}=-\sum_{i=1}^{9}p_i\ln p_i=1.992\,3(\text{nat}),$$

$$H_{2003}=-\sum_{i=1}^{9}p_i\ln p_i=1.993\,7(\text{nat}).$$

相应地，均衡度为

$$J_{2001}=1.995\,2/\ln(9)=0.908\,1,\ J_{2002}=1.992\,3/\ln(9)=0.906\,7,$$

$$J_{2003}=1.9937/\ln(9)=0.9074.$$

由于时间跨度小，在连续三年内，天津市的土地利用结构没有显著改变。

表 2-5-4　城市土地利用结构的信息熵和均衡度计算过程

用地类型	用地面积			比重			熵值		
	2001	2002	2003	2001	2002	2003	2001	2002	2003
居住用地	108.89	116.86	119.81	0.256 8	0.257 4	0.245 8	0.349 1	0.349 3	0.344 9
公共设施用地	41.29	44.36	51.02	0.097 4	0.097 7	0.104 7	0.226 8	0.227 3	0.236 2
工业用地	95.86	106.48	116.87	0.226 1	0.234 5	0.239 7	0.336 1	0.340 1	0.342 4
仓储用地	40.37	39.89	34.67	0.095 2	0.087 9	0.071 1	0.223 9	0.213 7	0.188 0
对外交通用地	20.88	23.03	20.36	0.049 2	0.050 7	0.041 8	0.148 3	0.151 2	0.132 6
道路广场用地	40.45	42.21	44.16	0.095 4	0.093 0	0.090 6	0.224 1	0.220 9	0.217 5
市政公用设施	12.49	14.04	14.07	0.029 5	0.030 9	0.028 9	0.103 8	0.107 5	0.102 3
绿地	22.75	27.09	45.19	0.053 6	0.059 7	0.092 7	0.156 9	0.168 2	0.220 5
特殊用地	41.08	40.03	41.32	0.096 9	0.088 2	0.084 8	0.226 1	0.214 1	0.209 2
合计	424.06	453.99	487.47	1	1	1	1.995 2	1.992 3	1.993 7

原始数据来源：2004 年《天津统计年鉴》。

§2.6　小　结

这一章讲授了地理学中常用的测度方法，实际上是基于基本测度如长度、面积、点数等建立起来的各种指数。作为地理空间测度的指数可以将一系列复杂的观测数据浓缩为一个简单的数字。通过这个简单的数字，可以洞察地理系统背后的关键特征。其中有些测度如信息熵的应用范围甚为广泛，它们在自然地理学、人文地理学以及不同空间尺度上都有应用。通过本章的学习，不仅要掌握一些空间测度，更需要掌握一些空间测度计量公式的构造方法。尽管地理空间测度形形色色，但它们具有共同的特征。第一，它们都是从不同的角度反映地理空间差异性。由于均衡性与差异性是一个问题的两个方面，有时也从均衡性的角度反映地理现象的差异性，例如均衡度的倒数或者用 1 减去均衡度就得到差异度指数。有的是描述空间分布的差异，如中项中心、最邻近指数等；有的是描述规模分布的差异性，如区位商、Gini 系数（集中化指数）等；有的是从均衡性的角度反向测量差异性，例如基于空间信息熵的均衡度、网络维数等；有的是刻画空间扩展方向的差异性，例如各种形状指数。第二，它们都具有临界值或者边界值作为参照标准。一个好的地理空间测度，都应该具有相应的数值作为参照标准。例如，最邻近指数以随机分布的 1 为参照标准，网络维数以均衡分布的欧氏维数 2 为参照标准，各种形状指数以标准圆的有关指标为参照标准，区位商以平均水平的 1 为参照标准。这些标准都属于临界值。另外一些指标则具有明确的上限或下限作为边界值，例如均衡度和集中化指数数值介于 0～1，0 为下限而 1 为上限。信息熵虽然没有上限，但具有明确的下限 0。第三，它们具有特征尺度。所有的空间描述都是基于特征尺度的，没有特征尺度就不能给出研究对象的关键数字特征。数据分析、数学建模是以特征尺度为基准。如果一个指数没有特征尺度，就不会存在临界值或者边界值之类的参考指标。

单纯的一个地理测度本身往往并不能说明什么问题，只有在纵向比较和横向比较过程中其意义才能体现出来。例如，当人们提到一个城市的城区面积时，它所提供的信息量是非常有限的。但是，如果给出一个城市不同年份的城区面积数据，就可以据此分析城市的空间扩展和演化规律；如果给出同一个时刻不同城市的城区面积，就可以据此分析城市体系的等级结构特征。如果在给出城区面积数据集的同时还给出城市人口规模数据集合，则可以建立相关分析，探讨城市系统的异速标度性质或者城市演化的空间动力学。本章讲述的测度都是非基本测度，这些测度具有自我比较性质，单个的测度数值具有较为丰富的地理空间信息。例如一个区域城市分布的均衡度接近于0，就表明分布非常集中，接近于1就表明分布非常均匀。如果能够计算同一地理事物不同年份的非基本测度，或者计算同一个时间不同要素的非基本测度，则可以进一步开展纵向比较和横向比较，从而得到更多的地理系统演化的时空信息。可见，空间测度为人们提供了一个解析地理系统的便捷途径。需要明确的是，没有完美的测度，任何指数都有优长和不足之处，都有自己的适用范围。只有扬长避短、恰当运用，才能避免误解和误导，得出真正有价值的地理分析结论。

第3章　地理系统的一元线性回归分析

在地理分析中，经常需要探讨两种现象之间的相关关系乃至因果关系。对于全球变暖，可以采用年均气温来测度其改变轨迹。导致全球变暖的原因是什么？一种解释是大气中的二氧化碳含量增多。也就是说，全球升温可能是由大气中的二氧化碳含量升高加强温室效应所致。这个假定在多大程度上可以接受？为此可以开展回归分析进行判断：以大气中的二氧化碳含量为一个变量——叫作解释变量(explanatory variable)，以年均气温为另一个变量——叫作响应变量(response variable)。如果能够获得连续多个年份的观测数据，就可以建立这两个变量的函数关系，这是一因一果的关系，这个建模过程可以采用一元回归分析(regression analysis)来实现。如果两个变量之间的关系为线性关系，则这个回归过程就是最简单的回归——一元线性回归；如果两个变量之间的关系为非线性关系，则这个回归过程可能涉及简单的非线性回归——可线性化单变量非线性回归。但是，引起全球升温的因素可能不止一个，比方说，除了大气中的二氧化碳之外，或许还有海洋水蒸气。如果考虑用两个以上彼此独立的解释变量解释同一种现象，就涉及多因一果的关系。基于多个独立的解释变量和一个响应变量建立回归模型，属于多元线性回归分析。一元线性回归是多元线性回归分析的基础，线性回归分析则是非线性回归分析的基础。灵活运用回归分析技术，可以建立简单而且实用的地理数学模型。

§3.1　一元线性回归模型与图像

回归分析方法可以通过数学模型来准确而深入地理解。回归模型通常有三种表达形式：理论模型、观测模型和预测模型。理论上，一元线性模型的函数表达式为

$$y=\alpha+\beta x, \tag{3-1-1}$$

式中 x 为独立变量或者自变量(argument 或 independent variable)，又叫解释变量或者输入(input)变量，y 为依存变量或者因变量(dependent variable)，又叫响应变量或者输出(output)变量，未知参数 α 叫作截距(intercept)，为常数项，另一个未知数 β 叫作斜率(slope)，反映 x 对 y 的作用强度。理论模型的参数和统计量通常采用希腊字母表示，而经验模型的参数和统计量则一般采用拉丁字母表示。

一元线性回归模型代表最简单的映射关系：两个变量之间的元素一一对应的线性转换关系。回归建模的思路是，给定一组 x 值以及与其对应的 y 值，采用一定的算法估计参数 α、β 值，估计的结果与真实的 α、β 值有区别，可以表示为拉丁字母 a、b。这里 a 是 α 的近似估计值，b 是 β 的近似估计值。于是，得到两种表达式。一是观测模型

$$y_i=a+bx_i+\varepsilon_i, \tag{3-1-2}$$

式中 ε 为基于总体的误差(error)项,又叫残差(residuals),i 为采样序号($i=1,2,\cdots,n$,n 为样本大小)。二是预测模型

$$\hat{y}_i = a + bx_i, \tag{3-1-3}$$

式中的"ˆ"表示估计值或者计算值,其本质是一种条件均值。显然,应有

$$\varepsilon_i = y_i - \hat{y}_i = y_i - a - bx_i. \tag{3-1-4}$$

注意,式(3-1-1)是用于理论推导和变换的,真实的 α、β 值我们永远不知道。对于有效的模型,残差数值必然有正有负,平均值接近于 0。残差出现的频率服从正态分布是期望的结果。理论上,残差均值必须为 0。因此,容易证明,因变量观测值的平均值等于其预测值的平均值。

一元线性回归模型的拟合效果可以借助散点图直观反映出来。如果以 x 为横轴,以 y 为纵轴,作坐标图,则可以将观测值(x_i, y_i)描绘在坐标图上,得到观测值的散点图(scatterplot)。进一步地,如果将 x_i 以及 y_i 的计算值描绘在图中,并且将点(x_i, $\hat{y}_i$)连接起来,就会形成一条直线。这条直线叫作趋势线(trend line),或者回归线(regression line)。回归线与纵轴的交点为常数项 a 的值,回归线的斜率为系数 b 的值(图 3-1-1)。

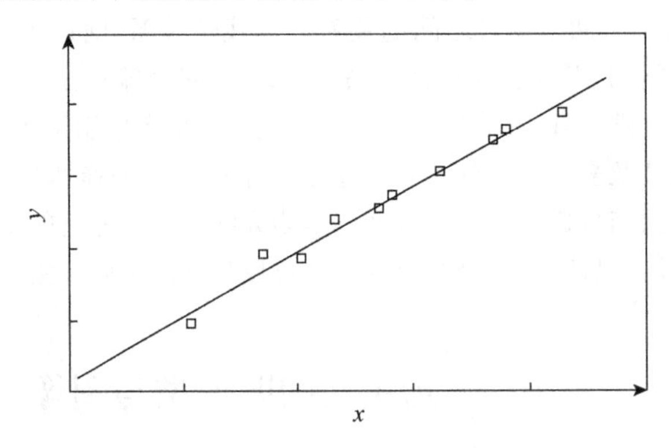

图 3-1-1　一元线性回归方程图像：散点和趋势线

§ 3.2　最小二乘法

数学模型建立涉及一系列的环节,包括方程、算法、评估即统计检验方法,最后基于观测数据给出案例分析。为了有效地估计一元线性回归模型的未知参数 α、β 的值,即计算 a、b 值,需要采取一定的算法。常用的计算方法之一是普通最小二乘法(ordinary least squares, OLS)。最小二乘法的发明与地理大发现有关——为求解航海方程而发明的一种算法,后被统计学家引入回归分析过程。这种方法的思想是,计算式(3-1-4)给出的残差的平方和,然后以平方和最小为目标,寻找参数估计值。残差的平方和可以表示为

$$S = \sum_{i=1}^{n} \varepsilon_i^2. \tag{3-2-1}$$

将式(3-1-4)代入式(3-2-1)化为

$$S=\sum_{i=1}^{n}(y_i-a-bx_i)^2. \tag{3-2-2}$$

不难理解,S 越小,y 的观测值与预测值越是逼近;当 S 为 0 时,y 的所有观测值与预测值完全吻合,形成所谓完美拟合(perfect fit)。退一步讲,当 $S\to0$ 即逼近于 0 时,拟合效果也很不错。根据微积分知识可知,要想判断 S 是否存在极小值,以及计算 S 的最小值,可以利用求导数的方法。如果 S 对 a、b 的导数等于 0,则极小值存在,并且可以根据基于导数结果建立的等式求解回归系数。

这里的关键是问题转换:模型参数与变量的位置调换。建模过程依赖于观测样本,此时变量 x、y 数值已知,参数 a、b 数值未知;建模结果用于实际问题,则是参数 a、b 数值已知,变量 x、y 存在未知数。换言之,对于实际应用中的一个系统,a、b 为常量,x、y 为变量;对于模型参数估计这一类问题,x、y 为常量,a、b 为变量。现在,视 x、y 为常量,a、b 为变量。分别对式(3-2-2)求 a、b 的偏导数,得到

$$\frac{\partial S}{\partial a}=-2\sum_{i=1}^{n}(y_i-a-bx_i), \tag{3-2-3}$$

$$\frac{\partial S}{\partial b}=-2\sum_{i=1}^{n}(y_i-a-bx_i)x_i. \tag{3-2-4}$$

考虑到极值条件,取 $\partial S/\partial a=0$,$\partial S/\partial b=0$,经整理得到如下正规方程(normal equation)组

$$\begin{cases} na+(\sum_{i=1}^{n}x_i)b=\sum_{i=1}^{n}y_i \\ (\sum_{i=1}^{n}x_i)a+(\sum_{i=1}^{n}x_i^2)b=\sum_{i=1}^{n}x_iy_i \end{cases} \tag{3-2-5}$$

根据线性代数的知识,可以借助克莱默法则(Cramer's rule)估计未知数。利用未知量 a、b 的系数构建行列式

$$A=\begin{vmatrix} \sum_{i=1}^{n}y_i & \sum_{i=1}^{n}x_i \\ \sum_{i=1}^{n}x_iy_i & \sum_{i=1}^{n}x_i^2 \end{vmatrix},\ B=\begin{vmatrix} n & \sum_{i=1}^{n}y_i \\ \sum_{i=1}^{n}x_i & \sum_{i=1}^{n}x_iy_i \end{vmatrix},\ C=\begin{vmatrix} n & \sum_{i=1}^{n}x_i \\ \sum_{i=1}^{n}x_i & \sum_{i=1}^{n}x_i^2 \end{vmatrix}.$$

由克莱默法则可知:$a=A/C$,$b=B/C$。于是

$$\begin{cases} a=\dfrac{\sum_{i=1}^{n}x_i^2\sum_{i=1}^{n}y_i-\sum_{i=1}^{n}x_i\sum_{i=1}^{n}x_iy_i}{n\sum_{i=1}^{n}x_i^2-(\sum_{i=1}^{n}x_i)^2} \\ b=\dfrac{n\sum_{i=1}^{n}x_iy_i-\sum_{i=1}^{n}x_i\sum_{i=1}^{n}y_i}{n\sum_{i=1}^{n}x_i^2-(\sum_{i=1}^{n}x_i)^2} \end{cases}. \tag{3-2-6}$$

容易证明,式(3-2-6)中回归系数 b 也可以表示为

$$b=\frac{\sum_{i=1}^{n}(x_i-\bar{x})(y_i-\bar{y})}{\sum_{i=1}^{n}(x_i-\bar{x})^2}. \tag{3-2-7}$$

这里

$$\bar{x}=\frac{1}{n}\sum_{i=1}^{n}x_i,\ \bar{y}=\frac{1}{n}\sum_{i=1}^{n}y_i=\frac{1}{n}\sum_{i=1}^{n}\hat{y}_i$$

为自变量和因变量的平均值。由式(3-1-3)连加可以导出

$$a=\frac{1}{n}\sum_{i=1}^{n}\hat{y}_i-b\,\frac{1}{n}\sum_{i=1}^{n}x_i=\bar{y}-b\bar{x}. \tag{3-2-8}$$

为了方便后面讲述统计检验知识,有必要了解相关的统计量。在式(3-2-7)中,称

$$S_{xy}=\sum_{i=1}^{n}(x_i-\bar{x})(y_i-\bar{y}) \tag{3-2-9}$$

为 x、y 的交叉乘积和(sum of cross products),又称

$$S_{xx}=\sum_{i=1}^{n}(x_i-\bar{x})^2 \tag{3-2-10}$$

为 x 的离差平方和(sum of squared deviation)。于是回归系数 b 可以写成 $b=S_{xy}/S_{xx}$。

三个统计量对理解回归分析很有帮助。其一是总平方和(total sum of squares,SST),定义为

$$\mathrm{SST}=\sum_{i=1}^{n}(y_i-\bar{y})^2, \tag{3-2-11}$$

其几何意义为因变量到其平均值的距离的平方,实为 y 的离差平方和。它综合地反映 n 个 y_i 值对它们平均值的偏离程度,或者说这些数据点的分散程度。其二是回归平方和(regression sum of squares, SSR),定义为

$$\mathrm{SSR}=\sum_{i=1}^{n}(\hat{y}_i-\bar{y})^2, \tag{3-2-12}$$

其几何意义为因变量预测值到平均值的距离的平方。它反映预测值对平均值的偏离程度。如果说算术平均值为非条件均值,预测值则可以视为条件均值:随自变量而改变的均值。其三是误差平方和(error sum of squares, SSE,又称剩余平方和),定义为

$$\mathrm{SSE}=\sum_{i=1}^{n}(y_i-\hat{y}_i)^2, \tag{3-2-13}$$

其几何意义为因变量观测值到预测值的距离的平方。它反映观测值与预测值之间的总的偏离程度,其数值越小,表明回归模型对观测数据的拟合效果越好。可以证明

$$\sum_{i=1}^{n}(y_i-\bar{y})^2=\sum_{i=1}^{n}(\hat{y}_i-\bar{y})^2+\sum_{i=1}^{n}(y_i-\hat{y}_i)^2. \tag{3-2-14}$$

此式可以简单地表示为：SST＝SSR＋SSE。式(3-2-14)可以理解为回归分析的勾股定理，表明观测值、预测值和平均值三个点集形成一个直角三角形。顺便说明，在一些计量经济学教科书中，回归平方和叫作解释平方和(explained sum of squares，SSE)，误差平方和叫作残差平方和(residual sum of squares，SSR)。于是，有关回归平方和与误差平方和的数学符号与上面的表示刚好相反。

§3.3 实例——积雪深度与灌溉面积

为了说明线性回归分析的应用方法，不妨先看一个简单的案例分析。为了估计山上积雪融化后对山下农业灌溉的影响，在山上建立观测站，测得连续10年的山上最大积雪深度观测数据，并且统计当年山下灌溉面积的大小，结果如表3-3-1所示。现在要求：① 建模。借助观测数据建立回归模型，并估计模型参数。② 解释。说明山上积雪对山下灌溉面积的影响程度。③ 预测。假定1981年的山上最大积雪深度为27.5米，预测当年山下灌溉面积的大小。

表3-3-1 最大积雪深度与灌溉面积的10年观测数据

年份	积雪深度 x /米	灌溉面积 y /千亩	x_i^2	y_i^2	$x_i y_i$	计算值 $\hat{y}_i$	残差 ε_i
1971	15.2	28.6	231.04	817.96	434.72	29.913	−1.313
1972	10.4	19.3	108.16	372.49	200.72	21.211	−1.911
1973	21.2	40.5	449.44	1640.25	858.60	40.790	−0.290
1974	18.6	35.6	345.96	1267.36	662.16	36.077	−0.477
1975	26.4	48.9	696.96	2391.21	1290.96	50.218	−1.318
1976	23.4	45.0	547.56	2025.00	1053.00	44.779	0.221
1977	13.5	29.2	182.25	852.64	394.20	26.831	2.369
1978	16.7	34.1	278.89	1162.81	569.47	32.632	1.468
1979	24.0	46.7	576.00	2180.89	1120.80	45.867	0.833
1980	19.1	37.4	364.81	1398.76	714.34	36.983	0.417
Σ	188.5	365.3	3781.07	14 109.37	7298.97	365.300	0.000

数据来源：苏宏宇，莫力(2001)。

上述问题可以分为如下几个步骤完成。第一步，绘制散点图；第二步，估计模型参数；第三步，模型评估即统计检验；第四步，解释因果关系；第五步，预测未来灌溉。首先，以山上最大积雪深度为横轴，以山下灌溉面积为纵轴，作散点图，看看10年观测数据形成的点列是否具有直线分布趋势。如果点列近似沿着一条直线变化，则可以拟合直线，从而可以开展线性回归分析。否则，不可以建立简单的线性回归模型。绘图结果表明，点列具有直线分布特征(图3-3-1)。

然后,运用 OLS 法估计模型参数。在保留 4 位小数的情况下,结果为 $a=2.3564$,$b=1.8129$。于是观测模型为

$$y_t=2.3564+1.8129x_t+e_t. \tag{3-3-1}$$

式中 e_t 表示基于样本的误差项。预测模型为

$$\hat{y}_t=2.3564+1.8129x_t. \tag{3-3-2}$$

式中 t 表示年份,分别对应于 1971 年、1972 年……1980 年。拟合优度 $R^2=0.9789$。将预测值添加到图中,并且连成直线,得到一条趋势线(图 3-3-1)。

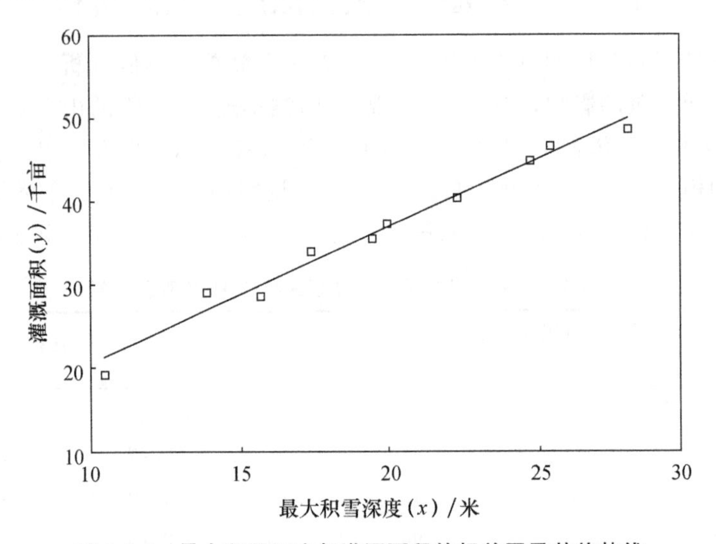

图 3-3-1 最大积雪深度与灌溉面积的相关图及其趋势线

山上积雪达到最大应该是一年开头或者之前最冷的时期,积雪形成融水并且用于灌溉则是几个月之后的事情。可见,山上最大积雪深度是可以提前观察的,一般当年年初或者年前就可以实现。灌溉主要发生于春夏时期,时间落在积雪深度之后。因此,只要山上的最大积雪深度与山下冲积平原上的灌溉面积具有因果关系,就可以利用前者预测后者。根据拟合优度即相关系数平方可知,山上积雪融水可以解释山下灌溉面积的 97.89%。也就是说,当地灌溉用水大约有 97.89%依赖于冰雪融水。如果 1981 年年初观测到的最大积雪深度为 27.5 米,利用前面建立的回归预测模型容易预测当年的灌溉面积数量。实际上,将 $x=27.5$(米)代入式(3-3-2)立即得到 $\hat{y}_{1981}=2.3564+1.8129\times27.5=52.2115$(千亩)。

上面完成了回归建模分析的绘图、参数估计、解释和预测四个环节。现在的问题是:上述预测是否可靠?在多大程度上是可信的?前面说"山上积雪融水可以解释山下灌溉面积的 97.89%",依据是什么?为此,需要对回归结果进行统计检验。原则上,这个步骤在解释和预测之前。鉴于该步骤的重要性,下面着重讲述有关知识。

§ 3.4　回归结果检验

3.4.1　统计检验概述

统计检验的本质是对模型建立效果的一种评估。一个模型的解释和预测不可避免地存在误差。模型预测可以容许有较大的离差,但不能存在显著的偏差。离差是观测值对趋势线的随机偏离,而偏差则是非随机偏离。统计检验可以是全局的评估,也可以是局部的或者说有重点的评估。一般而言,线性回归主要开展如下五种检验：一是相关系数检验,主要考察模型的拟合优度;二是回归标准差检验,主要考察模型的预测精度;三是 F 检验,主要考察自变量是否包括因变量变化的解释成分;四是 t 检验,主要是判断回归系数是否与零有显著差异;五是 Durbin-Watson 检验,主要是判断模型残差是否为随机序列。可见,不同的检验方法有不同的分析目标(图 3-4-1)。但是,对于一元线性情况,除了 Durbin-Watson(DW)检验之外,其余的几种检验关系密切乃至数学等价。所以,在只有一个自变量的情况下,通常只需给出相关系数检验,如果条件允许再给出残差序列的 Durbin-Watson 检验。

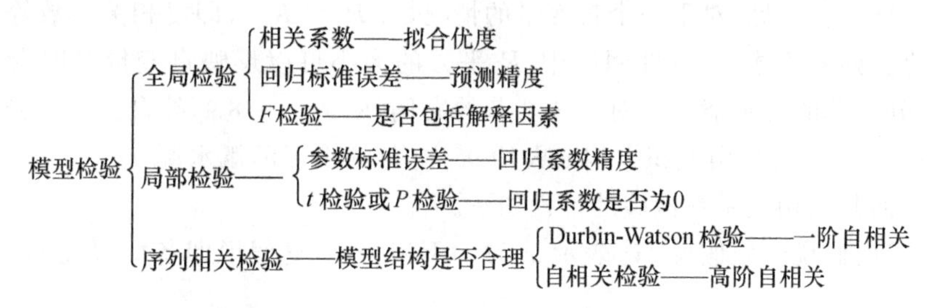

图 3-4-1　一元线性回归的主要统计检验

回归分析的统计检验涉及自由度的概念。所谓自由度(degree of freedom),就是各个独立的坐标轴中,分布方向有选择余地的坐标轴的数目。在回归分析中,可以以自变量为坐标轴,也可以以样品即样本中的各个要素为坐标轴。对于 m 个变量、n 个样品的回归分析,回归自由度为 m,总自由度为 $n-1$。对于 m 个自变量而言,加上常数项,坐标轴数目为 $m+1$,其中 m 个坐标轴有空间的选择自由;对于 n 个样品而言,坐标轴数目为 n,其中 $n-1$ 个坐标轴有空间的选择自由。总自由度与回归自由度之差为剩余自由度 $df=n-m-1$。在没有特别说明的情况下,回归分析的自由度是指剩余自由度。如果涉及回归自由度或者总自由度,则会特别交代。

3.4.2　相关系数

相关系数,顾名思义,就是反映两个变量关联程度的测度或者指数。相关系数有多重定义,此处指复相关系数(multiple correlation coefficient),通常用 R 表示,主要用于检验模型质量的高低。相关系数的平方(R^2)有两种功能：一是测定系数(determination coefficient，或译为“决定系数”“判定系数”“可决系数”等)，用于判断自变量对因变量的解释程度，或者说两个变量的联系强度；二是拟合优度(goodness of fit)，用于判断散点与趋势线的匹配效果。复相关系数定义为 $R=(\mathrm{SSR}/\mathrm{SST})^{1/2}=(1-\mathrm{SSE}/\mathrm{SST})^{1/2}$，即有

$$R=\sqrt{\frac{\sum_{i=1}^{n}(\hat{y}_i-\bar{y})^2}{\sum_{i=1}^{n}(y_i-\bar{y})^2}}=\sqrt{1-\frac{\sum_{i=1}^{n}(y_i-\hat{y}_i)^2}{\sum_{i=1}^{n}(y_i-\bar{y})^2}}. \tag{3-4-1}$$

可见，复相关系数由回归平方和与总平方和的比值决定，其数值介于0～1。R 值越是接近于1回归效果越好。对于一元线性回归而言，复相关系数在数值上等于简单相关系数(simple correlation coefficient)。简单相关系数定义为

$$R_s=\frac{\sum_{i=1}^{n}(x_i-\bar{x})(y_i-\bar{y})}{\sqrt{\sum_{i=1}^{n}(x_i-\bar{x})^2\sum_{i=1}^{n}(y_i-\bar{y})^2}}. \tag{3-4-2}$$

其数值介于-1～1。可见，对于一个自变量的情况，有 $R=|R_s|$，即复相关系数等于简单相关系数的绝对值。如前所述，在线性回归中，R 平方的大小可以反映自变量对因变量的解释程度，即具有百分之几的解释能力。对于3.3节的案例，$R^2=0.978\,9$，故自变量解释了因变量的大约97.89%。也就是说，山上积雪构成大约97.89%的山下灌溉水源。

一元线性回归的相关系数检验的过程如下。

第一步，提出假说。原假说 H_0 表示 x 与 y 不相关，对立假说即备择假说 H_a 表示 x 与 y 相关。

第二步，计算相关系数 R 值。对于3.3节的例子，$R=0.989\,4$。

第三步，拟定显著性水平。显著性水平(significance)是原假说成立的概率门槛值。相应地，对立假说成立的概率门槛值等价于置信度的门槛值。回归分析中有如下公式

$$\text{置信度}=(1-\text{显著性水平})\times 100\%. \tag{3-4-3}$$

因此，如果显著性水平取 $\alpha=0.05$(原假说成立的概率不高于0.05)，则置信度达到95%以上(对立假说成立的概率不低于0.95)；如果显著性水平取 $\alpha=0.01$(原假说成立的概率不高于0.01)，则置信度达到99%以上(对立假说成立的概率不低于0.99)。其余依此类推。总之，基于某个概率推翻了原假说，则基于相应的置信度承认对立假说。

第四步，查相关系数的临界值。根据显著性水平 α 和自由度 $df=n-2$，可以在有关统计学教科书中查到相关系数的临界值 $R_{\alpha,n-2}$。对于3.3节的例子，$n=10$，故自由度为 $df=8$。取显著性水平 $\alpha=0.05$，查得临界值 $R_{0.05,8}=0.631\,9$。

第五步，判别。如果 $R>R_{\alpha,n-2}$，则基于给定的显著性水平检验通过，否则检验不通过。对于前面的例子，$R=0.989\,4>R_{0.05,8}=0.631\,9$。因此，有95%以上的把握相信，山上积雪深

度与山下灌溉面积线性相关。

相关系数在文献中引发许多误解，从而导致不少误用和误判。特别说明两点：其一，不要轻易采用 R^2 值开展地理系统的演化分析。相关系数平方是一个描述意义的统计量，而非推断意义的模型参数。可以根据 R^2 值判断自变量对因变量的解释程度，以及散点与趋势线的匹配效果——R^2 值越高意味着点线的匹配效果越好，但不能根据其数值大小对地理系统的演化过程和格局做出结论。其二，不要单纯根据 R^2 值选择数学模型。面对一组观测数据，可能有多种数学模型可供选择，拟合优度是其中的重要判据，但不是唯一判据。选择数学模型还要考虑点线匹配效果、参数的含义、解释和预测的能力，如此等等。

3.4.3 标准误差检验

标准误差(standard error)分为回归标准误差和参数标准误差。回归标准误差用于检验模型的拟合精度，模型的拟合精度决定了预测精度。一元线性回归标准误差的计算公式为

$$s=\sqrt{\frac{1}{n-m-1}\sum_{i=1}^{n}(y_i-\hat{y}_i)^2}=\sqrt{\frac{1}{n-2}\mathrm{SSE}}. \tag{3-4-4}$$

可见，s 反映的是基于回归模型观测值对预测值的偏离程度的统计平均结果。误差平方和越小，模型的精度也就越高。回归标准误差受到数据单位或者数量级的影响，经验上采用变异系数代替标准误差。变异系数等于标准误差除以因变量的平均值。一般要求变异系数

$$\frac{s}{\bar{y}}<10\%\sim15\%.$$

对于前面的例子，回归标准误差为 $s=1.4189$，灌溉面积的平均值为 36.53，从而变异系数为 0.038 8，小于 0.1，故模型精度较高。

至于参数标准误差，关键在于斜率的误差。斜率的标准误差由回归标准误差 s 与自变量的离差平方和定义，即有

$$\hat{s}_b=\frac{s}{\sqrt{\sum_{i=1}^{n}(x_i-\bar{x})^2}}=\sqrt{\frac{1}{n-m-1}\frac{\sum_{i=1}^{n}(y_i-\hat{y}_i)^2}{\sum_{i=1}^{n}(x_i-\bar{x})^2}}=\sqrt{\frac{\mathrm{SSE}}{(n-2)S_{xx}}}. \tag{3-4-5}$$

在回归分析中，参数标准误差的统计信息实际上包括在 t 统计量里。不仅如此，对于一元线性回归而言，参数标准误差与模型的斜率以及拟合优度存在函数关系。因此，如果没有特殊的需要，参数标准误差检验通常被省略了。

3.4.4 *F* 检验

F 检验为总体相关显著性检验，主要用于判断 x 与 y 之间的线性统计关系是否可以接受，以及 x 是否为解释 y 的变化的有效变量。F 统计量的计算公式为回归平方和 SSR 与误差平方和 SSE 的比值在“惩罚”了自由度之后的结果。F 统计量的计算公式为

$$F=\frac{\frac{1}{m}\sum_{i=1}^{n}(\hat{y}_i-\bar{y})^2}{\frac{1}{n-m-1}\sum_{i=1}^{n}(y_i-\hat{y}_i)^2}=(n-2)\cdot\frac{\text{SSR}}{\text{SSE}},\tag{3-4-6}$$

式中 $m=1$。可以看出，F 统计量是回归平方和与误差平方和的比值，经自由度修正后的结果。回归平方和越大，自变量的解释能力越强，误差平方和越小，外界随机干扰越弱。因而 F 统计量数值越大越好。对于一元线性回归，上式可以化为

$$F=\frac{\sum_{i=1}^{n}(\hat{y}_i-\bar{y})^2\Big/\sum_{i=1}^{n}(y_i-\bar{y})^2}{\frac{1}{n-2}\sum_{i=1}^{n}(y_i-\hat{y}_i)^2\Big/\sum_{i=1}^{n}(y_i-\bar{y})^2}=\frac{(n-2)R^2}{1-R^2}.\tag{3-4-7}$$

这意味着，F 统计量可以用 R 平方值表示出来。可见，对于一元线性回归分析来说，F 检验与 R 检验在数学上具有等价性。

F 检验的一般步骤如下。第一步，提出假说。原假说 H_0 是 x 不包含 y 变化的解释因素，对立假说 H_a 是 x 包含 y 变化的解释成分。第二步，计算 F 值。对于 3.3 节的例子 $F=748.8542$。第三步，拟定显著性水平。如果取显著性水平 $\alpha=0.05$（原假说成立的概率不高于 0.05），则要求置信度达到 95%以上（对立假说成立的概率不低于 0.95）；如果取显著性水平 $\alpha=0.01$（原假说成立的概率不高于 0.01），则置信度达到 99%以上（对立假说成立的概率不低于 0.99）。其余依此类推。第四步，查阅 F 统计量的临界值。给定显著性水平 α、回归自由度 m 和剩余自由度 $n-m-1$，可以利用电子表格 Excel 查出临界值 $F_{\alpha,m,n-m-1}$。对于 3.3 节的例子，$m=1$，$n-m-1=8$。取 $\alpha=0.05$，在 Excel 的任一单元格输入公式“=finv(0.05, 1, 8)”，回车，立即得到 $F_{0.05,1,8}=5.3177$。第五步，比较和判断。如果 $F>F_{\alpha,m,n-m-1}$，则基于给定的显著性水平检验通过，否则不通过。对于前面的例子，由于 $F=748.8542\gg F_{0.05,1,8}=5.3177$，故我们有 95%以上的把握相信，在线性框架里，$x$ 可以解释 y 的变化。

3.4.5　*t* 检验

t 统计量用于检验回归系数 a、b 是否具有统计意义，即检验参数 a、b 是否与 0 有显著性的差异。由于截距 a 代表初始值或者边界值，检验的意义不大。斜率 b 值反映自变量对因变量的作用强度。如果 b 与 0 没有显著性的差异，则方程就会变为常数 $y=a$，从而建立 x 与 y 的关系没有意义。所以，t 检验主要是针对斜率 b 进行。实际上，t 统计量是回归系数 b 与其标准误差的比值。参数标准误差越小越好，因此 t 统计量也是越大越好。计算公式为

$$t=\frac{b}{\hat{s}_b},\tag{3-4-8}$$

式中分母为参数标准误差，由式(3-4-5)定义。于是，t 统计量可以表示为

$$t=b\Bigg/\sqrt{\frac{1}{n-m-1}\frac{\sum_{i=1}^{n}(y_i-\hat{y}_i)^2}{\sum_{i=1}^{n}(x_i-\bar{x})^2}}.\tag{3-4-9}$$

对于一元线性回归模型，复相关系数等于简单相关系数，将式(3-2-7)代入式(3-4-9)得到

$$t=\frac{\sum_{i=1}^{n}(x_i-\bar{x})(y_i-\bar{y})}{\sqrt{\sum_{i=1}^{n}(x_i-\bar{x})^2\sum_{i=1}^{n}(y_i-\bar{y})^2}}\Bigg/\sqrt{\frac{1}{n-2}\frac{\sum_{i=1}^{n}(y_i-\hat{y}_i)^2}{\sum_{i=1}^{n}(y_i-\bar{y})^2}}=\frac{R}{\sqrt{\frac{1}{n-2}(1-R^2)}}.\tag{3-4-10}$$

这意味着，斜率的 t 统计量是 F 统计量的平方根，即有

$$F=t^2.\tag{3-4-11}$$

可见，对于一元线性回归而言，F 检验、t 检验都与相关系数检验在数学上等价。

t 检验的一般步骤如下。第一步，提出假说。原假说 H_0 是回归系数与 0 没有显著差异，对立假说 H_a 是回归系数与 0 有显著差异。第二步，计算 t 值。对于 3.3 节的例子，$t_a=1.2892$，$t_b=19.2859$。检验的关键在于 t_b。第三步，拟定显著性水平。如果取显著性水平 $\alpha=0.05$(原假说成立的概率不高于 0.05)，则要求置信度达到 95%以上(对立假说成立的概率不低于 0.95)；如果取显著性水平 $\alpha=0.01$(原假说成立的概率不高于 0.01)，则置信度达到 99%以上(对立假说成立的概率不低于 0.99)。其余依此类推。第四步，查阅 t 统计量的临界值。给定显著性水平 α 和剩余自由度 $n-m-1$，可以利用 Excel 软件查出临界值 $t_{\alpha,n-m-1}$。对于 3.3 节的例子，$n-m-1=8$。取 $\alpha=0.05$，在 Excel 的任一单元格输入公式"=tinv(0.05, 8)"，回车，立即得到 $t_{0.05,8}=2.306$。第五步，比较和判断。如果 $t>t_{\alpha,n-m-1}$，则基于给定的显著性水平检验通过，否则不通过。对于前面的例子，由于 $t_a=1.2892<t_{0.05,8}=2.306$，$t_b=19.2859>t_{0.05,8}=2.306$。可见，斜率检验通过，而截距检验不通过。因此，我们有 95%以上的把握相信，x 的回归系数与 0 有显著性差异。但是，截距的置信度就没有那么高。不过，如前所述，截距的检验不重要。因为初始值或边界值可以例外。

3.4.6 Durbin-Waston 检验

Durbin-Watson 检验简称 DW 检验，又叫残差序列相关检验。序列相关是同一变量前后之间的自相关。在式(3-1-2)中，ε_i 为随机误差项。统计回归有一个假定，即 ε_i 为不存在自相关的白噪声(white noise)，服从正态分布。如果残差序列满足这个假定，则称为序列观测值独立，即不存在序列相关，反之就是相关的，即残差序列具有自相关性。一个好的数学模型，其误差来自模型外部的随机干扰，没有任何规律，从而不存在自相关性；相反，如果模型存在结构或者要素方面的缺陷，则误差不仅来自外部随机扰动，同时来自内部缺陷，这时误差的出现不再随机，而是有规律可寻，从而表现出自相关特征。由于存在序列相关，当采用最小二乘法建立

模型时，回归系数 α、β 的估计不再具有最小方差，因而 a、b 不再是有效的估计量，模型预测结果的置信区间过宽，以致预测失效。简而言之，有结构缺陷或者要素欠缺的数学模型不可能给出置信度高的解释和预测结论。

利用时间序列分析理论中自相关分析的数学原理，可以基于线性回归模型推导出 Durbin-Watson 统计量。Durbin-Watson 统计量的计算公式为

$$\mathrm{DW}=\frac{\sum_{i=2}^{n}(\varepsilon_i-\varepsilon_{i-1})^2}{\sum_{i=1}^{n}\varepsilon_i^2}=2(1-\rho), \tag{3-4-12}$$

式中

$$\rho=\frac{\sum_{i=2}^{n}\varepsilon_i\varepsilon_{i-1}}{\sum_{i=1}^{n}\varepsilon_i^2} \tag{3-4-13}$$

为残差序列的自相关系数，自相关系数为简单相关系数的推广。自相关系数 ρ 的数值变化于 $-1\sim1$，故 DW 值变化于 $0\sim4$。当 $\rho=0$ 时，序列无关，此时 $\mathrm{DW}=2$；当 $\rho=1$ 时，序列正自相关，此时 $\mathrm{DW}=0$；当 $\rho=-1$ 时，序列负自相关，此时 $\mathrm{DW}=4$。序列相关与不相关之间没有绝对的界限，从序列无关到正、负自相关之间存在两个过渡性区域（表 3-4-1，图 3-4-2）。

表 3-4-1　DW 的检验判别表

序号	DW 值	检验结果
1	$0<\mathrm{DW}\leqslant d_1$	残差序列正相关，模型可靠性低
2	$(4-d_1)\leqslant\mathrm{DW}<4$	残差序列负相关，模型可靠性低
3	$d_u<\mathrm{DW}<(4-d_u)$	残差序列不相关，模型可靠
4	$d_1<\mathrm{DW}\leqslant d_u$	过渡带，检验无结论
5	$(4-d_u)\leqslant\mathrm{DW}<(4-d_1)$	过渡带，检验无结论

Durbin-Watson 检验的步骤如下。第一步，提出假说。原假说 H_0 是残差序列没有显著自相关性，对立假说 H_a 是残差序列有显著自相关性。第二步，计算 Durbin-Watson 统计量。公式如式(3-4-12)。对于 3.3 节的例子，DW 值约为 0.750 9。第三步，拟定显著性水平。如果取显著性水平 $\alpha=0.05$（原假说成立的概率不高于 0.05），则要求置信度达到 95%以上（对立假说成立的概率不低于 0.95）；如果取显著性水平 $\alpha=0.01$（原假说成立的概率不高于 0.01），则置信度达到 99%以上（对立假说成立的概率不低于 0.99）。其余依此类推。第四步，查表。在 Durbin-Watson 统计表中，可以查出两个数值 d_u 和 d_1，分别代表上限（upper limit）和下限（lower limit）。对应 3.3 节的例子，取 $\alpha=0.05$，当 $m=1$、$n=10$ 时，查得 $d_1=0.879$，$d_u=1.320$。第五步，比较和判断。判别的原则见表 3-4-1 或者图 3-4-2。由于 $\mathrm{DW}=0.750\,9<d_1=0.879$，存在正的序列自相关。如果取 $\alpha=0.01$，则当 $m=1$、$n=10$ 时，查得 $d_1=0.604$，$d_u=$

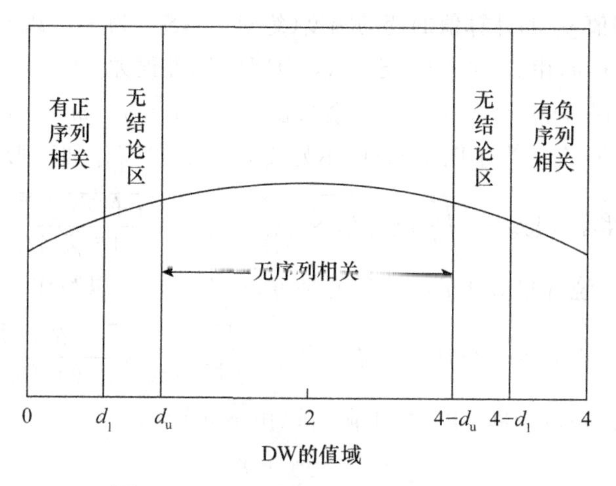

图 3-4-2 DW 统计量的值域及其意义

1.001。此时 d_l<DW<d_u，检验无结论。不过，对于 n<15 的情况，DW 检验不太可靠。

§3.5 总体回归估计与模型应用

基于观测数据开展科学研究，分析结论要采用置信陈述。所谓置信陈述（confidence statement），包括两种部分：① 误差界限（margin of error）；(2) 置信水平（level of confidence）。置信水平可以根据拟定的显著性水平决定：通过显著性水平 0.05 的检验，置信度就达到 95%以上，其余依此类推。误差界限包括模型参数估计值的误差范围和模型预测结果的误差范围。参数误差范围可以根据参数标准误差计算，公式为：回归系数±参数标准误差×t 统计量的临界值($b\pm\hat{s}_b\cdot t_{\alpha,n-m-1}$)，一般统计软件都会自动给出。这里主要讲解预测结果的误差界限问题。所谓总体回归估计，就是估计因变量计算值及其趋势外推预测值的误差范围。换言之，由样本模型推断总体的预测值的置信区间。误差范围估计涉及两种情况：一是样本内，即因变量计算值的误差范围，叫作平均置信区间（Mean Confidence Interval, MCI）；二是样本外，即因变量趋势外推预测结果的误差范围，叫作个体置信区间（Individual Confidence Interval, ICI）。对于 3.3 节的例子，1971—1980 年 10 个年份的数值为已知样本内的数值，如果预测 1981 年及其以后的结果，就属于样本外的数值，需要根据趋势外推来确定。不妨先看第一种情况，即样本内趋势线的误差范围。首先根据下面的式子计算因变量观测值对应的各个计算值的误差变动幅度：

$$\gamma_i=\sqrt{F_{\alpha,m,n-m-1}\cdot\left[\frac{1}{n}+\frac{(x_i-\bar{x})^2}{S_{xx}}\right]\cdot\frac{\mathrm{SSE}}{n-m-1}}=s\cdot\sqrt{F_{\alpha,m,n-m-1}\cdot\left[\frac{1}{n}+\frac{(x_i-\bar{x})^2}{S_{xx}}\right]},\tag{3-5-1}$$

式中 γ_i 为第 i 个观测值 y_i 的计算值的变动幅度(绝对值),S_{xx} 为 x 的离差平方和,由式(3-2-10)定义,SSE 为残差平方和,由式(3-2-13)定义,s 为回归标准误差,由式(3-4-4)定义,$F_{\alpha,m,n-m-1}$ 为显著性水平为 α、回归自由度为 $m=1$、剩余自由度为 $df=n-m-1$ 的 F 统计量,在 Excel 中可以借助函数 finv 查询。为了明确起见,不妨将式(3-5-1)写作如下形式:

$$\gamma_i = \text{标准误差} \times \sqrt{F\ \text{临界值} \times \left(\frac{1}{\text{样品数}} + \frac{x\ \text{的离差平方}}{x\ \text{的离差平方和}}\right)}.$$

对于一元线性回归,F 统计量等于 t 统计量的平方,故上式也可以写作

$$\gamma_i = \text{标准误差} \times t\ \text{统计量的临界值} \times \sqrt{\frac{1}{\text{样品数}} + \frac{x\ \text{的离差平方}}{x\ \text{的离差平方和}}}.$$

于是,因变量计算值误差范围即 MCI 的上限可以由下式计算

$$\hat{y}_i^{(u)} = \hat{y}_i + \gamma_i, \tag{3-5-2}$$

MCI 的下限可以由下式计算

$$\hat{y}_i^{(l)} = \hat{y}_i - \gamma_i. \tag{3-5-3}$$

上面两个式子中等号左边上角标括号中的 u 和 l 分别表示上限(upper limits)和下限(lower limits)。至于 3.3 节的例子,样本内因变量计算值的误差范围估计结果如表 3-5-1 所示。根据图 3-5-1,可以直观地看到,置信度越高,误差范围越大。因此,在回归分析的统计检验过程中,显著性水平的取值并非越小越好。

表 3-5-1 基于最大积雪深度的灌溉面积样本内计算值误差范围估计结果

年份	积雪深度 x_i	灌溉面积 y_i	预测值 $\hat{y}_i$	显著性水平 $\alpha=0.05$			显著性水平 $\alpha=0.01$		
				γ_i	下限	上限	γ_i	下限	上限
1971	15.2	28.6	29.913	1.303	28.610	31.215	1.895	28.018	31.808
1972	10.4	19.3	21.211	2.104	19.107	23.315	3.061	18.150	24.272
1973	21.2	40.5	40.790	1.153	39.637	41.944	1.678	39.112	42.469
1974	18.6	35.6	36.077	1.036	35.041	37.113	1.508	34.569	37.584
1975	26.4	48.9	50.218	1.936	48.281	52.154	2.817	47.400	53.035
1976	23.4	45.0	44.779	1.429	43.349	46.208	2.080	42.699	46.859
1977	13.5	29.2	26.831	1.554	25.277	28.385	2.261	24.569	29.092
1978	16.7	34.1	32.632	1.135	31.497	33.767	1.651	30.981	34.283
1979	24.0	46.7	45.867	1.522	44.344	47.389	2.215	43.652	48.081
1980	19.1	37.4	36.983	1.036	35.947	38.019	1.508	35.476	38.491

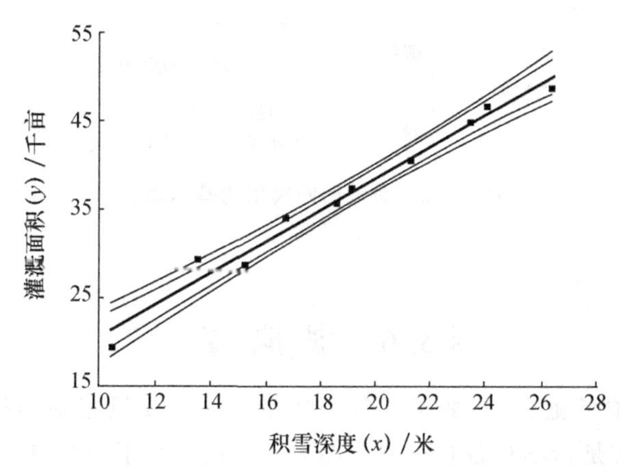

图 3-5-1 基于最大积雪深度的灌溉面积样本内计算值置信区间($\alpha=0.05$, $\alpha=0.01$)

在统计分析中,样本内外有别。对于趋势外推的样本外预测值,其误差范围变动幅度采用下式计算:

$$\gamma_i^* = s \cdot \sqrt{F_{\alpha,m,n-m-1} \cdot \left[1+\frac{1}{n}+\frac{(x_i^*-\bar{x})^2}{S_{xx}}\right]}. \tag{3-5-4}$$

式中“ * ”表示趋势外推值。于是,预测值误差范围即 ICI 的上限可以由下式计算

$$\hat{y}_i^{*(u)} = \hat{y}_i^* + \gamma_i^*, \tag{3-5-5}$$

ICI 的下限则由下式计算

$$\hat{y}_i^{*(l)} = \hat{y}_i^* - \gamma_i^*. \tag{3-5-6}$$

至于 3.3 节的例子,假定 1981 年的山上最大积雪深度观测值为 27.5 米,则可预测当年山下灌溉面积大约 52.211 8 千亩。如果取显著性水平 $\alpha=0.05$,则误差范围的变动幅度为 3.910 6,从而误差范围为 48.301 2~56.122 4 千亩;如果取显著性水平 $\alpha=0.01$,则误差范围的变动幅度为 5.690 2,因此误差范围为 46.521 6~57.901 9 千亩。

数学建模的主要目的在于解释和预言,预言包括预测和预报。一元线性回归模型的主要功能也不例外,主要用于揭示可能存在的因果关系,并预测未知或者未来的结果(图 3-5-2)。首先,可以借助回归分析模型判断两个变量之间是否存在相关关系或者因果关系。对于 3.3 节的例子,人们至少有 95%的把握可以判定,研究区的山上积雪深度与山下灌溉面积存在相关性,山上积雪是山下土地灌溉的重要水源。简而言之,山上最大积雪深度与山下灌溉面积之间的因果关系存在的可能性达到 95%以上。其次,可以借助模型开展预测分析。只要提前观测到山上最大积雪深度,就可以借助回归模型预测当年山下灌溉面积。预测值不是十分精确,有一个误差变动范围。置信度越高,误差范围也就越大。对于 3.3 节的例子,如果模型通过了显著性水平 0.05 时的各项统计检验,并且提前测得样本外某个年份的山上积雪深度为 27.5 米,则人们有 95%的把握相信,当年的灌溉面积为 48.301 2~56.122 4 千亩。

- 模型的应用
  - 解释
    - 相关关系——应用
    - 因果关系——理论和应用
  - 预测（预言）
    - 内插——缺失
    - 外插——过去或者未来

图 3-5-2 线性回归模型的基本功能

§3.6 虚拟变量

变量可以分为数值变量、顺序变量和分类变量。分类变量包括虚拟变量(dummy variable)，又叫哑变量，通常是指不具备真正解释能力的变量。对于一个具有明确趋势的时间序列样本数据，人们常常用时序代表自变量。实际上时间不是严格意义的解释变量，因为时间对因变量一般没有解释力，以时间为自变量仅仅是因为因变量随着时间而变化，这个时候时间就是一个虚拟变量，统计学中称之为时间虚拟(time dummy)。本章着重讲述的是另外一种哑变量，用于处理包含一个分类变量和一个数值变量的相关和回归问题。在地理学中有些现象无法通过观测手段赋值，但却可以简单地分类。例如：城市地域和乡村地域，城市人口和乡村人口，沿海和内地，区内和区外，东部地带、中部地带和西部地带，春季、夏季、秋季和冬季，以及诸如此类。

通常所谓的虚拟变量是指只有两个数值的分类变量(如沿海和内地)，它表示事物存在两种不相容或不交叠的类别。分类变量中，第一类的所有观测都取虚拟变量的一类值，例如 1；第二类的所有观测都取虚拟变量的另一个值，例如 0。举例说来，当我们考虑沿海和内地分类时，如果某个区域(省、市、自治区)属于沿海，则沿海对应的数值为 1，否则为 0；如果某个区域属于内地，则内地对应的数值为 1，否则为 0。其余情况依此类推。

基于虚拟变量的一元线性回归分析具有如下特征：自变量是包括两个取值的分类变量，因变量则是源于观测资料的数值变量。下面借助一个简单的例子予以说明。假设一个美国人想在东海岸或者西海岸选择居住场所，条件是气候相对温和，分析指标采用年平均温度。对于这类问题，比较可取的指标是平均温差，即 7 月与 1 月平均温度之差。为了作出抉择，假定此人先后搜集了美国东、西海岸 11 个城市的气候资料(表 3-6-1)。注意，在这个例子中，选择对象是东海岸和西海岸，而不必对具体的城市进行遴选——城市在此仅仅是反映区域气候情况的样本。因此，东海岸和西海岸可以代表两个类别，不妨设东海岸为 1，则西海岸为 0，由此形成分类变量。各个城市的冬夏温差可以构成数值变量。

表 3-6-1 美国东西海岸 11 个城市的平均温差及其区域分类变量

区域分类	城市与区域		分类变量	数值变量	区域平均温差
	区域	城市	地理位置 x	平均温差 y	
0	西海岸	城市 1	0	14.5	17.6
		城市 2	0	15.0	
		城市 3	0	15.4	
		城市 4	0	19.1	
		城市 5	0	24.0	
1	东海岸	城市 1	1	38.8	42.3
		城市 2	1	41.2	
		城市 3	1	42.7	
		城市 4	1	43.2	
		城市 5	1	43.7	
		城市 6	1	44.2	

资料来源：根据 Iversen 和 Gergen 所著《统计学：基本概念和方法》一书的有关结果"构造"的温差数值。原书只给出分析结果，没有附带原始数据。需要说明的是，表中温度单位取华氏温标。摄氏温度(t)与华氏温度(F)的换算公式为 $t=5(F-32)/9$，温差的换算公式为 $\Delta t=5\Delta F/9$。

以分类变量代表的地理位置为自变量，以数值变量平均温差为因变量，进行回归分析。借助最小二乘法估计参数，得到预测模型如下

$$\hat{y}_i=17.6+24.7x_i, \tag{3-6-1}$$

式中 x_i 表示地区(东海岸 1 或西海岸 0)，$\hat{y}_i$ 表示相应地区的平均温差。当取 $x=0$ 时，在模型中消去了东海岸的信息，得到西海岸的平均温差为 $a=17.6$ 华氏度(9.777 8 摄氏度)；当取 $x=1$ 时，得到东海岸的温度信息，其平均温差为 $a+b=17.6+24.7=42.3$ 华氏度(23.5 摄氏度)。东西海岸的平均温差之差为 $b=24.7$ 华氏度(约 13.722 2 摄氏度)。可见，东海岸的温差大于西海岸(图 3-6-1)。

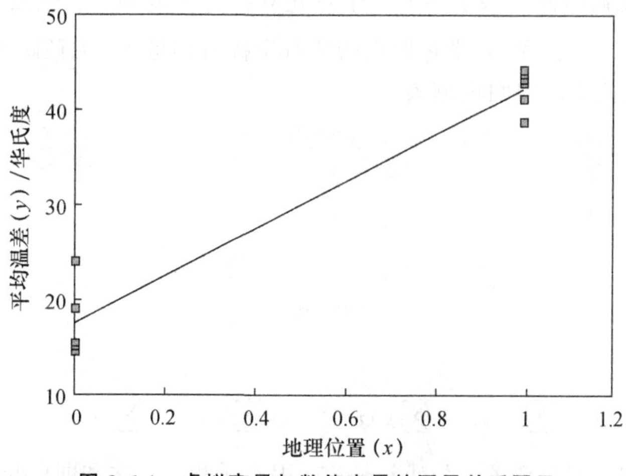

图 3-6-1 虚拟变量与数值变量的因果关系图示

对于科学的分析，仅仅说明数值差异是不够的，关键在于这个差异是否显著。差异显著与否，是相应于置信度而言的。为此，需要对趋势线的斜率开展 t 检验。回归系数 b 对应的 t 统计量为 $t_b=13.3186$。假定显著性水平取 $\alpha=0.05$，自由度为 $n-m-1=11-2=9$。在 Excel 的任意单元格输入"= tinv(0.05, 9)"，回车得到临界值 $t_{\alpha,n-m-1}=2.2622$。显然，$t_b>t_{\alpha,n-m-1}$，检验通过。于是，人们至少有95%的把握相信，美国东西海岸的年温度差是显著的。顺便说明，由于一元线性回归的 t 检验与相关系数检验等价，可以采用相关系数检验代替 t 检验，但在反映回归系数的显著性方面 t 统计量要比相关系数直接；由于 t 统计量可以等价地表示为弃真概率即 P 值，因此，可以用 P 值检验代替 t 检验。相对于 P 值，t 检验属于传统检验指标。回归系数 b 对应的 P 值为 3.1533×10^{-7}，因此人们有99.9999%以上的把握相信，美国东西海岸1月与7月的平均温度存在显著差别。如果希望在气候相对温和的地域定居，最好选择一个西海岸的城市。

§3.7 无常数项的线性回归

在线性回归分析中，一般不设截距即常数项为0。在这种情况下，趋势线不必通过原点。如果以 n 个样品为坐标轴构造一个 n 维超级坐标系，然后在这个坐标系中考察各个变量，则可以看出，一般线性回归基于如下三点建立拟合优度判据：观测值点(y_i)、预测值点($\hat{y}_i$)和平均值点($\bar{y}$)，这三个点形成一个直角三角形。此时的模型斜率用式(3-2-7)定义，总平方和、回归平方和和误差平方和分别用式(3-2-11)、式(3-2-12)和式(3-2-13)定义，复相关系数和简单相关系数则分别用式(3-4-1)和式(3-4-2)定义。

有些问题，研究者明确地知道初始值或者边界值为0，因此，回归模型没有常数项。在这种情况下，运用最小二乘法时必须强迫截距为0，即趋势线必须通过原点。否则拟合结果可能显著偏离真实值。无截距回归基于如下三个点建立拟合优度判据：观测值点(y_i)、预测值点($\hat{y}_i$)和坐标原点(O)。不言而喻，坐标原点的所有坐标值都是0。无截距回归的本质就是假定平均值为0。此时理论上的回归模型为

$$y=\beta x, \tag{3-7-1}$$

相应的观测模型为

$$y_i=bx_i+\varepsilon_i, \tag{3-7-2}$$

预测模型为

$$\hat{y}_i=bx_i. \tag{3-7-3}$$

可以证明如下关系：

$$\sum_{i=1}^{n}y_i\hat{y}_i=\sum_{i=1}^{n}(bx_i)^2+b\sum_{i=1}^{n}x_i\varepsilon_i=\sum_{i=1}^{n}\hat{y}_i^2. \tag{3-7-4}$$

这里用到一种性质，那就是自变量 x 与残差 ε 正交，从而乘积 $x_i\varepsilon_i$ 之和即自变量与残差的内积为0。

对于这种无截距回归,统计检验不再考虑观测值、预测值与平均值的关系,而是考虑观测值、预测值与坐标原点的关系。于是,总平方和、回归平方和和误差平方和需要重新定义。误差平方和依然表示为

$$SSE = \sum_{i=1}^{n}(y_i - \hat{y}_i)^2, \tag{3-7-5}$$

回归平方和变为

$$SSR = \sum_{i=1}^{n}(\hat{y}_i - 0)^2 - \sum_{i=1}^{n}\hat{y}_i^2, \tag{3-7-6}$$

总平方和则是

$$SST = \sum_{i=1}^{n}(y_i - 0)^2 = \sum_{i=1}^{n}y_i^2. \tag{3-7-7}$$

在几何上,如果基于样品坐标系考察变量关系,则 SSE 代表观测值到预测值的距离平方,SSR 代表预测值到原点的距离平方,SST 表示观测值到原点的距离平方。考虑到式(3-7-4),三者之间满足勾股定理

$$SSE + SSR = SST. \tag{3-7-8}$$

拟合优度即复相关系数平方可以定义为

$$R^2 = \frac{SSR}{SST} = 1 - \frac{SSE}{SST}. \tag{3-7-9}$$

虽然两种复相关系数平方计算公式在形式上相似,但定义的基点变了。第一种情况(常数不为0)是基于观测值和预测值的平均值定义的,第二种情况(常数为0)则是基于坐标原点定义的。此时简单相关系数变为夹角余弦

$$R_s = \frac{\sum_{i=1}^{n}x_i y_i}{\sqrt{\sum_{i=1}^{n}x_i^2 \sum_{i=1}^{n}y_i^2}}. \tag{3-7-10}$$

对于一元线性回归,简单相关系数依然等于复相关系数。模型斜率为

$$b = \frac{\sum_{i=1}^{n}x_i y_i}{\sum_{i=1}^{n}x_i^2}. \tag{3-7-11}$$

截距为

$$a = 0 - b \cdot 0 = 0. \tag{3-7-12}$$

为什么这样呢?原因在于,对于第一种情况(截距不为0),观测值向量和预测值向量与平均值向量的连线构成直角三角形;对于第二种情况(截距取为0),观测值向量和预测值向量与坐标原点即零向量的连线构成直角三角形。由此可知,两种拟合优度不再具有可比性。因为基本定义变了,不是基于相同的几何框架计算的结果。

也可以这样理解:回归分析的自由度不同。对于第一种情况,常变量为 $x_0=1$,总自由度为 $n-1$,回归自由度 $m+1-1=m$,故剩余自由度为 $n-m-1$。这里 m 为自变量数目,n 为样

品数目。对于第二种情况，常变量为 $x_0=0$，总自由度为 $n+1-1=n$，回归自由度 $m+1-1=m$，故剩余自由度为 $n-m$。不难想到，对于第二种情况，去掉常数项，补充了一个0截距(对应于变量 $x_0=0$)，回归自由度没有变化。然而，样品数目不同了，补充了一个代表坐标原点的0值($x=y=0$)，故自由度增加了。如果两个回归模型自由度不相同，拟合优度就不再具有严格意义的可比性。不过，标准误差还是可比的(表3-7-1)。回归标准误差小的模型更为可取。

表3-7-1 常数项为0和常数项不为0两种回归分析的比较

比较项目	常数项(截距)不为0	常数项(截距)为0
几何基点	平均值	坐标原点
常变量	$x_0=1$	$x_0=0$
回归系数公式	$b=\dfrac{\sum_{i=1}^{n}(x_i-\bar{x})(y_i-\bar{y})}{\sum_{i=1}^{n}(x_i-\bar{x})^2}$	$b=\dfrac{\sum_{i=1}^{n}x_iy_i}{\sum_{i=1}^{n}x_i^2}$
常数项公式	$a=\bar{y}-b\bar{x}$	$a=0-b\cdot 0=0$
相关性测度公式	$R_s=\dfrac{\sum_{i=1}^{n}(x_i-\bar{x})(y_i-\bar{y})}{\sqrt{\sum_{i=1}^{n}(x_i-\bar{x})^2\sum_{i=1}^{n}(y_i-\bar{y})^2}}$	$R_s=\dfrac{\sum_{i=1}^{n}x_iy_i}{\sqrt{\sum_{i=1}^{n}x_i^2\sum_{i=1}^{n}y_i^2}}$
校正相关系数平方	$R_{\text{adj}}^2=R^2-\dfrac{1}{n-2}(1-R^2)$	$R_{\text{adj}}^2=R^2-\dfrac{1}{n-1}(1-R^2)$
总自由度	$n-1$	n
回归自由度	m	m
剩余自由度	$n-m-1$	$n-m$
可比项	回归标准误差和校正相关系数	

不妨以3.3节的数据为例进行具体说明。首先必须明确，对于3.3节的案例，没有任何理由表明模型常数项为0。因此，下面的计算纯粹是一种数学方法的演示，而没有真实的地理意义(图3-7-1)。首先计算最大积雪深度平方值、灌溉面积平方值、积雪深度与相应灌溉面积的乘积值，然后将它们分别加和(表3-7-2)。根据表3-7-2所示的处理结果可知，依式(3-7-11)，回归系数为

$$b=\frac{7298.97}{3781.07}=1.9304. \tag{3-7-13}$$

相应的截距为 $a=0$。于是回归观测模型为

$$y_i=1.9304x_i+\varepsilon_i, \tag{3-7-14}$$

或者表示为预测模型形式

$$\hat{y}_i=1.9304x_i. \tag{3-7-15}$$

按照式(3-7-10)，相关系数等于夹角余弦，数值为

$$R = \frac{7298.97}{\sqrt{3781.07 \times 14\,109.37}} = 0.999\,3. \tag{3-7-16}$$

拟合优度为$R^2=0.998\,6$，高于有截距的模型的拟合优度 0.978 9。这似乎表明，对于 3.3 节的问题而言，无截距拟合效果更好。其实不然。这两种拟合优度不可比，因为自由度不一样。当模型截距不为 0 时，自由度为$n-2=10-2=8$；当模型截距为 0 时，必须将坐标原点加入样本数据，从而自由度为$n+1-2=10-1=9$。对于第一种情况(有截距)，回归标准误差为$s=1.418\,9$；对于第二种情况(无截距)，回归标准误差为$s=1.470\,2$。后者高于前者。可见，带截距的回归要比不带截距的模型更为可取。

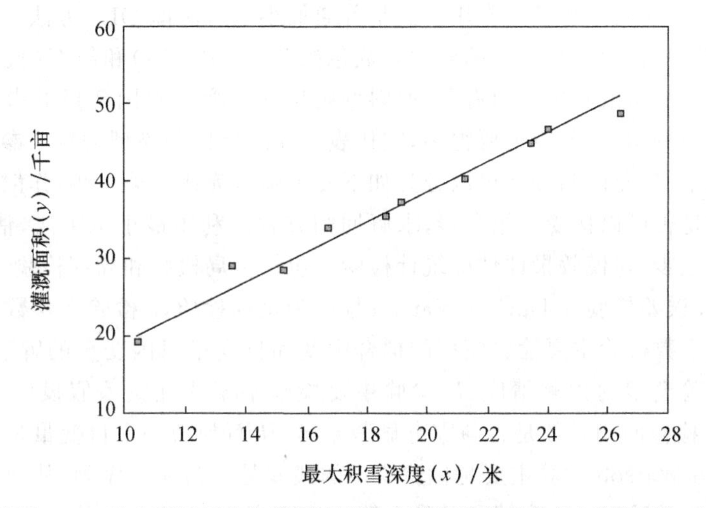

图 3-7-1 最大积雪深度与灌溉面积的相关图及其趋势线(常数项为 0)

表 3-7-2 最大积雪深度和灌溉面积的平方值及其乘积值

年份	积雪深度 x	灌溉面积 y	x^2	y^2	xy
原点值	0.0	0.0	0.00	0.00	0.00
1971	15.2	28.6	231.04	817.96	434.72
1972	10.4	19.3	108.16	372.49	200.72
1973	21.2	40.5	449.44	1640.25	858.60
1974	18.6	35.6	345.96	1267.36	662.16
1975	26.4	48.9	696.96	2391.21	1290.96
1976	23.4	45.0	547.56	2025.00	1053.00
1977	13.5	29.2	182.25	852.64	394.20
1978	16.7	34.1	278.89	1162.81	569.47
1979	24.0	46.7	576.00	2180.89	1120.80
1980	19.1	37.4	364.81	1398.76	714.34
总和	188.5	365.3	3781.07	14 109.37	7298.97

§3.8 小 结

回归分析是计量地理学数学模型建立的基本方法,而一元线性回归则是理解各种回归分析方法的基础。借助一元线性回归分析,可以考察地理系统两个测度之间的定量关系,包括相关关系和地理系统内在的因果关系。将一元线性回归推广到多元线性回归模型,其结果可以与许多数学模型形成类比关系;通过不同数学方法的类比,可以由简入繁地理解多种常用的计量地理学方法。只有有效地估计模型参数,数学模型才会发挥作用。模型参数的估计是通过一定的算法实现的,而回归建模的常用算法是普通最小二乘法即 OLS 方法。借助最小二乘技术,可以估计模型的回归系数,广义的回归系数包括截距(常数项)和斜率(狭义的回归系数)。截距与地理系统的初始值和边界值有关,而斜率则反映自变量对因变量的影响强度。在一元线性回归分析中,斜率要比截距重要得多,它代表一元线性回归模型的特征参数。

在地理分析中,一元回归分析可以分为如下几个步骤完成。第一步,作散点图。根据散点图判断线性假设是否可以接受。第二步,求解回归方程。利用最小二乘法,估计回归系数,建立线性模型。第三步,建模效果评估即统计检验。包括全局检验和局部检验。相关系数检验、F 检验、回归标准误差检验和 Durbin-Watson 检验为全局检验,t 检验和参数标准误差检验为局部检验。相关系数检验主要检验模型的拟合优度和自变量对因变量的解释程度,回归标准误差检验主要检验模型的预测精度,F 检验主要检验基于线性关系假设的解释变量是否有效,t 检验主要是检验回归系数是否与零有显著差异,从而判断一个自变量是否显著影响因变量的变化,Durbin-Watson 检验主要是检验模型的残差是否为随机序列,从而判断模型是否存在结构性缺陷。F 检验和 t 检验都可以采用等价的弃真概率值(sig. 值或则 P 值)检验代替。第四步,总体回归估计。由基于样本的模型推断整体的预测值置信区间,即基于某种置信度的误差范围。第五步,解释和预测。科学研究的基本功能是解释和预言。解释是要说明地理系统的相关关系和因果关系,预言(包括预测)则是对未知现象或者未来情况进行推断。科学的研究结论应该采用置信陈述,而置信陈述包括置信度和误差范围。

对于一元线性回归,既可以采用通常的数值变量为自变量,也可以采用虚拟变量为自变量。不过,因变量必须是数值变量,否则线性回归分析无法执行,必须代之具有非线性的 Logistic 回归。基于虚拟变量的一元线性回归与通常的线性回归没有太大差别。操作过程中不妨将虚拟变量视为普通的自变量。有时候,回归模型没有常数项,即截距为 0。此时的线性回归与截距不为 0 的回归有所不同。当截距不为 0 时,统计分析是基于平均值的;当截距为 0 时,统计分析则是基于坐标原点的。在第二种情况下,相关系数被夹角余弦取而代之。对于同一个问题,有截距模型与无截距模型的自由度不再一样,因而拟合优度不具有可比性。

第 4 章　地理分析的多元线性回归分析

一元线性回归模型描述的是最简单的因果关系,它假定一种现象只受到一种因素的影响。然而,在现实中,一种地理现象通常同时受到多种因素的影响,而且不同的因素影响强度不一样。例如影响一个地区灌溉面积的既有地表水,又有地下水;在地表水中,其来源可能包括雨水和冰雪融水。再以全球气温上升为例,过去人们认为其影响因素主要是二氧化碳,然而后来有人发现海洋水蒸气对全球气候升温的影响可能更大。关于全球温度变化的原因,还有地球活动说、太阳活动说等多种解释。究竟是何种因素影响全球升温?是不是多种因素同时产生影响?这就涉及多因素回归分析了。在复杂的地理系统中,一因多果、一果多因的情况比比皆是。当人们研究一个系统对环境的影响时,需要考察一因多果现象;当人们考察环境对一个系统的影响时,则需要解决一果多因问题。多元线性回归分析是研究一果多因问题最基本的工具。本章将以二元线性回归分析为例,说明多元线性回归的原理、方法和步骤。至于三变量以上的情形,可以依此类推。多元线性回归分析技术可以直接用于地理研究中的许多方面;不仅如此,掌握了多元线性回归分析方法,还可以通过类比学习许多更为复杂的计量地理学分析方法。

§4.1　基本模型

4.1.1　多元线性方程和最小二乘计算

在地理分析中,常常遇到如下问题。一个地理演变过程(如城市化)的背后有多种可能的影响因素,但是,哪些因素有显著影响,哪些因素的影响可以忽略不计,不能定性判断;在具有显著影响的因素中,哪些因素作用大,哪些作用相对小,也不能够直接断定。在这种情况下,多元线性回归分析可以帮助我们分析影响因素的轻重主次。不妨以简单的二因素为例,说明多元线性回归分析的模型和原理。假定一种地理现象(如全球气候升温,用年均温度 y 表示)的出现取决于两种影响因素(如二氧化碳和海洋水蒸气,分别用两种气体的大气含量 x_1 和 x_2 表示),并且这两种因素互不相关,则它们之间的因果关系可以表示为二元线性回归模型方程

$$y=\alpha+\beta_1 x_1+\beta_2 x_2, \tag{4-1-1}$$

式中 α、β_1、β_2 为待定的偏回归参数(partial regression coefficient),其中 α 为常数项,但理论上可以视为特殊变量 $x_0 \equiv 1$ 的回归系数。式(4-1-1)是基于总体的理论模型。基于样本的观测模型为

$$y_i=a+b_1 x_{i1}+b_2 x_{i2}+\varepsilon_i, \tag{4-1-2}$$

式中 y_i 为第 i 个观测值,a、b_1 和 b_2 分别为 α、β_1、β_2 的估计值,ε_i 为相应的残差,$i=1,2,\cdots,n$ 为样品编号(n 为样品数目或者样本大小)。相应地,基于样本的预测模型为

$$\hat{y}_i = a + b_1 x_{i1} + b_2 x_{i2}, \tag{4-1-3}$$

因变量上面戴帽"ˆ"表示基于样本的估计值。显然残差序列可以表示为

$$\varepsilon_i = y_i - \hat{y} = y_i - a - b_1 x_{i1} - b_2 x_{i2}, \tag{4-1-4}$$

残差平方和为

$$S = \sum_{i=1}^{n} \varepsilon_i^2 = \sum_{i=1}^{n} (y_i - \hat{y})^2 = \sum_{i=1}^{n} (y_i - a - b_1 x_{i1} - b_2 x_{i2})^2. \tag{4-1-5}$$

假定残差平方和 S 趋于极小值,即有 $S \to \min$。根据微积分的条件极值原理,分别对 a、b_1、b_2 求偏导,并令其为零,可得

$$\frac{\partial S}{\partial a} = -2 \sum_{i=1}^{n} (y_i - a - b_1 x_{i1} - b_2 x_{i2}) = 0, \tag{4-1-6}$$

$$\frac{\partial S}{\partial b_1} = -2 \sum_{i=1}^{n} (y_i - a - b_1 x_{i1} - b_2 x_{i2}) x_{i1} = 0, \tag{4-1-7}$$

$$\frac{\partial S}{\partial b_2} = -2 \sum_{i=1}^{n} (y_i - a - b_1 x_{i1} - b_2 x_{i2}) x_{i2} = 0. \tag{4-1-8}$$

经过整理,上面三式可以化为正规方程组形式

$$\begin{cases} an + b_1 \sum_{i=1}^{n} x_{i1} + b_2 \sum_{i=1}^{n} x_{i2} = \sum_{i=1}^{n} y_i \\ a \sum_{i=1}^{n} x_{i1} + b_1 \sum_{i=1}^{n} x_{i1}^2 + b_2 \sum_{i=1}^{n} x_{i1} x_{i2} = \sum_{i=1}^{n} x_{i1} y_i. \\ a \sum_{i=1}^{n} x_{i2} + b_1 \sum_{i=1}^{n} x_{i1} x_{i2} + b_2 \sum_{i=1}^{n} x_{i2}^2 = \sum_{i=1}^{n} x_{i2} y_i \end{cases} \tag{4-1-9}$$

借助线性代数理论中的行列式知识,可令

$$A = \begin{vmatrix} \sum_{i=1}^{n} y_i & \sum_{i=1}^{n} x_{i1} & \sum_{i=1}^{n} x_{i2} \\ \sum_{i=1}^{n} x_{i1} y_i & \sum_{i=1}^{n} x_{i1}^2 & \sum_{i=1}^{n} x_{i1} x_{i2} \\ \sum_{i=1}^{n} x_{i2} y_i & \sum_{i=1}^{n} x_{i1} x_{i2} & \sum_{i=1}^{n} x_{i2}^2 \end{vmatrix}, \quad B_1 = \begin{vmatrix} n & \sum_{i=1}^{n} y_i & \sum_{i=1}^{n} x_{i2} \\ \sum_{i=1}^{n} x_{i1} & \sum_{i=1}^{n} x_{i1} y_i & \sum_{i=1}^{n} x_{i1} x_{i2} \\ \sum_{i=1}^{n} x_{i2} & \sum_{i=1}^{n} x_{i2} y_i & \sum_{i=1}^{n} x_{i2}^2 \end{vmatrix},$$

$$B_2 = \begin{vmatrix} n & \sum_{i=1}^{n} x_{1i} & \sum_{i=1}^{n} y_i \\ \sum_{i=1}^{n} x_{i1} & \sum_{i=1}^{n} x_{i1}^2 & \sum_{i=1}^{n} x_{i1} y_i \\ \sum_{i=1}^{n} x_{i2} & \sum_{i=1}^{n} x_{i1} x_{i2} & \sum_{i=1}^{n} x_{i2} y_i \end{vmatrix}, \quad C = \begin{vmatrix} n & \sum_{i=1}^{n} x_{1i} & \sum_{i=1}^{n} x_{2i} \\ \sum_{i=1}^{n} x_{i1} & \sum_{i=1}^{n} x_{i1}^2 & \sum_{i=1}^{n} x_{i1} x_{i2} \\ \sum_{i=1}^{n} x_{i2} & \sum_{i=1}^{n} x_{i1} x_{i2} & \sum_{i=1}^{n} x_{i2}^2 \end{vmatrix}.$$

根据克莱默(Cramer)法则可得回归系数的估计公式

$$a=\frac{A}{C},\ b_1=\frac{B_1}{C},\ b_2=\frac{B_2}{C}. \tag{4-1-10}$$

上述数学过程反映了最小二乘法的思路。利用数学软件如 Matlab 不难编写最小二乘计算程序,用以估计回归模型的参数值。

4.1.2 预测模型和解释模型

科学研究的最基本的两个功能分别是解释和预测。对于预测模型,直接采用原始变量表示即可。前面给出的式(4-1-3)就是一个二变量的预测模型。可是,由于量纲的不同,回归系数的大小通常不能反映一个解释变量对响应变量的影响程度,为此需要对变量进行标准化处理,然后基于标准化变量建立解释性的模型。变量标准化公式为

$$x_{ij}^{*}=\frac{x_{ij}-\bar{x}_j}{\sigma_j}. \tag{4-1-11}$$

计算结果叫作标准计分(standard score,或译为“标准得分”),一些教科书中称之为“z 计分(z-score)”。上式中

$$\bar{x}_j=\frac{1}{n}\sum_{i=1}^{n}x_{ij} \tag{4-1-12}$$

为第 j 个变量的平均值,而

$$\sigma_j=\sqrt{\frac{1}{n}\sum_{i=1}^{n}(x_{ij}-\bar{x}_j)^2} \tag{4-1-13}$$

为相应变量的总体标准差(样品和变量的序号为 $i=1,2,\cdots,n$ 和 $j=1,2,\cdots,m$)。

基于标准化变量建设的回归分析模型用于解释,主要是判断影响因素作用的大小。利用标准化变量建立回归分析模型,其常数项等于 0。以二变量为例,解释模型可以表示为

$$\hat{y}_i^{*}=b_1^{*}x_{i1}^{*}+b_2^{*}x_{i2}^{*}, \tag{4-1-14}$$

式中星号“*”表示标准化的变量和回归系数。如果 $b_1^{*}>b_2^{*}$,表明 x_1 对 y 的影响大于 x_2 对 y 的影响;反之,如果 $b_1^{*}<b_2^{*}$,则 x_2 对 y 的作用大于 x_1 对 y 的作用。对于更多变量的情形,其判断可以依此类推。在实际应用中,如果样本不够大,则变量标准化时最好采用样本标准差代替总体标准差。样本标准差公式如下

$$s_j=\sqrt{\frac{1}{n-1}\sum_{i=1}^{n}(x_{ij}-\bar{x}_j)^2}. \tag{4-1-15}$$

相应地,式(4-1-11)中的总体标准差 σ_j 替换为样本标准差 s_j。对于大样本,无论采用总体标准差还是样本标准差,结果相差不显著;但是,对于小样本,基于样本标准差的统计分析要比基于总体标准差的分析,导致的偏差更小。不过,在理论研究及其演绎结论的验证分析中,总是采用总体标准差,而非样本标准差。

今天开展多元线性回归分析，就技术而言，相当方便。电子表格如 Excel、统计分析软件如 SPSS、数学软件如 Mathcad、Matlab 都带有线性回归分析工具箱，利用这些程序包很容易开展最小二乘计算，并给出回归模型参数估计值以及相应的统计量。一些统计分析软件如 SPSS 在回归分析结果中同时给出标准化的回归系数和非标准化的回归系数，以便用户建设不同类型的数学模型。因此，即便不理解上述数学过程，也不影响多元线性回归分析方法的运用。不过，要想有效利用最小二乘技术，有必要掌握回归分析结果的检验过程。统计检验的类型与一元线性回归相似，包括相关系数检验、标准误差检验、F 检验、t 检验和 Durbin-Watson 检验。但是，对于多元回归分析，相关系数不再等价于 F 检验和 t 检验，而且相关系数检验的内容也比一元线性回归的情况要丰富并复杂得多。不过，一元线性回归分析一章中介绍的回归分析三角形及其勾股定理在多元回归分析中依然适用。如前所述，一个数学方法的应用，包括数学建模、算法选择、统计检验、案例分析等环节。对于回归分析来说，统计检验的本质，是对回归建模的效果进行综合评估，从而判断模型结构和参数值的置信度。科学研究结论的规范表达是置信陈述。有了模型及其参数值的置信度，才可以将基于模型分析得出的结论采用置信陈述表达出来。

§4.2 回归结果的检验

4.2.1 相关系数检验

多元线性回归分析的相关系数检验分为复相关系数、简单相关系数、偏相关系数和部分相关系数四个方面。对于一元线性回归而言，上述四种相关系数等价，故只需要一种相关系数检验即可。但是，对于多元线性回归分析而言，不同类型的相关系数就不再等价了，需要分别进行检验分析。

1. 复相关系数

各种统计软件的回归分析输出结果中所给出的相关系数首先是复相关系数。复相关系数(multiple correlation coefficient)又称多重相关系数，用于度量预测值与观测值的匹配程度以及自变量对因变量的解释程度。计算公式在上一章已经给出，可以表示为

$$R=\sqrt{\frac{\sum_{i=1}^{n}(\hat{y}_i-\bar{y})^2}{\sum_{i=1}^{n}(y_i-\bar{y})^2}}=\sqrt{1-\frac{\sum_{i=1}^{n}(y_i-\hat{y}_i)^2}{\sum_{i=1}^{n}(y_i-\bar{y})^2}}. \tag{4-2-1}$$

其数值取正数，即有 $0\leqslant R\leqslant 1$。不过，实际应用中一般采用 R 的平方值。此时 $R^2=\mathrm{SSR}/\mathrm{SST}=1-\mathrm{SSE}/\mathrm{SST}$。当用 R^2 值刻画预测值与观测值的匹配程度的时候，人们通常称之为“拟合优度(goodness of fit)”；当用 R^2 值反映自变量对因变量的解释程度的时候，则人们将其称为“测定系数(coefficient of determination)”。

对于线性回归分析而言，拟合优度与测定系数是一个问题的两个方面。根据式(4-2-1)可知，复相关系数平方(R^2)反映回归平方和 SSR 在总平方和 SST 中所占的比重。这个比重越高，自变量对因变量的解释程度就越高，预测值与观测值的匹配效果也就越好。然而，这个测度有一个缺陷，那就是当人们增加回归分析的自变量的时候，无论这些新增加的自变量是否对因变量具有实质上的解释性，R 平方值都会升高，这种现象在多元统计分析中叫作“拟合优度膨胀”。形式上，拟合优度膨胀是由于回归自由度的上升引起的。为了纠正自变量增加引起的拟合优度的虚假上升，有必要对计算公式进行修正，这个过程叫作“惩罚自由度”。修正后的相关系数计算公式为

$$R_{\text{adj}}^2 = R^2 - \frac{m}{n-m-1}(1-R^2) = 1 - \frac{n-1}{n-m-1}(1-R^2), \tag{4-2-2}$$

式中 R_{adj} 表示校正相关系数(adjusted correlation coefficient)，m 表示自变量数目(对于二元线性回归，$m=2$)，n 表示样本大小即一个样本中包含的个体数目。

2. 简单相关系数

回归分析要求自变量与因变量存在相关，而自变量与自变量之间彼此无关。在回归分析中，可以采用简单相关系数分别反映各个自变量与因变量之间的相关关系，以及自变量与自变量之间的相关关系。简单相关系数(simple correlation coefficient)就是通常所谓的 Pearson 相关系数，其本质是“标准化”的协方差。回归分析的必要条件之一是自变量与因变量有关。对于二元线性回归的情形，自变量与因变量之间的简单相关系数的计算公式为

$$R_{1y} = \frac{\sum_{i=1}^{n}(x_{i1}-\bar{x}_1)(y_i-\bar{y})}{\sqrt{\sum_{i=1}^{n}(x_{i1}-\bar{x}_1)^2 \sum_{i=1}^{n}(y_i-\bar{y})^2}}, \tag{4-2-3}$$

$$R_{2y} = \frac{\sum_{i=1}^{n}(x_{i2}-\bar{x}_2)(y_i-\bar{y})}{\sqrt{\sum_{i=1}^{n}(x_{i2}-\bar{x}_2)^2 \sum_{i=1}^{n}(y_i-\bar{y})^2}}. \tag{4-2-4}$$

式中 R_{jy} 表示第 j 个自变量 x_j 与因变量 y 的简单相关系数，$\bar{x}_j$ 表示第 j 个自变量的平均值，$\bar{y}$ 表示因变量的平均值($i=1,2,\cdots,n$；$j=1,2$)。上式反映的是自变量 x_1、x_2 与因变量 y 的线性相关程度。另外，回归分析的必要条件之二是自变量与自变量无关，或者说彼此正交。自变量与自变量之间不一定彼此独立，即 x_1 与 x_2 之间也可能线性相关，关键在于相关的程度能否容忍。对于二变量的情形，自变量之间的相关系数的计算公式为

$$R_{12} = \frac{\sum_{i=1}^{n}(x_{i1}-\bar{x}_1)(x_{i2}-\bar{x}_2)}{\sqrt{\sum_{i=1}^{n}(x_{i1}-\bar{x}_1)^2 \sum_{i=1}^{n}(x_{i2}-\bar{x}_2)^2}}, \tag{4-2-5}$$

$$R_{21}=\frac{\sum_{i=1}^{n}(x_{i2}-\bar{x}_2)(x_{i1}-\bar{x}_1)}{\sqrt{\sum_{i=1}^{n}(x_{i2}-\bar{x}_2)^2\sum_{i=1}^{n}(x_{i1}-\bar{x}_1)^2}}. \tag{4-2-6}$$

式中 $R_{12}=R_{21}$ 表示自变量 x_1 与自变量 x_2 之间的简单相关系数。

简单相关系数可以用于变量关系的初步估计和判断,不能据之得出最终结论。在多元线性回归分析中,人们希望自变量之间的相关性尽可能的低(最理想的情况是相关系数为0,从而彼此正交),自变量与因变量的相关性尽可能的高(理想的情况是相关系数为1,从而彼此平行或者共线)。如果计算全部变量的相关系数矩阵,理想的情况就是对角线元素和因变量对应的列的元素为1,其余元素为0。然而,在现实中,如此令人满意的情况不太可能出现。而且,简单相关系数比较含混,既包括两个变量之间的直接关系,也包括间接关系。以两个自变量的情形为例,x_1 与 y 之间的简单相关系数既有 x_1 与 y 直接作用的成分,也有 x_1 通过 x_2 对 y 间接作用的成分;同理,x_2 与 y 之间的简单相关系数既有 x_2 与 y 直接作用的成分,也有 x_2 通过 x_1 对 y 间接作用的成分。为了更真实地反映两个变量之间的直接关系,统计学家设计了另一种检验指标——偏相关系数。

3. 偏相关系数

简单相关系数包括变量之间的直接相关性和间接相关性。从简单相关系数中扣除间接相关性,得到的相关测量结果就是偏相关系数。偏相关系数(partial correlation coefficient)就是两个变量的直接相关强度的测度。在测量中,从相关性总和中扣除两个变量之间的间接作用的成分之后,剩余的相关性成分表示的就是偏相关系数。所以,偏相关系数可以用于反映某个自变量与因变量之间的直接相关程度。对于二元线性回归而言,假定 x_2 固定不变,x_1 与 y 的偏相关系数的计算公式为

$$R_{p1}=\frac{R_{1y}-R_{2y}R_{12}}{\sqrt{(1-R_{2y}^2)(1-R_{12}^2)}}; \tag{4-2-7}$$

假定 x_1 固定不变,x_2 与 y 的偏相关系数的计算公式为

$$R_{p2}=\frac{R_{2y}-R_{1y}R_{21}}{\sqrt{(1-R_{1y}^2)(1-R_{21}^2)}}. \tag{4-2-8}$$

在上面两个式子中,R_{p1}、R_{p2} 分别为 x_1、x_2 与 y 的偏相关系数,R_{1y}、R_{2y}、R_{12}、R_{21} 则分别为 x_1 与 y、x_2 与 y 以及 x_1 与 x_2 之间的简单相关系数。

线性系统分析因为引入矩阵运算而变得简便。当自变量较多时,利用式(4-2-7)和式(4-2-8)之类的公式计算偏相关系数相当麻烦、容易失误。不过,如果利用线性代数知识,借助简单相关系数构成的矩阵进行运算,则偏相关系数的计算过程非常简单。公式如下

$$R_{pj}=\frac{-c_{jy}}{\sqrt{c_{jj}c_{yy}}}. \tag{4-2-9}$$

这里 R_{pj} 为第 j 个自变量与因变量 y 的偏相关系数,c 为简单相关系数矩阵的逆矩阵中对应

的元素。以三个自变量为例,简单相关系数矩阵 C 可以表示为

$$C=\begin{bmatrix} R_{11} & R_{12} & R_{13} & R_{1y} \\ R_{21} & R_{22} & R_{23} & R_{2y} \\ R_{31} & R_{32} & R_{33} & R_{3y} \\ R_{y1} & R_{y2} & R_{y3} & R_{yy} \end{bmatrix}. \tag{4-2-10}$$

假定 C 的逆矩阵为

$$C^{-1}=\begin{bmatrix} c_{11} & c_{12} & c_{13} & c_{1y} \\ c_{21} & c_{22} & c_{23} & c_{2y} \\ c_{31} & c_{32} & c_{33} & c_{3y} \\ c_{y1} & c_{y2} & c_{y3} & c_{yy} \end{bmatrix}. \tag{4-2-11}$$

则第一个自变量 x_j 与因变量 y 的偏相关系数为

$$R_{pj}=\frac{-c_{jy}}{\sqrt{c_{jj}c_{yy}}}, \tag{4-2-12}$$

这里 $j=1,2,3$。推而广之,可得任意自变量的偏相关系数。

4. 部分相关系数

复相关系数反映模型总体上的拟合效果,无法看出每个变量对拟合效果的单独贡献的大小。为了反映每个变量对模型拟合效果的各自影响程度,统计学家定义了部分相关系数(part correlation coefficient)。部分相关系数又叫准偏相关(semipartial correlations)系数,与简单相关系数和复相关系数都存在逻辑关系和数值关系。部分相关系数的正负与偏相关系数一致,而部分相关系数的绝对值则可以利用复相关系数计算,计算公式为

$$R_{sj}=\sqrt{R_m^2-R_{mj}^2}, \tag{4-2-13}$$

式中 R_{sj} 为相应于 x_j 的部分相关系数,R_m 为复相关系数,即全部自变量参与回归的整体相关系数,R_{mj} 为去掉 x_j,采用其余自变量开展多元线性回归的复相关系数。可见部分相关系数的平方是在总体拟合效果中扣除了其他变量综合拟合效果之后的剩余部分。剩余部分的量值越高,表明这个变量对回归模型的综合拟合效果的重要性越显著。分析式(4-2-13),可以看出部分相关系数与偏相关系数的联系与区别。部分相关系数和偏相关系数都可从简单相关系数矩阵出发计算其数值,都用于多元线性回归过程中变量作用大小的分析,据此进行变量的取舍。部分相关系数与偏相关系数的区别在于:其一,偏相关系数直接联系简单相关系数,而部分相关系数更直接联系复相关系数定义。其二,偏相关系数是一种结构性定义,从作用关系的角度反映变量关系,而部分相关系数是一种功能性的定义,从拟合效果的角度反映变量作用大小;其三,偏相关系数假设其他自变量不变,考察某个自变量的变化对因变量的影响,而部分相关系数在所有变量变化的情况下,扣除其他自变量的拟合效果,用剩余的部分判断某个自变量对模型拟合效果的影响。可以证明,部分相关系数与 t 统计量在数值上存在严格的比例关系。有了 t 检验,部分相关系数检验可以省略。

4.2.2 标准误差

1. 回归标准误差

回归标准误差又叫剩余标准误差,反映模型预测值与观测值之间的随机偏离程度。剩余标准差检验就是一元线性回归中所谓的标准误差检验,其目标是考察模型的预测精度。剩余标准差的计算公式为

$$s=\sqrt{\frac{1}{n-m-1}\sum_{i=1}^{n}(y_i-\hat{y}_i)^2}=\sqrt{\frac{\mathrm{SSE}}{n-m-1}}. \tag{4-2-14}$$

式中 s 为剩余标准差,n 为样本中的要素数目,m 为自变量数目。检验方法和判断标准与一元线性回归中的标准误差检验相同。

2. 参数标准误差

参数标准误差就是回归系数的标准误差,它们在数值上与回归误差有关。较之于一元线性回归分析,多元线性回归模型的参数标准误差表达式要复杂很多。以二元线性回归模型为例,两个回归系数的标准误差计算公式为

$$s_{b_1}=s\cdot\sqrt{\frac{\mathrm{var}(x_2)}{n[\mathrm{var}(x_1)\mathrm{var}(x_2)-\mathrm{cov}(x_1,x_2)^2]}}, \tag{4-2-15}$$

$$s_{b_2}=s\cdot\sqrt{\frac{\mathrm{var}(x_1)}{n[\mathrm{var}(x_1)\mathrm{var}(x_2)-\mathrm{cov}(x_1,x_2)^2]}}, \tag{4-2-16}$$

式中 s_{b_1} 和 s_{b_2} 为回归系数 b_1 和 b_2 的标准误差,var 表示方差,cov 表示协方差,s 代表回归标准误差。

当自变量数目达到两个以上时,利用公式计算非常麻烦且容易出错,便捷的方法是借助矩阵运算。多变量参数标准误差的计算公式为

$$s_{b_j}=s\cdot\sqrt{p_{jj}}, \tag{4-2-17}$$

式中 b_j 为自变量 x_j 的回归系数,s 为回归标准误差,p_{jj} 为正规方程系数矩阵 $\boldsymbol{P}=\boldsymbol{X}^{\mathrm{T}}\boldsymbol{X}$ 的逆矩阵$(\boldsymbol{X}^{\mathrm{T}}\boldsymbol{X})^{-1}$中第 j 行 j 列元素。矩阵 $\boldsymbol{P}$ 中的第 j 行第 k 列元素可表示为

$$s_{jk}=\sum_{i}(x_{ij}-\bar{x}_j)(x_{ik}-\bar{x}_k)=n\mathrm{cov}(x_j,x_k), \tag{4-2-18}$$

式中 i 为样品序号,j 和 k 则是变量编号。注意自变量矩阵 $\boldsymbol{X}$ 的第一列是常量 $x_0\equiv1$。实际上,参数标准误差的统计信息包括在 t 统计量里。有了 t 检验,参数标准误差检验通常可以省略。

4.2.3 *F* 检验

多元线性回归用于多因一果分析。然而,在正式建模分析之前,人们并不清楚所考察的自变量是否真的影响因变量,也不能确定不同变量的影响强度。F 值用于判断变量线性关系是

否成立,特别是,基于线性框架,自变量中是否至少存在一个变量对因变量的变化具有解释能力。在形式上,多元线性回归模型的 F 统计量与一元线性回归模型的 F 统计量定义一样,为回归均方差与剩余均方差的比值。回归均方差是回归平方和 SSR 与回归自由度(m)的比值,而剩余均方差则是剩余平方和或者叫误差平方和 SSE 与剩余自由度($n-m-1$)的比值。F 统计量计算公式如下:

$$F=\frac{\frac{1}{m}\text{SSR}}{\frac{1}{n-m-1}\text{SSE}}=\frac{\frac{1}{m}\sum_{i=1}^{n}(\hat{y}_i-\bar{y})^2}{\frac{1}{n-m-1}\sum_{i=1}^{n}(y_i-\hat{y}_i)^2}$$

$$=\frac{1}{ms^2}\sum_{i=1}^{n}(\hat{y}_i-\bar{y})^2=\frac{\text{SSR}}{ms^2}. \tag{4-2-19}$$

均方差实际上是"惩罚"自由度之后的平方和。一方面,回归平方和越大,表明自变量对因变量的解释程度越高;剩余平方和越小,表明预测值相对于观测值的误差越小。另一方面,取样的数量 n 越大,分析结论越是接近于总体的真值;自变量数目越多,越是可能出现虚假的拟合效果。在公式的分子中,用回归平方和除以回归自由度,可以降低自变量数量引起的拟合优度膨胀;在分母中,用剩余平方和除以剩余自由度,则可以在反映样本大小的正面影响的同时,降低自变量数量的消极影响。至于检验方法和步骤,与一元线性回归中的 F 检验类似,参阅第 3 章的有关内容即可得知,此不赘述。

4.2.4 t 检验

F 统计量可以告诉研究人员,在所选择的各种可能的解释变量中,是否至少存在一个自变量可以解释因变量的变化。但是,F 检验是一种全局性的监测,不能告诉人们各个具体的自变量是否存在显著作用。为此,需要开展 t 检验,从局部考察各个自变量对因变量的影响强度。t 统计量定义为回归系数与参数标准误差的比值,用于检验回归系数是否与零有显著差异。t 统计量的计算公式为

$$t_{b_j}=\frac{b_j}{s_{b_j}}, \tag{4-2-20}$$

式中 b_j 为自变量 x_j 的回归系数,s_{b_j} 由式(4-2-17)给出。统计检验步骤与一元线性回归分析中的 t 检验类似,可参阅上一章的有关内容。

4.2.5 Durbin-Watson 检验

回归分析的一个基本假设是,预测值与观测值之间的误差是由外部原因随机扰动引起的,与模型自身的结构和要素没有关系。换言之,只有数学模型的表达式和变量的选择都比较符合实际,才不存在结构性的欠缺。在这种情况下,残差应该服从正态分布,具有白噪

声的特征。如果残差序列不同于白噪声,其变动不满足正态分布,就意味着误差项不是外部随机扰动引起的,而是回归模型自身固有的缺陷所致。外部随机干扰是不可避免的,任何模型都会出现不同程度的随机误差。只要误差的产生与模型本身无关,该模型就可以接受。但是,如果模型的误差不单是由于外部随机干扰,而且与内部固有缺陷有关,则这个模型的有效性就会很低,用它做解释和预测都不可靠。通过 Durbin-Watson 检测残差是否存在自相关,就可以判断残差序列是否类似白噪声。如果残差序列不存在自相关,就表明它服从正态分布,可以近似视为白噪声序列,其所反映的误差与模型自身没有显著关系;否则,模型存在内在的不可忽视的缺陷。

Durbin-Watson 检验主要是评估残差序列的自相关问题,计算公式和检验步骤与一元线性回归模型的情形完全一样。需要特别说明的是,回归模型的缺陷是各种各样的,故导致 Durbin-Watson 检验不能通过的原因也不一而足。归纳起来,主要原因如下:

第一,解释变量引入失误。关键性的解释变量缺失,或者没有实质性解释能力的变量被引入进来,都属于要素引入的缺陷,都会导致模型的结构问题。多元线性回归用于处理多因一果问题。如果重要的"因"——解释变量——没有找到,却采用了一群次要的"因"(不重要的自变量),或者引入了一些虚假的"因"(毫无必要的自变量),都可能出现残差序列相关现象。

第二,解释变量彼此关联。回归分析要求不同的自变量彼此无关,即相互之间正交。有时候两个解释变量都有必要,但存在耦合关系,而不是彼此垂直。此时如果不考虑交叉项的引入,则可能导致残差序列相关问题。

第三,序列自相关。研究对象的发展具有长程自相关性,即一个变量的上一时段变化影响下一时段的变化。自相关的本质是一个变量自身的滞后反应。社会经济变量大多具有这种自我关联性质。前几年的人口会影响后几年的人口,前几年的产值会影响后几年的产值,如此等等,如果不作适当处理,都会影响回归分析的建模效果。

第四,序列互相关。研究对象的发展具有长程互相关性,即一个变量的上一时段影响另一个变量的下一时段。换言之,变量之间互为因果:一个变量对另外一个变量若干时期之后具有影响,从而两个变量在动态演化过程中交互作用。互相关的本质是两个变量之间的滞后反应:可能是两个自变量之间的滞后相关,也可能是自变量与因变量之间的滞后关联。

第五,模型表达式选择错误。本来属于较强的非线性关系,却选择了多元线性回归模型。实际上,现实的地理系统中很少存在真正的线性关系,只不过有些问题可以采用线性模型近似处理,而有些则不能简单地线性近似。如果一个地理过程高度非线性,却强制采用线性回归分析,则会出现残差序列相关问题。

第六,数据处理失误。主观地、想当然对变量进行加工和整理,也会出现问题。例如,不同的变量之间通过加减乘除四则运算生成新变量,累加生成数据,递减生成数据。如果转换方法不当,就会影响模型的分析效果,从而导致残差序列相关。

§4.3 多重共线性

4.3.1 多重共线性的含义和影响

统计分析的基本思想是还原论：将样本分解为一个个互不相关的元素，将影响因素分解表示为一个个彼此无关的变量。如果样本要素存在时间或者空间自相关，则整体不等于部分之和，平均值、标准差和协方差不能准确描述概率结构。另外，如果变量之间彼此关联，则不能准确反映系统变化的影响因素的作用强弱。因此，多元线性回归分析有一个默认的假设：自变量之间是彼此"正交"的，或者说不同解释变量之间相互垂直，从而线性无关。否则，就可能出现"共线性"问题。如果多个自变量之间共线，就是多重共线性(collinearity)问题了。多重共线性严重，意味着解释因素不可有效还原。实际上，在广义的坐标图中，可以将任意一个变量表示为一个数点，这个数点与均值位置的连线形成一条直线。两个变量形成两个数点，它们与均值位置的连线具有一个夹角。夹角等于0度两线重合，就是共线，变量与变量平行；夹角为90度就是正交，变量与变量垂直。理想状态的多元回归要求自变量之间的夹角为90度，即处于正交关系。只有将系统变化的影响因素还原为一个个彼此正交的变量，才可以判断影响系统演化的因素的轻重主次。

可见，多重共线性的几何意义在于，当自变量之间的夹角很小时，不同变量的连线就会近似重合为一条直线。彼此重合或者平行的变量具有高度的相似性，从而具有相互的可替代性。将彼此等价或相似的变量同时引入一个线性回归模型，就会导致信息仿射，强化了一个方向的重要性，相对地降低了其他方向的重要性。在多元线性回归中，如果自变量彼此高度相关，一个变量蕴涵有另一些变量的大量信息，就会导致多重共线性问题。共线性分析是多元回归分析中两个关键问题之一，另一个是前面讲述的残差序列相关分析。如果不解决共线性问题，回归模型的参数估计值非但不准确，有时还会出现荒谬的结果，进而导致荒谬的结论。

简而言之，所谓多重共线性是指若干个自变量之间存在线性关系，或近似为线性关系。应用最小二乘法估计模型参数的一个重要条件是自变量之间线性无关。否则，最小二乘法估计就会失效。一般说来，自变量之间都有某种程度的相关性。如果不同自变量的相关性较弱，其影响可以忽略，否则就会形成严重的多重共线性。当多重共线性严重时，可能导致如下后果。其一，降低模型参数的精度。某些回归系数的标准误差会很大，不能正确反映自变量与因变量之间的关联程度，从而模型解释不可靠。其二，加剧了模型参数的敏感性。回归系数的估计值可能会对某几组观察值特别敏感，取样大小稍有改变，就会显著影响参数的估计数值。其三，荒谬的计算结果。回归系数可能出现与事理意义不符的符号(指正、负号)，原本应该大于0的参数，计算结果却小于0，从而其表现的含义与事实相反。其四，颠倒了变量作用的主次。有用变量的作用显得很小，无用的变量作用反而表现很大，有时甚至可能将有用的变量排除掉——"假作真时真亦假，无为有处有还无"就是这个意思。可以看出，多重共线性的存在可能引起回归分析解释的失误或者预测的显著偏差。

4.3.2 共线性的检测方法

多重共线性的测度通常与相关系数有关,因为相关系数可以反映不同变量在广义坐标空间中的夹角。变量标准化与否,相关系数值不变;但如果对变量进行标准化处理,则两个变量的相关系数就等于它们之间的夹角余弦。可见,相关系数可以反映两个变量的夹角大小,从而反映共线性程度。现在的统计分析软件一般采用基于相关系数的容忍度和方差膨胀因子反映变量之间的共线性问题。多元线性回归模型的共线性容忍度(tolerance)与方差膨胀因子(Variance Inflation Factor,VIF)互为倒数——方差膨胀因子也被译为方差扩大因子等。简单地说,容忍度可以定义为

$$\mathrm{Tol}_j = 1 - R_j^2, \tag{4-3-1}$$

这里 Tol_j 表示第 j 个变量的容忍度,R_j 是以第 j 个自变量为因变量、以其他自变量为自变量的多元线性回归模型的复相关系数。R_j 值越大,第 j 个自变量与其他自变量的共线性越强,从而 Tol_j 值越小。相应地,VIF 定义为

$$\mathrm{VIF}_j = \frac{1}{\mathrm{Tol}_j} = \frac{1}{1 - R_j^2}, \tag{4-3-2}$$

这里 VIF_j 表示第 j 个变量的方差膨胀因子。容忍度越小,VIF 值越大。如果不存在共线性,则 $R_j = 0$,从而容忍度和 VIF 都是 1。一般用 VIF 判断多重共线性的强度。容忍度越大越好,相应地,VIF 值越小越好。

不妨举例说明容忍度和 VIF 计算方法。这种计算过程比较烦琐,但却有助于理解容忍度和 VIF 的统计学含义。为简明起见,考虑一个三元线性模型

$$y = \alpha + \beta_1 x_1 + \beta_2 x_2 + \beta_3 x_3, \tag{4-3-3}$$

式中 α、β_1、β_2、β_3 为常数和偏回归参数。对于 x_3 与 x_1、x_2 的共线性程度,可以建立如下二元线性方程

$$x_3 = u + v_1 x_1 + v_2 x_2, \tag{4-3-4}$$

式中 u、v_1、v_2 为回归系数。假定这个模型的复相关系数 R_3,则变量 x_3 容忍度为

$$\mathrm{Tol}_3 = 1 - R_3^2, \tag{4-3-5}$$

其倒数便是 VIF_3 值。其余变量的容忍度和 VIF 值计算方法类推可知。

借助线性代数的矩阵知识,可以非常方便地算出 VIF 值。首先对 m 个自变量分别进行标准化,表示为 $n \times m$ 矩阵 $\boldsymbol{X}^*$。于是变量间简单相关系数的矩阵可以表示为

$$\boldsymbol{C}^* = \frac{1}{n}(\boldsymbol{X}^{*\mathrm{T}}\boldsymbol{X}^*) = (R_{ij})_{m\times m}. \tag{4-3-6}$$

这是一个 $m \times m$ 的方阵。然后计算 $\boldsymbol{C}$ 的逆矩阵

$$\boldsymbol{C}^{*-1} = \left[\frac{1}{n}(\boldsymbol{X}^{*\mathrm{T}}\boldsymbol{X}^*)\right]^{-1} = (c_{ij}^*)_{m\times m}. \tag{4-3-7}$$

可以证明，逆矩阵 $\boldsymbol{C}^{-1}$ 的对角线的元素就是各个自变量对应的 VIF 值。这种方法的计算过程非常简便，但对于理解上述统计量而言，不太直观。所以，读者可以通过回归分析方法理解容忍度和 VIF 统计量，而借助矩阵运算获得数值计算结果。

多元线性回归模型有效性的前提是：自变量之间彼此无关，而自变量与因变量之间必须有关。VIF 统计量的设计有一个缺陷，那就是没有考虑自变量与因变量的因果关系，仅仅考虑自变量与自变量的相关关系。偏相关系数可以弥补 VIF 值的缺陷。比较偏相关系数和 VIF 值可以发现，二者具有相似之处，也有明显的不同。共同之处在于，它们都是基于变量的简单相关系数矩阵定义的，都要用到相关系数矩阵的逆矩阵的对角线上的元素进行计算。不同之处在于，计算 VIF 仅仅考虑自变量之间的相关系数矩阵，而计算偏相关系数则同时考虑自变量和因变量，它基于全部变量相关系数矩阵的逆矩阵的对角线元素（反映自变量之间的关系）和末列元素（反映各个变量与因变量之间的关系）定义的一种统计测度。偏相关系数扣除了间接相关信息，主要反映直接相关信息；VIF 值不仅反映直接相关信息，也反映间接相关信息（表 4-3-1）。

表 4-3-1　偏相关系数与 VIF 值的异同点比较

比较项目	VIF 值	偏相关系数
计算根据	自变量相关系数矩阵（m 阶）	全部变量的相关系数矩阵（$m+1$ 阶）
计算关键	相关系数矩阵求逆	相关系数矩阵求逆
定义方法	逆矩阵对角线元素	逆矩阵对角线元素和因变量对应的列元素
统计信息	自变量的全部（直接和间接）相关信息	全部变量的直接相互关系的信息

容忍度和 VIF 统计量都没有截然的标准，主要根据经验判断。为了减少多元线性回归模型中的共线性问题，经验上要求 VIF 值小于 10，或者 Tol 值大于 0.1。不过，这一点在实际应用中通常难以满足。如果一个线性回归系统存在多重共线性，就应该剔除一些引发矛盾的自变量，用剩余的变量进行多元线性回归。然而，并非 VIF 值最高的变量一定优先剔除，原因如前所述，VIF 值没有考虑自变量与因变量的相关性。在具体操作中，应该同时考虑模型的回归系数、t 统计量、偏相关系数、部分相关系数以及 VIF 值，然后开展综合分析。实际上，在多元线性回归分析中，不同的局部检验统计量存在内在的逻辑关系。VIF 值可以转换为部分相关系数，部分相关系数等价于 t 统计量，并且与偏相关系数存在转换关系。基于简单相关系数，部分相关系数的计算公式为

$$R_{sj}=\frac{-c_{jy}}{c_{yy}\sqrt{c_{jj}^{*}}}=\frac{-c_{jy}}{c_{yy}\sqrt{\mathrm{VIF}_j}},\tag{4-3-8}$$

这里 R_{sj} 为第 j 个自变量与因变量 y 的部分相关系数，c 为全部变量相关系数矩阵 $\boldsymbol{C}$ 的逆矩阵即式(4-2-11)中对应的元素：c_{jj} 为对角线上的元素，c_{yy} 为对角线上最后一个即右下角的元素，c_{jy} 为最后一列元素，VIF_j 为第 j 个变量的方差膨胀因子，其本质为纯自变量相关系数矩阵的逆矩阵即式(4-3-7)中的对角线元素 c_{jj}^{*}。可以证明，部分相关系数与偏相关系

数的关系为

$$R_{sj}=R_{pj}\sqrt{\frac{c_{jj}}{c_{yy}\cdot c_{jj}^{*}}}=R_{pj}\sqrt{\frac{c_{jj}}{c_{yy}\cdot \mathrm{VIF}_j}},\tag{4-3-9}$$

这里 R_{pj} 为第 j 个自变量与因变量 y 的偏相关系数。进一步地，还可以证明，部分相关系数等价于 t 统计量，即有

$$R_{sj}=t_j\cdot\sqrt{\frac{\mathrm{MSE}}{\mathrm{SST}}},\tag{4-3-10}$$

式中 t_j 为第 j 个自变量的回归系数的 t 统计量，MSE 为剩余均方差，SST 为总平方和，这些数值在 Excel 和 SPSS 的回归输出结果里面都会给出。这表明，可以借助 VIF 值、偏相关系数和部分相关系数综合分析多重共线性问题，也可以借助 VIF 值、偏相关系数和 t 统计量综合分析多重共线性问题。部分相关系数与 t 统计量完全一致，二者用其一即可。

除了容忍度和 VIF 之外，还有其他关于多重共线性诊断(collinearity diagnosis)的统计量，这里不一一介绍，有关测度的定义的应用方法可以参阅相关的教科书。

4.3.3　消除共线性的办法

既然多重共线性对于回归分析的影响后果非常严重，那就应该设法消除。一直以来，消除多重共线性对回归模型的影响是统计学家们关注和努力解决的重要课题。根据理论和经验，解决多重共线性的办法可以简单地归结为如下几个方面。

第一，清除不必要的解释变量。共线性问题通常是由冗余变量引起，将这类多余的变量剔除掉，一般可以减少乃至消除共线性。具体做法是，从一组高度相关的自变量中剔除某个变量。例如，VIF 值最大的，回归系数最小的，t 统计量最小的，系数符号与事理意义矛盾的，如此等等。然后，利用剩余的变量重新计算并建模。

第二，增加样本容量。扩大观测值的范围，有时可以避免或减少多重共线性。原因在于，当样本较小时，不同的变量之间容易表现为近似的线性关系。这种共线性是一种伪共线性，对模型的变量选择的负面影响不可忽视。

第三，寻找新的解释变量。有时共线性问题是由于解释变量选择不当引起。重要的变量没有找到，将次要变量当作主要变量，难免导致多重共线性问题，同时引发残差序列相关问题。

第四，变换自变量的定义形式。方法不一而足，例如，将变量累加生成，或者将多个自变量合并为一个新的变量，或者寻找新的变量代替具有多重共线性的变量。不过这种方法应谨慎采用，因为处理不当会引发残差序列相关问题。

第五，采用有偏估计。为了提高模型参数的稳定性，减少共线性的影响，一些统计学家建议以有偏估计为代价，减少共线性。这类分析法包括主成分法、偏最小二乘法、岭回归法等。就回归分析而言，采用岭回归技术的学者较多。

第六，应用逐步回归技术。采用逐步回归分析，可以自动遴选解释变量，将共线性程度高的变量排除，保留共线性程度较弱的变量。

§4.4 逐步回归分析

4.4.1 逐步回归的基本思想

在多元线性回归分析过程中，如果自变量出现共线性乃至多重共线性征兆，则根据如下两个基本原则决定一些变量的去留。一个自变量与其他自变量的多重相关性越强，越应该从模型中排除出去；一个自变量与因变量的相关性越强，越应该被引入模型。自变量与因变量的关系太弱肯定要剔除，但相关性强未必引入；自变量与其他自变量的关系弱未必引入，关系强则最好剔除。有两点是非常明确的：如果一个自变量与其他自变量的关系微弱但与因变量的关系很强，则一定引入；反之，如果一个自变量与其他自变量的关系很强但与因变量的关系太弱，则一定剔除(表 4-4-1)。

表 4-4-1 变量相关性强弱与模型变量的取舍

变量类型	自变量		因变量	
自变量与其他变量的关系	强	弱	强	弱
自变量取舍	可能剔除	可能引入	可能引入	可能剔除

话虽如此，具体操作过程却往往非常麻烦。多元线性回归过程不是普通的线性代数运算过程，而是一个排除伪因果和共线性的复杂分析过程。为了解决多元回归建模的变量取舍问题，数学家开发了多种多样的算法，著名的有前进(forward)法、后退(backward)法、剔除(remove)法、逐步(stepwise)回归法等。其中效率较高、最受人们青睐的方法是逐步回归法。逐步回归是从自变量和因变量的简单相关系数矩阵出发，通过数学变换计算自变量对因变量的贡献系数。根据贡献率的大小决定一个变量是否引入模型或者从回归过程中剔除。同时根据该相关系数矩阵计算变量的 F 统计量变化值，以 F 变化值或其对应的概率值为判据，决定一个变量的去留。如果一个自变量的贡献率很高，并且引入模型之后 F 统计量有显著的提高，则其应该被引入模型；如果一个自变量的贡献率很低，引入模型之后 F 统计量变化微小，则可以考虑该变量的排除问题。

4.4.2 逐步回归的数学思路

多元逐步回归方法的基本思路在于，自动地从大量的可供选择的变量中选取最重要的解释变量，据此建立回归分析的预测和解释模型。变量选取的根据是自变量对因变量作用程度的大小：保留作用大的变量，剔除作用小的变量。是否选取一个变量，定量判据之一为相关系数。入选的自变量与因变量有关，但自变量之间彼此无关。假定有 m 个自变量，1 个因变量(用 y 表示)，则全部变量(包括自变量和因变量)之间的相关系数矩阵可以表示为

$$\boldsymbol{R}=\begin{bmatrix} R_{11} & R_{12} & \cdots & R_{1m} & R_{1y} \\ R_{21} & R_{22} & \cdots & R_{2m} & R_{2y} \\ \vdots & \vdots & \ddots & \vdots & \vdots \\ R_{m1} & R_{m2} & \cdots & R_{mm} & R_{my} \\ R_{y1} & R_{y2} & \cdots & R_{ym} & R_{yy} \end{bmatrix}, \tag{4-4-1}$$

根据相关系数定义一个自变量的“贡献”系数如下

$$P_j=\frac{R_{jy}^2}{R_{jj}}, \tag{4-4-2}$$

按照贡献系数的大小决定一个自变量的取舍。式中 P_j 表示第 j 个自变量对因变量的贡献系数,R_{jy} 表示第 j 个自变量与因变量的相关系数,R_{jj} 表示相关系数矩阵对角线上第 j 行第 j 列元素($j=1, 2, \cdots, m$)。

由于逐步回归分析是对自变量逐步进行的,每次计算都有一个贡献系数。所谓贡献系数,就是一个自变量对解释因变量变化的作用大小的统计学测度。第 l 步计算的贡献系数表示为

$$P_j^{(l)}=\frac{[R_{jy}^{(l-1)}]^2}{R_{jj}^{(l-1)}}. \tag{4-4-3}$$

在逐步回归分析的运算过程中,为了提高效率,我们不仅要引入贡献最大的自变量,同时要考虑剔除贡献最小的自变量。因此,变量的存留与否又涉及另一个统计判据——F 统计量的变化值。F 统计量用于判断模型选择的自变量在整体上是否有效解释因变量的变化。如前所述,F 统计量是一个全局的量,不能单独反映各个变量的影响强度。但是,F 统计量的改变值即 ΔF 可以用于检测各个变量对模型拟合效果的贡献。逐步回归中的 F 检验,实际上是基于 ΔF 值的统计判断。ΔF 相当于各个自变量局部的 F 统计量。设定一个显著性水平 α,查 F 检验表,找到 F 检验的临界值 F_α。当然,也可以根据自己对系统的认识和建模的需要,由研究者自行设定一个临界值。在著名统计分析软件 SPSS 中,临界值标准如下:引入显著性水平默认为 $\alpha=0.05$,剔除的显著性水平默认为 $\alpha=0.1$,回归自由度默认为 $m=1$,而剩余自由度默认为无穷大(可以采用 $n-m-1>1000$ 的数值代表)。于是 $F_{0.05,1,\infty}\approx 3.84$ 为变量引入门槛,而 $F_{0.1,1,\infty}\approx 2.71$ 为变量剔除标准。

首先考察一个贡献大的变量是否被引入模型。在第 l 步计算中,假如第 v 个自变量的贡献系数最大,数值为

$$P_v^{(l)}=\max\{P_h^{(l)}\}, \tag{4-4-4}$$

则需要根据 F 检验来判断该自变量是否应该被引入模型。式中 h 为尚且没有被引入模型的变量序号,v 为选出的变量对应的原始变量序号($v=1,2,\cdots,m$)。计算变量引入的 F 值判断公式如下

$$F_{\text{in}}=\frac{[n-(l+1)]\cdot P_v^{(l)}}{R_{yy}^{(l-1)}-P_v^{(l)}}=\frac{(n-l-1)P_v^{(l)}}{R_{yy}^{(l-1)}-P_v^{(l)}}, \tag{4-4-5}$$

式中 n 为样品个数,l 为计算步骤数,$P_v^{(l)}$ 为第 v 个变量第 l 步的贡献系数,R_{yy} 为因变量的自

相关系数。如果 $F_{\text{in}} > F_{0.05,1,\infty} \approx 3.84$，则根据 SPSS 标准，在这个显著性水平下，该变量可以被引入模型，否则不要引入。

然后考察一个贡献小的变量是否被剔除。在第 l 步计算中，如果第 v 个自变量的贡献系数最小，即

$$P_v^{(l)} = \min\{P_h^{(l)}\}, \tag{4-4-6}$$

则可以根据 F 检验来判断该自变量——包括已经引入的变量——是否应该被剔除。计算变量剔除的 F 值判断公式如下

$$F_{\text{out}} = \frac{[n-(l+1)-1]\cdot P_v^{(l)}}{R_{yy}^{(l-1)} - P_v^{(l)}} = \frac{(n-l-2)P_v^{(l)}}{R_{yy}^{(l-1)} - P_v^{(l)}}. \tag{4-4-7}$$

如果 $F_{\text{out}} \leqslant F_{0.1,1,\infty} \approx 2.71$，则根据 SPSS 标准，在这个显著性水平下，该变量应该被剔除，否则就要保留——留待下一步继续考察。

变量的引入和剔除是一轮一轮迭代操作的，计算过程繁而不难。只要有足够的耐心，就可以学会逐步回归的全部计算和统计检验步骤。在整个逐步回归计算过程中，变量的引入和剔除在两端同时进行。每一次至多引入一个变量，剔除一个变量或者不剔除变量。每经过一轮的变量遴选，都要对相关系数矩阵即式 4-4-1 进行变换。简捷变换的方法之一是 Gauss 消元法。变换之后要重新计算贡献系数和 F 统计量增加值，然后进行下一轮的变量引入和剔除判断。像这样循环往复地计算，直到所有该引入的变量都被引入，该剔除的变量均被剔除为止（图 4-4-1）。最后的相关系数矩阵会给出标准化逐步回归模型的回归系数值，这种系数值在 SPSS 中表示为 beta 值。基于 beta 建立标准化回归模型，可以用于解释，即对自变量作用的大小进行排序。然后，借助协方差和相关系数矩阵变换的最后一轮结果将 beta 值还原为非标准化的回归系数，利用还原后的回归系数建立预测模型，可以对未知或者未来的因变量值进行预测（陈彦光，2011）。

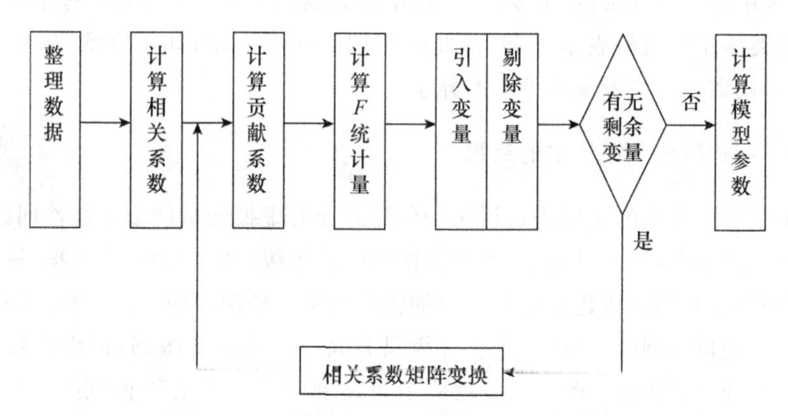

图 4-4-1　逐步回归分析的变量引入-剔除流程

§4.5 哑变量

4.5.1 哑变量的表示方法

多元线性回归中的哑变量,即一元线性回归中的虚拟变量,又称“哑元”。虚拟变量只是一种名义变量,通过对定性变量赋值获得。一旦定性变量被数字化,就可以将它们与其他定量变量放在一起统一处理。模型的分析和统计检验,并不因为有了虚拟变量而有什么本质的不同。至于在回归过程中,有时需要考虑数值变量与虚拟变量之间的交叉关系,以及诸如此类的处理技巧,那是另外一个层面的问题。哑变量涉及二分类和多分类。在一元线性回归分析问题中讲到的是一个二分类的例子,下面将要讨论多分类问题。如果模型引入分类变量,则对于 k 个分类,至多引入 $k-1$ 个分类变量,否则就必须去掉模型的截距即常数项。如若不然,就会引起严重的多重共线性问题。

人们通常将变量划分为三种类型,数值意义从弱到强。一是分类型变量(categorical variable)。这类变量的值为非数量的范畴。例如对于城市和乡村的区分,可以分别表示为1和0。二是顺序型变量(rank variable)。这类变量的值是有大小顺序的。例如不发达地区、较发达地区和高度发达地区,可以表示为1、2、3三个不同的等级。三是数量型变量(metric variable)。这类变量的值是可以作为数学计算的、有意义的数值。例如城市人口规模、城区面积、交通里程,都属于数量性变量。在实际应用中,一组变量究竟采用分类变量,还是采用顺序变量,要根据研究目标和实验设计来决定。例如中国的东部地带、中部地带和西部地带,如果强调地理位置的不同,不考虑发达程度之别,则可以采用分类变量表示,用0、1之类的数值表示是与否,此时采用分类型变量;如果要区分东、中、西的社会经济发展水平的相对差异,则可以采用3、2、1之类的序号数值表示高和低,此时采用顺序型变量;如果观测出三个地带的人均GDP,则可以采用数量型变量反映绝对差异了。

4.5.2 实例——在房地产评估中的应用

借助一个房地产方面的实例进行说明如何建立含有虚拟变量的多元线性回归模型。已知某地区15个房地产的售价、居住面积、评估价格和建筑等级(高、中、低)等数据,试根据表4-5-1中的资料,利用线性回归分析建立房屋售价的预测模型。顺便说明,评估价格反映人们对一种类型的房屋的直观价值判断。显然,这里等级只有高、中、低3个级别,但没有数值,故可作为分类变量进行处理。方法是:将三个等级表示为三个变量,以“是”“非”定“1”“0”:凡属于某个等级表示为1,否则为0。根据哑变量的应用原则,三个等级变量只需要取两个就可以了,因为只要知道了其中两个变量的属性,剩余的一个肯定知道。例如,对于第一个样品,不是高级、不是中级,则它肯定是低级;对于第三个样品,它属于中级,则肯定不是低级。按照这种思想,可以将低级排除，只取高级和中级进行回归，否则会造成信息交叠，出现多重共线性问题。如果让 5 个变量都参入回归过程(即包括“低级”)，则有些软件如 SPSS 会自动排除中级变量，保留高级和低级。下面逐步说明回归分析过程。

表 4-5-1 某地区的房地产数据资料

单位：价格为万元；面积为平方米

价格 y	数值变量			分类变量		
	居住面积 x_1	评估价格 x_2	建筑等级 x_3	高 z_1	中 z_2	低 z_3
26.0	521	7.8	低	0	0	1
31.0	661	23.8	低	0	0	1
37.4	694	28.0	中	0	1	0
34.8	743	26.2	中	0	1	0
39.2	787	22.4	中	0	1	0
38.0	825	28.2	中	0	1	0
39.6	883	25.8	中	0	1	0
31.2	920	20.8	低	0	0	1
37.2	965	14.6	中	0	1	0
38.4	1011	26.0	中	0	1	0
43.6	1047	30.0	中	0	1	0
44.8	1060	29.2	高	1	0	0
40.6	1079	24.2	中	0	1	0
41.8	1164	29.4	高	1	0	0
45.2	1298	23.6	高	1	0	0

资料来源：于洪彦(2001)。

第一步，开展多元线性回归。回归分析的主要结果见表 4-5-2。根据表中的回归系数可以建立如下预测模型

$$\hat{y} = 19.1517 + 0.0100x_1 + 0.1837x_2 + 7.9529z_1 + 6.0346z_2. \tag{4-5-1}$$

回归的测定系数为 $R^2 = 0.9215$，这表明上面四个变量可以解释房屋售价总变动的 92%以上；F 统计量(29.3501)对应的 P 值(sig.)为 0.0000167 远小于 0.05，说明基于线性关系至少有一个变量可以有效解释住房价格(置信度高于 99.9983%)。其中一个 t 统计量对应的 P 值为 sig. $=0.0922>0.05$，表明用“评估价格”解释房屋售价的置信度不够高(置信度在 91%以下)。模型常数项 a 与低级房屋售价的底限有关，回归系数 b_j 与一个变量对房价的影响程度有关，其中等级变量的系数反映了高、中等级房屋的价格之差。具体说来，常数 19.1517 是低等级房屋的起步价格；x_1 的系数 0.01 表明，在不考虑其他因素如房屋等级的情况下，居住面积每增加 1 平方米房屋价格上升 100 元左右；z_1 的系数表明，高等级的房屋的起步价格约为 $19.1517+7.9529=27.1046$(万元)；z_2 的系数表明，中等级的房屋的起步价格约为 $19.1517+6.0346=25.1863$(万元)。给定房屋面积、评估价格、房屋等级，就可以借助上面的公式估

计一套住房的售价大小。

上述模型可以用于预测,不能反映解释变量的相对重要性。基于标准化变量,则可以得到解释模型如下:

$$\hat{y}^* = 0.3896x_1^* + 0.2044x_2^* + 0.6121z_1^* + 0.5688z_2^*, \tag{4-5-2}$$

式中带"＊"变量表示经过变量标准化处理。所有标准化模型的常数项都是0。根据这个方程可以判断,居住面积对房屋售价的影响大于评估价格的影响。

第二步,多元线性逐步回归。如果采用逐步回归分析方法,则只有"居住面积"和"低级"进入回归模型,预测模型为

$$\hat{y} = 26.8338 + 0.0137x_1 - 7.0497z_3. \tag{4-5-3}$$

拟合优度 $R^2=0.8782$。根据这个模型可以判断,影响房屋售价的主要因素是居住面积的大小,而低等级的房屋对售价的影响则是负面的。这种结论符合现实的房地产情况。模型常数表明高级和中级房屋的平均起步价约为26.8338万元;假定 $x_1=0$、$z_1=1$,得到低等级房屋的起步价约为26.8338−7.0497=19.7841(万元)。在不考虑其他因素的情况下,居住面积每增加1平方米,售价增加137元左右。影响房屋售价升降的因素,除了居住面积之外,还有人们的直观判断(用评估价格度量)、房屋等级,如此等等。

表 4-5-2 某地区房地产数据的多元回归结果

变量与参数	回归系数			检验参数		相关性			共线性诊断	
	系数	标准系数	标准差	t 检验	sig.	Zero-order	Partial	Part	Tolerance	VIF
常数项	19.1517	0	3.0397	6.3006	0.0001					
居住面积 x_1	0.0100	0.3896	0.0035	2.8952	0.0160	0.8147	0.6753	0.2565	0.4335	2.3070
评估价格 x_2	0.1837	0.2044	0.0986	1.8620	0.0922	0.6754	0.5074	0.1650	0.6515	1.5349
高 z_1	7.9529	0.6121	2.3472	3.3883	0.0069	0.5785	0.7311	0.3002	0.2405	4.1573
中 z_2	6.0346	0.5688	1.5273	3.9511	0.0027	0.1969	0.7807	0.3500	0.3787	2.6405

说明:表中相关性一栏里,Zero-order对应的是 y 与 x_j 的简单相关系数,Partial对应的是偏相关系数,Part对应的是部分相关系数。

对于上述问题,读者常常会问,为什么采用分类变量表示不同的等级?采用顺序变量可不可以?顺序变量有时叫作"次序变量(ordinal variable)",因为要对数值排出高低次序。对于不同等级的房屋,采用1、2、3分别表示低级、中级和高级当然可以。但是,采用顺序变量表示等级与采用分类变量表示等级,其意义是不同的。采用分类变量0和1表示不同的等级,是将等级视为类别,高、中、低分别代表三种类型的房屋,但不考虑房屋的建筑质量——其质量高低将在模型的回归系数上有所体现。采用顺序变量1、2、3表示低、中、高等级,则不是将房屋的等级视为类别,而是看作不同的测度。如果你想从建筑质量的角度考察房屋等级对售价的影响,不妨采用顺序变量赋值;如果你想从建筑类别的角度考察不同房屋级别对售价的影响,则应该采用分类变量处理。

§4.6 实例分析

4.6.1 问题与数据

讲一个承先启后的简明案例,说明如何利用多元线性回归解决现实生活中的地理学问题。进一步地,如何将简单的非线性模型化为线性模型,然后估计其参数,开展地理空间分析。一个日本学者的朋友新开张了一个叫作"伊势"的面包店,店铺面积10坪(1日本坪≈3.305 785平方米),距离最近的车站110米。店主人想要预测面包店的月营业额,并且希望采取一些合理的管理措施,如有关店长的年龄、是否为顾客设立品尝专柜。为此,他们随机调查了所在城市的10家类似的面包店,取得了用于建模分析的必要数据(表4-6-1)。其中,有无品尝专柜为0、1表示的哑变量,其余为数值变量。研究人员试图解答如下问题:其一,在所考虑的因素——店铺面积、到最近车站的距离、店长年龄、有无品尝专柜——里,是否至少有一个因素影响营业额?置信度有多高?其二,显著影响营业额的因素是什么?其三,在影响显著的变量里面,最重要的影响因素是什么?其四,根据影响显著的变量预测伊势店的营业额。其五,店长年龄和品尝专柜是否需要刻意安排?最后,能否根据表4-6-1中数据建立面包店的引力模型?关于引力模型,可以提前参阅第5章的非线性建模方法和第7章的引力模型表达。

表4-6-1 日本10家面包店的调查数据(2000)

店铺名称	店铺面积/坪	距离最近的车站/米	店长年龄/岁	有品尝专柜/是	营业额/(万日元/月)
梦之丘总店	10	80	42	1	469
寺井站大厦店	8	0	29	0	366
曾根店	8	200	33	1	371
桥本大街店	5	200	41	0	208
桔梗町店	7	300	33	0	246
邮政局前店	8	230	35	0	297
水道町站前店	7	40	40	0	363
六条站大厦店	9	0	46	1	436
若叶川店	6	330	44	0	198
美里店	9	180	34	1	364
伊势店	10	110			

4.6.2 线性回归建模与分析

利用伊势店之外的样本数据,以营业额为因变量,以店铺面积、到最近车站的距离、店长年龄、有无品尝专柜为自变量,开展多元线性回归分析。首先开展强迫回归,然后开展逐步回归。

多元线性回归的拟合优度即 R^2 值为 0.966 7，F 统计量为 36.253 3。与 F 统计量对应的原假说的概率值为 0.000 7，对立假说的概率值为 0.999 3。根据 F 统计量及其概率值可以判断，至少有一个因素影响营业额，置信度达到 99.93%。显著影响营业额的因素是店铺面积和到最近车站的距离，根据 t 统计量或者相应的 P 值，置信度在 95%以上(表 4-6-2)。采用多元逐步回归分析，结果表明，仅仅两个变量被选入模型，即店铺面积和到最近车站的距离(表 4-6-3)。根据回归标准化回归系数可知，最重要的影响因素是店铺面积，其次是到车站的距离。店铺面积回归系数大于车站的距离的回归系数的绝对值。到最近车站距离的回归系数为负，表明距离与营业额之间负相关：到最近车站距离越远，营业额会越低。基于店铺面积和到最近车站距离建立线性回归分析模型如下：

$$\hat{y}=65.3239+41.5135x_1-0.3409x_2, \tag{4-6-1}$$

式中 x_1 为店铺面积，x_2 为到最近车站的距离。拟合优度 $R^2=0.9296$，F 统计量为 60.410 4。将伊势店的店铺面积 10 和到最近车站的距离 110 代入上述模型，得到营业额预测值为 442.961 6 万日元/月。

表 4-6-2 多元线性回归系数和相应的 t 统计量以及相应的概率值

变量	回归系数	标准误差	标准化回归系数	t 统计量	P 值
常数项	124.049 9	102.817 4	0	1.206 5	0.281 6
店铺面积/坪	31.132 0	9.044 3	0.505 6	3.442 2	0.018 4
到最近车站的距离/米	−0.355 3	0.074 2	−0.462 0	−4.788 5	0.004 9
店长年龄/岁	0.216 6	1.460 7	0.013 2	0.148 3	0.887 9
有无品尝专柜(0～1)	38.225 2	23.833 2	0.214 5	1.603 9	0.169 6

表 4-6-3 多元线性逐步回归系数和相应的 t 统计量以及相应的概率值

变量	回归系数	标准误差	标准化回归系数	t 统计量	P 值
常数项	65.323 9	55.738 3	0	1.172 0	0.279 5
店铺面积/坪	41.513 5	6.256 1	0.674 2	6.635 7	0.000 3
到最近车站的距离/米	−0.340 9	0.078 1	−0.443 3	−4.362 4	0.003 3

多重共线性分析表明，本例中的自变量之间共线性并不强。所有变量的方差膨胀因子即 VIF 值都小于 5。之所以店长年龄和有无品尝专柜被剔除，是因为这两个变量与营业额相关性不强(表 4-6-4)。店长年龄与营业额之间相关性很弱，偏相关系数小于 0.1；有无品尝专柜则与营业额有较弱的正相关，偏相关系数小于 0.6。其余变量偏相关系数绝对值大于 0.8。根据多元回归的 P 值可知，店长年龄影响的置信度约为 11%，品尝专柜的影响的置信度约为 83%。品尝专柜可以考虑设置，而店长年龄无需特别考虑。顺便说明，对于本例，Durbin-Watson 检验的意义不大，因为面包店的排列没有固定次序。虽然有到车站的距离为参照，但该距离变量并不代表有序的空间序列。

表 4-6-4 多元线性回归的三种相关系数和共线性统计量

自变量	简单相关系数	偏相关系数	部分相关系数	容忍度	方差膨胀因子(VIF)
店铺面积/坪	0.892 4	0.838 6	0.281 0	0.308 9	3.236 8
到最近车站的距离/米	−0.775 1	−0.906 1	−0.391 0	0.716 2	1.396 2
店长年龄/岁	0.036 8	0.066 2	0.012 1	0.837 9	1.193 4
有无品尝专柜(0～1)	0.731 5	0.582 8	0.130 9	0.372 6	2.683 8

4.6.3 引力分析与距离衰减效应

引力模型有两种常用形式。经典引力模型以负幂律指数为距离衰减函数,后来出现了以负指数函数为距离衰减函数的模型。两种引力模型各有适用范围,可以通过试验比较效果。营业额反映顾客流量大小,可以作为引力的测度(表示为 I)。店铺面积可以作为规模测度(表示为 S_i),再考虑最近距离的车站的规模(表示为 S_j)。到最近车站的距离不妨表示为 r。一般引力模型的简单形式为

$$I = KS_i^u S_j^v f(r), \tag{4-6-2}$$

式中 I 为反映客流量的营业额,S_i 为店铺面积——规模测度之一,S_j 为车站大小——规模测度之二,r 为到最近车站的距离,K 为引力系数,$f(r)$为距离衰减函数。当 $f(r)$取负幂函数时,得到基于负幂律的引力模型的简单形式:

$$I = KS_i^u S_j^v r^{-b}, \tag{4-6-3}$$

式中 b 为距离衰减指数。上式两边取对数,得到多元线性表达式

$$\ln I = \ln K + u\ln S_i + v\ln S_j - b\ln r. \tag{4-6-4}$$

当 $f(r)$取负指数函数时,得到基于负指数衰减的引力模型的简单形式如下:

$$I = KS_i^u S_j^v \mathrm{e}^{-br}, \tag{4-6-5}$$

式中,b 为距离衰减系数,实则相对衰减率,其倒数为引力的特征尺度。上式两边取对数,得到多元线性表达式

$$\ln I = \ln K + u\ln S_i + v\ln S_j - br. \tag{4-6-6}$$

由于车站规模不明确,不妨将问题简化,车站规模统统设为 1 单位,从而 $\ln S_j = 0$。这样处理不准确,但结果具有参考价值。

首先考虑经典模型,基于负幂律衰减估计参数。以店铺规模对数和到最近车站距离对数为自变量,以营业额对数为因变量,进行多元线性回归。由于 0 不能取对数,当距离为 0 时,改为 1,其对数值为 0——这是不得已的一种处理技巧。拟合优度即 R^2 值为 0.847 9,F 统计量为 19.507 3。回归系数和相应的统计量如表 4-6-5 所示,其中距离对数的置信度小于 90%,约为 85.36%。然后考虑基于负指数衰减的引力模型,以店铺规模对数和到最近车站的距离为自变量,以营业额为因变量,进行多元线性回归。拟合优度即 R^2 值为 0.946 2,F 统计量为 61.513 4。回归系数和相应的统计量列入表 4-6-6 中,所有参数的置信度高于 99.5%。比较可

知，对于本例的问题，基于负指数衰减的引力模型优于基于负幂律衰减的引力模型。

表 4-6-5 基于负幂律衰减的引力模型拟合参数以及相应的统计量

变量	回归系数	标准误差	t 统计量	P 值	上限 95%	下限 95%
常数项($\ln K$)	3.581 4	0.502 4	7.129 1	0.000 2	2.393 5	4.769 3
店铺面积对数($\ln S_i$)	1.149 7	0.228 8	5.024 6	0.001 5	0.608 6	1.690 8
到最近车站距离对数($\ln r$)	−0.034 5	0.021 1	−1.633 3	0.146 4	−0.084 4	0.015 4

一般来说，基于负幂律衰减的引力模型适用于大尺度空间分析和复杂地理系统，基于负指数衰减的引力模型则适宜于小尺度分析和相对简单的地理系统。本例涉及的问题不是太复杂，尺度也不大，故采用负指数函数作为距离衰减函数效果更好一些。此外，距离为 0 即在车站内部的面包店可以视为特例，即异常值(outlier)。剔除异常值，采用基于负幂律的引力模型描述面包销售问题，拟合效果有显著改进，所有参数的置信度高于 95%。本例以负指数衰减为基准。基于负指数函数的衰减系数 $b=0.001\,126\,626\,4$，其倒数 $r_0=1/b=887.605\,7$ 为到车站的特征距离。也就是说，面包店到最近车站的距离不宜超过 888 米。

表 4-6-6 基于负指数衰减的引力模型拟合参数以及相应的统计量

变量	回归系数	标准误差	t 统计量	P 值	上限 95%	下限 95%
常数项($\ln K$)	3.975 5	0.314 1	12.655 6	0.000 0	3.232 7	4.718 3
店铺面积对数($\ln S_i$)	0.972 2	0.144 6	6.722 4	0.000 3	0.630 2	1.314 2
到最近车站距离(r)	−0.001 1	0.000 2	−4.507 6	0.002 8	−0.001 7	−0.000 5

借助引力模型，可以预测伊势店未来的面包营业额。将常数项转换为引力系数 K 值，基于负幂律衰减函数，引力模型可以表示为

$$\hat{I}=35.923\,9S_i^{1.149\,7}r^{-0.034\,5}. \tag{4-6-7}$$

将伊势店的店铺面积 10 和到最近车站的距离 110 代入上述模型，得到营业额预测值为 431.204 7 万日元/月。基于负指数衰减函数，引力模型表示为

$$\hat{I}=53.278\,4S_i^{0.972\,2}\mathrm{e}^{-0.001\,1r}=53.278\,4S_i^{0.972\,2}\mathrm{e}^{-r/887.605\,7}. \tag{4-6-8}$$

将伊势店的店铺面积 10 和到最近车站的距离 110 代入上述模型，得到营业额预测值为 441.484 0 万日元/月。前面基于线性回归模型的预测值为 442.961 6 万日元/月。三个预测值相差不显著。这个例子表明，对于简单的非线性地理现象，采用线性回归分析建模，简单而且有效。

§4.7 小 结

多元线性回归用于处理多因一果问题，其数学原理比较简单。然而，要用好这种方法并不容易。对于一种地理现象，它的影响因素或者难以准确判定，或者难以揭示齐全，或者明确了影响因素却缺乏观测数据。在开展多元线性回归分析的过程中，人们通常假定找到了一种地

理现象的全部解释变量，这些变量都有可靠的数值表达，并且这些变量彼此无关。可是，在实际操作中，地理工作者并不能肯定是否找到了全部的解释变量，也不能肯定这些变量的数值是否可靠，更不能确定这些变量是否线性无关。在这种情况下，无法断定回归分析的参数估计结果是否有效。为此需要进行必要的统计检验。多元线性回归分析的常用检验包括相关系数检验、标准误差检验、F 检验、t 检验和 Durbin-Watson 检验，这些都与一元线性回归相似。但是，多元线性回归涉及自变量是否正交的问题，为此要开展多种相关系数检验和多重共线性分析。

在地理研究中，多元线性回归具有如下用途。第一，建立多因一果的解释和预测模型。基于标准化地理数据建立解释性的模型，可以比较不同解释变量对响应变量的影响大小；基于非标准化的地理数据建立预测模型，据此借助解释变量对响应变量开展条件预测分析。第二，理论模型的参数估计。在实际中，有时候根据地理理论分析得到一个多变量数学模型，该模型表现为线性形式，或者可以转换为线性形式。于是，可以借助多元线性回归将模型参数值估计出来。只有给出一个模型的参数，才能利用它进行解释或者开展预测分析。第三，影响因素的探索。在地理分析过程中，人们常常并不能确定一个现象的影响因素。在这种情况下，可以找到所有可能的影响因素，然后开展多元线性逐步回归分析对变量进行筛选，找出直接的影响因素；同时开展相关分析和共线性分析，将直接影响因素和间接因素分出层次。第四，简单非线性模型参数的最小二乘法估计。地理过程本质上都是非线性的，原则上需要基于非线性思想建立数学模型。但是，有些简单的非线性模型可以线性化，从而利用多元线性回归分析估计模型参数。这类模型包括引力模型、生产函数、Gamma 模型、一些人口密度衰减模型，诸如此类。第五，不同数学方法的类比分析。如前所述，多元线性回归分析的数学原理和分析过程简明易学。学会了多元线性回归建模，就可以以此为基础或者通过类比分析学习其他不太容易理解的数学方法。有些数学方法以多元线性回归分析为基础，如可线性化的非线性建模分析、Logistic 回归分析；有些数学方法可以直接利用多元线性回归处理，如判别分析、时间序列分析中的周期图分析和灰色系统的 GM(1, N)建模；有些数学方法可以通过多元线性回归分析得到理解，如主成分分析、因子分析和时间序列分析的自回归分析；还有些数学方法可以通过多元线性回归模型的类比获得理解，如时间序列分析中的功率谱分析、小波分析以及人工神经网络建模中的某些环节。

第5章　地理学中的非线性模型

在真实的地理系统中,很少出现简单的线性关系,绝大多数地理要素和过程之间表现为非线性关系。线性关系的数学形式是单一的,非线性关系的数学表达则各式各样。众多的非线性关系可以分为两类:可线性化的非线性关系和不可线性化的非线性关系。对于可线性化的非线性关系,可以借助线性回归分析估计模型参数。因此,这类模型的应用非常广泛。由于此类非线性关系可以转换为线性形式,有人将它们归入线性模型集合。实际上,将这类方程视为线性函数是不正确的:可否线性化是一个技术问题,是否线性关系则是一种理解问题。在地理研究中,比较常见的、可线性化的非线性模型包括指数函数、对数函数、幂指数函数、Gaussian函数、对数正态函数、双曲线函数、Logistic函数、Gamma函数、生产函数以及多项式系列。本章将讲述代表性的非线性函数及其在地理分析中的应用实例,以及一些基本的模型选择和数学变换知识。这一部分内容看起来非常简单,但它们与线性回归技术结合,可用于建立相对复杂的非线性数学模型。特别是,对于那些有志于从事地理学理论发展的读者,这一章的内容尤其重要。

§5.1　常见数学模型表达式

5.1.1　线性与非线性

线性关系和非线性关系的区别在于如下三个方面。第一,线性是简单的比例关系,而非线性则是对简单比例关系的偏离。以三次曲线为例,该曲线是对线性关系的局部偏离,科学上称为"微扰"或者"摄动"。第二,线性关系表明各个变量之间互不相干,独立贡献,非线性关系则意味着相互作用。线性关系暗示各个变量可以相互叠加,整体等于部分之和;非线性关系不可以叠加,整体不等于部分之和。线性回归要求各个自变量彼此正交,因为最小二乘技术主要是基于线性叠加思想发展的一种参数求解方法。第三,线性关系意味着信号的频率成分不变,而非线性关系则暗示频率结构发生变化。可见线性联系着静态结构,非线性联系着动态结构。

要想准确理解线性与非线性的区别,还需借助数学表达。考虑一个变量 y 对输入变量 x 的依赖关系,可表示为函数

$$y=f(x), \tag{5-1-1}$$

式中,y 为输出变量。对于一个输入变量的情况而言,线性形式为

$$y=a+bx, \tag{5-1-2}$$

这是只有一个自变量的一次多项式表达，式中 a、b 为参数，表现为常数形式。如果多项式出现大于1的幂次，就是非线性函数。线性函数具有如下两个基本特征。其一，加和性和齐次性。加和性表示为

$$f(x_1+x_2)=f(x_1)+f(x_2), \tag{5-1-3}$$

齐次性可以表示为

$$f(\lambda x)=\lambda f(x), \tag{5-1-4}$$

式中 λ 表示比例系数。加和性和齐次性可以综合地表示为

$$f(ax_1+bx_2)=af(x_1)+bf(x_2). \tag{5-1-5}$$

其二，均匀变化或者匀速增长。对线性函数式(5-1-2)求导可得

$$\frac{\mathrm{d}y}{\mathrm{d}x}=b, \tag{5-1-6}$$

式中，b 为常数。所以，线性函数的坐标图像为一条直线。最简单的非线性函数图像之一是抛物线，这是一种二次多项式

$$y=ax^2+bx+c, \tag{5-1-7}$$

式中，a、b、c 为参数。一般函数为

$$y=f(\mu,x), \tag{5-1-8}$$

式中，μ 为参量集。

线性关系是简单的关系，不存在变量交叉和样本点的相互作用。不论变量多少，通过线性叠加原理，都容易求解线性方程。可是，一旦涉及非线性关系，系统就可能变得非常复杂。变量与变量的相互作用可能导致耦合(coupling)，系统反应延迟可能导致反馈(feedback)、自相关(autocorrelation)和带时滞(time lag)的互相关(图5-1-1)。所有这些，都增加了地理数学建模的难度。作为基础知识，本章仅仅涉及可以线性化从而复杂程度不高的建模知识。

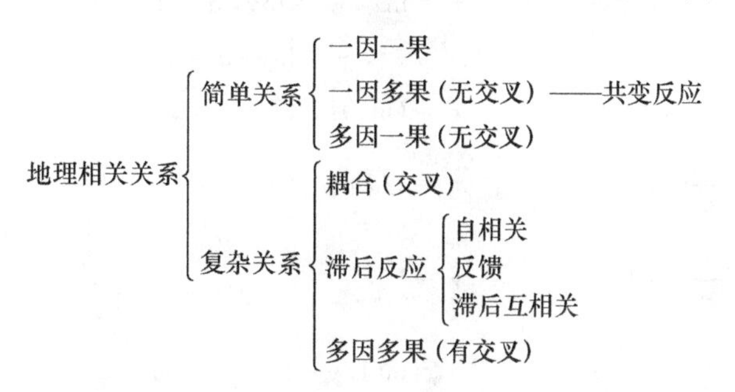

图5-1-1 地理系统简单关系和复杂关系举例

5.1.2 可线性化的常用非线性函数

非线性模型种类繁多，不一而足，但常用的模型只有十几个，且有共同的规律可寻。为了便于比较和运用，不妨列出常见的、可以线性化的非线性模型，包括指数模型、对数模型、幂指

数模型、Gaussian 模型、对数正态模型、双曲线模型、二参数 Logistic 模型、多项式模型(表 5-1-1)。根据线性化结果的自变量数目,可将上述模型分为三类：① 一变量情形(如常规的指数模型、对数模型);② 一变量化为多变量的情形(如抛物线模型、二次指数模型、Gamma 函数);③ 多变量的情形(如生产函数)。理论上,常用的非线性模型都可以通过取对数或者取倒数等方法转换为线性形式。

常用的地理数学模型主要用于描述地理系统时空演化的增长和衰减。增长与衰减又涉及三个方面：其一,时间上的增长与衰减,主要是预测分析;其二,空间上的增长与衰减,主要是空间分布或者结构分析;其三,等级上的增长与衰减,主要是规模分布或者等级结构分析。不妨以城市地理学为例说明地理增长与衰减过程。城市地理学分为城内地理学(intraurban geography)和城际地理学(interurban geography),前者研究城市内部结构,后者研究城市体系(De Blij and Muller, 1997)。两部分都涉及城市发展、增长和演变,更涉及城市政策、规划和空间优化。时间上,一个城市的人口长期增长,而其可用土地则持续衰减;空间上,一个城市的人口密度从中心到外围逐渐衰减,而可用土地则从中心到外围逐渐增长;等级上,城市平均规模自上而下衰减,而城市数目则自上而下增长。表 5-1-1 列举的大部分模型可以用于描述这种地理系统的增衰过程和格局。

表 5-1-1 常见的可以线性化的非线性模型

模型	数学方程	转化关系	线性表示
指数模型Ⅰ	$y=a\mathrm{e}^{bx}$	$y'=\ln y$, $a'=\ln a$	$y'=a'+bx$
指数模型Ⅱ	$y=a\mathrm{e}^{b/x}$	$x'=1/x$, $y'=\ln y$, $a'=\ln a$	$y'=a'+bx'$
对数模型	$y=a+b\ln x$	$x'=\ln x$	$y=a+bx'$
幂指数模型	$y=ax^b$	$x'=\ln x$, $y'=\ln y$, $a'=\ln a$	$y'=a'+bx'$
正态模型	$y=a\mathrm{e}^{bx^2}$	$x'=x^2$, $y'=\ln y$, $a'=\ln a$	$y'=a'+bx'$
对数正态模型	$y=a\mathrm{e}^{b(\ln x)^2}$	$x'=(\ln x)^2$, $y'=\ln y$, $a'=\ln a$	$y'=a'+bx'$
双曲线模型Ⅰ	$\frac{1}{y}=a+\frac{b}{x}$	$x'=1/x$, $y'=1/y$	$y'=a+bx'$
双曲线模型Ⅱ	$\frac{1}{y}=a+bx$	$y'=1/y$	$y'=a+bx$
Logistic 模型	$y=\frac{1}{1+a\mathrm{e}^{-bx}}$	$y'=\ln(1/y-1)$, $a'=\ln a$	$y'=a'-bx$
Cobb-Douglas 函数	$y=ax^bz^c$	$x'=\ln x$, $y'=\ln y$, $z'=\ln z$, $a'=\ln a$	$y'=a'+bx'+cz'$
Gamma 函数	$y=ax^{-b}\mathrm{e}^{-cx}$	$x'=\ln x$, $y'=\ln y$, $a'=\ln a$	$y'=a'-bx'-cx$
抛物线模型	$y=a+bx+cx^2$	$x'=x^2$	$y=a+bx+cx'$
其他模型	…	…	…

说明：如果模型系数 a 经过取对数变换,建模时需要利用下式还原：$a=\exp(a')$。

§5.2 非线性数学模型示例

5.2.1 指数函数(Ⅰ型)

在地理研究中,指数函数(exponential function)是最为常见的数学方程之一。这个模型既可以用于理论建模,也可以用于实践预测。Bartlett(2004)曾经有一个感叹:“人类的最大缺陷在于我们不能理解指数函数。”学界对指数函数性质的研究至今没有停止。指数模型有不同的构型,首先讲述最为常见的一种形式及其拟合方法。

1. 数学表达和函数图像

指数模型用于描述地理系统的增长或者距离衰减现象。第一类指数函数的一般数学表达式为

$$y = a e^{bx}, \tag{5-2-1}$$

式中 x 为自变量,y 为因变量,a 为比例系数($a>0$),b 为相对增长率($b>0$)或者衰减率($b<0$)。指数函数的变化趋势如图 5-2-1 所示。

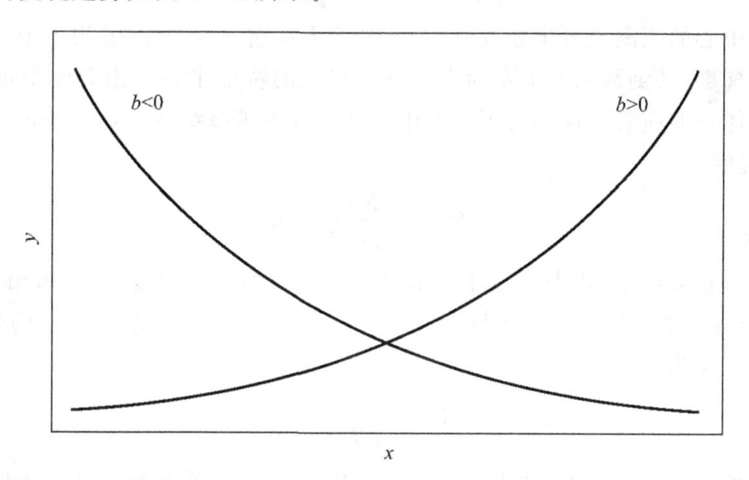

图 5-2-1 第一类指数函数的图像

2. 线性变换方法

指数模型本质上是一种单对数线性关系:自变量取原形,因变量取对数,即可线性化。在公式两边取对数,化为单对数形式,可得

$$\ln y = \ln a + bx. \tag{5-2-2}$$

令 $y' = \ln y, a' = \ln a$,得到线性表达式

$$y' = a' + bx. \tag{5-2-3}$$

然后用 x 与 y' 进行线性回归,得到截距 a' 和斜率 b,最后将截距还原为系数 a,还原公式为

$$a = \exp(a'). \tag{5-2-4}$$

这个还原公式后面将会反复用到。

3. 地理学实例

区域人口增长的Malthus模型本质上是一种指数函数形式。Malthus(1798)曾经提出区域人口以几何级数的方式增长。几何级数的增长模式可以表示为复利函数形式

$$P(t) = P_0(1+r)^t, \tag{5-2-5}$$

式中t为时间,$P(t)$为第t年的人口,P_0为初始年份的人口数量,r为人口的相对增长率。假定人口增长率r值足够小,则复利模型等价于指数增长模型,即有

$$P(t) = P_0(1+r)^t \approx P_0 e^{rt}. \tag{5-2-6}$$

这个式子常常用于区域或者城市人口预测。

在人文地理学中,指数模型很常见,主要用于描述增长和距离衰减现象。以城市研究为例,指数模型既可用于城市内部结构或距离衰减的描述,也可用于城市体系空间结构或者等级结构衰减过程的描述。前者属于城内地理学,后者属于城际地理学。例如,Clark(1951)研究发现,城市人口空间分布密度服从负指数(negative-exponential)模型,即有

$$\rho(r) = \rho_0 e^{-br} = \rho_0 e^{-r/r_0}, \tag{5-2-7}$$

式中r为到市中心的距离或者半径,$\rho(r)$为r处的人口密度,$\rho_0=\rho(0)$为市中心的人口密度,b为人口衰减的梯度,其倒数$r_0=1/b$为人口分布密度的特征半径。指数模型可以用于描述地理系统中等级体系的递阶结构。为了研究中心地系统的等级结构,Beckmann(1958)提出的城镇等级-规模模型

$$P_m = \frac{KS^{m-1}}{(1-K)^m}R \tag{5-2-8}$$

本质上也是一个指数模型,式中m为自下而上的城镇等级,P_m为第m级城市的人口,R为每个底级($m=1$)城镇平均所服务的乡村人口,S为每个城镇拥有下级卫星城的数目,K为比例系数。上式可以化为

$$P_m = P_1\left(\frac{S}{1-K}\right)^{m-1} = P_1 a^{m-1}, \tag{5-2-9}$$

这是指数模型的一种表达形式,式中$a=S/(1-K)$为参数。容易将上式化为标准的指数函数式。基于这个模型,梁进社(1999)提出了逆序Beckmann模型。

在自然地理学中,著名的Horton-Strahler水系构成定律实际上也是指数函数形式。Horton(1945)提出的、Strahler(1952)改进的水系结构模型,经过Schumm(1956)的进一步发展之后,逐渐演变为一组描述水系分支、河流长度和汇水面积的数学表达式。假定按照某种准则将一个水系分成M个等级,则水系结构服从如下指数律:

$$N_m = N_M R_b^{M-m}, \tag{5-2-10}$$

$$L_m = L_1 R_l^{m-1}, \tag{5-2-11}$$

$$A_m = A_1 R_a^{m-1}, \tag{5-2-12}$$

式中 m 为河道等级($m=1,2,\cdots,M$)，N_m 为第 m 级河道数目，N_M 为最高级(第 M 级)河道的数目(一般取 $N_M=1$)，$R_b=N_m/N_{m+1}$ 为河道分支比；L_m 为第 m 级河道的平均长度，L_1 为第 1 级即最低级河道的平均长度，$R_l=L_{m+1}/L_m$ 为河道长度比；A_m 为对应于 L_m 的流域面积，A_1 为第 1 级即最低级河道的平均流域面积，$R_a=A_{m+1}/A_m$ 为面积比。研究发现，地震的能量及其影响的地理范围的分布，城市体系的人口和城区面积分布，都服从类似的一组指数律。

5.2.2 指数函数(Ⅱ型)

如果将第一类指数函数的自变量取倒数形式，就得到第二类指数的数学表达。这种数学模型在地理理论和应用研究中也非常有用。在理论研究中，有时会意想不到地导出这种表达式。

1. 数学表达和函数图像

如果一个变量的倒数与另一个变量形成指数关系，就得到另一种指数函数。第二类指数模型的数学表达式为

$$y=a\mathrm{e}^{b/x}, \tag{5-2-13}$$

式中 x 为自变量，y 为因变量，a、b 为参数($a>0$)。该指数函数的变化趋势如图 5-2-2 所示。在 SPSS 软件中，这类模型被称为“S”形曲线。

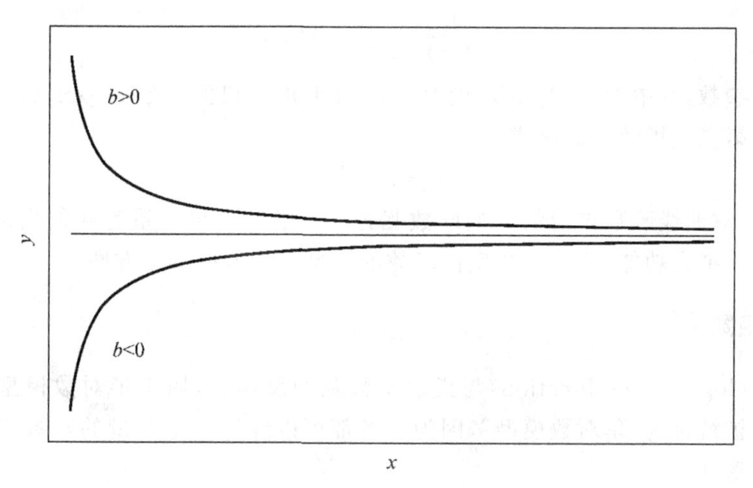

图 5-2-2 第二类指数函数的图像(图中水平线代表分界线而非坐标轴)

2. 线性变换方法

在公式两边取对数，化为对数双曲线形式。这暗示自变量的倒数与因变量的对数构成线性函数，即有

$$\ln y=\ln a+\frac{b}{x}. \tag{5-2-14}$$

令 $x'=1/x$，$y'=\ln y$，$a'=\ln a$，得线性关系如下

$$y'=a'+bx'. \tag{5-2-15}$$

然后用 x' 与 y' 进行线性回归，得到截距 a' 和斜率 b，最后将截距还原为参数 a，还原公式为式(5-2-4)。

3. 地理学实例

在城市地理学中，从标准圆出发，基于城市形态的几何测度关系可以推导出边界维数的倒数与圆形率(circularity ratio)的半对数关系。也就是说，城市形态的圆形率与城市边界的分维数呈现为上述第二类指数函数关系。用 Cm 表示 Miller 圆形率，用 Cr 表示 Richardson 圆形率，再用 D 表示城市边界的分维，则可以推导出如下形式

$$Cm=\frac{1}{\sqrt{k}P}\exp\left(\frac{1}{D}\ln P\right), \tag{5-2-16}$$

以及

$$Cr=\frac{1}{k\pi P^2}\exp\left(\frac{2}{D}\ln P\right), \tag{5-2-17}$$

式中，P 为城区的周长，π 为圆周率，参数 k 可以视为系统结构的协调因子。

此外，这类指数函数可以灵活地应用于人口增长预测分析。研究发现，一类区域人口预测模型可以表示为如下对数反比函数

$$\frac{1}{P(t)}=\frac{1}{P_1}-k\ln t, \tag{5-2-18}$$

式中，P_1、k 为参数，其中参数 P_1 在理论上为 $t=1$ 时的人口值。令 $a=\exp(1/kP_1)$，$b=1/k$，上式可以化为第二类指数函数形式

$$t=a\mathrm{e}^{-b/P(t)}. \tag{5-2-19}$$

可见，上述对数双曲线函数与指数二型函数互为反函数。这种关系为我们借助 SPSS 等软件的反比函数曲线拟合功能，估计对数反比函数的模型参数值提供了方便。

5.2.3 对数函数

对数函数(logarithmic function)与指数函数互为反函数，属于半对数模型之一。对数函数与指数函数被统称为“单对数模型”，因为二者都可以经过一个变量的对数变换化为简单的线性函数表达形式。

1. 数学表达和函数图像

对数模型形式非常简单，只要了解对数函数概念就会明白对数模型。对数函数的一般数学表达式为

$$y=a+b\ln x, \tag{5-2-20}$$

式中，x 为自变量，y 为因变量，a、b 为参数。对数函数的变化趋势可如图 5-2-3 所示。

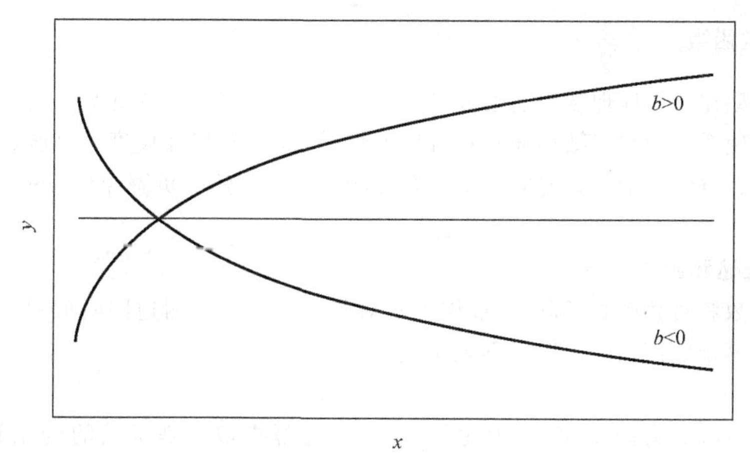

图 5-2-3 对数函数图像

2. 线性变换方法

对数函数形式上接近线性表达，因为自变量取对数，就与因变量构成线性关系。简而言之，在对数模型中，令 $x'=\ln x$，则上式化为线性模型

$$y=a+bx'. \tag{5-2-21}$$

然后用 x' 与 y 进行线性回归，得到截距 a 和斜率 b。

3. 地理学实例

对数函数在地理学研究中比较常用。研究表明，一个地区的人均住房面积与人均收入的关系，区域就业人口与地区总产值的关系，如此等等，都服从对数函数关系。诸如此类的例子不胜枚举。只要一个测度随另外一个测度的数值上升而存在增长局限，就有可能表现为对数关系。例如，周一星(1982)发现并提出了城市化水平与人均产值或者人均收入关系服从对数模型，该模型可以表示为

$$z=a\ln x-b, \tag{5-2-22}$$

式中，z 为城市化水平，x 为人均产值或收入，a、b 为参数。更早地，Taylor(1977)在《地理学的计量方法》一书中提出，交通网络连接度与人均收入之间也满足对数关系，即有如下模型

$$\beta=k\ln x+\varphi, \tag{5-2-23}$$

式中，β 为表示交通连接度的 β 指数，x 为人均收入，k、φ 为参数。假定 y 为总收入，P 为区域总人口，则 x 可以表示为 $x=y/P$。交通 β 指数定义为 $\beta=c/\nu$，这里 ν 为交通结点数，实则区域城镇数目，c 为结点间直接连通的交通线路数目。由周一星模型和 Taylor 模型可以导出城市化水平 z 与交通连接度 β 的线性关系

$$\beta=A+Bz, \tag{5-2-24}$$

式中，参数 $A=\varphi+kb/a$，$B=k/a$。这意味着，一个区域的城市化水平越高，交通网络的连接程度也就越高，反之亦然。

5.2.4　幂指数函数

幂指数模型在当代地理学的前沿领域非常重要,分形(fractal)模型的最简单形式就是幂指数函数。地理系统的空间结构通常具有标度性质,即没有特征尺度。幂函数是描述标度关系的基本方程。空间复杂性研究的一个重要课题乃是大自然的负幂律(reverse power law)的数理本质。

1. 数学表达和函数图像

相对于指数和对数函数,幂函数被称为双对数关系——在两边同时取对数可以将其转换为线性方程。幂指数模型的一般数学表达式为

$$y=ax^{b},\tag{5-2-25}$$

式中,x 为自变量,y 为因变量,a 为比例系数,b 为幂指数。幂函数的变化趋势如图 5-2-4 所示。

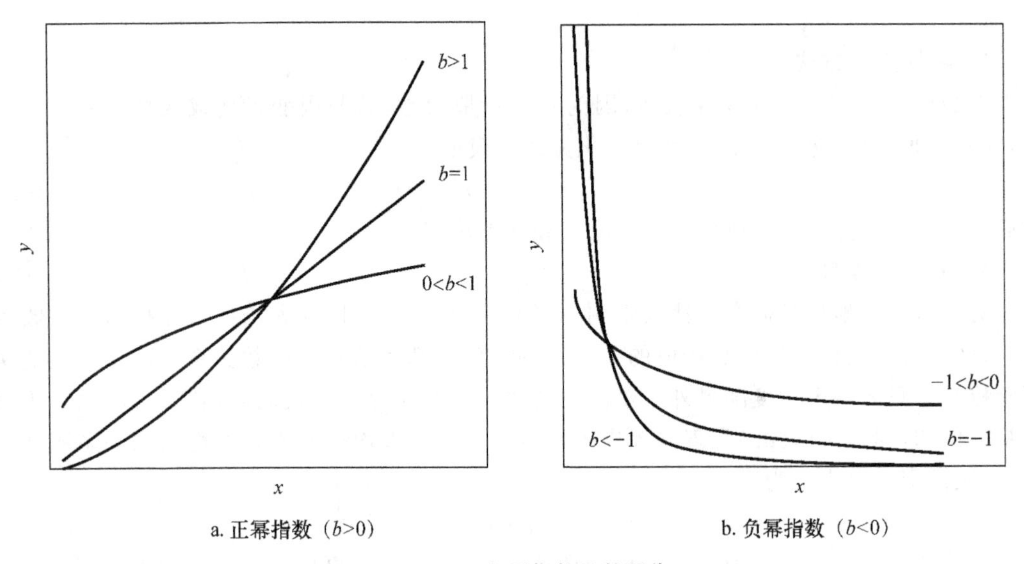

a. 正幂指数 ($b>0$)　　b. 负幂指数 ($b<0$)

图 5-2-4　正、负幂指数函数图像

2. 线性变换方法

幂函数容易转换为线性形式,它属于所谓双对数线性函数。在幂指数公式两边取对数,化为

$$\ln y=\ln a+b\ln x,\tag{5-2-26}$$

令 $x'=\ln x$,$y'=\ln y$,$a'=\ln a$,可得线性方程

$$y'=a'+bx'.\tag{5-2-27}$$

然后用 x' 与 y' 进行线性回归,得到截距 a' 和斜率 b,最后将截距还原为参数 a,还原公式为式(5-2-4)。

3. 地理学实例

在地理文献中，幂指数模型的实例非常之多。分形、标度、位序-规模法则(rank-size rule)等概念都与幂函数有关。在人文地理学中，Nordbeck(1965)、Dutton(1971)最早研究的、关于城市人口(P)-城区面积(A)的异速生长(allometric growth)模型便是一种正幂指数函数

$$A = aP^b, \tag{5-2-28}$$

式中 a 为比例系数，b 为标度指数。类似的，Batty 和 Longley(1988)的城区面积(A)-城市周长(L)几何测度关系也是正幂律形式

$$L = \eta A^\sigma, \tag{5-2-29}$$

式中 η 为比例系数，σ 为标度指数(Batty and Longley, 1988)。在更小的尺度上，Gould(1973)发现建筑物的占地面积与其周长之间也是幂指数关系。这类关系现已被 Batty 等(2008)推广到城市建筑几何的多种测度关系研究。实际上，异速标度研究最早由 Naroll 和 Bertalanffy(1956)引入城市化研究。

幂指数函数是距离衰减函数的另外一种形式。在交通地理方面，Smeed(1961, 1963)的关于城市交通网络密度分布的模型是一种负幂指数形式

$$\rho(r) = \rho_1 r^{-b} = \rho_1 r^{D-2}, \tag{5-2-30}$$

式中 r 为到城市中心的距离，$\rho(r)$为距城市中心 r 处的交通网络密度，ρ_1 为比例系数，$b=2-D$ 为距离衰减指数，这里 D 为交通网络分布的分形维数。在城市等级体系方面，关于城市位序-规模分布的 Zipf 定律，也是一种负幂律函数

$$P(k) = P_1 k^{-q}, \tag{5-2-31}$$

式中 k 为城市位序，$P(k)$为位序为 k 的城市的人口规模，P_1 为最大城市的人口，q 为 Zipf 指数。为了解释关于城市位序-规模法则的 Zipf 定律，Beckmann(1958)于 20 世纪 50 年代末期提出了著名的城市体系异速生长方程

$$\frac{1}{y} \cdot \frac{\mathrm{d}y}{\mathrm{d}t} = b\,\frac{1}{x} \cdot \frac{\mathrm{d}x}{\mathrm{d}t}, \tag{5-2-32}$$

式中 y 为城市体系中最大城市的人口，x 为全体城市的人口，b 为异速生长系数。借助积分，不难从上式导出幂律形式

$$y = Cx^b, \tag{5-2-33}$$

式中 C 为比例系数。可见 Beckmann 异速生长方程也是一种幂指数模型。在旅游地理学中，人类的旅行活动或者流的空间分布，一般情况下服从负幂律

$$N(r) = N_1 r^{-b}, \tag{5-2-34}$$

式中 r 为到出发点的距离，$N(r)$为从出发点到距离 r 处的旅行者数目或者货流量，N_1 为比例系数，b 为距离衰减指数，本质上是一种标度指数。

在自然地理学中，幂指数规律也广泛存在，自然地理分形结构都可以采用幂函数描述。关于河道长度-流域面积关系的著名 Hack 定律(Hack,1957)，为正幂指数形式

$$L_m = \mu A_m^b, \tag{5-2-35}$$

式中L为主河道长度，A为对应的流域面积，m为河流的等级，μ为比例系数，b为标度指数，数值约为0.6。Hack定律的本质与城市人口-城区面积异速生长定律以及城市边界长度-城区面积关系是相同的，都可以视为异速标度关系，或者几何测度关系。实际上，前述Horton-Strahler水系构成定律可以变换为幂指数关系，而Hack定律其实隐含在Horton-Strahler定律之内。在生物地理学中，Gould(1979)发现，相对封闭的地域空间范围(如岛屿)与物种数量之间也是服从幂指数法则的，即有

$$S = CA^{z}, \tag{5-2-36}$$

式中A为某个岛屿的面积，S为相应岛屿发现的物种数量，C、z为参数，幂指数z的数值介于0.15～0.35之间，一般为$z=0.3$或者$z=\lg 2$，即岛屿面积增加到原来的10倍左右物种数目就会翻一番(Wilson, 1992)。

5.2.5 二次指数函数(正态函数)

二次指数函数有正、负之分，其中的负二次指数函数可以叫作正态函数。如果颠倒排列顺序，则正二次指数函数可以化为负二次指数函数。所以，二次函数被视为广义的正态函数，而正态分布函数为其中的特例之一。正态分布(normal distribution)最早可能由德国数学王子Gauss提出，故叫作Gaussian分布，对应的曲线叫钟形曲线(bell curve)。正态函数因此也叫Gaussian函数，Gauss在天文测量的误差研究中发现了它。回归分析的奠基人F. Galton称正态分布为“误差频数律(law of frequency of error)”，简称误差律(law of error)，他曾感叹：“我想象不到还有什么东西能像将宇宙秩序表示为‘误差律’这一奇妙形式那样令人印象深刻。”这种误差律恰是人们进行回归分析检验的一个重要判据。正态分布及其相关模型在科学知识中具有非常重要的基础性地位。

1. 数学表达和函数图像

二次指数函数就是自变量取平方后的一种指数函数。二次指数函数的数学表达式为

$$y = a\mathrm{e}^{bx^2}, \tag{5-2-37}$$

式中x为自变量，y为因变量，a、b为参数($a>0$)。狭义的Gaussian分布函数的一般形式为

$$f(x) = \frac{1}{\sqrt{2\pi}\sigma}\mathrm{e}^{-\frac{(x-\mu)^2}{2\sigma^2}}, \tag{5-2-38}$$

式中μ为x的期望值，σ为x的标准差。当变量标准化以后，$\mu=0$，$\sigma=1$，于是上式化为标准正态分布形式

$$f(x) = \frac{1}{\sqrt{2\pi}}\mathrm{e}^{-\frac{1}{2}x^2}. \tag{5-2-39}$$

当然，广义的Gaussian函数并不要求变量标准化后一定有$a=1/\sqrt{2\pi}$、$b=-1/2$。正态分布以其优美的对称形式被人称为“钟形概率密度分布”(图5-2-5)。

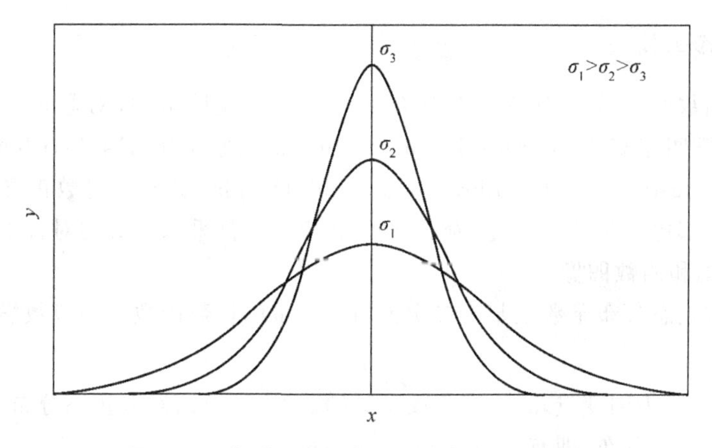

图 5-2-5 标准正态分布函数图像(钟形曲线)

2. 线性变换方法

二次指数函数的线性化方法类似于指数函数的线性化过程,但相对复杂一点。在公式两边取对数,化为

$$\ln y = \ln a + bx^2. \tag{5-2-40}$$

令 $x' = x^2$, $y' = \ln y$, $a' = \ln a$,可得线性关系

$$y' = a' + bx'. \tag{5-2-41}$$

这意味着,自变量的平方与因变量的对数构成线性关系。然后用 x' 与 y' 进行线性回归,得到截距 a' 和斜率 b,最后将截距还原为参数 a,还原公式为式(5-2-4)。

3. 地理学实例

正态分布在地理学中可以找到许多应用实例。继 Clark(1951)模型发表之后,Sherratt(1960)提出的城市人口密度模型便是一种正态分布形式

$$\rho(r) = \rho_0 e^{-br^2} = \rho_0 e^{-r^2/(2r_0^2)}. \tag{5-2-42}$$

显然这是 Gaussian 函数形式,式中 r 为到城市中心的距离,$\rho(r)$ 为距城市中心 r 处的人口密度,ρ_0 为比例系数,它在理论上等于城市中心处的人口密度,参数 b 反映距离衰减的相对速率,它描述的城市人口密度在偏离中心的城区范围内远较 Clark 模型衰减为快,$r_0 = 1/(2b)^{0.5}$ 为人口分布的特征半径。这个模型得到 Tanner(1961)的进一步支持,故人们称之为 Sherratt-Tanner 模型。在中国的一定时期内,许多区域的 GDP 增长也服从二次指数模型

$$G(t) = G_0 e^{bt^2}, \tag{5-2-43}$$

式中 G 表示 GDP,t 为时间,用基于年份的时序表示。顺便说明,这里的 GDP 未经通胀指数校正。最后强调,任何一个地理数学模型,回归的结果如果能够通过基于某个显著性水平的统计检验,其误差(残差)的分布都应满足 Gaussian 分布。

5.2.6 对数正态函数

对数正态函数原是描述对数正态分布的函数。在统计学中，对数正态分布(lognormal distribution)通常叫作 Galton 分布(Galton distribution 或 Galton's distribution)。它还有其他一些名字，如 McAlister 分布、Gibrat 分布、Cobb-Douglas 分布。对数正态分布在自然和人文地理学研究中都比较常见。不过，为了方便，在应用时都采取广义的对数正态函数。

1. 数学表达和函数图像

广义的对数正态分布函数是基于二次方对数变量的指数函数。一般数学表达式为

$$y = a\mathrm{e}^{b(\ln x)^2}, \tag{5-2-44}$$

式中 x 为自变量，y 为因变量，a、b 为参数($a>0$)。可见，所谓对数正态分布，其实就是自变量取对数之后服从正态分布，即有

$$f(x) = \frac{1}{\sqrt{2\pi}\sigma}\mathrm{e}^{-\frac{(\ln x-\mu)^2}{2\sigma^2}}, \tag{5-2-45}$$

式中 μ 为 $\ln x$ 的均值，σ 为 $\ln x$ 的标准差。当取对数后的变量标准化以后，$\mu=0$，$\sigma=1$，于是上式化为标准对数正态分布形式

$$f(x) = \frac{1}{\sqrt{2\pi}}\mathrm{e}^{-\frac{1}{2}(\ln x)^2}. \tag{5-2-46}$$

对数正态分布不像钟形曲线那么端端正正，其对称性有所丧失，表现为侧偏的单峰形式(图5-2-6)。

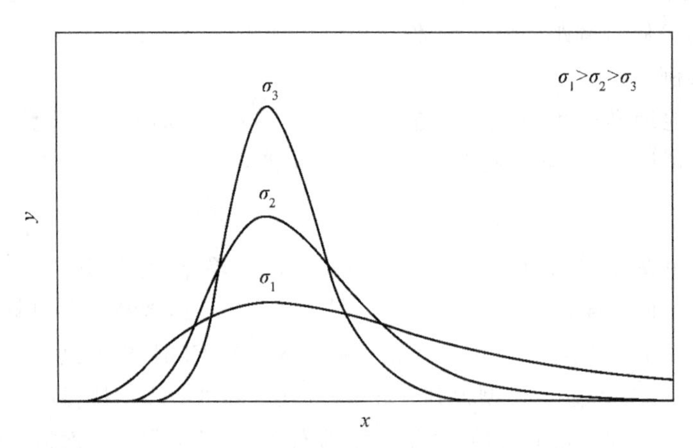

图 5-2-6 对数正态分布函数图像

2. 线性变换方法

在公式两边取对数，可以化为线性形式。此时自变量对数的平方与因变量对数之间构成线性函数关系，即有

$$\ln y = \ln a + b(\ln x)^2. \tag{5-2-47}$$

令 $x' = (\ln x)^2$，$y' = \ln y$，$a' = \ln a$，于是得线性模型

$$y' = a' + bx'. \tag{5-2-48}$$

然后用 x' 与 y' 进行线性回归，得到截距 a' 和斜率 b，最后将截距还原为参数 a，还原公式为式(5-2-4)。

3. 地理学实例

在人文地理学中，对数正态函数既被用于描述城市人口密度衰减，也被用于描述城市人口规模分布。Parr(1985)发展的城市和区域人口密度模型是一种对数正态分布，其表达式为

$$\rho(x) = \rho_0 e^{-b(\ln x)^2}, \tag{5-2-49}$$

式中 x 为到城市中心的距离，$\rho(x)$ 为距城市中心 x 处的人口密度，ρ_0 为比例系数，参数 b 为距离衰减系数。一般情况下，城市位序-规模分布服从 Zipf 定律，但在某些时空条件下则服从 Gibrat 定律(Gibrat's law)，或称比例增长法则(rule of proportionate growth)，从而表现为对数正态分布。

5.2.7 双曲函数(Ⅰ型)

双曲线(hyperbola)是圆锥截面(conic section)曲线族的代表性曲线之一。在地理系统的建模分析和预测中，时常可以碰到双曲线增长或者衰减趋势。不过，有时形式比较隐晦，需要通过数学变换才能将其关系揭示出来；有时则又是一种近似结果，也只有通过变换才能显示。常用的双曲线分为双倒数形式和单倒数形式两种形式，首先讲解双倒数形式。

1. 数学表达和函数图像

双倒数形式是一种负反馈式增长或者衰减的表达式。所谓负反馈式，就是增长或者衰减过程有收敛趋势。双倒数双曲线函数的数学表达式为

$$\frac{1}{y} = a + \frac{b}{x}, \tag{5-2-50}$$

式中 x 为自变量，y 为因变量，a、b 为参数($a>0$)。双曲线函数的图像是一种中心对称图形，不过这里只给出现实中有用的局部(图 5-2-7)。

2. 线性变换方法

双曲线函数很容易转化为线性形式，并且模型参数值没有改变。将自变量和因变量同时取倒数，即令 $x' = 1/x$，$y' = 1/y$，可得如下关系

$$y' = a + bx'. \tag{5-2-51}$$

然后用 x' 与 y' 进行线性回归，得到截距 a 和斜率 b。

3. 地理学实例

在经验研究中，双倒数式双曲线函数可以用于描述有极限的地理增长或者衰减过程。研究表明，一些城市如河南省郑州市的人口增长一度服从这种双曲线函数反映的变化趋势。下面给出一个理论地理学的案例。Beckmann(1958)从城市等级-规模模型中可以导出一个城市

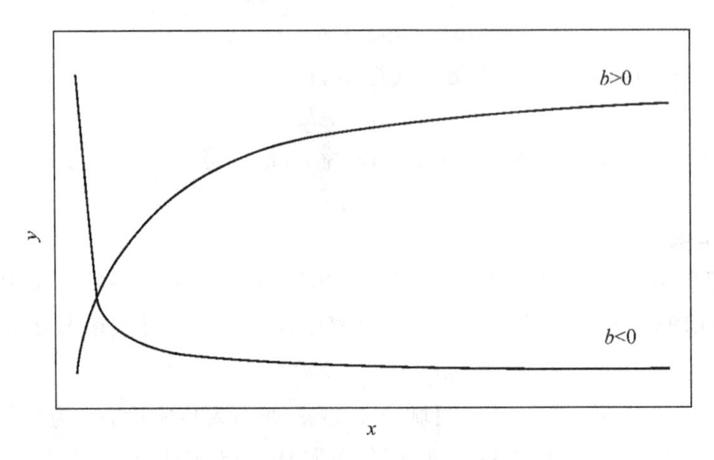

图 5-2-7 双倒数双曲线函数图像(负反馈式)

化水平模型如下：

$$Z(K,S)=\frac{KS}{K+S-1},\tag{5-2-52}$$

式中 Z 为城市化水平，K 为乡镇化水平，S 为各级城市拥有下级卫星城的平均数。一方面，当 K 一定即为常数时，可得

$$\frac{1}{Z}=\frac{S+(K-1)}{KS}=\frac{1}{K}+\frac{K-1}{KS}.\tag{5-2-53}$$

由于 $0<K<1$，上式实则相当于一个 $b<0$ 的双曲线函数。另一方面，当 S 一定即为常数时，模型化为

$$\frac{1}{Z}=\frac{K+(S-1)}{SK}=\frac{1}{S}+\frac{S-1}{SK}.\tag{5-2-54}$$

由于 $S>1$，上式相当于一个 $b>0$ 的双曲线函数。

5.2.8 双曲函数(Ⅱ型)

在不同的条件下，圆锥截面表现为不同的曲线形式。前述标准的双曲线是一种双倒数模式，代表一种负反馈形式；而接下来要讲授的双曲线则是一种单倒数形式，包括正反馈模式和负反馈模式两种类型。如前所述，负反馈增长或者衰减有极限，而正反馈的增长或者衰减则无极限：增长无上限，衰减无底限。

1. 数学表达和函数图像

单倒数双曲线表现为两种形式：其一自变量取倒数，因变量不取倒数，此为负反馈形式；其二则是因变量取倒数，自变量不取倒数，此为正反馈形式。二者互为反函数。自变量取倒数的双曲线函数的数学表达式为

$$y=a+\frac{b}{x},\tag{5-2-55}$$

式中 x 为自变量，y 为因变量，a、b 为参数（$a>0$）。上式描述了负反馈式的增长或衰减（图 5-2-8a）。这个函数的反函数形式便是因变量取倒数的模型

$$\frac{1}{y}=a+bx, \tag{5-2-56}$$

式中函数符号同上。上式描述了正反馈式的增长或衰减（图 5-2-8b）。在文献中，这个函数叫作反双曲关系（reverse hyperbolic relationship）。如果函数反映增长过程，则增长十分迅猛。在式（5-2-55）中，当参数 $a=0$，函数化为矩形双曲线（rectangular hyperbola）形式之一——反比生长（inversely proportional growth）曲线，即有

$$y=\frac{b}{x}, \tag{5-2-57}$$

这个函数既是双曲线的特例之一，也是负幂函数的特例之一——处于负幂函数和反比双曲线函数的交点位置。

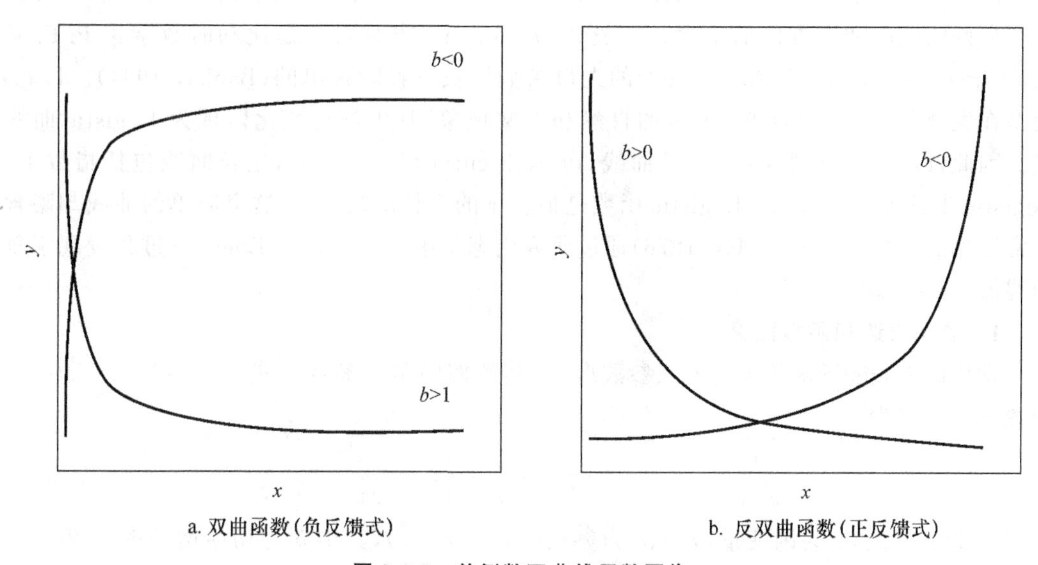

a. 双曲函数（负反馈式）　　b. 反双曲函数（正反馈式）

图 5-2-8 单倒数双曲线函数图像

2. 线性变换方法

自变量取倒数，直接与因变量构成线性关系；反过来，因变量取倒数，直接与自变量构成线性关系。令 $x'=1/x$，或者 $y'=1/y$，可将常用双曲线及其反函数线性化，得到

$$y=a+bx', \tag{5-2-58}$$

$$y'=a+bx. \tag{5-2-59}$$

采用 x' 与 y 或者 x 与 y' 进行线性回归，可得截距 a 和斜率 b 的估计值。

3. 地理学实例

经验上，这类函数在地理研究中也是用于描述增长或者衰减过程。人口和地理学家 Keyfitz（1968）提出的区域人口增长反双曲模型为

$$\frac{1}{P(t)}=\frac{1}{P_0}-\frac{r}{P_1}t, \tag{5-2-60}$$

式中$P(t)$为第t个年份的人口,参数P_0为初始年份即第$t=0$年的人口,P_1为第$t=1$年的人口,$r=(P_1-P_0)/P_0$为初始增长率。纯粹的城市位序-规模法则形式上是一种反比例函数,即有

$$P(k)=\frac{P_1}{k}, \tag{5-2-61}$$

式中k为城市位序,$P(k)$为位序为k的城市的人口规模,P_1为最大城市的人口。这个模型为城市等级体系的Zipf定律的标准形式。

5.2.9 Logistic 函数

Logistic 函数属于描述S形曲线(S-shaped curve)的弯曲函数(sigmoid function)族之一,具有良好的性质和多方面的用途。一般认为,Logistic方程最初是比利时数学家P. F. Verhulst于1838年修正Malthus(1798)的人口指数增长方程时提出的(Banks, 1994)。Logistic模型在发展预测中非常重要,大量的自然和人文现象,其生长与变化体现为Logistic曲线形式。因此,Logistic曲线又叫"生长曲线(growth curve)"。实际上,生长曲线包括指数生长、Logistic生长等多种形式。Logistic函数是最基本的生长函数形式,这个简单的曲线却隐含着非常深刻的科学道理——May(1976)通过研究生态学中虫口变化的Logistic过程发现了复杂的混沌(chaos)现象。

1. 数学表达和函数图像

常用的Logistic函数表现为三参数形式,其特例则是二参数形式。三参数Logistic函数的数学表达式为

$$y=\frac{c}{1+a\mathrm{e}^{-bx}}, \tag{5-2-62}$$

式中x为自变量,y为因变量,a、b、c为参数($a, b, c>0$),其中b为初始增长率,c为承载量或者容量(capacity)。

Logistic生长过程背后隐含着挤压效应(squashing effect)。如果一个描述生长的测度存在严格的上限和下限,但是生长过程没有明确的起点和终点,那就会表现出挤压效应:上压下挤,生长线扭曲为S形。实际上,S形函数包括Logistic函数、Gompertz函数、双曲正切函数等不同的形式。Logistic函数最为常见,如今几乎与S形函数同出而异名(图5-2-9)。

2. 线性变换方法

首先要确定Logistic曲线的承载量即容量参数c值。在许多情况下,对数据进行适当的转换(如变量正规化)以后,可使得$c=1$,然后两边取倒数,化为

$$\frac{1}{y}=1+a\mathrm{e}^{-bx}, \tag{5-2-63}$$

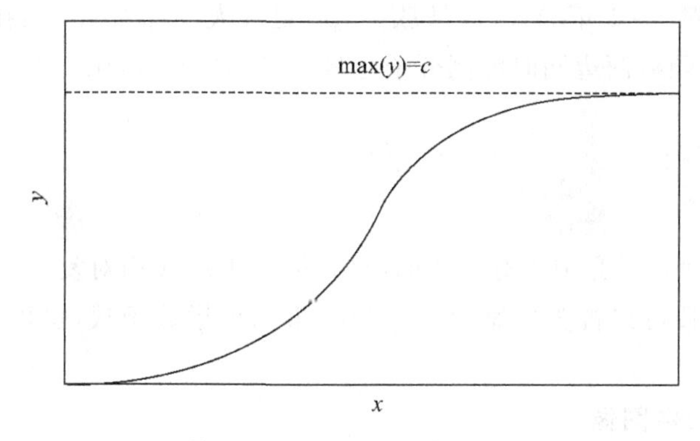

图 5-2-9 基于挤压效应的 S 形 Logistic 曲线图像

移项、整理，两边取对数，化为

$$\ln\left(\frac{1}{y}-1\right)=\ln a-bx. \tag{5-2-64}$$

令 $y'=\ln(1/y-1)$，$a'=\ln a$，得线性关系

$$y'=a'-bx. \tag{5-2-65}$$

然后用 x 与 y' 进行线性回归，得到截距 a' 和斜率 b，最后将截距还原为参数 a，还原公式为式(5-2-4)。

3. 地理学实例

在地理研究中，Logistic 函数主要用于增长预测。城市化水平就是城市人口占总人口的比重，存在明确的上限 1(或 100%)和下限 0(或 0%)，故随时间变化表现出挤压效应。联合国(United Nations, 2004)采用 Logistic 函数预测各国的城市化水平，公式可以表示为

$$L(t)=\frac{L_{\max}}{1+(L_{\max}/L_0-1)e^{-kt}}, \tag{5-2-66}$$

式中 t 为时间，$L(t)$为第 t 个年份某区域的城市化水平，k 为城市化水平的内生增长率，L_0 为城市化水平初始值，$L_{\max}$ 为城市化水平的饱和值即容量参数。城市化过程联系着城市形态，城市形态的分维增长也可以采用 Logistic 函数建模，因为分维存在明确的上限($d=2$，此为分形嵌入空间的欧氏维数)和下限($d_T=0$，此为分形点集的拓扑维数)，生长过程具有挤压效应。

区域或者城市人口没有明确的理论上限，但存在实际上限。欧美国家的城市或者区域人口的增长也是 Logistic 曲线形式，模型可以表示为

$$P(t)=\frac{P_{\max}}{1+(P_{\max}/P_0-1)e^{-rt}}, \tag{5-2-67}$$

式中 $P(t)$为第 t 个年份的人口，$P_{\max}$ 为饱和人口即人口承载量，P_0 为初始年份即第 $t=0$ 年的人口，$r=\ln\{[(P_{\max}-P_0)/P_0]/[(P_{\max}-P_1)/P_1]\}$ 近似等于初始增长率，即 $r\approx(P_1-$

$P_0)/P_0$，这里 P_1 为第 $t=1$ 年的人口。假定 P_{max} 足够大、r 非常小，则在 t 不大的情况下，将人口增长的Logistic函数两边同时颠倒分子分母，可以导出Keyfitz (1968)人口增长的反双曲关系。

5.2.10 Gamma函数

Gamma函数在地理研究中具有重要的应用，但由于形式相对复杂一些，地理学家对其关注较少。Gamma函数可以视为以幂律分布为权重的负指数函数，也可以视为以负指数分布为权重的幂函数。

1. 数学表达和函数图像

Gamma分布可以视为以指数分布为权重的幂律分布，也可以视为以幂律分布为权重的指数分布。Gamma分布函数的数学表达式为

$$y=ax^{-b}\mathrm{e}^{-cx}, \tag{5-2-68}$$

式中 x 为自变量，y 为因变量，a、b、c 为参数(a，$c>0$)。当 $b>0$ 时，函数图像兼具负指数和负幂律曲线的双重特征，属于极端型分布；当 $b<0$ 时，则出现中间隆起的、特征尺度明显的分布(图5-2-10)。Gamma分布函数具有幂函数和指数函数双重特征。当 $b=0$ 时，式(5-2-68)化为负指数分布；当 $c=0$ 时，式(5-2-68)化为幂律分布函数。较之于负指数函数和负幂律函数，该函数涉及三个参数，形式复杂一些。

2. 线性变换方法

线性化的方法具有幂函数和指数函数线性化的特征。函数两边取对数，化为

$$\ln y=\ln a-b\ln x-cx. \tag{5-2-69}$$

令 $x'=\ln x$，$y'=\ln y$，$a'=\ln a$，可得二元线性回归模型

$$y'=a'-bx'-cx. \tag{5-2-70}$$

然后用 x、x' 为自变量，与 y' 进行多元线性回归，得到截距 a' 和回归系数 b、c，最后将截距还原为参数 a，还原公式为式(5-2-4)。

3. 地理学实例

地理研究中，Gamma函数用于描述距离衰减现象，反映的特征介于负幂律衰减和负指数衰减之间。在计量革命时期，Tanner(1961)曾经建议采用Gamma函数描述城市人口密度，该观点得到March(1971)、Angel和Hyman(1976)的响应。城市密度的Gamma模型可以表示如下：

$$\rho(r)=\rho_0 r^{-b}\mathrm{e}^{-cr}, \tag{5-2-71}$$

式中 r 为到市中心的距离，$\rho(r)$ 为 r 处的人口密度，b、c 和 ρ_0 都是参数。作者将该模型推广到一般形式，用以刻画城市形态背后隐含的分形性质(Chen, 2010)。

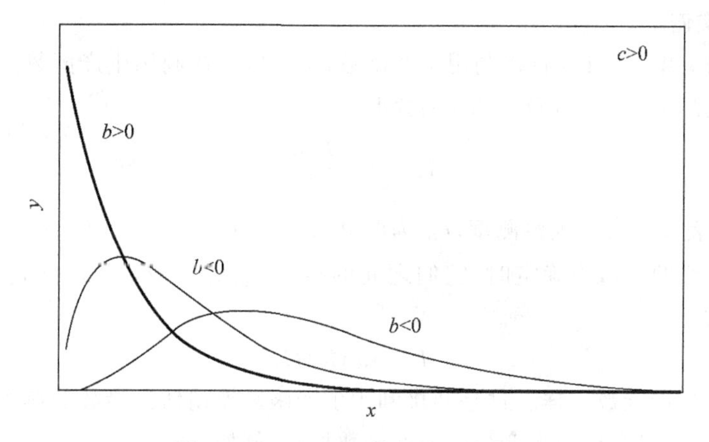

图 5-2-10 Gamma 分布的函数图像

5.2.11 Cobb-Douglas 函数

广义 Cobb-Douglas 函数反映了一种多变量非线性输入-输出关系。Cobb-Douglas 函数最初是由 Cobb 和 Douglas(1928)为经济学投入(input)-产出(output)关系构造的,通常叫作生产函数(production function)。该函数可以从经典模型的二变量推广到多变量情形。现已证明,广义 Cobb-Douglas 函数是一个先验的、具有普适意义的函数,可以用于刻画自然和人文系统中的许多输入-输出关系。生产函数在地理学中的重要性近年来才得到比较深入的认识。

1. 数学表达

生产函数用于描述一系列相互关联的输入变量对输出变量的共同影响效果。在最简单的情况下,二变量生产函数的数学表达式为

$$y=ax_1^{b_1}x_2^{b_2}, \tag{5-2-72}$$

式中 x 为自变量,y 为因变量,a、b_1、b_2 为参数($a>0$),其中 b 为交叉弹性系数。生产函数的图像为三维乃至多维形式,可以在二维空间中表现某个输入与输出之间的偏关系。

2. 线性变换方法

生产函数代表一种多变量对数线性关系,可以通过对数变换将其线性化。在式(5-2-72)两边取对数,化为

$$\ln y=\ln a+b_1\ln x_1+b_2\ln x_2. \tag{5-2-73}$$

令 $x_1'=\ln x_1$,$x_2'=\ln x_2$,$y'=\ln y$,$a'=\ln a$,得多元线性回归模型

$$y'=a'+b_1x_1'+b_2x_2'. \tag{5-2-74}$$

然后用 x_1'、x_2'与 y'进行线性回归,得到截距 a'和回归系数 b_1、b_2,最后将截距还原为参数 a,还原公式为式(5-2-4)。

3. 地理学实例

在地理学研究中,既可以直接利用生产函数,也可以间接利用生产函数。人文地理学中的城市引力模型实际上是Cobb-Douglas函数形式

$$I_{ij}=G\frac{M_i^{\alpha}M_j^{\beta}}{r_{ij}^{b}},\tag{5-2-75}$$

式中M_i、M_j代表量城市的规模测度,r_{ij}为两城市距离,G为引力系数,α、β为标度指数,b为距离衰减系数。当两个城市确定时,它们之间的距离r_{ij}为常数,令$a=Gr_{ij}^{-b}$,上式便是二变量生产函数形式

$$I_{ij}=aM_i^{\alpha}M_j^{\beta}.\tag{5-2-76}$$

回归处理方法与生产函数一样。这是间接利用生产函数模型估计参数的典型例子。在城市系统和生态系统中,有时会出现多变量的生产函数形式,例如

$$y=k\prod_{j=1}^{m}x_j^{\alpha_j},\tag{5-2-77}$$

式中m为自变量数目($j=1,2,\cdots,m$),k、α为参数。有证明表明,这个模型也可以用于描述生态系统的输入-输出关系。

5.2.12 多项式函数

多项式是地理数学建模入门者很喜欢选择的模型,也是陷阱较多的地方。其实,任何一个非线性模型经过Taylor级数之类的技术展开,都可以化作某种多项式形式,从而多项式函数可以用来拟合各种曲线,且其拟合优度一般很高。但是,多项式的拟合效果与普通模型不具严格的可比性,自由度不同是重要的原因。尤其需要注意的是,多项式的参数意义通常不明确。采用多项式形式进行插值效果较好,但在进行解释和预测分析时,建议初学者不要轻易地选择这种函数,除非具备明确的理论根据。

1. 数学表达和函数图像

多项式函数虽然只有一个自变量,但涉及一系列由低到高的阶次,从而类似于多变量形式。多项式的一般形式为

$$y=a_0+a_1x+a_2x^2+\cdots+a_px^p=\sum_{k=0}^{p}a_kx^k,\tag{5-2-78}$$

式中p为多项式的阶次。当$k=1$时,为一元线性回归模型

$$y=a_0+a_1x;\tag{5-2-79}$$

当$k=2$时,为抛物线函数

$$y=a_0+a_1x+a_2x^2;\tag{5-2-80}$$

当$k=3$时,为三次曲线

$$y=a_0+a_1x+a_2x^2+a_3x^3.\tag{5-2-81}$$

多项式函数的曲线有很多形式,这里只给出两种代表性的图像(图5-2-11)。

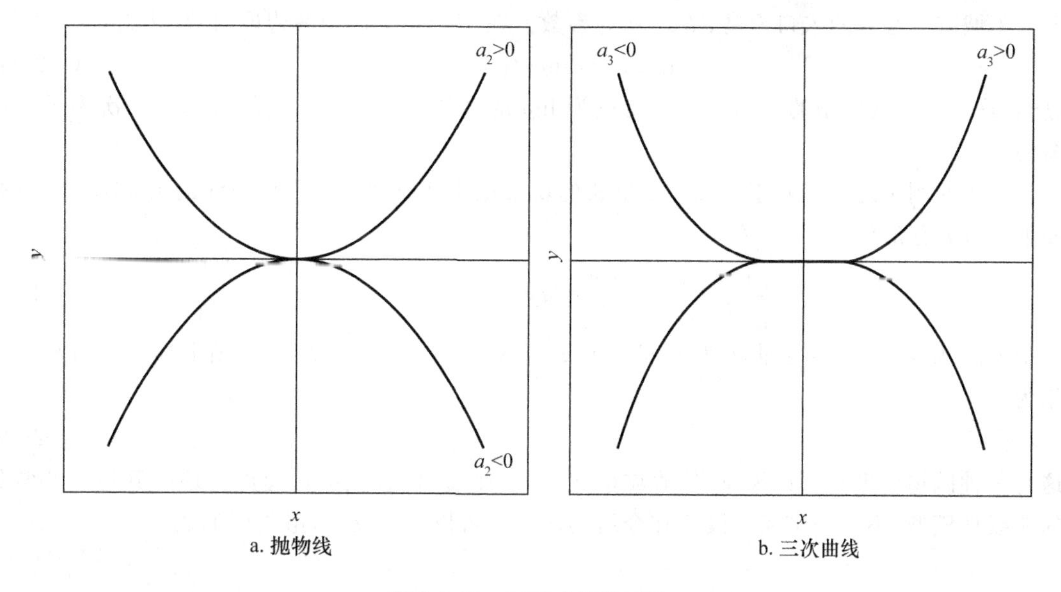

a. 抛物线　　b. 三次曲线

图 5-2-11　多项式函数图像

2. 线性变换方法

下面以二次多项式即抛物线为例说明多项式模型的回归方法。令 $x'=x^2$，得二元线性模型

$$y=a_0+a_1x+a_2x'. \tag{5-2-82}$$

然后用 x 和 x' 与 y 进行二元线性回归，得到常数 a_0 和回归系数 a_1、a_2。其余阶次的多项式函数可以采用类似的方法处理。

有人可能会提出疑问，多项式会不会引起多重共线性的问题？答案是不会。如果开展共线性检测，可能会出现多重共线性的征兆。但是，这种征兆遇到这种非线性模型不再有效。以截距 a 为步长，对一元线性模型实施一步平移，得到 $y'=bx$。这意味着线性关系实质上是一种比例关系。多重共线性涉及多种比例。要想一个变量与另外一个变量成比例，它们的量纲必须一致，或者说维数一致。在一个多项式里，维数从 0 维到 n 维，任何两个变量之间维数都不一样，因而不能形成比例关系，当然也就不能出现所谓多重共线性的问题。

3. 地理学实例

在地理研究中，既会遇到直接的多项式形式，也会遇到间接的多项式形式。首先看间接的多项式形式。地理学计量运动时期，Newling(1969)等曾用二次曲线代替了 Clark(1951)模型的一次变量，提出了城市人口密度分布的所谓二次负指数(quadratic negative-exponential)模型，其数学表达式为

$$\rho(x)=\rho_0 e^{bx-cx^2}, \tag{5-2-83}$$

式中 x 为到城市中心的距离，$\rho(x)$ 为距城市中心 x 处的人口密度，ρ_0 为比例系数，它在理论

上等于城市中心处的人口密度，b、c 均为参数。在 Newling 模型两边取对数，化为

$$\ln\rho(x)=\ln\rho_0+bx-cx^2. \tag{5-2-84}$$

显然，这是多项式模型的特例——因变量为 $\ln\rho$ 的抛物线函数。这是间接利用二次多项式的案例。

直接的例子之一是基于 Logistic 增长的城市化速度模型。城市化曲线的 Logistic 模型是如下微分方程的解：

$$\frac{\mathrm{d}y}{\mathrm{d}t}=ay+by^2. \tag{5-2-85}$$

式中 a、b 为参数，y 为变量，t 为时间。令 $z_t=\Delta y_t=y_{t+1}-y_t$，$\Delta t=1$，则上述微分方程离散化为

$$z_t=ay_t+by_t^2. \tag{5-2-86}$$

这是一种抛物线形式。如果 y_t 代表城市化水平，则 z_t 代表城市化速度。还有其他一些常见的非线性模型，不一一讲述。读者在今后的研究中可以举一反三，触类旁通。

§5.3 实例分析

5.3.1 实例1——世界人口增长的双曲线模型

首先讲解一个以时间为自变量的非线性人口预测模型，这个模型可以说明如何根据数据特征灵活地选择数学表达式。样本路径是 1650—2000 年的世界总人口（表 5-3-1）。以年份 n 为横轴，以不同年份的人口 $P(n)$ 为纵轴，作散点图，点列分布暗示快速上升趋势（图 5-3-1）。根据一般的理解，人口可能是 Malthus 所谓的几何级数上升，即指数增长。然而，拟合指数增长曲线，发现点、线不能很好地匹配，尽管拟合优度达到 0.940 左右。拟合其他可能的增长曲线，如幂指数函数，效果更差。根据经验，一种可能的选择是 Keyfitz 反双曲线增长。将人口数据取倒数，以时序 $t=n-1650$ 为横坐标，以人口倒数 $1/P(t)$ 为纵坐标，作散点图，发现点列成线性分布趋势，这暗示数据序列具有反双曲关系的特征。对比分析多种可能的增长模型，很难发现比反双曲函数拟合效果更好的模型。最后，利用线性回归分析，基于样本数据建立反双曲模型如下

$$\frac{1}{P(t)}=1.9-0.0051t=\frac{1}{0.5263}-\frac{0.0027}{0.5277}t, \tag{5-3-1}$$

拟合优度 $R^2=0.9978$，线性化模型的标准误差 $s=0.028$。拟合优度和标准误差的检验的置信度很高，模型的计算值与实际观测值也比较接近。与标准的 Keyfitz 反双曲模型比较可见参数 P_0、P_1 和 r 的计算值分别为 0.5263、0.5277 和 0.0027，而实际上的 $P_0=0.510$，P_1 缺失，r 估计值为 0.004 左右（根据 1650—1750 数据取平均）。从预测值与观测值的匹配效果看，1990 年和 2000 年两个数据点开始偏离趋势线（图 5-3-1）。究其原因，可能与世界上一些

发达国家出生率自然降低以及一些发展中国家政策性降低有关。特别是中国这种人口大国的"计划生育",对世界总人口的变化趋势影响比较明显。

表 5-3-1 世界总人口的双曲线增长 (单位:10 亿人)

年份	t	人口 $P(t)$	年份	t	人口 $P(t)$	年份	t	人口 $P(t)$	年份	t	人口 $P(t)$
1650	0	0.510	1850	200	1.130	1965	315	3.354	1985	335	4.822
1700	50	0.625	1900	250	1.600	1970	320	3.696	1990	340	5.318
1750	100	0.710	1950	300	2.525	1975	325	4.066	1995	345	5.660
1800	150	0.910	1960	310	3.307	1980	330	4.432	2000	350	6.060

资料来源:1. 1650—1990:Banks(1994)。2. 1995—2000:United Nations Population Division (2002). *World Urbanization Prospects*: *The* 2001 *Revision*.

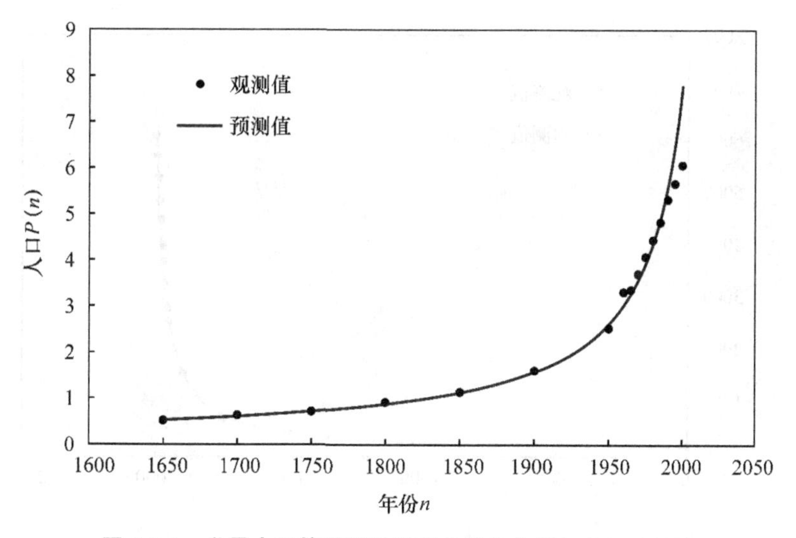

图 5-3-1 世界人口的增长及其双曲拟合曲线(1650—2000)

现在考察更大的时间跨度,建立公元 1 年到 2000 年的世界人口增长模型。原始数据来源于印度一家地理学网站(表 5-3-2)。不同的机构对世界人口的估计难免有差异,但建模时同一个样本的数据口径最好一致。观测人口增长散点图,发现世界人口加速翻番,不仅不能拟合指数增长模型,甚至连 Keyfitz 反双曲模型都无法拟合(图 5-3-2)。经过反复观察和尝试,发现世界人口的长期增长趋势是一种二次反双曲线,从而建立如下模型:

$$\frac{1}{P(t)}=\frac{1}{P_0}-\frac{r}{P_1}t^2, \tag{5-3-2}$$

式中 $P(t)$为第 t 个年份的人口,参数 P_0 理论上为初始年份即第 $t=0$ 年的人口,P_1 为第 $t=1$ 年的人口,$r=(P_1-P_0)/P_0$ 为初始增长率。对于本例,年份可以与时序近似统一起来,即有 $t=n-1$。以 t^2 为横轴,以人口倒数 $1/P(t)$为纵轴,作散点图,发现点列呈现高度的线性趋势。借助最小二乘计算,建立如下模型:

$$\frac{1}{P(t)}=0.004\,942-0.000\,000\,001\,199t^2=\frac{1}{202.353\,0}-\frac{0.000\,000\,242\,7}{202.353\,0}t^2. \quad (5\text{-}3\text{-}3)$$

拟合优度为 $R^2=0.998\,6$,线性标准误差 $s=0.000\,053\,03$。点列与趋势线匹配效果非常好(图 5-3-2)。可以看到,当初始增长率很小的时候,P_0 与 P_1 非常接近。对于本例,$P_0\approx 202.352\,96$,$P_1\approx 202.353\,01$,从而 $P_0\approx P_1$。

表 5-3-2 大尺度的世界总人口增长数据 (单位:百万人)

年份	1	1000	1500	1750	1850	1900	1950	1955	1960	1965	1970	1975	1980	1985	1990	1995	2000
人口	200	275	450	700	1200	1600	2550	2800	3000	3300	3700	4000	4500	4850	5300	5700	6100
计算	202	267	446	789	1197	1638	2634	2808	3006	3235	3502	3819	4199	4665	5249	6003	7012

来源:印度一家地理网站 http://geography.about.com/od/obtainpopulationdata/a/worldpopulation.htm,2020-12-24.

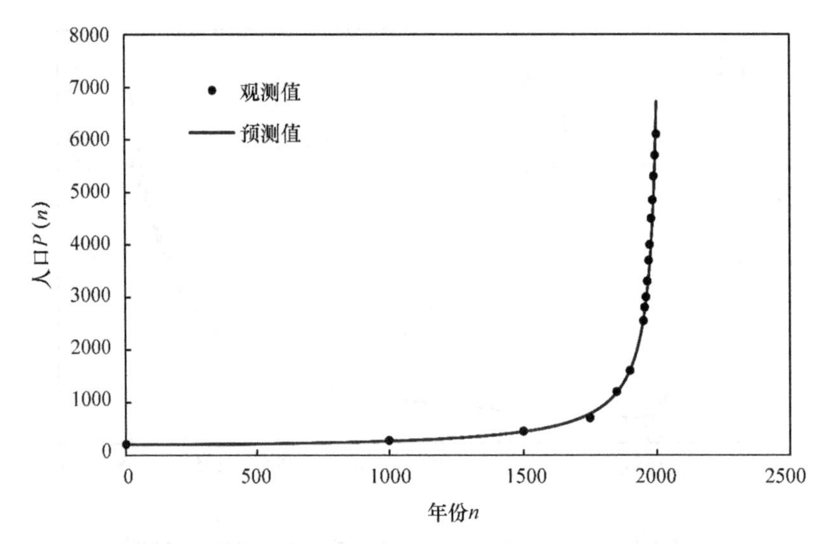

图 5-3-2 世界人口的长时间序列的拟合曲线(1—2000)

上面的建模结果表明,全球人口增长非常之快。Malthus(1798)认为人口以指数形式上升,指数增长已经足够快了。然而,相对于指数增长,反双曲增长就更为迅速。指数增长匀速(定期)翻番,即相对增长率为常数;反双曲线增长则是加速翻番,相对增长率随着人口规模的扩大而增加。二次反双曲函数暗示的速度要比一次反双曲函数暗示的速度更快。这意味着,如果全球人口不加以控制,则真的要人口“爆炸”了。通过本例的建模过程,可以得到如下启示。第一,模型的选择要灵活机动。Malthus(1798)提出人口几何级数增长以后很长时间,学者们预测快速增长的人口大多选择指数函数。后来 Keyfitz(1968)发现存在更迅速的人口增长模式,故提出反双曲增长模型。本书作者发现,对于高速增长的人口样本数据,Keyfitz 模型也无法相对准确地刻画,因而提出二次反双曲增长模型。如果盲目地迷信前人或者权威,就不可能更好地解决问题。第二,不同的时空尺度应该有不同的考虑。表 5-3-1 的数据与表 5-3-2 的数据不仅来源不同，而且时间跨度也不同。在很多情况下，地理系统的时空尺度不同，模型表达式存在差异。第三，形态类似的模型可以统一起来。反双曲模型和二次反双曲模型可以推广到一般形式如下：

$$\frac{1}{P(t)}=\frac{1}{P_0}-\frac{r}{P_1}t^{\sigma}, \tag{5-3-4}$$

式中参数 σ 数组变化于 0.5～2 之间，特殊情况下可能大于 2。当 $\sigma=1$ 时，得到 Keyfitz 反双曲模型；当 $\sigma=2$ 时，得到二次反双曲模型。

5.3.2 实例 2——杭州城市人口密度的 Gamma 模型

接下来以空间距离为自变量，建立一个相对复杂一点的非线性城市地理模型。具体说来，采用杭州市 1964—2000 年间人口密度分布数据建立 Gamma 分布模型。原始数据来自冯健(2002)，是其根据 1964 年、1982 年、1990 年以及 2000 年人口普查的街道数据经环带(rings)平均计算得来(表 5-3-3)。冯健(2004)采用这套数据拟合 Clark 模型和 Newling 模型，用以解释杭州的城市人口时空演化规律和郊区化进程(图 5-3-3)。本例将采用同一套数据分析杭州城市形态演变背后隐含的自仿射分形几何结构特征。

表 5-3-3 杭州市平均人口密度衰减序列(1964—2000)

环带序号	到中心的距离/千米	城市人口环带平均密度/(人/平方千米)			
		1964 年	1982 年	1990 年	2000 年
1	0.3	24 130.876	29 539.752	29 927.903	28 183.726
2	0.9	18 965.755	22 225.009	26 634.162	26 820.717
3	1.5	16 281.905	18 956.956	22 261.980	24 620.991
4	2.1	16 006.650	19 232.148	21 611.817	23 176.394
5	2.7	13 052.016	15 439.141	17 290.295	18 909.733
6	3.3	8259.322	9920.236	13 178.503	19 600.961
7	3.9	5798.447	7025.973	10 537.808	16 945.193
8	4.5	2625.945	3460.688	5559.761	10 829.321
9	5.1	2142.703	2807.245	4180.368	7282.387
10	5.7	2141.647	2688.650	3923.003	6199.832
11	6.3	2185.160	2566.408	3515.837	5644.371
12	6.9	1438.027	1692.767	2197.220	4297.363
13	7.5	1083.473	1371.370	1795.763	3806.092
14	8.1	967.470	1256.167	1633.675	3152.766
15	8.7	842.494	1114.351	1442.105	2683.454
16	9.3	847.713	972.801	1265.412	2354.300
17	9.9	817.662	1050.963	1163.341	2028.299
18	10.5	812.050	1050.953	1143.197	1827.775

（续表）

环带序号	到中心的距离/千米	城市人口环带平均密度/(人/平方千米)			
		1964年	1982年	1990年	2000年
19	11.1	807.251	1050.998	1160.184	1651.076
20	11.7	625.112	979.407	1092.903	1580.848
21	12.3	691.323	901.339	1006.045	1490.260
22	12.9	574.569	870.020	972.123	1465.000
23	13.5	532.355	665.846	816.501	1278.000
24	14.1	381.306	486.856	679.057	1033.000
25	14.7	369.036	489.208	581.566	958.000
26	15.3	375.204	456.473	563.203	882.000

数据来源：冯健(2002)。数据处理方法可以参阅陈彦光(2000)。

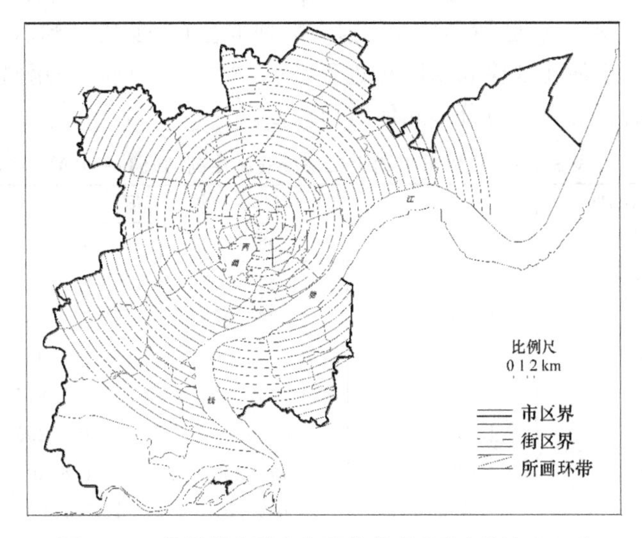

图 5-3-3　杭州城市形态和环带处理示意(冯健,2002)

虽然城市人口密度的Gamma模型已经有人提出，但尚且没有人将其与城市分形结构联系起来。城市人口和用地形态没有特征尺度，采用分形几何学描述更为有效(Batty and Longley, 1994)。首先将Clark模型和Sherratt-Tanner模型统一起来，建立如下广义指数模型

$$\rho(r)=\rho_0\exp\left(-\frac{r^\sigma}{\sigma r_0^\sigma}\right),\tag{5-3-5}$$

式中r为到市中心的距离，$\rho(r)$为距离城市中心r处的人口密度，$\rho_0=\rho(0)$为市中心的人口密度，r_0为城市人口活动的平均距离，σ为隐含的标度指数。这一个有特征尺度的模型，特征长度用平均半径r_0表征。进一步地，考虑城市人口分布密度受到城市用地密度的影响，根据

Batty 和 Longley(1994)以及 Frankhauser(1998)等人的研究,城市用地密度可以采用类似于 Smeed 模型的负幂律描述,即有

$$\rho_L(r) = \rho_1 r^{D-2}, \tag{5-3-6}$$

式中 $\rho_L(r)$为距城市中心 r 处的土地利用密度,ρ_1 为比例系数,$b=2-D$ 为距离衰减指数,这里 D 为城市用地形态的分形维数,即通常所谓的分维。这是一个无特征尺度的模型,该模型反映一种空间标度关系。以城市用地密度为人口分布赋予权数,即可得到广义的 Gamma 模型

$$\rho(r) = Cr^{D-d}\exp\left(-\frac{r^{\sigma}}{\sigma r_0^{\sigma}}\right), \tag{5-3-7}$$

式中 $C=\rho_1\exp(1/\sigma)$为常数(这里 ρ_1 为到城市中心距离为 1 单位的人口密度),$d=2$ 为城市遥感图像所在空间的欧氏维数,或者叫作城市分形体的嵌入空间维数。实际上,Tanner (1961)曾经提出过人口密度分布的 Gamma 模型。较之于 Tanner 模型,式(5-3-5)的结构更为一般化,参数的地理含义更为清楚,并且与分形几何学联系起来了。

Gamma 模型将城市地理系统的两种对立统一的矛盾性质——无特征尺度特性和有特征尺度特性集成到同一个表达式里。在城市形态演化过程中,城市空间是绝对随机的空间填充或者完全的空间填充时,分维 D 趋近于欧氏维数 d,幂指数结构消失,从而式(5-3-5)化为负指数形式,即 Clark 模型;当城市演化为非完全随机、非完全填充,并且特征尺度 r_0 趋于无穷大即没有特征尺度时,负指数结构消失,从而式(5-3-5)化为负幂律形式,即 Smeed 模型。该模型的转换方向取决于城市发展的地理环境和内部结构。在式(5-3-5)两边取对数化为线性形式

$$\ln\rho(r) = \ln C + (D-d)\ln r - \frac{r^{\sigma}}{\sigma r_0^{\sigma}} = a + b\ln r - cr^{\sigma}, \tag{5-3-8}$$

这是一个二元线性回归模型,自变量为 r^{σ} 和 $\ln r$,因变量为 $\ln\rho(r)$。模型常数和回归系数分别为 $a=\ln C$,$b=D-d$,$c=1/(\sigma r_0^{\sigma})$。显然,只要通过最小二乘法估计出参数 a、b 和 c,就可以得到 $C=\exp(a)$,$D=b+d$,$r_0=1/(c\sigma)^{1/\sigma}$。试验表明,对于前三个年份即 1964 年、1982 年和 1990 年,隐标度指数取 $\sigma=1$ 最为合适;对于 2000 年的情况,取 $\sigma=1.1$ 可以适当降低参数估计结果的 P 值。全部参数估计值列入表 5-3-4 中,观测值与预测值的匹配情况见图 5-3-4。

通过 Gamma 模型的参数估计,可以得到杭州城市用地四个年份的分维估计值。这是隐含的分形参数,结果如下:1964 年,$D=1.3736$;1982 年,$D=1.3740$;1990 年,$D=1.5334$;2000 年,$D=1.7839$。随着空间填充(space-filling)度的增大,分维值越来越高。这个例子说明,城市人口分布表面看来似乎是比较简单的指数变化,背后的结构可能非常复杂。城市结构和形态具有隐含的标度关系和自相似特征(self-similarity)。采用传统的简单数学工具难以有效揭示城市演化规律。要想探索城市系统的空间复杂性,有必要采用适当的数学建模和计算机模拟实验开展广泛而且深入的研究。

表 5-3-4 杭州人口密度 Gamma 模型参数的最小二乘估计结果

参数和统计量	1964 年		1982 年		1990 年		2000 年	
	估计值	P 值	估计值	P 值	估计值	P 值	估计值	P 值
系数 C	19 836.537 5	0	23 523.568 9	0	28 616.852 5	0	30 618.165 8	0
特征半径 r_0	6.131 5	0	6.443 8	0	5.312 3	0	4.872 3	0
隐分维 D	1.373 6	0.000 5	1.374 0	0.000 5	1.533 4	0.003 0	1.783 9	0.039 6
隐标度指数 σ	1.0		1.0		1.0		1.1	
拟合优度 R^2	0.945 4		0.944 4		0.952 9		0.967 6	

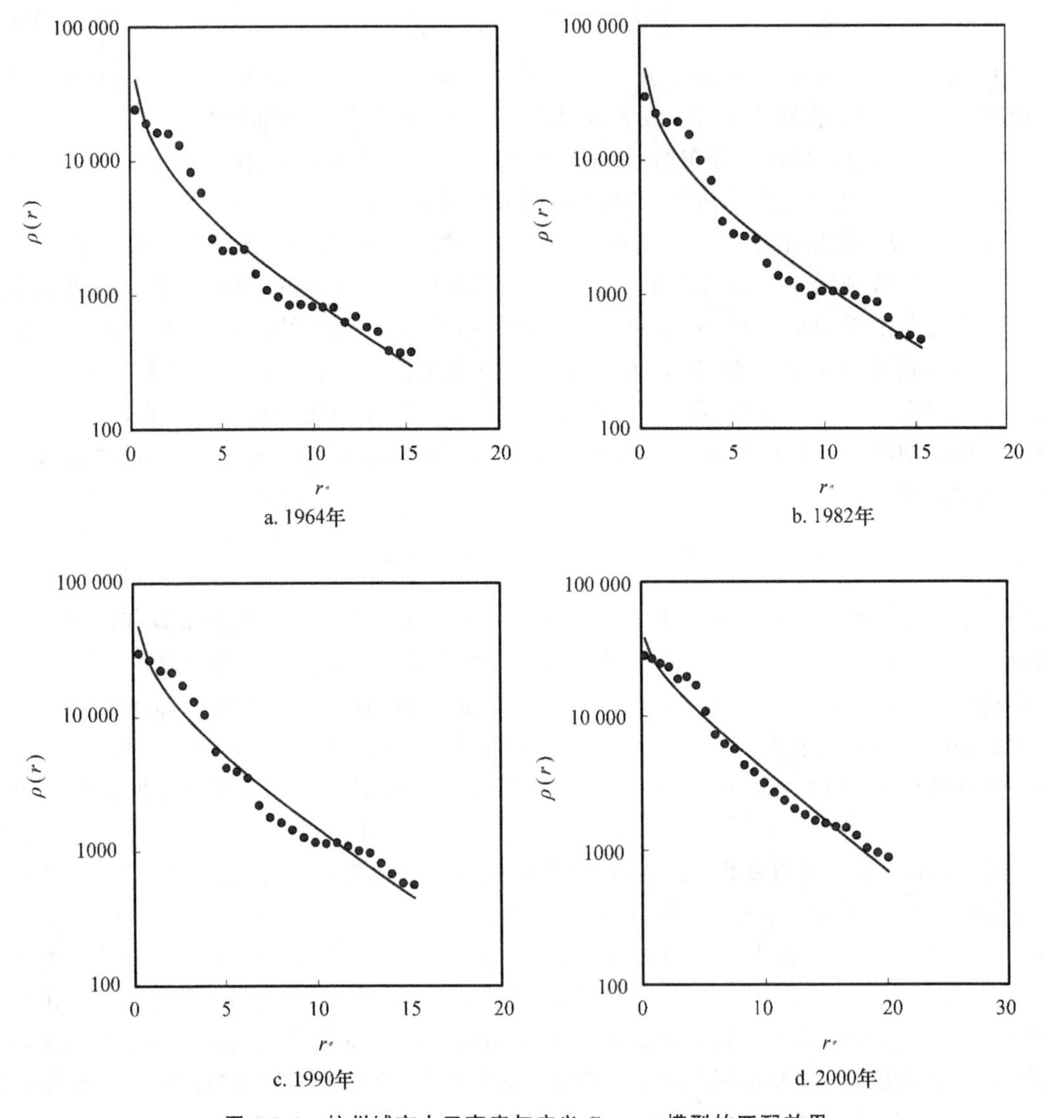

图 5-3-4 杭州城市人口密度与广义 Gamma 模型的匹配效果

§5.4 地理模型的时空变异和选择准则

5.4.1 地理模型的时空变异性

通过上面的概要介绍可以看出，地理系统的数学模型具有非唯一性，或者叫作时空变异性。随着时空条件的改变，用于描述同一类甚至同一个地理系统的数学模型及其参数也可能改变。时空变异性，就是地理规律的不对称性；地理规律的不对称性，反映的正是地理学家津津乐道的空间异质性。空间异质性概念源于地理学早年关注的空间差异性，其统计学表现则是空间非平稳性。数学模型结构的时空变异性在人文地理学中表现得尤为明显。不妨以城市地理学的一些数学模型为例说明上述观点。在城市地理学中，仅仅城市人口密度分布的模型就有多种形式。Zielinski(1979)曾经概括的数学模型达 11 种之多，包括负指数模型(Clark 模型)、正态模型(Sherratt-Tanner 模型)、负幂指数模型(Smeed 模型)、二次负指数模型(Newling 模型)、Gamma 模型(Tanner 模型)、对数正态模型、分形 Gamma 分布模型以及 Amson 均衡模型系列。采用英国 7 个城镇即 Bristol、Coventry、Derby、Leicester，Nottingham、Leeds 以及 Bradford 的观测数据，Zielinski (1979)对上述模型进行了实证分析。研究发现，不仅城市中心区的模型与整个城区的模型不一样，城区模型与城际人口分布(intercity population distribution)模型也存在差别。McDonald(1989)曾经从经济学的角度综述了城市人口密度的多种数学模型的来龙去脉和应用发展。Batty 和 Kim(1992)从分形思想出发对有关城市人口密度模型进行了评述和验证(Batty and Longley，1994；Batty and Kim，1992)。表 5-4-1 列出了一些代表性的城市人口密度模型。

表 5-4-1 城市人口密度分布模型的不同形式(举例)

模型名称	数学表达式	提出者、倡导者、发展者
负指数模型	$\rho(r)=\rho_0\exp(-r/r_0)$	Clark (1951)
正态模型	$\rho(r)=\rho_0\exp[-r^2/(2r_0^2)]$	Sherratt(1960)；Tanner(1961)；Dacey (1970)
对数正态模型	$\rho(r)=\rho_0\exp[-b(\ln r)^2]$	Parr(1985)
二次负指数模型	$\rho(r)=\rho_0 e^{br-cr^2}$	Newling(1969)
负幂指数模型	$\rho(r)=\rho_1 r^{-b}$	Smeed(1961，1963)；Batty and Longley(1994)；Frankhauser (1998)
Gamma 模型	$\rho(r)=Cr^{-b}\exp(-r/r_0)$	Tanner(1961)；March(1971)；Angel and Hyman (1976)
广义指数模型	$\rho(r)=\rho_0\exp[-r^\sigma/(\sigma r_0^\sigma)]$	陈彦光 (2000)
分形 Gamma 模型	$\rho(r)=Cr^{D-2}\exp[-r^\sigma/(\sigma r_0^\sigma)]$	Chen (2010)

说明：表中 ρ_0、ρ_1 分别为第 $r=0$、1 处的人口密度，r_0 为城市人口分布的特征半径，b、c、D、σ 等均为参数，这里 D 为城市形态的隐分维。

在城际地理学中,反映城市体系等级结构的城市规模分布的数学模型也是多种多样。这类模型统称为位序-规模法则,包括 Zipf 分布模型、Pareto 分布模型、Yule 分布模型、对数正态分布模型、二倍数法则,等等。Carroll(1982)曾对这些模型进行了综述,Gabaix 和 Ioannides(2004)则从经济学的角度对主要的模型进行了探讨。尽管 Carroll 认为描述城市规模分布的模型已经够多,新的数学模型还在出现。以色列学者 Sonis 和 Grossman(1984)发现乡村聚落的位序-规模法则不同于城镇聚落的位序-规模法则: 城市规模主要表现为幂指数分布,而乡村聚落的规模则通常表现为负指数的分布(Sonis and Grossman, 1984)。后来,Grossman 和 Sonis(1989)借助英格兰和以色列的观测数据开展了进一步的实证分析。

城市和区域人口增长预测模型也是多种多样。最初人们采用 Malthus(1798)的指数增长模型,后来更多的学者采用 Verhulst 的 Logistic 模型。然而,无论 Malthus 模型还是 Verhulst 模型都不能用于预测所有情况的人口增长。Keyfitz(1968)根据自己的研究提出了反双曲关系模型。可是,现实中一些城市和区域的人口增长要比 Keyfitz 模型描述的过程更为快速,为此,本书作者先后提出了对数双曲模型即反 S 曲线模型、二次指数模型、二次双曲线模型以及二次 Logistic 模型。实际上,人口增长模型还有自回归模型、基于 Logistic 函数的非线性自回归模型,等等。然而,众多的数学模型并非凌乱不堪,而是存在内在联系,可以统一表示为一个广义的分数次 Logistic 模型,该模型包含一个隐含的标度指数 σ。当 $\sigma=1$ 时,得到常规 Logistic 模型;当 $\sigma=2$ 时,得到二次 Logistic 模型。对于常规 Logistic 模型,如果容量参数 $P_{\max}$ 趋于无穷大,则化为指数增长模型,相当于 Malthus 模型;如果容量参数 $P_{\max}$ 趋于无穷大,但初始增长率 r 很小并且时间很短,则化为双曲增长模型,即 Keyfitz 模型。类似地,从二次 Logistic 模型出发,则可以引出二次指数增长模型和二次双曲线模型(表 5-4-2)。

地理系统数学模型的时空变异性例证不胜枚举。不仅模型的数学形式存在多样性,模型参数也存在变异性。也就是说,即便可以采用同一个模型描述一个地理系统,模型的参数也不是真正的常数。随着时空条件的改变,模型参数值会随之而变。模型的数学形式反映的是地理系统的宏观结构,模型的参数则反映了地理系统的微观关系。数学结构的变异和模型参数的变异反映了地理系统宏观层面和微观层面都具有变异性。模型及其参数的变异性在应用领域可以接受,但在理论研究中却令地理学家困惑不已。众所周知,在经典物理学领域,一个系统的数学模型及其参数非常稳定,这类模型一旦发现,就具有普适性,从而被视为物理学定律(physical law)或者自然法则(natural rule)。以牛顿万有引力定律为例,其数学形式和模型参数都固定不变: 模型成为定律,参数成为常数。地理学也有所谓的引力模型,或者叫作重力模型,但模型的数学形式和参数都不固定。地理引力模型的距离阻抗函数(impedance function)有时表现为负幂律形式,有时又表现为负指数函数形式。在地理学的计量运动期间,理论地学家曾经试图通过概率论等知识导出地理引力模型的引力常数,但最终以失败而告终——地理数学模型其实没有常数。所有这些问题都涉及一个概念——时空平移对称性(symmetry)。对称性之于数学模型意味着变换中的不变性,之于科学规律则是普适性。经典的物理系统是一种规律对称性系统，而地理系统不是——地理系统是开放、复杂的自组织演化系统。这类问题涉及的理论知识超出本书范围，这里就不多讨论了。

表 5-4-2 城市和区域人口预测模型(举例)

模型种类	数学形式	提出者	应用实例
指数增长模型	$P(t)=P_0\exp(rt)$	Malthus (1798)	世界城市人口，突发城市(shock city)人口
Logistic 模型	$P(t)=\frac{P_{max}}{1+(P_{max}/P_0-1)\exp(-rt)}$	Verhulst (1838)	一些区域(中国，美国)人口增长，城市人口比重
双曲增长模型	$\frac{1}{P(t)}=\frac{1}{P_0}-\frac{r}{P_1}t$	Keyfitz (1968)	世界人口，一些城市的非农业人口
二次指数增长模型	$P(t)=P_0\exp(rt^2)$	本书作者	城市和区域人口
二次 Logistic 模型	$P(t)=\frac{P_{max}}{1+(P_{max}/P_0-1)\exp(-rt^2)}$	本书作者	世界人口，一些城市的非农业人口
二次双曲模型	$\frac{1}{P(t)}=\frac{1}{P_0}-\frac{r}{P_1}t^2$	本书作者	世界人口，一些城市的非农业人口
对数双曲模型	$\frac{1}{P(t)}=\frac{1}{P_1}-\frac{r}{P_2}\log_2 t$	本书作者	世界人口，一些城市的非农业人口
一般 Logistic 模型	$P(t)=\frac{P_{max}}{1+(P_{max}/P_0-1)\exp(-rt^{\sigma})}$	本书作者	城市化水平及城市人口比重

说明：表中 P_0、P_1、P_2 分别为第 $t=0$、1、2 年的人口，P_{max} 为最大人口规模，代表容量或者承载量参数，第 r 为初始增长率，σ 为隐含标度指数。有些模型如二次指数增长，可能前人已经发现。

5.4.2 地理模型选择的准则

科学理论有效性的标准是可重复性和可验证性。一个模型的普适性越强，则可重复性和可验证性越好。所以，数学模型选择的理论准则之一是普适性，准则之二是可演绎性。普适性的本质是时空平移对称性：一个数学模型不会因为时间或者空间的改变而改变结构和参数。根据前述分析可知，地理系统特别是人文地理系统的数学模型恰恰不具备时空平移对称性，从而不具备严格意义的普适性。尽管如此，在描述同一个地理系统的众多地理模型中，有一些模型具有某种数学意义上变换中的不变性，这其实也是一种对称性，包括尺度上的平移对称和标度对称。这意味着，对于地理系统而言，时空平移对称转换为尺度意义的某种对称性。以城市人口密度为例，数学模型虽多，但具有对称性的模型却不多。其中 Clark 模型具有尺度平移不变性和微分变换不变性，即具有尺度意义上的对称性。Smeed 模型则具有标度对称性。比较而言，其他各种模型的数学对称性就比较差一些。Batty 和 Kim(1992)认为，Smeed 模型是城市人口密度的最佳选择，然而 Chen(2008)发现 Clark 模型对于城市人口密度更为适用，而 Smeed 模型更适用于交通网络的密度分布。Clark 模型具有三个方面的优点：第一是如前所述的对称性；第二是理论上的可演绎性及其暗示的优化性——该模型可以借助最大熵方法推导出来，而最大熵意味着城市人口分布的最佳效率；第三是经验上的拟合效果，采用 Clark 模型预测现实中的城市人口分布要比 Smeed 模型更为有效。

另一个典型的例子是城市规模分布模型。描述城市位序-规模分布的数学函数虽多,其中 Zipf 模型的应用范围最广,这可能与该模型的标度对称性有关。对 Zipf 模型实施标度变换,模型的数学结构不会改变。物理学出身的以色列城市地理学家 Benguigui 及其合作者认为 Zipf 分布不是城市规模分布模型的最为一般的形式,他们提出了一种新的模型用以代替 Zipf 模型(Benguigui et al.,2007a; Benguigui et al.,2007b; Benguigui et al.,2011)。然而,Benguigui 的模型不具有良好的对称性,并且该模型的可演绎性较差。一个好的理论模型,不仅要有广泛的适用范围,同时应具有广阔的演绎空间。

此外,地理模型参数虽然不是常数,但通常有一个明显的数值趋向。以城市位序-规模法则为例,其标度指数普遍趋近于1,即围绕1上下波动。至于城市人口密度分布,特征半径大多变化于3~6千米之间。

科学建模的主要目标是解释和预言,预言包括预测。因此,经验上选择模型非常重视解释和预测效果。地理学家 Fotheringham 和 O'Kelly(1989)曾经指出:“所有的数学建模都只能有两种主要的、有时相互抵触的目的:解释和预言。”由于地理模型不具备唯一性,一个系统的解释模型可以多种并存。在众多的数学模型中,有一个或者几个模型效果更好。不同的模型之间存在学术竞争关系。模型选择的原则之一是简约,原则之二是效率。在科学假设的提出过程中,最重要的工具就是 Occam 剃刀(Occam's Razor)。14世纪逻辑学家 William of Occam 提出了一个原理:“如无必要,勿增实体。”简而言之,无论建设模型还是发展理论,假设条件越是简单越好,模型变量和参数的数量越少越好。如果一个模型的建设用了3个变量或者参数,另一个模型只用了2个变量或者参数就达到同样的效果,那么,最后竞争成功的,一定是只有2个变量或者假设的模型。另外,如果两个模型的变量或者参数数量相同,但其中一个解释能力更强,或者预测效果更好,则最后得到公认的,一定是解释能力强或者预测准确的模型。从这个意义上讲,理论建设就像是经济学中的生产,一方面,在产出一定的情况下,投入越小,效益就越高,系统就越是节约;另一方面,在投入一定的情况下,产出越大,系统的效率也就越高。

可见,地理系统的建模过程可以视为一种规划和优化的过程,存在一个投入和产出的效率问题。投入量包括假设条件、变量、参数等,产出量包括解释能力、预言水平等。投入越少,产出越多,就越是可取。对于模型选择,假定目标为解释和预言能力最高,则有如下“规划”模型:

$$\begin{cases} \max \quad [\text{解释},\text{预言}] = f(\text{假设},\text{变量},\text{参数}) \\ \text{s.t.} \quad \begin{cases} \text{假设数目一定} \\ \text{参量数目一定} \\ \text{假设、参量数量为正} \end{cases} \end{cases}; \tag{5-4-1}$$

式中 max 表示取最大(maximize),s.t.表示约束于(subject to)。这个式子是说,在假设条件和参数数目一定的情况下,模型的解释和预言能力越强,效果也就越好。根据这个原则选择模型,可称之为功能原则。该“规划”的对偶模型可以表示为

$$\begin{cases} \min \quad [\text{假设,变量,参数}] = f(\text{解释,预言}) \\ \text{s.t.} \begin{cases} \text{解释能力一定} \\ \text{预言能力一定} \\ \text{解释、预言能力为正} \end{cases} \end{cases} \qquad (5\text{-}4\text{-}2)$$

式中 min 表示取最小(minimize)。这个式子是说,在解释和预言能力一定的情况下,假设条件和参数数目越少,模型就越是可取。根据这个原则选择模型,可称之为结构原则或者要素原则。

上述模型选择原则可以借助简单的实例说明。在城市地理学中,如前所述,描述城市人口密度的模型有多种(表 5-4-1)。以 Clark 模型和 Newling 模型为例,它们都能用于描述具有特征尺度的单中心城市人口密度空间分布衰减规律,并提供一定程度的解释。就解释能力而言,较之于 Clark 模型,Newling 模型似乎略胜一筹:它不仅可以解释人口分布的距离衰减效应,而且可以描述和解释中心城区的衰落现象。这是 Clark 模型不能做到的。但是,Newling 模型也为此付出了更多的代价:其一,增加了一个模型参数(从形式上看增加了两个参数)。其二,有时导致令人无法理解的预言上的矛盾——人口密度随距离衰减到一定程度之后又很快上升。不仅如此,Newling 模型相对于 Clark 模型还有一个明显的不足:Clark 模型容易得到理论解释——可以从简单的假设条件出发,采用最大熵方法将其推导出来,而 Newling 模型则不可能。Newling 模型虽然能够描述城市中心区的衰落现象,但后来大量的观测事实表明,城市中心区衰落如同城市化过程中的逆城市化一样,并不代表一种趋势,只是城市演化过程中出现的一种小的涨落或者叫作随机扰动。

§5.5 数学变换与参数分析

5.5.1 数学变换的作用

前面提到数学模型的可演绎性。所谓可演绎性,就是良好的数学变换和推理性质。在 5.2 节中,重点介绍了非线性模型的线性化方法,这种线性化处理过程其实就是一种数学变换过程,变换的方式主要是变量替换,包括取对数、取倒数、取幂次(包括平方根)。通过这些基本的变换操作将非线性模型转换为线性回归模型,从而借助最小二乘法估计模型参数。在参数值估计的同时,我们需要解析模型参数的含义。数学变换是揭示参数地理意义的重要手段。以 Clark 模型式 5-2-1 即 $\rho(r)=\rho_0\exp(-br)$ 为例,可以实施两种简单的变换解析模型参数的含义。一是变量消去法,令 $r=0$,得到 $\rho_0=\rho(0)$,可见 ρ_0 代表城市中心的人口密度;二是求导法,对 $\rho(r)$ 求 r 的导数得到:

$$\frac{\mathrm{d}\rho(r)}{\mathrm{d}r}=-b\rho_0\mathrm{e}^{-br}=-b\rho(r), \qquad (5\text{-}5\text{-}1)$$

从而

$$b=-\frac{\mathrm{d}\rho(r)}{\rho(r)\mathrm{d}r}. \qquad (5\text{-}5\text{-}2)$$

这意味着 b 表示城市人口密度从中心到外围的相对衰减率。求导和取特别数值消减变量是很多数学模型参数解析的有效方式。

通过数学变换可以证明不同数学模型在一定条件下的等价性，从而从不同的角度认识同一个地理数学模型的含义。以人口预测的复利模型式(5-2-5)即 $P(t)=P_0(1+r)^t$ 为例，假定 r 足够小，借助 Taylor 级数展开和近似处理，可以证明它与指数增长模型等价，即有

$$P(t)=P_0(1+r)^t=P_0 e^{\ln(1+r)t}\approx P_0 e^{rt}, \tag{5-5-3}$$

这里用到了基于 Taylor 级数的近似关系 $\ln(1+r)\approx r$。在地理学中，这类等价关系很多，例如城市规模分布的 Zipf 模型与 Pareto 分布模型等价，也与 Davis(1978)的二倍数法则等价。只有借助数学变换，才能将不同模型的等价关系揭示出来。

通过数学变换，还可以将不同模型的内在关系揭示出来。以人口增长的 Logistic 预测模型为例，假定人口承载量参数 P_m 足够大，而初始增长率参数 r 非常小，在 t 值较小的情况下，可以导出 Keyfitz 人口增长的反双曲模型。这样，就将不同条件下的人口增长模型的演化关系沟通起来了。通过数学变换，还能得到新模型、新认识。例如将 Zipf 模型式(5-2-31)即 $P(k)=P_1 k^{-q}$ 代入城市人口、城区面积的异速生长模型式(5-2-28) 即 $A(k)=aP(k)^b$ 中，可以得到城区面积的位序-规模分布模型

$$A(k)=aP(k)^b=aP_1^b k^{-qb}=A_1 k^{-p}, \tag{5-5-4}$$

式中参数 $A_1=aP_1^b$ 为位序为 1 的城市的面积，$p=qb$ 为城区面积规模分布的标度指数。

可以看出，数学变换在地理模型的参数估计、解析、模型关系证明、新模型的推导等方面具有不可或缺的作用。数学变换包括独立变换和联立变换，独立变换是对单个的函数进行形式转换，联立变换则是将两个或者两个以上的函数联系起来进行结构转换(表 5-5-1)。数学变换的最重要的用途之一是理论证明。例如，我们可以通过构造适当的假设条件，借助最大熵原理将城市人口密度分布的 Clark 模型、城市规模分布的 Zipf 模型等推导出来，从而将那些经验模型上升到理论模型的层次。

表 5-5-1 地理数学模型逻辑变换的类型、目的、方法、方式和实例

变换类型	变换目的	变换方法	操作方式	地理学中的实例
独立变换	算法需要	变量替换	取对数、倒数、幂次，求导数并离散化	将幂指数模型化为线性回归模型，将三参数模型化为线性自回归模型
	参数解析	结构更换	求导变换，变量消去	揭示模型比例系数、尺度参数或者标度指数的地理意义
	等价证明	结构变换	分离、合并、移项、反转、颠倒、近似等	证明 Zipf 分布与 Pareto 分布以及二倍数法则的等价性
	关系沟通	结构变换	分离、合并、移项、反转、颠倒、近似等	证明 Logistic 增长模型与反双曲模型的数学联系
联立变换	推导新模型	联合演绎	变量代入、形式变换、近似处理	人口规模分布的 Zipf 定律与异速生长模型联合导出城区面积的规模分布法则

5.5.2 三参数模型的线性化

二参数的非线性模型以及一些特殊的三参数非线性模型可以通过取对数等方法进行线性化处理。但是,如果参数达到三个乃至更多,则这个模型往往难以通过简单的变换化为线性表达式。当然,有一些便于处理的结构。多项式函数参数可以很多,但无须取对数,比较容易线性化,只需将 x 的 p 次幂视为一个新变量即可;二次指数模型也可以线性化,因为取对数之后可将其化为多项式形式;Cobb-Douglas 函数是一种对数线性关系,即便变量很多,取一次对数即可转换为多元线性方程。可是,有一些数学模型,参数达到三个或者三个以上,并且至少有一个参数不是变量的系数,而是一个与变量没有直接关系的常数,则这个模型通常不能借助简单的变量替代方法变成线性结构。以 Logistic 模型为例,如果承载量参数不是已知的数值,那就无法通过取对数的方式化为线性方程了。对于这类方程,可以通过"求导—离散化—变量替代"等一系列数学变换过程化为多元线性自回归形式(陈彦光,2009a)。

不妨以三参数指数函数为例说明借助微分和差分转换技术估计模型参数的方法。如果通常的二参数指数函数中多出一个常数项,就化为如下形式

$$y = a\mathrm{e}^{bt} + c. \tag{5-5-5}$$

这是一个三参数指数预测模型,式中 t 表示时序,a、b、c 为参数。由于多出一个独立的常数 c,这个模型无法通过取对数的方式化为线性关系。但这类模型在地理研究中却很重要,一些有极限的增长和衰减过程可以借助这个函数描述。例如有些城市的人口增长,以及一些地区的资源衰减,可以利用三参数指数模型进行趋势外推。对于这类方程,通常采用两种方式估计模型参数。一是曲线拟合,即对式(5-5-5)的参数求导,然后借助迭代运算估计参数 a、b 和 c 的数值。二是自回归分析,这是本章要具体介绍的方法。首先,求导数化为

$$\frac{\mathrm{d}y}{\mathrm{d}t} = ba\mathrm{e}^{bt} = b(y - c), \tag{5-5-6}$$

将上式离散化得到

$$\frac{\Delta y}{\Delta t} = \frac{y_t - y_{t-k}}{t - (t - k)} = b(y_{t-k} - c). \tag{5-5-7}$$

显然 $\Delta t = k$,这里 k 为常数。对于一年一度的经济统计数据,$k=1$;对于"十年等一回"的人口普查数据,$k=10$。总之 k 值视采样间隔而定。不难看出,式(5-5-7)可以变为线性表达式

$$y_t = (1 + kb)y_{t-k} - kbc. \tag{5-5-8}$$

这实际上是一个自回归模型,可以将其视为一个一元线性回归方程:y_{t-k} 为自变量,y_t 为因变量,$-kbc$ 为截距,$(1+kb)$为斜率。运用最小二乘法,估计 kb 值和 kbc 值,从而得到 c 的估计值为 c=截距/(1-斜率),这里截距为 $-kbc$,斜率为 $1+kb$。较之于曲线拟合,这种方法给出的斜率 b 值更为准确。一般情况下,$k=1$,于是式(5-5-8)可以简化为

$$y_t = (1 + b)y_{t-1} - bc. \tag{5-5-9}$$

这实际上是一个一阶自回归模型,参数 c 值的估计方法同上。将计算出来的 c 值代入式(5-5-5),

即可通过取对数化为线性形式

$$\ln(y-c)=\ln a+bt. \tag{5-5-10}$$

以 t 为自变量,以 $\ln(y-c)$ 为因变量,开展一元线性回归,即可估计其余模型参数。

对于三参数 Logistic 模型,以及其他类似的三参数乃至更多参数的非线性模型,可以运用大同小异的方法进行线性变换。这些例子说明,掌握必要的数学变换技巧,对于模型建设、参数估计以至理论分析都很有帮助。

§5.6 小 结

线性模型的数学结构是单一的,非线性模型各有各的结构特征。地理学涉及的非线性模型不一而足,难以备述。前面讲述的都是在地理研究中简明而常见的数学模型。这些模型具有如下共同特点：其一,自变量和参数不多。解释变量一般不超过两个,参数大多不超过三个。其二,它们都可以借助变量替换表示为线性函数形式。最主要的变量转换方法是取对数。其三,它们可以用于刻画各种复杂的自然和人文现象中相对简单的非线性关系。研究这些模型的作用和意义如下。首先,这些模型都是地理科学理论建设的基础。地理系统虽然复杂,但是基本规律往往非常简单,问题在于我们选择怎样的角度刻画这些规律。Krugman(1996)在讨论城市位序-规模法则时曾经感叹："人们对经济学的抱怨常常是我们的模型太过简单——他们提供了对复杂、凌乱现实的过度单纯的看法。……事实情况正好相反：我们拥有复杂、凌乱的模型,而现实却是令人吃惊的单纯和简单。"将这段话中的"经济学"替换为"地理学"也非常中肯。其次,本章讲述的模型在实际工作中是最基本的分析和预测模型。对于线性关系,因、果之间为比例关系;对于非线性关系,因、果之间不再服从简单的比例法则。如果一种因果关系不能表现为线性形式,那就需要借助非线性函数进行描述和解释。当我们运用趋势外推法对非线性系统的演化进行预测分析的时候,通常要借助这一类非线性函数描述的数值关系。

地理数学模型的一个显著特性是表达式和参数值的时空变异性。改变测量时间和观测空间,同一类地理系统的数学模型可能会发生改变;即便数学模型不变,模型参数值也不是常数。因此,人文地理学中没有严格意义的定律,自然地理学中的 Horton 定律、Hack 定律等,模型参数也不是恒定不变的。一个好的地理模型通常具有如下特点：一是理论意义的尺度对称性。获得广泛认可的地理数学模型通常具有某种尺度变换下的不变性,不变性意味着尺度意义上的某种对称性——平移对称或者伸缩对称。二是经验上具有广泛的适用性。广泛适用不同于普适性。普适性意味着没有例外,而广泛适用性意味着存在例外并且允许例外。在这方面,地理学定律与经典物理学定律是不一样的。三是简约和可演绎性。一个好的地理数学模型,参数不多,解释能力和预言能力较强,并且可以通过数学变换推演出新的知识要素。在地理数学模型建设和应用中,数学变换具有不可替代的重要作用。借助数学变换,可以方便地估计模型参数,解析模型参数,推导新的模型,据此发展逻辑严谨的地理科学理论体系。

第6章　地理空间的因子分析

在地理系统分析过程中，常常需要揭示代表大量变量的主要方向，或者对研究对象进行综合评价。当研究变量较多、样本较大的时候，数据分析就超出了直观处理的极限，需要采用一些定量分析技术，简化分析过程，揭示隐含的关系。特别是，一些变量彼此关联、交叉，形成信息仿射，致使一些方向的权重加重，而另外一些方向的权重相对减轻，从而对分析结果产生误导。大规模变量分析过程简化的常用数学方法之一是主成分分析和因子分析。统计学采用协方差反映两组变量的关系强度，标准化的协方差就是相关系数。主成分分析和因子分析的数学本质都是重构协方差矩阵，因此有人将它们叫作“协方差逼近技术”。主成分分析与因子分析起源不同，但殊途同归，如今主成分分析成为因子模型的求解途径之一。因子分析分为两类，一是R型因子分析，通过变量的协方差建立模型；二是Q型因子分析，通过样品的协方差矩阵展开分析。其中R型因子分析最为常用。在当代地理现象的研究中，主成分分析和因子分析等方法已经成为观测数据和调查问卷处理的不可或缺的手段。这一章首先讲解主成分分析的基本思想，给出详细的计算步骤、建模过程和分析实例，然后介绍因子分析，说明主成分分析与因子分析的异同，并且提供因子分析的简明案例。

§6.1　数学模型

6.1.1　主成分分析与空间降维

主成分分析方法(Principal Component Analysis，PCA)最早可以追溯到英国统计学家Karl Pearson于1901年开创的非随机变量的多元转换分析。1933年Harold Hotelling(1895—1973)将其推广到多元随机变量。无论自然地理学、人文地理学还是城市规划学，研究对象都是复杂的空间系统，分析变量动辄数十、成百乃至上千。然而，在这为数众多的变量中间，真正的控制变量并不多，一般也就三五个。所谓控制变量，就是代表独立方向的、彼此正交的主导性变量。面对大规模的指标体系，有必要解决两个问题：其一是如何揭示变量之间的关系，找到关键性的独立方向；其二是如何基于正交方向简化地理空间分析过程。主成分分析本质上是一种协方差逼近方法。该方法用于研究如何通过少数几个由原始变量构成的、彼此正交的、新的系统结构的重要分量来描述或解释多变量的方差-协方差结构特征。主成分的工作对象是如下类型的数据表：“样本点×定量变量”。工作目标则是将多变量的平面数据进行最佳综合、简化。因此有人将主成分的主要用途归结为维度约减和系统解释。通过主成分分析，可以将地理空间映射到数学空间，将抽象复杂的数学空间简化为可视的数学空间，最后将分析结果还原到地理空间。这个过程可以表示为:"地理空间→数学空间→可视化数学空间→地理空间。"

主成分分析可以降低分析的维数——由高维分析化简为低维分析。对于任意 m 个变量,地理系统分析理论上涉及 m 个维度,描述它们自身相互关系的特征数值包括均值、方差、协方差等统计量。这些统计参数的几何意义如下:① 平均值——位置参量,表示数据集合的重心。② 方差——距离参量,表示一个变量到重心的距离平方。③ 协方差——关系参量,反映不同变量之间的夹角大小。对于包含 m 个变量的数据集合构成的矩阵 X,共有

$$m+\sum_{i=1}^{m} i=m+\frac{1}{2} m(m+1) \tag{6-1-1}$$

个统计参数,这里 i 为序号($i=1,2,3,\cdots,m$)。经主成分分析以后,新变量的均值为 0,协方差也化为 0,只有方差不是 0。于是只剩下 m 个参数了,系统分析因此而大为简化。一个经典的实例是,1961 年,英国统计学家 M. Scott 对 157 个英国城镇的发展水平进行调查,原始的测量变量共有 57 个。研究表明,只要 5 个新的综合变量——主成分——就可以 95%的精度表示原数据的变异情况。这样,问题的复杂性由 57 维降为 5 维,而原始信息仅仅损失 5%! 主成分分析提高的地理分析效率由此可见一斑。在特定情况下,可以将 m 维化为 2 维,实现在平面上描述样品的相互关系和样本的结构及分布特征,从而使得高维数据的可视性(visibility)成为可能。抽象的不可见的高维空间化为直观的可见的低维平面图式,大大增强研究或决策人员的洞察能力,提高工作效率。

6.1.2 主成分分析的数学原理

主成分分析的数学原理其实非常简单。数学是形与数的学科。就形而言,主成分分析的几何意义就是初等数学中讲授的坐标平移与旋转;就数来说,主成分分析的代数思想则是高等数学中讲授的线性代数的二次型化为标准形。主成分变换包括两种基本的数据转换过程:其一是变量的正交变换(orthogonal transformation),据此实现变量之间的正交化,适当地将相关变量化为无关变量。其二是数据的维数约简(dimension reduction),利用方差最大思想将数据信息压缩到少数几个新的变量即主成分中间,然后舍弃信息含量较小的主成分。求解主成分的过程可以归结如下:借助正交化线性变换,将 m 维非正交随机变量化为 m 维正交随机变量,然后从 m 个新变量中提取 p 个方差最大的正交变量,于是 m 维约化为 p 维($p<m$)。

从线性代数的角度来看,求解主成分模型的实质就是二次型函数化为标准形函数。通过二次型化为标准形,将变量之间存在两两交叠的二次型结构转化为相互垂直的标准形关系,消除原始数据向量相乘后的交叉项,从而实现转换后变量的正交化。设想我们研究一批城市,这批城市构成一个样本。最简单的情况下,考察一个 2 变量(如人口、产值)、3 样品(如北京、天津、上海)数据表(变量数 $m=2$,样本规模即样品数 $n=3$),将其表示为 X——自上而下为变量,从左到右为样品。将这个表格转置,得到表格 Y——自上而下为样品,从左到右为变量。Y 是 X 的转置,反之亦然,即有 $Y=X^{\mathrm{T}}$。主成分分析是从 X 出发进行数学变换,后面讲到的

因子分析则是从 Y 出发建立模型。

不妨从数据矩阵出发，说明主成分建模的数学原理。将上述表格抽象为一般形式就是

$$X^{\mathrm{T}}=[x_1^{\mathrm{T}} \quad x_2^{\mathrm{T}} \quad \cdots \quad x_m^{\mathrm{T}}]=\begin{bmatrix} x_{11} & x_{12} & \cdots & x_{1m} \\ x_{21} & x_{22} & \cdots & x_{2m} \\ \vdots & \vdots & \vdots & \vdots \\ x_{n1} & x_{n2} & \cdots & x_{nm} \end{bmatrix}_{n\times m}. \tag{6-1-2}$$

这里 m 为变量数，n 为样本点数。计算变量的方差和协方差，得到矩阵

$$V=\begin{bmatrix} v_{11} & v_{12} & \cdots & v_{1m} \\ v_{21} & v_{22} & \cdots & v_{2m} \\ \vdots & \vdots & \vdots & \vdots \\ v_{m1} & v_{m2} & \cdots & v_{mm} \end{bmatrix}_{m\times m}. \tag{6-1-3}$$

对角线元素为方差，对角线之外的元素为协方差。基于原始数据矩阵和变量协方差矩阵构造二次型函数

$$f(x_1,x_2,\cdots,x_m)=X^{\mathrm{T}}VX=\sum_{j=1}^{m}\sum_{k=1}^{m}v_{jk}x_j^{\mathrm{T}}x_k. \tag{6-1-4}$$

这里，$j,k=1,2,\cdots,m$。将上式展开得到

$$f(x_1,x_2,\cdots,x_m)=[x_1^{\mathrm{T}} \quad x_2^{\mathrm{T}} \quad \cdots \quad x_m^{\mathrm{T}}]\cdot\begin{bmatrix} v_{11} & v_{12} & \cdots & v_{1m} \\ v_{21} & v_{22} & \cdots & v_{2m} \\ \vdots & \vdots & \vdots & \vdots \\ v_{m1} & v_{m2} & \cdots & v_{mm} \end{bmatrix}\cdot\begin{bmatrix} x_1 \\ x_2 \\ \vdots \\ x_m \end{bmatrix}. \tag{6-1-5}$$

主成分分析就是进行一种变换，用新的变量 z_j 代替原始变量 x_j，并且整体上没有信息损失。形式化就是

$$f(x_1,x_2,\cdots,x_m)\xRightarrow{\text{变换}}f(z_1,z_2,\cdots,z_m). \tag{6-1-6}$$

变换的结果表示为标准形式

$$f(z_1,z_2,\cdots,z_m)=[z_1^{\mathrm{T}} \quad z_2^{\mathrm{T}} \quad \cdots \quad z_m^{\mathrm{T}}]\cdot\begin{bmatrix} \lambda_1 & 0 & \cdots & 0 \\ 0 & \lambda_2 & \cdots & 0 \\ \vdots & \vdots & \vdots & \vdots \\ 0 & 0 & \cdots & \lambda_m \end{bmatrix}\cdot\begin{bmatrix} z_1 \\ z_2 \\ \vdots \\ z_m \end{bmatrix}. \tag{6-1-7}$$

式中 λ 表示新变量的方差。新的变量数值叫作主成分得分(score)，可以表示为矩阵形式

$$Z^{\mathrm{T}}=\begin{bmatrix} z_{11} & z_{12} & \cdots & z_{1m} \\ z_{21} & z_{22} & \cdots & z_{2m} \\ \vdots & \vdots & \ddots & \vdots \\ z_{n1} & z_{n2} & \cdots & z_{nm} \end{bmatrix}. \tag{6-1-8}$$

可以发现，λ 就是主成分的方差，准确地说，是主成分得分的方差。

我们可以通过多元线性回归分析模型类比理解主成分模型。主成分分析过程,形式上可以视为多重多元线性回归分析。一是用主成分解释原始变量,二是用原始变量解释主成分。首先将主成分得分还原为原始变量。主成分得分 z 是原始变量 x 的线性组合,即有

$$\begin{cases} z_1 = a_{11}x_1 + a_{12}x_2 + \cdots + a_{1m}x_m \\ z_2 = a_{21}x_1 + a_{22}x_2 + \cdots + a_{2m}x_m \\ \cdots\cdots \\ z_m = a_{m1}x_1 + a_{m2}x_2 + \cdots + a_{mm}x_m \end{cases}, \tag{6-1-9}$$

式中 a 为主成分变换系数。这是常数项为0的一个多重多元线性回归模型——对于标准化的变量,线性回归模型的截距为0。再看原始变量还原为主成分的情况。原始变量可以视为主成分得分的线性组合

$$\begin{cases} x_1 = b_{11}z_1 + b_{12}z_2 + \cdots + b_{1m}z_m \\ x_2 = b_{21}z_1 + b_{22}z_2 + \cdots + b_{2m}z_m \\ \cdots\cdots \\ x_m = b_{m1}z_1 + b_{m2}z_2 + \cdots + b_{mm}z_m \end{cases}, \tag{6-1-10}$$

式中 b 与主成分得分有关。如果原始变量 x 与主成分得分 z 都已经标准化,则 b 就是主成分载荷。式(6-1-10)更是一个典型的常数项为0的多元多重线性回归模型,因为自变量之间不存在多重共线性。上述判断可以借助多元线性回归分析方法验证。

多重多元线性回归模型是多个独立的多元线性回归模型的并列结果。可以这样理解,以主成分为自变量、分别以原始变量为因变量,进行多元线性回归,得到 m 个线性回归方程(m 重),每个回归方程包括 m 个自变量(m 元)。主成分都是正交变量,式(6-1-10)本质上是一组多元线性回归方程。由于自变量中心化了,模型没有常数项,或者常数项为0。式(6-1-9)在形式上也是一组多元线性回归方程,但实质上不能这样理解,原因在于原始变量彼此未必正交。式(6-1-9)和式(6-1-10)在形式上表达的都是多重多元线性回归模型。主成分得分具有多种统计性质,其中最基本性质如下:第一,主成分的平均值为0。这表明主成分得分都是中心化的变量。第二,主成分的协方差矩阵为对角阵(diagonal matrix)。式(6-1-7)中以 λ 为对角线的矩阵即是。这意味主成分彼此正交,或者说线性无关。第三,方差贡献之和等于公因子方差之和。这意味着正交变换没有导致数据信息的损失。第三个性质的意义和用途从后面的实例可以看出。

§6.2 算法与分析

6.2.1 计算步骤

求解主成分模型的算法包括正交变换法和最大似然法(Maximum Likelihood Method, MLM)。正交变换法就是线性代数中二次型化为标准形的过程。下面基于正交变换法,给出

主成分求解和分析的一般步骤。

第一步，原始变量标准化。目的在于消除量纲差异的影响。标准化公式为

$$x_{ij}^{*}=\frac{x_{ij}-\bar{x}_{j}}{\sigma_{j}}, \tag{6-2-1}$$

式中

$$\bar{x}_{j}=\frac{1}{n}\sum_{i=1}^{n}x_{ij}, \sigma_{j}=\sqrt{\frac{1}{n}\sum_{i=1}^{n}(x_{ij}-\bar{x}_{j})^{2}}$$

分别表示第 j 个变量的平均值和标准差。

如果从协方差矩阵出发，变量是否需要标准化，要看变量的量纲是否一致。如果量纲一致，不标准化也可以；如果量纲不一致，则必须标准化。另外，如果从相关系数矩阵出发，无论原始变量是否标准化，结果都一样。

第二步，计算协方差(covariance)矩阵。对于标准化的变量，相关系数等于协方差。协方差用以衡量两个变量的协变趋势即共同离散程度，计算公式为

$$\operatorname{cov}(x,y)=\frac{1}{n}\sum_{i=1}^{n}(x_{i}-\bar{x})(y_{i}-\bar{y}). \tag{6-2-2}$$

显然，总体方差是协方差的特例，当 $x_i=y_i$ 时，协方差就变成总体方差了。在理论上，通常不考虑总体协方差与抽样协方差的区别，但在实际计算过程中，采用的都是抽样方差和抽样协方差。利用电子表格或者数学计算软件，很容易得到标准化变量的相关系数矩阵或者协方差矩阵。

第三步，建立正交变换矩阵。求协方差矩阵 V 或者相关系数矩阵 C 的特征值(eigenvalue)及其相应的单位化特征向量(eigen vector)——特征值又叫特征根(characteristic root)。特征向量可以构成计算主成分得分的正交变换矩阵。假定从相关系数矩阵 C 出发，特征方程如下

$$Ca=\lambda a, \tag{6-2-3}$$

式子 a 为 C 的特征向量，λ 为相应的特征值。移项并整理可得

$$(C-\lambda I)a=O, \tag{6-2-4}$$

式中 O 为零矩阵。借助行列式可得多项式方程

$$\det(\lambda I-C)=0. \tag{6-2-5}$$

由此解出特征值 λ_j。再将特征值代入方程式(6-2-3)中，求出相应的特征向量 a_j。将特征向量单位化，得到单位化特征向量 e_j。具体方法参考线性代数中寻找基础解系的知识。求解完成后，将单位化特征向量合并为一个矩阵，得到正交变换矩阵。

第四步，计算累计方差贡献率。特征值的数值就是方差贡献，根据特征值不难计算累计频率。将特征值从大到小排列，编号为 $k=1,2,\cdots,m$，累计到第 j 个方差贡献时，累计贡献率 c_j 为

$$c_j=\frac{\sum_{k=1}^{j}\lambda_k}{\sum_{k=1}^{m}\lambda_k}\times 100\%,\tag{6-2-6}$$

式中 $j=1,2,\cdots,m$。

第五步,计算主成分载荷(loading)。主成分载荷计算公式如下

$$\rho(z_k,x_j)=\sqrt{\lambda_k}e_j,\tag{6-2-7}$$

式中 λ_k 为第 k 个特征值,e_j 为第 j 个单位化特征向量。主成分载荷有两种数学含义:一是反映主成分与变量的联系。载荷的绝对值越大,主成分包含的某个原始变量的信息也就越多。二是原始变量与主成分之间的相关性。主成分载荷是原始变量与主成分得分的相关系数。载荷的绝对值越大,一个变量与某个主成分的相关系数也就越高。对于正交的主成分而言,载荷的上述两种含义是统一的,即变量与主成分之间的相关性严格地反映二者的联系程度。不过,对于后面讲述的斜交因子而言,这两个方面就不再一致了。

第六步,计算公因子方差(communality)。一个变量对应的 p 个主成分载荷的平方和就是公因子方差($p\leqslant m$,公因子方差$\leqslant 1$)。第 j 个变量的公因子方差可以表示为

$$h_j^2=\sum_{k=1}^{p}\rho(z_k,x_j)^2,\ (j=1,2,\cdots,m)\tag{6-2-8}$$

对应 m 个变量,假设提取 $p=m$ 个公因子,则公因子方差 h_j^2 一定等于1;如果提取 $p<m$ 个公因子,则公因子方差一定小于1。如果公因子方差出现大于1的情况,那就暗示计算结果中存在一个"赝解(spurious solution)"。这意味着样本太小,或者存在其他问题。另外,公因子方差可以用于判断主成分提取数目 p 值是否合适,或者变量的引入是否合理。如果某个变量对应的公因子方差显著小于其余的公因子方差,则要么增加主成分的提取数量,要么删除这个变量,重新开展主成分分析。

第七步,计算主成分得分。根据线性表达式(6-1-9)计算即可。如果采用矩阵运算,则计算过程更为简捷。

第八步,结果分析。借助特征向量或者主成分载荷以及主成分得分,揭示研究对象的系统特征,也可以对研究对象的要素进行综合评价。

6.2.2 主成分分析的功能

完成主成分模型的求解计算过程之后,就可以根据研究目标开展系统分析或者综合排序。具体说来,主成分分析主要开展如下工作。

(1) 维数约简——变量正交化。简而言之,就是系统的降维处理——高维系统化为低维系统,且信息损失最少。人类可以直接处理的变量是7个左右,变化范围是5~9。当变量到达10个以上时,人们面对数据就会感到眼花缭乱,无法抓住要领。通过主成分分析,可以将数十个变量约减到3~5个,分析过程大为简捷。

(2) 因果关系——解释清晰化。利用主成分与原始变量的相关系数建立变量与样品的关系,据此解释系统演化机制。变量简化之后,可以通过主成分载荷清晰地看出变量与主成分的关系,通过主成分得分看出主成分与样品的关系,从而通过主成分建立变量与样品的简明关系。利用主成分分析,要比借助原始变量表开展分析明确得多。

(3) 系统分类——要素条理化。既可以通过主成分分析对变量分类,也可以借助主成分分析对样品进行分类。究竟如何分类,视研究目标而定。

(4) 综合评价——判断定量化。利用主成分得分,依据重要性,对研究对象进行排序。假定提出 p 个主成分,对于未经标准化的主成分得分 z_k,综合评分公式为

$$S = z_1 + z_2 + \cdots + z_p = \sum_{k=1}^{p} z_k, \tag{6-2-9}$$

式中 $k=1,2,\cdots,p$。对应标准化的主成分得分 f_k,综合评分公式为

$$S = \sqrt{\lambda_1} f_1 + \sqrt{\lambda_2} f_2 + \cdots + \sqrt{\lambda_p} f_p = \sum_{k=1}^{p} \sqrt{\lambda_k} f_k. \tag{6-2-10}$$

上面两个公式是等价的。Matlab 等数学软件给出的是未经标准化的主成分得分,而 SPSS 之类的统计分析软件则直接给出标准化的主成分得分(实际上是因子得分)。

在运用主成分得分开展综合评价时,不存在变量的非正交问题。但是,借助主成分得分进行综合评价,要注意如下事项:① 原始变量要标准化,否则从相关系数矩阵出发开展主成分分析,量纲会影响评估结果。② 原始变量的"方向"要保持一致,要么都是反映正面问题的测度(如社会经济发展水平),要么都是反映负面问题的测度(如城市空间污染程度),否则排序过程可能出现紊乱,从而结果不可靠。

6.2.3 主成分分析的几何意义

主成分的几何意义可以通过中学阶段的数学知识理解,其本质就是坐标平移与旋转。将非标准化数据标绘在 X-X 坐标系中,可以看到数据点近似为椭球分布,椭球的长轴与坐标轴形成一定的夹角(图 6-2-1a)。变量标准化之后,数据集团在坐标系中依然为椭圆形,但点-点之间的远近关系发生收缩性的变化,且坐标轴已经平移到数据点的平均位置(图 6-2-1b)。变量标准化的过程是基于平均值的坐标平移过程,坐标原点平移到均值所在的数据集团的重心位置。但不是单纯的平移,同时根据标准差进行了伸缩。在变量标准化的基础上,将坐标轴按逆时针旋转 θ 度,旋转后的坐标系用 Z 表示,且使 Z_1 轴与点群的长轴趋势一致。相应地,Z_2 与短轴趋势一致(图 6-2-2)。首先考虑 $M(z_1, z_2)$ 在 X-X 坐标系中的投影(图 6-2-2a),然后考虑 $M(x_1, x_2)$ 在 Z-Z 坐标系中的投影(图 6-2-2b)。借助初等数学的三角函数知识,可以建立 $M(z_1, z_2)$ 与 $M(x_1, x_2)$ 的坐标变换关系。

坐标旋转变换在计算数学中叫作 Givens 变换或平面旋转变换。设在 Z-Z 坐标系中,点 M 的坐标为(z_1, z_2),它在 X-X 坐标系中的坐标为(x_1, x_2),则 x 与 z 的关系为

$$\begin{cases} x_1 = z_1\cos\theta - z_2\sin\theta \\ x_2 = z_1\sin\theta + z_2\cos\theta \end{cases}, \tag{6-2-11}$$

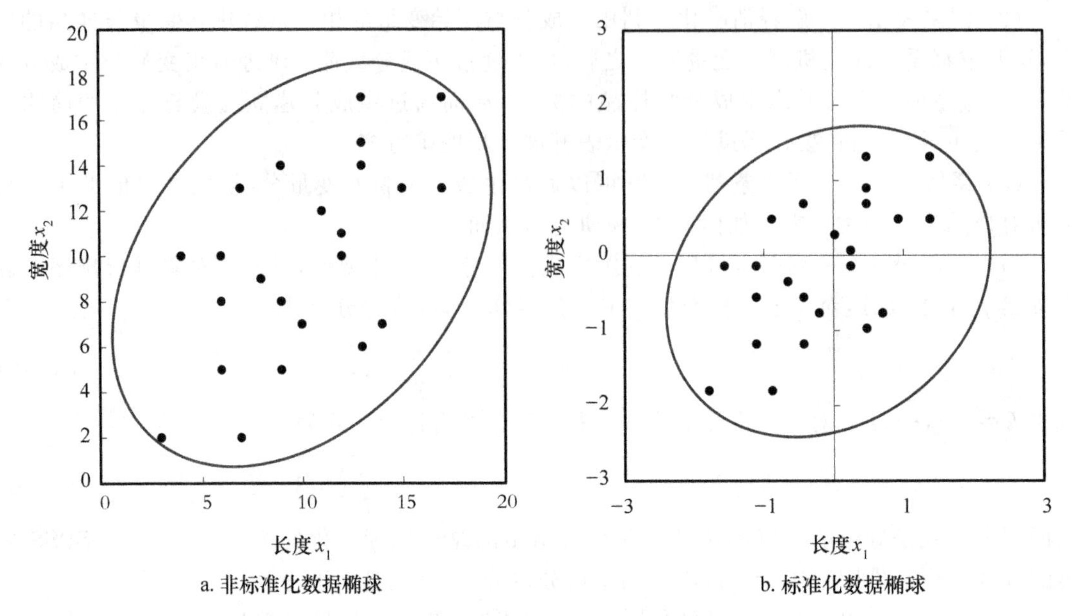

图 6-2-1 变量标准化前后的椭圆形分布

写作矩阵形式即是

$$\begin{bmatrix} x_1 \\ x_2 \end{bmatrix} = \begin{bmatrix} \cos\theta & -\sin\theta \\ \sin\theta & \cos\theta \end{bmatrix} \begin{bmatrix} z_1 \\ z_2 \end{bmatrix}, \tag{6-2-12}$$

或者 $X=PZ$,这里

$$X = \begin{bmatrix} x_1 \\ x_2 \end{bmatrix},\ Z = \begin{bmatrix} z_1 \\ z_2 \end{bmatrix},\ P = \begin{bmatrix} \cos\theta & -\sin\theta \\ \sin\theta & \cos\theta \end{bmatrix}.$$

其中 P 为正交矩阵,向量之间的内积为 0。式(6-2-12)相当于前面的式(6-1-10),只是变量数目和表现形式不同。

Givens 变换具有对偶关系,两个坐标系的坐标值可以相互转换。在 X-X 坐标系中,点 M 的坐标为(x_1, x_2),它在 Z-Z 坐标系中的坐标为(z_1, z_2),则 z 与 x 的关系为

$$\begin{cases} z_1 = x_1\cos\theta + x_2\sin\theta \\ z_2 = -x_1\sin\theta + x_2\cos\theta \end{cases}, \tag{6-2-13}$$

这个式子相当于前面的式(6-1-9),表示为矩阵形式便是

$$\begin{bmatrix} z_1 \\ z_2 \end{bmatrix} = \begin{bmatrix} \cos\theta & \sin\theta \\ -\sin\theta & \cos\theta \end{bmatrix} \begin{bmatrix} x_1 \\ x_2 \end{bmatrix}, \tag{6-2-14}$$

或者 $Z=JX$,这里

$$J = \begin{bmatrix} \cos\theta & \sin\theta \\ -\sin\theta & \cos\theta \end{bmatrix}.$$

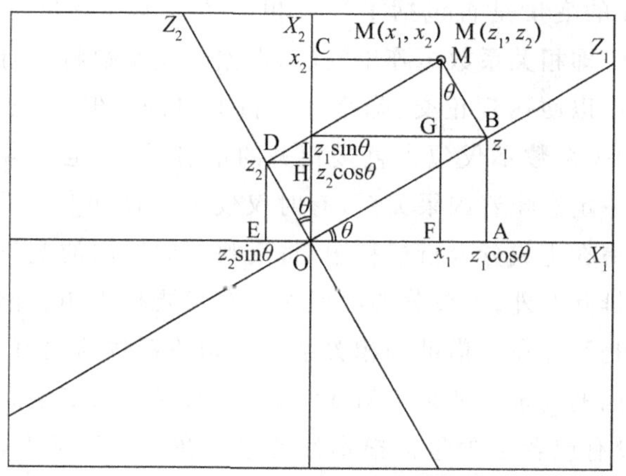

a. 在主成分坐标系中表示原始变量

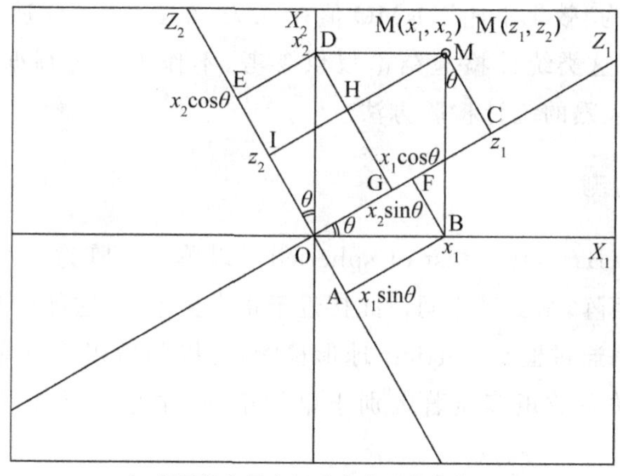

b. 在原始变量坐标系中表示主成分

图 6-2-2 原始变量坐标系与主成分坐标系的变换关系

显然 $Z=P^{-1}X$，从而 $J=P^{-1}$，即 J 与 P 之间互为逆矩阵。还可以看出，即 J 与 P 之间互为旋转矩阵，即 $J=P^{\mathrm{T}}$，从而 $P^{\mathrm{T}}=P^{-1}$，$J^{\mathrm{T}}=J^{-1}$。这意味着，P、J 为标准正交矩阵，容易验证：$P^{\mathrm{T}}P=I$，$J^{\mathrm{T}}J=I$。

§6.3 基本检验

6.3.1 KMO 检验和 Bartlett 球形检测

主成分分析和因子分析有一个叫 Kaiser-Meyer-Olkin 的取样适当性检测，即所谓 KMO 检验，以及与此对应的 Bartlett 球形检测。KMO 值是根据偏相关系数与相关系数的比值定义的，主要是检测所选择的变量是否包括了导致相关的根本性变量。主成分分析通常是从“标准化”的协方差矩阵即相关系数矩阵出发的，根据相关系数将具有相互关系的变量进行归并，组合成新的变量，以便达到正交、降维和分析的目的。但是，分析的出发点是简单相关系数矩阵，而简单相关系数不仅包含直接相关的信息，同时也包含间接相关的信息。变量的简单相关性并不一定意味着因果关系，有时仅仅是一种共变关系——由背后某种共同的原因引起。人们希望在主成分分析过程中，将反映共同原因的变量包括在内。如果将这类变量作为潜在变量排除在外，主成分的解释能力自然要打折扣。偏相关系数可以在一定程度反映出因果关系是否存在。借助偏相关系数与相关系数的比值，可以揭示分析的对象是否包含代表真实原因的变量。如果 KMO 值很低，那就表明变量间的偏相关系数普遍不高，从而暗示系统中没有或者很少包括根本性变量。在这种情况下，主成分分析的降维效果通常也不够理想。一般认为，当 KMO 值小于 0.5 时，就不太适合开展主成分分析。KMO 值在 0.6～0.7 为“效果平庸”，KMO 值在 0.7～0.8 为“中度适宜”，KMO 值大于 0.8 为“效果良好”。不过，这类统计检验结论仅供参考，不作为绝对判据。主成分分析和因子分析没有非常严格而成熟的统计检验方法。

6.3.2 Bartlett 球形检测

Bartlett 球形检测(Bartlett's test of sphericity)以单位矩阵为参照标准。如果相关系数矩阵接近于一个单位矩阵，则变量之间彼此接近于正交关系，在这种情况下开展主成分分析或者因子分析没有意义。通过检验 Bartlett 球形检测，可以判断相关矩阵是否与单位矩阵有显著差异。当且仅当相关系数矩阵显著区别于单位矩阵，才有必要进行主成分分析或者因子分析。

在技术方面，Bartlett 球形检测利用了卡方(chi-square)统计量。运用 SPSS 之类的统计分析软件开展主成分分析，输出结果中可以给出 Bartlett 球形检测的卡方值。自由度由相关系数矩阵对角线以下(或以上)的元素数目决定。如果变量数目为 m 个，则自由度为 $df=m(m-1)/2$ 个。给定某个显著性水平，如 $\alpha=0.05$，根据自由度查卡方临界值。如果输出结果中 Bartlett 球形检测的卡方值大于临界值，则可以通过给定显著性水平的检验，从而有 $(1-\alpha)\times 100\%$ 的把握相信，相关系数矩阵与单位矩阵存在区别。实际上，统计分析软件在给出卡方值的同时，也给出了相应的概率值即 sig. 值。如果 sig. 值小于 0.05，则可以通过 $\alpha=0.05$ 的显著性水平的检验，从而相关系数矩阵区别于单位矩阵的置信度达到 95%以上；如果 sig. 值小于 0.01，则可以通过 $\alpha=0.01$ 的显著性水平的检验，从而相关系数矩阵区别于单位矩阵的置信度达到 99%以上。其余情况依此类推。在 Excel 中，卡方值与其相应的概率值可以借助卡方查询函数 chiinv 和卡方分布函数 chidist 相互转换。

§6.4 主成分分析实例

6.4.1 数据处理与初步分析

以2012年中国主要城市空气质量为例，说明主成分分析的计算过程和分析方法。研究对象是中国的直辖市、省会城市和自治区的首府，数据来源于中国统计年鉴（表6-4-1）。样本规模31($n=31$)，2012年之前变量只有4个($m=4$)：可吸入颗粒物(PM_{10})、二氧化硫(SO_2)、二氧化氮(NO_2)、空气质量达到及好于二级的天数（天）。为了变量方向的一致性，将空气质量达到及好于二级的天数（天）改为空气质量低于二级的天数（天），方法是用366减去空气质量达到及好于二级的天数。这个例子非常简单，仅有4维，在研究方面似乎不足为训，但作为教学案例恰到好处：可以将主成分分析结论与基于原始数据的分析结论进行对比，以观效果。

表 6-4-1 中国主要城市空气质量测度及其标准化结果(2012)

单位：毫克/立方米，天

城市	原始变量				标准化变量			
	PM_{10}	SO_2	NO_2	空气质量	PM_{10}	SO_2	NO_2	空气质量
北京	0.1090	0.0290	0.0520	85	0.7617	−0.4383	1.1177	1.9340
天津	0.1050	0.0480	0.0420	61	0.5900	0.8396	0.1684	0.9591
石家庄	0.0980	0.0580	0.0400	44	0.2894	1.5122	−0.0214	0.2686
太原	0.0800	0.0560	0.0260	42	−0.4833	1.3777	−1.3504	0.1874
呼和浩特	0.0910	0.0510	0.0370	18	−0.0111	1.0414	−0.3062	−0.7875
沈阳	0.0920	0.0580	0.0360	37	0.0319	1.5122	−0.4011	−0.0157
长春	0.0870	0.0300	0.0440	27	−0.1828	−0.3710	0.3583	−0.4219
哈尔滨	0.0940	0.0360	0.0470	47	0.1177	0.0325	0.6430	0.3905
上海	0.0710	0.0230	0.0460	23	−0.8697	−0.8418	0.5481	−0.5844
南京	0.1020	0.0330	0.0510	49	0.4612	−0.1692	1.0227	0.4717
杭州	0.0870	0.0350	0.0530	30	−0.1828	−0.0347	1.2126	−0.3001
合肥	0.0980	0.0190	0.0270	35	0.2894	−1.1108	−1.2554	−0.0970
福州	0.0600	0.0080	0.0350	2	−1.3420	−1.8507	−0.4961	−1.4374
南昌	0.0880	0.0450	0.0390	36	−0.1399	0.6379	−0.1164	−0.0563
济南	0.1040	0.0550	0.0410	42	0.5470	1.3105	0.0735	0.1874
郑州	0.1050	0.0510	0.0460	47	0.5900	1.0414	0.5481	0.3905
武汉	0.0970	0.0300	0.0540	45	0.2465	−0.3710	1.3075	0.3092
长沙	0.0880	0.0280	0.0440	34	−0.1399	−0.5055	0.3583	−0.1376
广州	0.0690	0.0220	0.0490	6	−0.9556	−0.9091	0.8329	−1.2749
南宁	0.0690	0.0190	0.0330	14	−0.9556	−1.1108	−0.6859	−0.9499

（单位：毫克/立方米，天） （续表）

城市	原始变量				标准化变量			
	PM_{10}	SO_2	NO_2	空气质量	PM_{10}	SO_2	NO_2	空气质量
海口	0.034 0	0.006 0	0.019 0	0	−2.458 2	−1.985 2	−2.014 8	−1.518 6
重庆	0.090 0	0.037 0	0.035 0	26	−0.054 0	0.099 8	−0.496 1	−0.462 5
成都	0.119 0	0.033 0	0.051 0	73	1.191 0	−0.169 2	1.022 7	1.446 5
贵阳	0.073 0	0.031 0	0.028 0	15	−0.783 9	−0.303 7	−1.160 5	−0.909 3
昆明	0.067 0	0.034 0	0.036 0	1	−1.041 5	−0.102 0	−0.401 1	−1.478 0
拉萨	0.049 0	0.008 0	0.024 0	2	−1.814 3	−1.850 7	−1.540 2	−1.437 4
西安	0.118 0	0.040 0	0.042 0	60	1.148 1	0.301 6	0.168 4	0.918 5
兰州	0.136 0	0.041 0	0.039 0	96	1.920 9	0.368 8	−0.116 4	2.380 8
西宁	0.105 0	0.035 0	0.026 0	51	0.590 0	−0.034 7	−1.350 4	0.552 9
银川	0.099 0	0.044 0	0.037 0	37	0.332 4	0.570 6	−0.306 2	−0.015 7
乌鲁木齐	0.145 0	0.058 0	0.068 0	74	2.307 3	1.512 2	2.636 4	1.487 2
平均值	0.091 3	0.035 5	0.040 2	37.387 1	0	0	0	0
标准差	0.023 3	0.014 9	0.010 5	24.619 3	1	1	1	1

资料来源：国家统计局网站，见于 http://www.stats.gov.cn/tjsj/ndsj/2013/indexch.htm，2020-10-20。说明：表中“空气质量”代表“空气质量低于二级的天数”，下同。

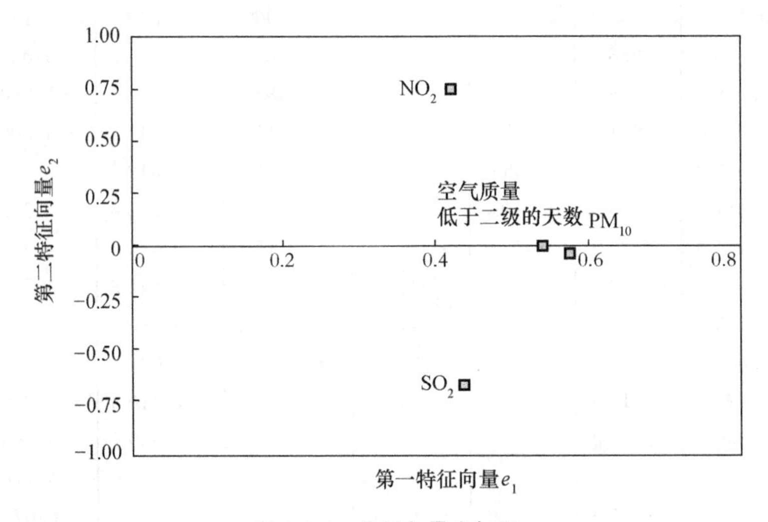

图 6-4-1 特征向量坐标图

主成分分析的详细计算过程如下。

第一步，变量标准化。在 Excel 中，采用平均值函数 average 和样本标准差函数 stdev 计算变量的均值和标准差，结果如表 6-4-1 所示（最后 4 列）。

第二步，计算协方差矩阵或者相关系数矩阵。在 Excel 中，利用“工具”中的“数据分析”的

“相关系数”或者“协方差”进行计算即可。相关系数矩阵和协方差矩阵都是对称矩阵。Excel仅仅给出下三角部分，不难根据对称性填充上三角的数据(表 6-4-2)。

表 6-4-2 四个变量的协方差和相关系数矩阵

协方差矩阵 V					相关系数矩阵 C				
	PM_{10}	SO_2	NO_2	空气质量		PM_{10}	SO_2	NO_2	空气质量
PM_{10}	0.967 7	0.616 3	0.569 7	0.874 9	PM_{10}	1	0.636 8	0.588 6	0.904 1
SO_2	0.616 3	0.967 7	0.296 0	0.487 4	SO_2	0.636 8	1	0.305 9	0.503 7
NO_2	0.569 7	0.296 0	0.967 7	0.481 0	NO_2	0.588 6	0.305 9	1	0.497 0
空气质量	0.874 9	0.487 4	0.481 0	0.967 7	空气质量	0.904 1	0.503 7	0.497 0	1

如前所述，基于标准化变量，协方差矩阵等价于相关系数矩阵。然而，计算结果却有差别。究其原因在于，理论推导结论总是基于总体(population)，实际数据分析通常基于样本(sample)，后者是前者的一个子集(subset)。如果改用总体标准差函数(stdevp)进行变量标准化，则两种矩阵完全一样。后面将从相关系数矩阵出发，计算主成分。

第三步，计算特征值及其对应的特征向量。在 Excel 里面计算特征值和特征向量很麻烦，姑且利用 Matlab 求解。在 Matlab 中，可以直接调用计算矩阵特征系统的函数 eig，语法如下：$[u, v]=\mathrm{eig}(C)$，式中左边 u 表示特征向量矩阵，v 表示相应的特征值构成的对角矩阵，右边 C 为相关系数矩阵。计算结果如表 6-4-3 所示。

表 6-4-3 特征值对角阵和特征向量构成的正交矩阵

变量	特征值对角阵				特征向量构成的正交矩阵			
PM_{10}	2.759 5	0.000 0	0.000 0	0.000 0	0.578 7	−0.036 5	0.258 5	0.772 6
SO_2	0.000 0	0.695 4	0.000 0	0.000 0	0.438 2	−0.667 3	−0.578 8	−0.166 1
NO_2	0.000 0	0.000 0	0.472 8	0.000 0	0.423 0	0.743 9	−0.505 0	−0.112 7
空气质量	0.000 0	0.000 0	0.000 0	0.072 3	0.542 3	−0.002 0	0.585 8	−0.602 3

变量与主成分的关系，可以通过特征向量坐标图反映出来。分别以最大特征值对应的特征向量和次大特征值对应的特征向量为横轴和纵轴，绘制坐标图，可以将变量表示在坐标系里(图 6-4-1)。通过这种坐标图可以看出变量之间的关系，但不太清晰。可以明确的是，最靠近第一主成分轴即横轴的是 PM_{10} 和空气质量低于二级的天数。至于二氧化硫和二氧化氮，则介于第一主轴(横轴，代表第一主成分)和第二主轴(纵轴，代表第二主成分)之间。这暗示，有必要进行因子旋转，以便变量与主成分的关系变得更为清楚。

第四步，计算累计方差贡献率。借助式(6-2-6)容易计算，结果如表 6-4-4 所示。可以看到，如果提取两个主成分，则可以保留原始变量的 86.372 2%的信息。以主成分的序号为横坐标，以特征值数值为纵坐标，作出折线图，就得到 SPSS 所谓的“斜坡图(scree plot)”(图 6-4-2)。从斜坡图中也可以看出，第二个主成分为明显的转折点，提取两个主成分比较合适。

表 6-4-4 特征值和累计方差贡献率

符号	特征值	特征值累计值	方差贡献/(%)	累计方差贡献/(%)
λ_1	2.7595	2.7595	68.9882	68.9882
λ_2	0.6954	3.4549	17.3839	86.3722
λ_3	0.4728	3.9277	11.8195	98.1917
λ_4	0.0723	4	1.8083	100.0000

说明：如果提取 p 个主成分，则公因子方差之和等于方差贡献之和，等于前 p 个特征根的累计值。如果 $p=2$，则有 3.4549；如果 $p=3$，则有 3.9277。

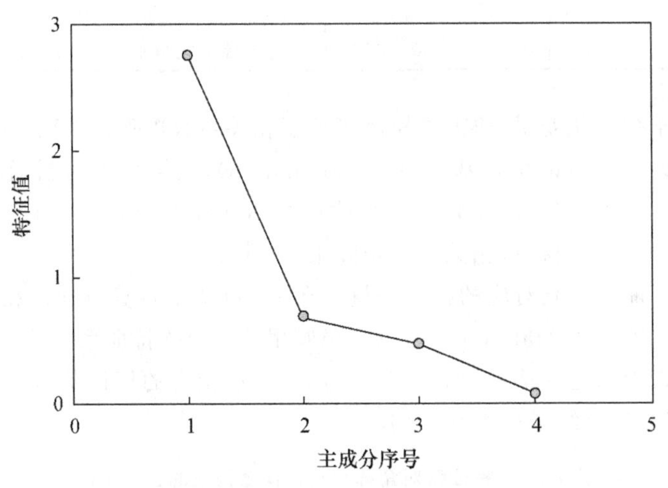

图 6-4-2 中国主要城市空气质量的特征值折线图(斜坡图)

第五步，计算主成分载荷。利用前面给出的式(6-2-7)，可以根据特征值和特征向量计算主成分载荷。

计算同一变量对应的不同主成分的载荷值的平方和，得到公因子方差；计算同一主成分不同变量的载荷值的平方和，得到方差贡献。对应 p 个主成分，公因子方差之和等于方差贡献之和，等于前 p 个特征根的累计值。可以看到，方差贡献等于相应的特征值(表 6-4-5)。对于主成分而言，基于协方差矩阵的特征值、基于载荷值的方差贡献以及主成分得分的方差，在数值上相等。

表 6-4-5 主成分载荷、公因子方差和方差贡献

变量	第一主成分 ρ_1	第二主成分 ρ_2	公因子方差($p=2$)
PM_{10}	0.9614	−0.0304	0.9252
SO_2	0.7280	−0.5565	0.8396
NO_2	0.7027	0.6203	0.8785
空气质量	0.9009	−0.0016	0.8115
方差贡献/特征值	2.7595	0.6954	3.4549

说明：提取两个主成分($p=2$)，公因子方差之和等于方差贡献之和，等于前两个特征根的累计值：3.4549。

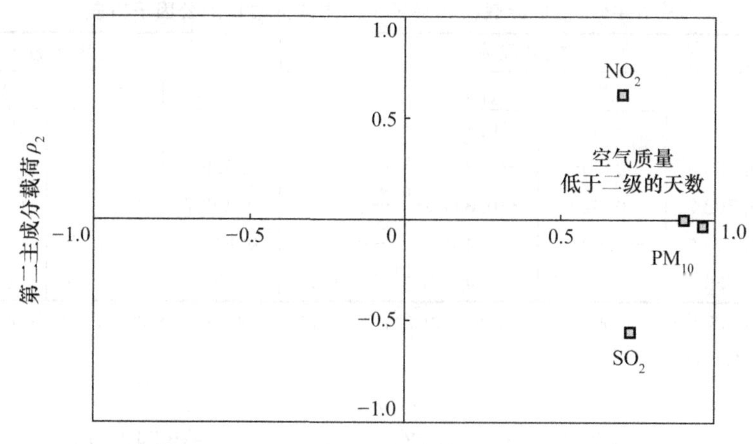

图 6-4-3 中国城市空气质量分析的主成分载荷图(横轴代表第一主成分载荷,纵轴代表第二主成分载荷)

分别以第一主成分对应的载荷和第二主成分对应的载荷为横轴和纵轴,绘制坐标图,可以将变量表示在坐标系里(图 6-4-3)。这个图与图 6-4-1 所示的特征向量坐标图具有相似格局,但表现的效果更好。结合主成分载荷图可以看到,第一主成分主要包含全部变量的信息,其中以 PM_{10} 和空气质量低于二级的天数为主,第二主成分主要包含二氧化硫和二氧化碳的一些信息,但这两个变量的信息在第一主成分中蕴含更多。由此可见,这个主成分分析的效果不是很好——主成分与变量的关系结构不太明确。

第六步,计算公因子方差。前面讲述方差贡献的时候顺带提及,说明了公因子方差的计算方法。实际上,提取主成分的数量不同,公因子方差不同。当提取 1 个主成分的时候($p=1$),二氧化硫和二氧化氮两个变量对应的公因子方差小于 0.6,这表明第一主成分包含这两个变量的信息不是很足;当提取两个主成分的时候($p=2$),全部变量对应的公因子方差都大于 0.8,这表明提取两个主成分比较合适(表 6-4-6)。此时公因子方差之和等于方差贡献之和,等于 3.454 9,这是前两个特征值的累计值(表 6-4-5)。这个数值与变量数目 $m=4$ 之比就是提取两个主成分的累计方差贡献率,即有 $3.4549/4\times100\%=86.3722\%$。如果提取 4 个主成分的时候($p=m=4$),则变量对应的公因子方差都等于 1(表 6-4-6)。没有出现大于 1 的情况,表明不存在赝解。

第七步,计算主成分得分。主成分得分表达式可以根据特征向量给出。用第 j 个变量乘以最大特征根 λ_1 对应的特征向量的相应元素 $e_j^{(1)}$,得到第一主成分得分表达式;用第 j 个变量乘以次大特征根对应的特征向量的相应元素 $e_j^{(2)}$,得到第二主成分得分表达式。一般地,用第 j 个变量乘以第 k 大特征根对应的特征向量的相应元素 $e_j^{(k)}$,得到第 k 主成分得分表达式($j,k=1,2,\cdots,m$,对于本例 $m=4$)。下面是两个最大特征值对应的主成分得分表达式:

表 6-4-6　主成分载荷和基于不同主成分数目的公因子方差

变量	主成分载荷				公因子方差			
	ρ_1	ρ_2	ρ_3	ρ_4	$p=1$	$p=2$	$p=3$	$p=4$
PM_{10}	0.961 4	−0.030 4	0.177 7	0.207 8	0.924 3	0.925 2	0.956 8	1
SO_2	0.728 0	−0.556 5	−0.398 0	−0.044 7	0.529 9	0.839 6	0.998 0	1
NO_2	0.702 7	0.620 3	−0.347 2	−0.030 3	0.493 7	0.878 5	0.999 1	1
空气质量	0.900 9	−0.001 6	0.402 8	−0.162 0	0.811 5	0.811 5	0.973 8	1
平方和/和	2.759 5	0.695 4	0.472 8	0.072 3	2.759 5	3.454 9	3.927 7	4

说明：主成分载荷对应的最下面一行为平方和，公因子方差对应的最下面一行为求和结果。将载荷平方和从左到右累计，结果与公因子方差之和完全一样。

$$z_1=0.5787x_1+0.4382x_2+0.4320x_3+0.5423x_4,$$
$$z_2=0.0365x_1+0.6673x_2-0.7439x_3+0.0020x_4.$$

这里的 x_j 代表标准化变量，特征向量值参见表 6-4-3。将标准化的变量代入上面的主成分表达式，就可以计算主成分得分。主成分得分的均值为 0，方差就是相应的特征值，标准差是特征值的平方根。将主成分得分 z_j 标准化，就得到所谓因子得分 f_j（表 6-4-7）。

表 6-4-7　第一、第二主成分得分，因子得分和综合得分

城市	主成分得分		因子得分		综合得分
	Z_1	Z_2	f_1	f_2	S
北京	1.770 3	1.092 2	1.065 7	1.309 8	2.862 5
天津	1.300 8	−0.458 5	0.783 0	−0.549 8	0.842 3
石家庄	0.966 8	−1.036 2	0.582 0	−1.242 6	−0.069 4
太原	−0.145 6	−1.906 6	−0.087 6	−2.286 4	−2.052 2
呼和浩特	−0.106 6	−0.920 8	−0.064 2	−1.104 2	−1.027 4
沈阳	0.502 9	−1.308 7	0.302 8	−1.569 4	−0.805 8
长春	−0.345 6	0.521 6	−0.208 1	0.625 5	0.175 9
哈尔滨	0.566 1	0.451 5	0.340 8	0.541 5	1.017 7
上海	−0.957 3	1.002 4	−0.576 3	1.202 1	0.045 1
南京	0.881 2	0.855 9	0.530 4	1.026 4	1.737 1
杭州	0.229 2	0.932 4	0.138 0	1.118 2	1.161 6
合肥	−0.902 9	−0.202 9	−0.543 5	−0.243 4	−1.105 9
福州	−2.577 0	0.917 9	−1.551 3	1.100 7	−1.659 1
南昌	0.118 8	−0.507 0	0.071 5	−0.608 0	−0.388 2
济南	1.023 6	−0.840 2	0.616 2	−1.007 6	0.183 4
郑州	1.241 4	−0.309 6	0.747 3	−0.371 2	0.931 8
武汉	0.700 8	1.210 6	0.421 9	1.451 7	1.911 4

（续表）

城市	主成分得分		因子得分		综合得分
	Z_1	Z_2	f_1	f_2	S
长沙	−0.225 6	0.609 2	−0.135 8	0.730 6	0.383 7
广州	−1.290 5	1.263 6	−0.776 9	1.515 3	−0.026 9
南宁	−1.845 1	0.267 9	−1.110 7	0.321 2	−1.577 3
海口	−3.968 5	−0.081 2	−2.388 9	−0.097 4	−4.049 7
重庆	−0.448 2	−0.432 7	−0.269 8	−0.518 9	−0.880 9
成都	1.832 2	0.827 4	1.103 0	0.992 2	2.659 6
贵阳	−1.570 8	−0.630 1	−0.945 6	−0.755 7	−2.200 9
昆明	−1.618 6	−0.189 4	−0.974 4	−0.227 1	−1.808 0
拉萨	−3.292 0	0.158 4	−1.981 7	0.190 0	−3.133 6
西安	1.366 0	−0.119 7	0.822 3	−0.143 6	1.246 2
兰州	2.515 2	−0.407 5	1.514 1	−0.488 7	2.107 7
西宁	0.054 9	−1.004 0	0.033 0	−1.203 9	−0.949 1
银川	0.304 4	−0.620 7	0.183 2	−0.744 3	−0.316 3
乌鲁木齐	3.919 7	0.864 8	2.359 6	1.037 1	4.784 5
平均值	0	0	0	0	0
方差	2.759 5	0.695 4	1	1	3.454 9

第八步，基于主成分载荷和得分的系统分析。前面讲过，借助主成分，可以将地理空间映射到数学空间；借助坐标图，可以将抽象的数学空间转化为直观的数学空间。以第一主成分为横轴，第二主成分为纵轴，画出主成分得分散点图（图 6-4-4）。特征向量坐标图或者主成分载荷图与主成分得分散点图配合使用。前者反映主成分的信息，后者反映研究样品的特征。

从特征向量坐标图或者主成分载荷图中可以看到，第一主成分反映的是综合信息，但与 PM_{10} 和空气质量低于二级的天数的关系更强一些。第二主成分包含各个变量的信息份额较少，主要反映二氧化氮和二氧化硫的信息。根据这两个主成分的属性，可以将 31 个主要城市的空气质量和污染情况划分为四大类别。

第一象限：PM_{10} 含量高，空气质量低于二级的天数长，并且二氧化硫和二氧化氮的排放量大。这类城市包括乌鲁木齐、北京、成都。对于给定年份 2012 年，空气质量最糟糕的城市一定位于第一象限。

第二象限：二氧化硫或二氧化氮的排放量较大或者有一些排放，但 PM_{10} 的含量不突出，空气质量低于二级的天数不太突出。这样的城市包括广州、福州、拉萨。由于第二主成分的特征值相对于第一主成分的特征值很低，这些城市的污染未必严重，甚至空气质量相对较好。

第三象限：PM_{10} 含量低，空气质量低于二级的天数短，并且二氧化硫和二氧化碳的排放量小。这类城市包括海口、贵阳、太原。理论上，这类城市是空气质量相对好的城市。空气质量最好的城市一定位于第三象限。

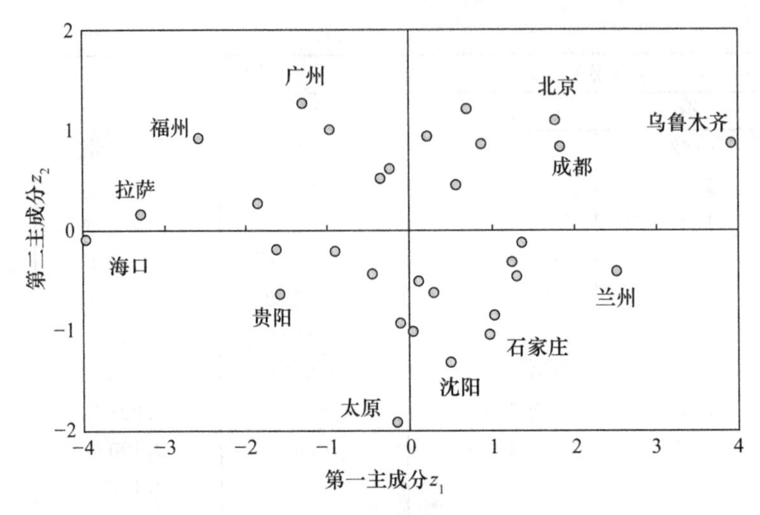

图 6-4-4 主成分得分散点图(图中仅标注部分城市名)

第四象限：PM_{10} 含量高，空气质量低于二级的天数长，但二氧化硫和二氧化碳的排放量不大。这样的城市包括沈阳、兰州、石家庄。

上面的污染分类结果可以与城市质量综合排序结果对照。借助前面给出的式(6-2-9)，可以基于第一和第二主成分得分计算综合得分并排序(表 6-4-7)。计算公式为 $S=z_1+z_2$。将得分按大小排序之后，作出柱形图，可以直观地看出 2012 年 31 个城市空气质量的污染情况：排序越是靠前，质量越差，反之则相对较好(图 6-4-5)。排名前 5 位的城市分别是乌鲁木齐、北京、成都、兰州和武汉，正数第一的是乌鲁木齐，空气质量最差；排名最后 5 位的分别是昆明、太原、贵阳、拉萨和海口，海口倒数第一(空气质量最好)。

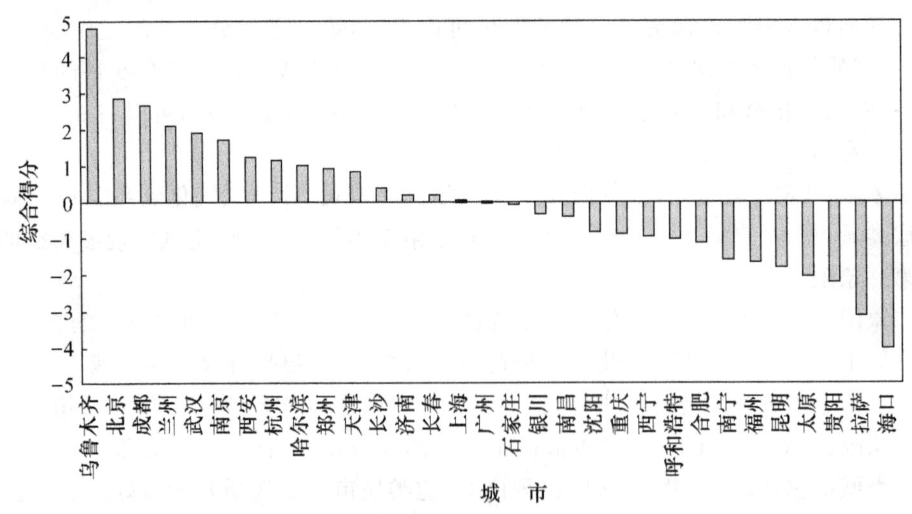

图 6-4-5 中国 31 个主要城市空气污染综合评分排序结果(2012 年)

6.4.2 因子旋转与回归分析

根据前面的计算结果,原始变量与主成分的关系存在含混之处,以致主成分结构不清。在这种情况下,不容易对主成分进行归类和命名。主成分分析的几何含义,如前所述,乃是坐标平移(变量标准化)与旋转(正交变换),其结果叫作主因解。坐标旋转的角度不是随意的,它要保证第一坐标轴与数据集团形成的椭圆球的最长轴一致;然后,在保证坐标轴彼此正交的情况下,第二坐标轴与数据集团椭圆的次长轴一致,第三坐标轴与数据集团椭圆的第三长轴一致……问题在于,如果数据集团分布不是那么规则,在保证第一坐标轴与数据集团椭圆最长轴一致并且坐标轴彼此正交的情况下,无法保证其他坐标轴与数据集团椭圆的其他长轴一致。结果,大量变量的信息投影到旋转后的第一坐标轴代表第一主成分,而各个变量剩余的信息分散投影到其他旋转后的坐标轴,但各个坐标轴包含的原始变量信息不多,没有突出的第二坐标轴、第三坐标轴。在这种情况下,可以在主因解的基础上进一步旋转——这是正交变换旋转后的再次旋转。第二次旋转的目的是调整变量与主成分的关系,使得第一主成分稍稍偏离数据集团最长轴,从而减少一些变量的信息,而其余主成分尽可能靠近数据集团的次长轴乃至三长轴,从而包含更多的原始变量信息。旋转之后,第一主成分得分的方差(λ_1)值有所减小,而第二主成分得分的方差(λ_2)乃至第三主成分得分的方差(λ_3)值有所增加。如果旋转适当,不仅原始变量的信息在新的主成分中分布相对均衡,而且主成分结构更为清晰。这类分析技术实际上是因子分析的内容。不过,如今主成分分析与因子分析没有严格的界限。

不妨采用方差极大正交旋转技术开展进一步的分析,这种旋转不改变主成分之间的正交性。旋转结果表明:其一,主成分结构相对清晰。第一主成分主要包括二氧化硫的信息,但与 PM_{10} 和空气质量低于二级的天数长短关系相对较强;第二主成分主要包括二氧化氮的信息,且与 PM_{10} 和空气质量低于二级的天数长短有一定的关系(图 6-4-6,表 6-4-8)。第一主成分可以叫作二氧化硫主成分,第二主成分可以叫作二氧化氮主成分。其二,变量信息在两个主成分中分布相对均衡。第一主成分的方差贡献下降到 1.865 5,第二主成分的方差贡献上升到 1.589 4(表 6-4-8)。方差贡献的大小反映原始变量在主成分中的信息含量多少。其三,PM_{10} 与空气质量低于二级的天数关系密切(图 6-4-6)。由此判断,空气质量的好坏主要是根据颗粒物 PM_{10} 的含量来评定。不仅如此,PM_{10} 与二氧化硫关系更为密切,共同归属于第一主成分,由此推断,PM_{10} 可能主要是二氧化硫的排放所致;但是,PM_{10} 与二氧化氮的关系并不弱,这意味着二氧化氮对 PM_{10} 也有贡献。

表 6-4-8 方差极大正交旋转后的主成分载荷、公因子方差和方差贡献

变量	第一主成分 ρ_1	第二主成分 ρ_2	公因子方差($p=2$)
PM_{10}	0.743 9	0.609 8	0.925 2
SO_2	0.914 3	0.060 1	0.839 6
NO_2	0.120 8	0.929 5	0.878 5
空气质量	0.679 3	0.591 6	0.811 5
方差贡献/特征值	1.865 5	1.589 4	3.454 9

在方差极大正交旋转主成分求解的基础上，可以对中国31个城市的污染情况进行进一步的分类和评判。利用正交旋转后的主成分得分计算综合得分，然后对31个城市的污染情况进行排序，结果与前面基于未经旋转的主成分得分评价结果有所不同(表6-4-9)。

表6-4-9 方差极大正交旋转后的主成分得分、因子得分和综合得分

城市	主成分得分		因子得分		综合得分
	Z_1	Z_2	f_1	f_2	S
北京	−0.0815	2.1275	−0.0597	1.6875	2.0460
天津	1.2995	0.1278	0.9514	0.1014	1.4273
石家庄	1.7155	−0.6966	1.2560	−0.5526	1.0189
太原	1.9651	−2.2430	1.4388	−1.7791	−0.2779
呼和浩特	0.9266	−1.1014	0.6784	−0.8736	−0.1748
沈阳	1.7220	−1.2385	1.2608	−0.9823	0.4836
长春	−0.7762	0.4211	−0.5683	0.3340	−0.3551
哈尔滨	−0.1363	0.7968	−0.0998	0.6320	0.6605
上海	−1.6732	0.6629	−1.2250	0.5258	−1.0103
南京	−0.3772	1.4144	−0.2762	1.1219	1.0372
杭州	−0.8632	1.1758	−0.6320	0.9327	0.3126
合肥	−0.3402	−0.6820	−0.2491	−0.5410	−1.0222
福州	−2.5847	−0.2423	−1.8924	−0.1922	−2.8270
南昌	0.6201	−0.5178	0.4540	−0.4107	0.1023
济南	1.5393	−0.4451	1.1270	−0.3531	1.0942
郑州	1.1022	0.2677	0.8070	0.2123	1.3699
武汉	−0.8711	1.7280	−0.6378	1.3707	0.8569
长沙	−0.7964	0.5808	−0.5831	0.4607	−0.2155
广州	−2.1610	0.7938	−1.5822	0.6296	−1.3672
南宁	−1.4310	−0.6167	−1.0477	−0.4892	−2.0476
海口	−2.3691	−2.0746	−1.7346	−1.6456	−4.4437
重庆	0.1890	−0.7164	0.1384	−0.5683	−0.5274
成都	0.2423	1.8569	0.1774	1.4729	2.0993
贵阳	−0.2931	−1.5019	−0.2146	−1.1913	−1.7950
昆明	−0.7978	−1.0240	−0.5841	−0.8123	−1.8219
拉萨	−2.2086	−1.4640	−1.6171	−1.1612	−3.6726
西安	0.9746	0.5460	0.7136	0.4331	1.5206
兰州	1.9963	0.7924	1.4616	0.6285	2.7887
西宁	1.1162	−1.1154	0.8172	−0.8847	0.0008
银川	0.8575	−0.5545	0.6278	−0.4398	0.3030
乌鲁木齐	1.4942	2.9422	1.0940	2.3337	4.4364
平均值	0	0	0	0	0
方差	1.8655	1.5894	1	1	1.8587

在本例的 4 个变量中，空气质量低于二级的天数不像是一个独立的变量，更可能是根据其余三个变量做出的分析和评价结论。为了说明这个问题，可以开展多元线性回归分析。以空气质量低于二级的天数为因变量(y)，以 PM_{10}(x_1)、二氧化硫(x_2)和二氧化氮(x_3)为自变量，进行多元线性回归，得到如下模型

$$y=-47.6458+1084.3304x_1-213.6154x_2-157.4675x_3.$$

复相关系数平方为 0.829，F 统计量为 43.6324，标准误差对应的变异系数为 0.287。这个模型的预测精度不是太高，但这不是主要问题。严重的问题在于，二氧化硫和二氧化碳的回归系数为负值，这违背事理——根据这个结果，二氧化硫和二氧化碳对空气质量低于二级的天数贡献为负，从而对城市空气质量有正面影响。而且，这两个变量的 P 值即 t 统计量对应的概率值分别高于 0.2 和 0.5，解释有效性的置信度分别低于 80% 和 50%。如果进行多元线性逐步回归，则建模结果如下

$$y=-49.8170+955.5766x_1.$$

这意味着只有一个解释变量——PM_{10}(x_1)被保留，其余变量被自动剔除。这暗示，PM_{10} 与二氧化硫(x_2)和二氧化氮(x_3)之间存在多重共线性。进一步地，以 PM_{10}(x_1)为因变量，以二氧化硫(x_2)和二氧化氮(x_3)为自变量，进行多元线性回归，得到如下模型：

$$x_1=0.0246+0.7893x_2+0.9607x_3.$$

回归系数的显著性水平都低于 0.05，从而置信度都高于 95%。这意味着，PM_{10} 是由二氧化硫和二氧化氮的排放造成的。前者的标准化回归系数约为 0.5039，后者的标准化回归系数约为 0.4345，这表明二氧化硫排放对 PM_{10} 的贡献更大。这个结论与主成分分析一致：在旋转后的主成分里，PM_{10} 与二氧化硫属于同一个主成分，而与二氧化氮属于不同的主成分。回归分析从另一个角度说明了主成分的变量结构。

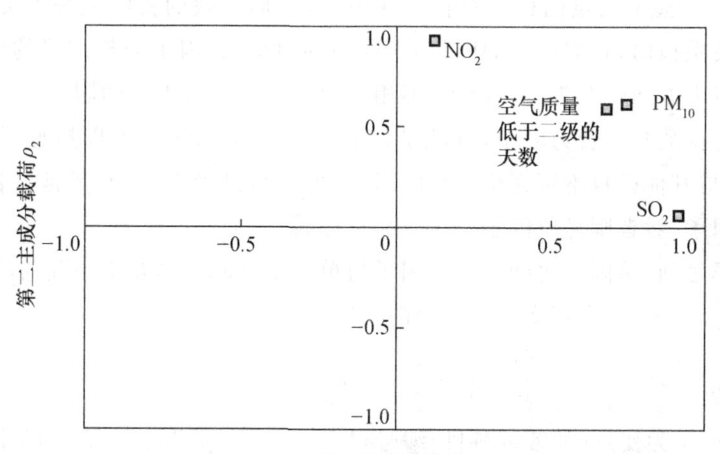

图 6-4-6 方差极大正交旋转后的主成分载荷图

§6.5 因子分析

6.5.1 因子模型简介

因子分析(Factor Analysis, FA)始于20世纪初的心理测量学研究。统计学家 Karl Pearson 和 Charles Spearman 等人为了定义和测得智力,提出并发展了因子分析模型。尽管学术界对这种方法时有争论,但因子建模还是很快被应用于社会学、经济学、人类学、地质学、医学等诸多领域。为了说明因子分析的来龙去脉,不妨从其产生的源地——心理学问题出发,介绍这种分析方法的目标和思想。人类的认知任务很多,但众多的认知任务通常只反映几个方面的认知能力,故心理学家希望归纳出几个一般因子(general factor),简称 g 因子(g factor)。Carroll(1993)曾系统介绍了因子分析方法在心理学中的这类应用。哈佛大学心理学教授 Gardner(1983)曾发表理论专著《智能的结构》(*Frames of Mind*),首次提出了多元智能(multiple intelligence)概念。该书将人类智力划分为6个方面:语言表达能力、数学计算能力、音乐欣赏能力、空间想象能力、体育运动能力和社会沟通能力。这6种智力实际上代表人类认知任务的6个因子。十年之后,Gardner(1993)又增加两个新的认知能力:自我反省能力和自然观察能力,共计8个因子。

现在,假定从不同种族、不同性别的人群中选取一批人进行认知能力测试。这批人构成一个样本(每一个个体就是一个样品)。为了全面测验人类智力,要根据不同的科目(subject)进行考试,每一个科目就是一个变量,用考试得分进行测度。这大量的科目不可能都是彼此独立的,其中一些科目、甚至大量的科目存在内在关系,它们反映的实际上是人类的同一种智力。有些科目彼此关系很弱,它们反映的则是人类不同的智力。因子分析的目的就是将高度相关的变量反映的智力方面合并为一个因子,不相关的变量区分为不同的因子。最后,数十个考试科目可能归并为少数几个智力因子,这就是如上所述的 g 因子。可以想见,每一种考试科目既有一般性的、与其他科目不可完全分割的因子,也有自己独有的、与其他科目毫无关系的因子。前者为公因子,后者则是单因子。

由于公因子之间、单因子之间以及公因子与单因子之间都是互不相关的(即正交的),将原来 m 个变量表示成 $p+1$ 个新变量(因子)的线性组合形式

$$x_j = \sum_{k=1}^{p} a_{kj} f_k + u_j \varepsilon_j, \tag{6-5-1}$$

式中 $j=1,2,\cdots,m$ 为变量(如考试科目)编号,$k=1,2,\cdots,p$ 为公因子(如不同的智力)编号,原则上 $p<m$,即因子数少于变量数。上式的各个变量和参数解释如下

$$
\begin{cases}
f_k\text{——公因子：反映变量之间的共有信息} \\
\varepsilon_k\text{——单因子：反映相应变量的特有信息} \\
p\text{——公因子数：正整数} \\
a_{kj}\text{——公因子载荷，简称因子载荷} \\
u_j\text{——单因子载荷}
\end{cases}
$$

因子模型与主成分模型有一个差异。主成分模型是基于横排式的数据表的(自上而下为变量)，而因子模型则是基于竖排式的数据表(从左到右为变量) 后 种方式更符合人们的数据处理习惯。

因子模型是一个封闭方程，采用常规的方程求解算法无法计算。常用的求解方法是，舍弃单因子，考虑公因子，利用主成分分析方法求主因子解，或者借助最大似然算法求解。一些人认为最大似然法优于正交变换法，这是一种误会。不同的算法各有适用范围。最大似然法有一个基本假定，那就是随机变量服从联合正态分布。可是，一般的社会经济现象都不满足正态分布假设。主因解的求解过程不以正态分布为前提，因子解适用范围更为广泛。

当利用正交变换求主因解的时候，因子分析与主成分分析没有本质的区别。因子分析的一般过程如下。

第一步，求主因解。如果新变量即主成分或因子结构非常清楚，计算可以结束；否则，考虑正交因子旋转。主因解的结果与主成分分析的结果完全一样，因子载荷与主成分载荷没有本质的区别。至于因子得分，则形式上为标准化的主成分得分。

第二步，因子正交旋转。所谓正交旋转，就是旋转前后因子轴之间彼此垂直——成 90 度夹角。如果主因解的结构不清晰，可以考虑正交旋转。如果正交旋转之后因子结构清楚，计算结束；否则，考虑因子斜交旋转。对于正交因子而言，因子载荷值既反映一个变量与因子的相关强度，也反映因子包含某个变量的信息。

第三步，因子斜交旋转。顾名思义，斜交旋转不能保证因子轴之间彼此垂直。斜交旋转之后，因子载荷矩阵一分为二：因子图式(factor pattern)矩阵和因子结构(factor structure)矩阵。因子图式矩阵担任原来因子载荷矩阵的角色，数值大小反映一个因子包含某个变量的信息的多少，不过不再等值于变量与因子之间的相关系数，变量与因子之间的相关系数由因子结构矩阵表达。

6.5.2 因子分析与主成分分析的比较

因子分析与主成分分析的起源不一样，算法也有区别。因子模型中的单因子被舍弃之后，与主成分模型没有本质区别。如果采用正交变换算法，则因子分析与主成分分析过程一样。因此，在一些统计分析软件如 SPSS 中，主成分分析被视为因子分析的一个解。因子分析与主成分分析的区别可以归结如下。

第一，单因子。从模型上看，主成分模型和因子模型都包括公因子，但主成分模型不考虑单因子，而因子模型考虑单因子。然而，在实际中，单因子常被舍弃，否则模型无法求解。

第二,标准化。从数据表示上看,主成分分析的原始数据可标准化,也可以不标准化,主成分得分未经标准化。因子分析则不然,原始变量和因子得分通常都经过标准化处理。

第三,算法。从求解方法上看,主成分分析通过正交变换求解,因子模型可以通过正交变换求主因解,也可以通过最大似然法等其他方法求解因子模型。

第四,旋转。从处理过程上看,主成分分析一般不考虑主成分旋转,因子分析考虑正交旋转和斜交旋转。

第五,关注对象。从分析方式上看,主成分分析关注样本对象,往往同时考虑变量关系和样本结构,因子分析一般不注意样本本身,只关注变量关系及其合并结果。

第六,因果关系。从应用对象上看,主成分分析一般以原始变量为因(解释变量),主成分为果(响应变量)(图 6-5-1a)。因子分析相反,往往以因子为因(解释变量),原始变量为果(响应变量)(图 6-5-1b)。

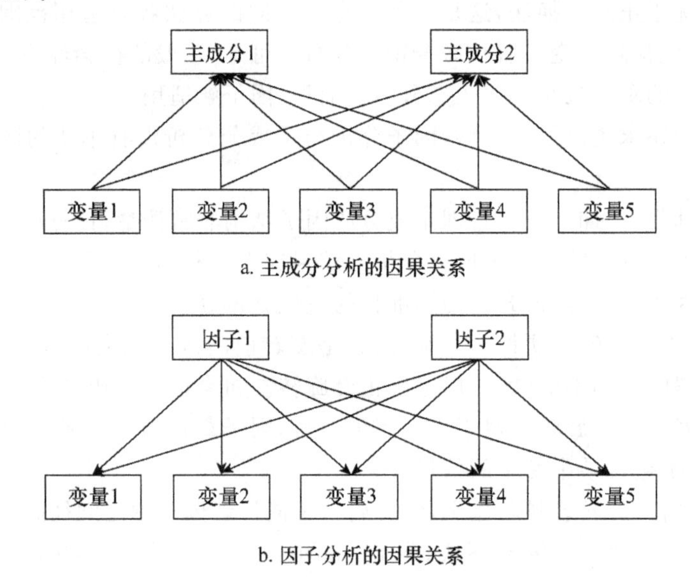

图 6-5-1　主成分分析与因子分析反映的因果关系示意(以 5 个变量为例)

§6.6　因子分析实例

6.6.1　问题与数据

下面这个教学案例属于地质地理学问题。某层控铅锌矿品位高、规模大,矿体赋存于奥陶系灰岩的古喀斯特裂隙溶洞中(图 6-6-1)。考察发现,矿区含银,且局部达到工业品位。为了对该层控铅锌矿开展综合评价,在矿体的不同部位采取了 4 块样本分别化验铅(Pb)、锌(Zn)、银(Ag)的含量,然后以 Pb、Zn、Ag 为变量进行因子分析。显然,在此问题中,$n=4$,$m=3$。标准化的变量见表 6-6-1，下面逐步进行分析。

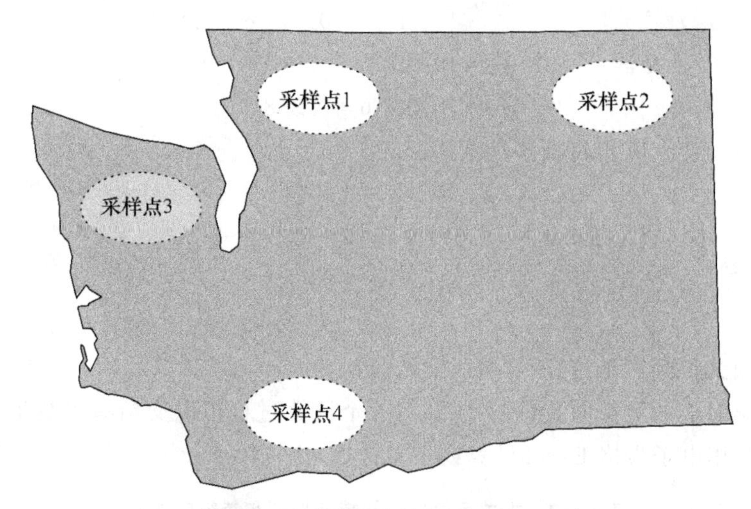

图 6-6-1 采取样本的地理位置示意

表 6-6-1 变量标准化的数据表

样品	原来的标准化变量			二次标准化的结果		
	铅(Pb)	锌(Zn)	银(Ag)	铅(Pb)	锌(Zn)	银(Ag)
样品一(C1)	−1.26	−0.96	−0.78	−1.092 0	−0.834 0	−0.676 9
样品二(C2)	−0.64	−0.96	−1.14	−0.554 6	−0.834 0	−0.987 3
样品三(C3)	0.64	0.58	1.32	0.554 6	0.503 9	1.133 9
样品四(C4)	1.26	1.34	0.62	1.092 0	1.164 1	0.530 3
平均值	0.000 0	0.000 0	0.005 0	0	0	0
标准差	1.153 9	1.151 1	1.159 7	1	1	1

资料来源：矫希国等(1993)．原数据采用总体标准差进行标准化处理过，录入数字和符号有误差。为了与 SPSS 给出的结果对应，纠正符号之后，借助样本标准差对变量进行了二次标准化处理。

6.6.2 主因解分析

利用相关系数矩阵或者标准化协方差矩阵计算特征值及其相关的特征向量，可以获得因子载荷矩阵。进一步地，计算因子得分。在因子载荷矩阵和得分矩阵的基础上，逐步开展因子分析，可以得到有用的地理空间信息。标准化的变量表为矩阵形式便是

$$\boldsymbol{Y}=\begin{bmatrix} -1.0920 & -0.8340 & -0.6769 \\ -0.5546 & -0.8340 & -0.9873 \\ 0.5546 & 0.5039 & 1.1339 \\ 1.0920 & 1.1641 & 0.5303 \end{bmatrix},$$

由此得相关系数矩阵

$$R=\frac{1}{n-1}Y^{\mathrm{T}}Y=\begin{bmatrix}1 & 0.9746 & 0.8316\\0.9746 & 1 & 0.8589\\0.8316 & 0.8589 & 1\end{bmatrix}. \tag{6-6-1}$$

借助关系 $\det(\lambda I-R)=0$ 得特征多项式

$$\det(\lambda I-R)=\begin{bmatrix}\lambda-1 & -0.9746 & -0.8316\\-0.9746 & \lambda-1 & -0.8589\\-0.8316 & -0.8589 & \lambda-1\end{bmatrix}$$

$$=(\lambda-1)^3-2.3790(\lambda-1)-1.3922=0. \tag{6-6-2}$$

求解此三次多项式得到三个特征根，从大到小依次为 $\lambda_1=2.7782$，$\lambda_2=0.1979$，$\lambda_3=0.0239$。根据特征根求出对应的特征向量(表 6-6-2)。这个计算过程可以交给有关数学软件如 Matlab 或 Mathcad。利用电子表格 Excel 计算或手工计算，比较烦琐。

表 6-6-2 相关系数矩阵的特征根和和特征向量表

样品	单位化特征向量			特征值(特征根)		
	因子 1	因子 2	因子 3	因子 1	因子 2	因子 3
铅(Pb)	0.5841	−0.4583	0.6699	2.7782	0.0000	0.0000
锌(Zn)	0.5896	−0.3277	−0.7382	0.0000	0.1979	0.0000
银(Ag)	0.5579	0.8262	0.0788	0.0000	0.0000	0.0239

特征根的累计值反映主成分或者因子的方差贡献大小。将特征根排序，从大到小累计，计算累计百分比，据此判断提取因子可以保留原始变量的多少信息(表 6-6-3)。用特征根的平方根乘以相应的单位化特征向量，得到因子载荷向量。合并因子载荷向量，得到因子载荷矩阵。因子载荷矩阵的习惯排列是：从左到右是变量，从上到下为因子。转置之后，得到主成分载荷：从左到右是因子，从上到下是变量。主成分载荷的排列方式更符合日常考察习惯。基于主成分载荷，按行求平方和，得到公因子方差；按列求平方和，得到方差贡献。方差贡献等值于特征根(表 6-6-4)。可以看出，公因子方差数值较高且相差不大，这表明各个变量反映到两个因子中的信息大致相当，且分量较重。问题在于，方差贡献相差较大，这暗示因子结构不够清晰。从载荷表中可以看出，第一因子的方差贡献为 2.7782，占 92.6062%，处于绝对优势地位，各个变量在第一因子上面的载荷都很大。这表明，为了保证第一因子与数据点的最大离散方向一致，使得第二因子偏离了次大离散方向。从成分分布图(图 6-6-2)上可以明确地看到这一点：各个变量都靠近第一主因子，关系最疏的 Ag 距离第一因子也比较近。总之看不出变量之间的亲疏关系，因此需要作正交旋转。

表 6-6-3 相关系数矩阵的特征根、方差贡献以及方差贡献的累计值

参数及其累计值	特征根	特征根累计值	百分比/(%)	累计百分比/(%)
特征根 1	2.778 2	2.778 2	92.606 2	92.606 2
特征根 2	0.197 9	2.976 1	6.598 2	99.204 4
特征根 3	0.023 9	3.000 0	0.795 6	100.000 0
总和	3	8.754 3	100	291.810 6

表 6-6-4 因子载荷矩阵、公因子方差和方差贡献

	因子 1	因子 2	因子 3	初始公因子方差($p=3$)	提取公因子方差($p=2$)
铅(Pb)	0.973 5	−0.203 9	0.103 5	1	0.989 3
锌(Zn)	0.982 7	−0.145 8	−0.114 0	1	0.987 0
银(Ag)	0.929 9	0.367 6	0.012 2	1	0.999 9
方差贡献	2.778 19	0.197 95	0.023 87	3	2.976 1

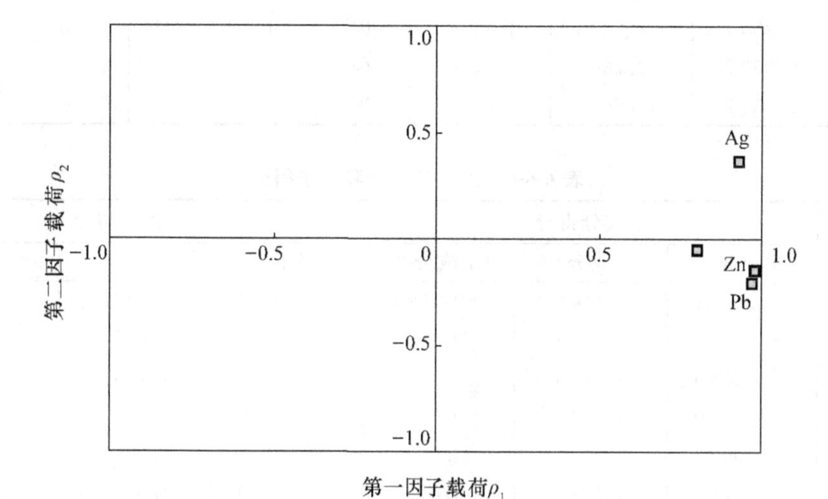

图 6-6-2 层控铅锌矿分析的主成分载荷图(横轴代表第一因子载荷,纵轴代表第二因子载荷)

通过因子载荷矩阵,可以求出因子测度系数矩阵,即 SPSS 所谓成分得分系数矩阵。该矩阵为因子载荷的逆矩阵,即有

$$M=A^{-1}=(L^{-1})^{\mathrm{T}}. \tag{6-6-3}$$

这里 M 为因子测度矩阵,A 为因子载荷矩阵,L 为主成分载荷矩阵。只有方阵才能求逆,因此必须通过完整的载荷矩阵求逆可以给出完整的因子测度表。实际上,因子测度系数可以通过载荷矩阵各列除以对应的方差贡献得到,例如

$$a_{11}/\lambda_1=0.973\,5/2.778\,2=0.350\,4,\ a_{21}/\lambda_2=-0.203\,9/0.197\,9=-1.030\,1.$$

此外还有成分得分协方差矩阵，其数值等于因子得分的相关系数。该矩阵以单位矩阵的形式出现，表明因子之间是正交的，即彼此之间相关系数为0(表6-6-5)。用因子测度系数矩阵右乘标准化的原始变量，即可得到因子得分矩阵。实际上，采用标准化原始变量左乘单位化特征向量构成的矩阵，可以得到主成分得分矩阵。主成分的均值为0，方差即为特征根和方差贡献。采用主成分得分除以标准差即方差的平方根，即可将主成分得分标准化，从而得到因子得分。也就是说，因子得分是标准化的主成分得分(表6-6-6)。借助矩阵运算，可以方便地将原始变量和主成分得分转换为因子得分，关系式为

$$F = YM = YP\Lambda^{-1} = Z\Lambda^{-1}. \tag{6-6-4}$$

这里 F 为因子得分矩阵，Y 为标准化的原始变量矩阵，M 为因子测度矩阵，P 为单位化特征向量矩阵，Λ 为特征根的平方根即因子得分的标准差构成的对角阵，Z 为主成分得分矩阵。

表 6-6-5 因子测度矩阵和公因子协方方差矩阵

	因子测度矩阵			因子协方差矩阵			
	因子1	因子2	因子3		因子1	因子2	因子3
铅(Pb)	0.3504	−1.0301	4.3364	因子1	1	0	0
锌(Zn)	0.3537	−0.7366	−4.7785	因子2	0	1	0
银(Ag)	0.3347	1.8569	0.5101	因子3	0	0	1

表 6-6-6 主成分得分和因子得分

样本点	主成分得分			因子得分		
	主成分1	主成分2	主成分3	因子1	因子2	因子3
采样点1	−1.5071	0.2146	−0.1692	−0.9042	0.4823	−1.0954
采样点2	−1.3665	−0.2881	0.1663	−0.8198	−0.6477	1.0763
采样点3	1.2536	0.5174	0.0890	0.7521	1.1630	0.5759
采样点4	1.6200	−0.4439	−0.0860	0.9719	−0.9977	−0.5568
平均值	0.0000	0.0000	0.0000	0.0000	0.0000	0.0000
方差	2.7782	0.1979	0.0239	1.0000	1.0000	1.0000
标准差	1.6668	0.4449	0.1545	1.0000	1.0000	1.0000

利用上述计算结果，可以开展初步的因子分析。这一步的计算和分析与主成分分析没有本质区别。首先，根据因子载荷矩阵和载荷图，可以判断第一因子与铅锌关系密切，可以视为铅锌矿因子；第二因子与银的关系相对密切一点，可以视为银矿因子，不过更多地与铅锌有关(表6-6-4，图6-6-2)。主要因子载荷值都大于0，表明变量与因子正相关。从方差贡献可以看出，第二因子包含的信息量较小。再看因子得分表和图(表6-6-6，图6-6-3)。采样点3的两个因子得分都是正分，落入得分图的第一象限，该点包含铅锌矿和银矿的成分都比较显著；采样点1的两个因子得分一负一正，落入得分图的第二象限，该点包含铅锌矿不显著，包含银矿的成分多一些，但第二因子不重要；采样点2的两个因子得分均为负，落入得分图的第三象限，该

点包含铅锌矿和银矿均不显著;采样点 4 的两个因子得分一正一负,落入得分图的第四象限,该点包含铅锌矿显著,包含银矿不够显著,但如前所述,第二因子不重要。因此,可以判断,采样点 3 和采样点 4 可能富含矿床,而采样点 1 和采样点 2 则含可采矿产的可能性较小。

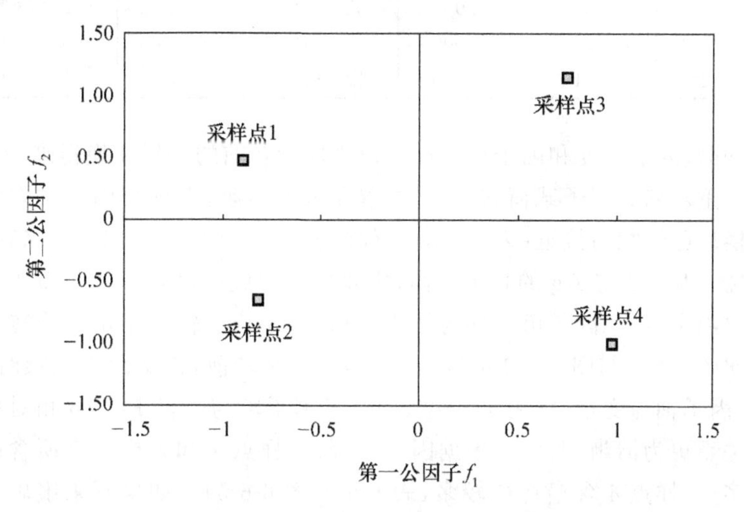

图 6-6-3 层控铅锌矿的因子得分图

6.6.3 正交旋转解分析

主成分模型求解在几何学意义上借助了坐标平移和旋转技术。因子旋转本质上是在主成分解即主因解的基础上再次旋转,调整变量与因子的关系,使得因子结构更为清晰。主成分求解的旋转过程是基于原始变量的,而因子旋转则是基于载荷矩阵。旋转的方法有多种,下面讲授常用的方差极大正交旋转法(Varimax)。在数学上,因子旋转属于 Givens 变换。关键在于找到一个变换矩阵 T(表 6-6-7)。用因子测度矩阵 M 乘以变换矩阵 T 得到旋转后的因子测度矩阵即成分得分系数矩阵

$$\tilde{M}=MT. \tag{6-6-5}$$

用原主成分载荷矩阵 L 乘以变换矩阵 T,即得旋转后的主成分载荷矩阵:

$$\tilde{L}=LT. \tag{6-6-6}$$

进一步地,用因子得分矩阵 F 乘以变换矩阵 T 得到旋转后的因子得分矩阵

$$\tilde{F}=FT. \tag{6-6-7}$$

因子得分矩阵等于标准化的原始变量乘以因子测度矩阵,即有

$$\tilde{F}=Y\tilde{M}=YMT. \tag{6-6-8}$$

式中的波浪号表示旋转后的结果,其他符号的含义如前所述。

表 6-6-7　方差极大正交旋转的因子变换矩阵和方差极大正交旋转后的因子测度矩阵

因子变换矩阵				因子测度矩阵			
因子	因子 1	因子 2	因子 3		因子 1	因子 2	因子 3
因子 1	0.768 7	0.638 7	0.033 7	铅(Pb)	1.039 2	−0.473 7	−4.322 5
因子 2	−0.639 1	0.769 1	0.000 4	锌(Zn)	0.619 9	−0.445 1	4.787 4
因子 3	0.025 7	0.021 9	−0.999 4	银(Ag)	−0.916 3	1.653 1	−0.497 8

可见因子载荷、因子测度和因子得分都可以借助旋转前的结果变换得来，变换的过程也就是旋转的过程。重新列表因子载荷、公因子方差及方差贡献，发现公因子方差相差不大，前两个方差贡献变换后已经相对接近(表 6-6-8)。载荷表显示：因子 1 与 Pb 和 Zn 的相关性高，代表铅-锌成矿过程；因子 2 与 Ag 的相关性高，主要反映银成矿过程。如果需要命名，则第一因子可以称为铅锌因子，第二因子可以称为银因子(图 6-6-4)。较之于正交旋转之前，因子结构清晰多了。对比图 6-6-4 与图 6-6-2 可以看出，相对于旋转前，正交因子轴顺时针旋转了一定角度，使得第二因子轴与变量 Ag 接近一些，而第一因子轴与变量 Pb、Zn 相对偏离，从而变量与因子的亲疏关系更为清晰、明确。根据因子得分，采样点 1 和采样点 2 所含矿产不高，采样点 3 含银矿较多，采样点 4 含铅锌矿较多(表 6-6-9，图 6-6-5)。如果开采银矿，重点选择采样点 3；如果开采铅锌矿，重点选择采样点 4(图 6-6-1)。

表 6-6-8　方差极大正交旋转后的因子载荷、公因子方差和方差贡献

	因子 1	因子 2	因子 3	初始公因子方差(p=3)	提取公因子方差(p=2)
铅(Pb)	0.881 3	0.467 2	−0.070 7	1	0.995 0
锌(Zn)	0.845 7	0.513 0	0.147 1	1	0.978 4
银(Ag)	0.480 2	0.876 9	0.019 4	1	0.999 6
方差贡献	1.722 5	1.250 5	0.027 0	3	2.973 0

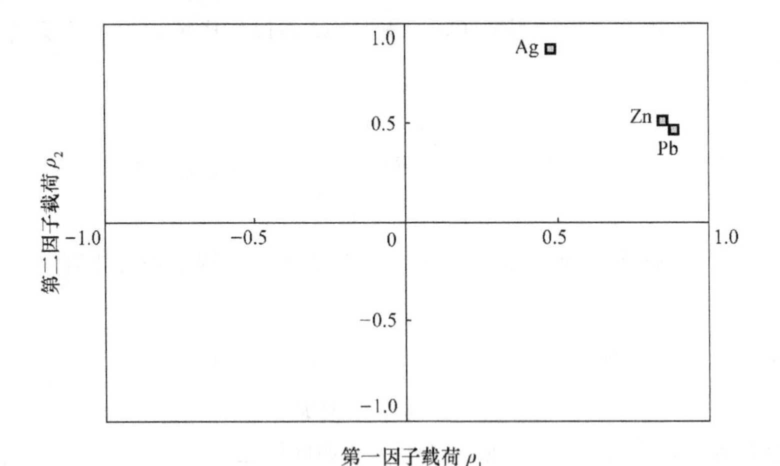

图 6-6-4　方差极大正交旋转后的层控铅锌矿分析的主成分载荷图

表 6-6-9　方差极大正交旋转后的因子得分

采样点	提取 3 因子($p=3$)			提取 2 因子($p=2$)	
	因子 1	因子 2	因子 3	因子 1	因子 2
采样点 1	−1.031 4	−0.230 5	1.064 4	−1.004 7	−0.202 1
采样点 2	−0.188 6	−0.998 2	−1.103 6	−0.221 6	−1.021 0
采样点 3	−0.150 3	1.387 5	−0.549 8	−0.158 1	1.376 0
采样点 4	1.370 4	−0.158 7	0.588 9	1.384 4	−0.152 9

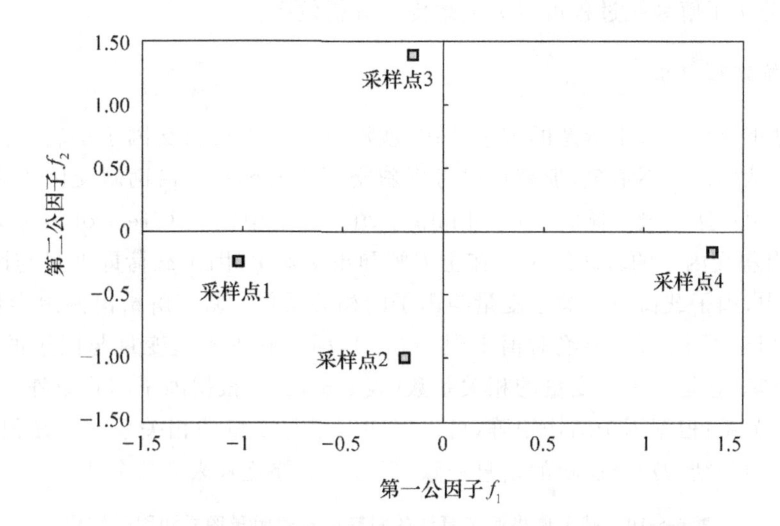

图 6-6-5　方差极大正交旋转后的层控铅锌矿的因子得分图

对于方差极大正交旋转而言，提取的因子数目 p 不同，旋转的角度也稍有不同。提取一个因子、提取两个因子与提取 3 个因子，在各个方向的旋转角度有所差别。前面假定提取 3 个因子。如果提取两个因子，则变换矩阵的数值与表 6-6-7 给的前四位不尽一致。在 Excel 中，利用函数 acos 和 asin 可以将成分变换矩阵 T 中的数值转换为弧度，然后利用函数 degrees 即可将弧度转换为角度。如果提取两个因子，大约旋转 39.445 8 度，具体说来，大体上是 39 度 26 分 44.842 3 秒。此时变换矩阵为

$$T=\begin{bmatrix}0.7722 & 0.6353\\ -0.6353 & 0.7722\end{bmatrix}=\begin{bmatrix}\cos(39°26'45'') & \sin(39°26'45'')\\ -\sin(39°26'45'') & \cos(39°26'45'')\end{bmatrix}. \tag{6-6-9}$$

不过，对于分析效果言，提取 3 个因子保留两个，与直接提取两个，大同小异，不影响分析结论(表 6-6-9)。

无论如何，比较正交旋转后的因子得分可以看到：样品 4 在因子 1 上得分较高，这意味着样品 4 反映的 Pb-Zn 过程明显；样品 3 在因子 2 上得分较高，这意味着样品 3 反映的 Ag 过程相对明确(表 6-6-9)。由于这个例子非常简单，主要的信息在原始数据表中就可以看到，因此，

容易检验因子分析的效果。在原始数据中,样品4铅锌含量高,样品3银的含量高。根据旋转后的因子载荷表,因子1与铅和锌关系密切,反映了铅-锌成矿过程;因子2与银关系密切,反映了银的成矿过程。在正交旋转之前,因子结构与原始数据反映的信息不尽一致,至少对应关系不太明朗。但是,正交旋转之后,这种对应关系非常明确。可能有人质疑:既然从原始数据就可以做出判断,还需要因子分析过程吗?需要明确的是,这里提供的只是一个简单的课堂教学例子。因子分析等多元统计分析方法的优势只有面对大样本的复杂研究对象时才能体现出来。这个例子恰好表明,因子分析在揭示样品与变量关系方面效果很好。在变量很多的情况下,借助因子分析了解系统过程可以大大地提高分析效率。

6.6.4 斜交旋转解分析

如果通过正交旋转得出清楚的因子结构,就没有必要进行斜交因子旋转了。如果基于正交旋转的因子结构依然不清楚,那就可以考虑斜交因子旋转——借助斜交因子参考轴得到斜交因子解。常用算法是最小倾斜法(Oblimin)。在SPSS中选中Direct oblimin,delta值默认为0,即可输出斜交因子的求解结果。在主因解和正交解中,因子载荷即变量与因子的相关系数;在斜交解中,因子载荷不再等于变量与因子的相关系数。斜交解给出两组参量:一是因子图式矩阵,相当于因子载荷,但绝对值不限于0～1,因为它不再是变量与因子的夹角余弦;二是因子结构矩阵,它是因子与变量的相关系数(表6-6-10)。根据因子图式矩阵,可以了解因子与变量之间的关系;根据因子结构矩阵,可以得知因子与变量的相关系数。在很多情况下,因子图式矩阵与因子结构矩阵反映的信息一致,但有时需要互补来开展分析。

表6-6-10 基于最小倾斜算法的斜交旋转的因子图式和因子结构

	因子图式			因子结构	
	因子1	因子2		因子1	因子2
Pb	1.032 2	0.044 8	Pb	0.994 3	0.828 9
Zn	0.937 3	0.065 6	Zn	0.992 9	0.859 0
Ag	0.005 0	0.995 7	Ag	0.847 8	0.999 9

主因解和正交因子解的不同因子轴相互垂直,即彼此之间的夹角为90度。因此,因子之间的相关系数矩阵为单位矩阵。因子斜交旋转之后,因子轴彼此之间不再垂直,两因子间的相关系数矩阵不再是单位矩阵。前两因子之间的相关系数为0.846 4。由于标准化变量的相关系数等于夹角余弦,容易将相关系数值0.846 4转换为角度即$\theta=32°10'39''$。这个角度大约相当于图6-6-6中样品点Ag到Pb-Zn之间的角度(以因子轴的交点为参照)。因此,斜交旋转之后,两个因子轴大致穿过两个代表性的数据离散方向:一是Pb-Zn方向,二是Ag方向。可见,斜交旋转之后因子轴与样品之间"拟合"较好。不过,需要指出的是,图6-6-6显示的因子轴垂直仅仅是一种示意。用因子图式矩阵乘以因子相关矩阵,可得因子结构矩阵,即有

$$\begin{bmatrix}1.0322 & -0.0448\\0.9373 & 0.0656\\0.0050 & 0.9957\end{bmatrix}\begin{bmatrix}1.0000 & 0.8464\\0.8464 & 1.0000\end{bmatrix}=\begin{bmatrix}0.9943 & 0.8289\\0.9929 & 0.8590\\0.8478 & 0.9999\end{bmatrix}. \qquad (6\text{-}6\text{-}10)$$

这意味着,因子与变量的相关关系可由因子之间的相关关系和因子载荷联合给出。比较斜交旋转后的因子得分可以看到:样品4在因子1上得分较高,这表明样品4反映的Pb-Zn过程明显;样品3在因子2上得分较高,这意味着样品3反映的Ag过程相对明确(图6-6-7)。这个结论与正交旋转的结果完全一致。所以,对于本例,可以不作斜交旋转分析。

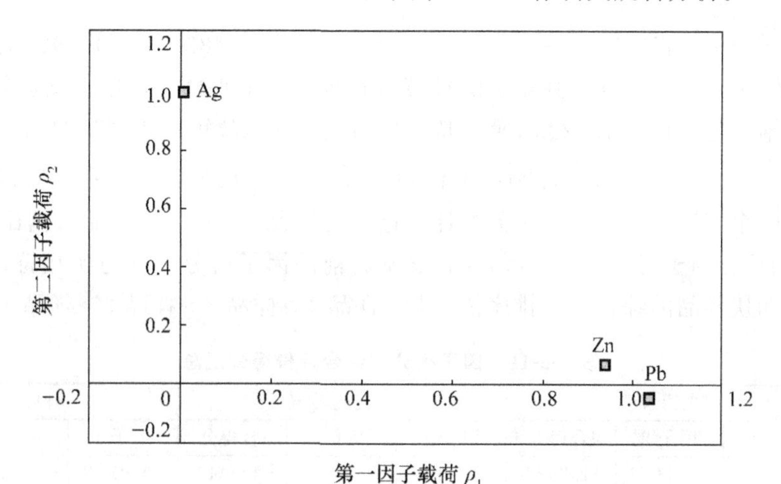

图 6-6-6 斜交旋转后的层控铅锌矿分析的因子载荷图

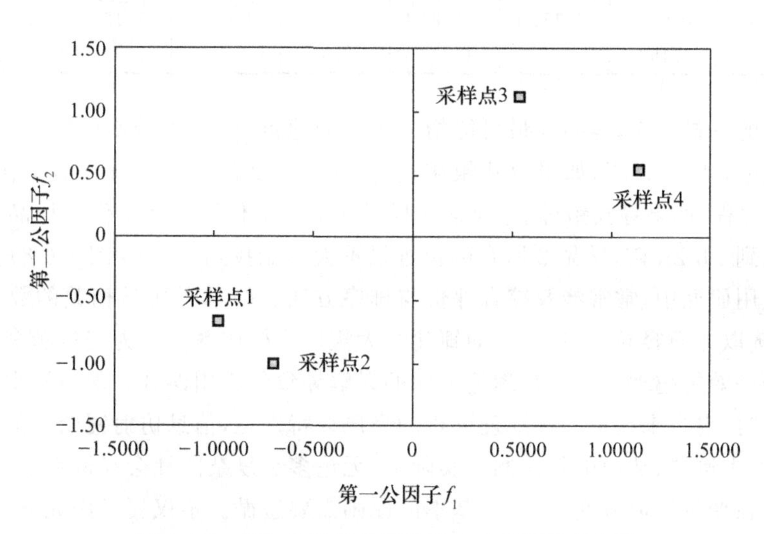

图 6-6-7 斜交旋转后的层控铅锌矿的因子得分图

6.6.5 综合评价与排序

如果采用因子得分对上述四个样品进行综合评价，就应该将因子得分转换为主成分得分，然后按样品加和。将式(6-2-10)应用于二因子的情形，计算公式如下

$$S=\sqrt{\lambda_1}f_1+\sqrt{\lambda_2}f_2. \tag{6-6-11}$$

以主因子解的得分为例，由于第一特征根为2.778 2，第二特征根为0.197 9，故第一块样品的综合得分为

$$s_1=\sqrt{2.7782}\times(-0.9042)+\sqrt{0.1979}\times0.4823=-1.2925, \tag{6-6-12}$$

其余依此类推，全部综合得分及其相关的计算过程列于表6-6-11。再以正交旋转因子解的得分为例，由于第一特征根为1.722 5，第二特征根为1.250 5，故第一块样品的综合得分为

$$s_1=\sqrt{1.7225}\times(-1.0047)+\sqrt{1.2505}\times(-0.2021)=-1.5445, \tag{6-6-13}$$

其余依此类推，全部综合得分及其相关的计算过程列于表6-6-11。与原始数据比较可以看出，正交旋转后的综合因子得分符合实际，而正交旋转前的因子得分不尽与实相符。根据正交旋转后的结果，四块样品的综合得分排序依次是：样品4>样品3>样品2>样品1。

表6-6-11 因子得分和综合评价得分汇总

样本点	主因解			正交旋转解			斜角旋转解		
	因子1	因子2	综合得分1	因子1	因子2	综合得分2	因子1	因子2	综合得分3
采样点1	−0.904 2	0.482 3	−1.292 5	−1.004 7	−0.202 1	−1.544 5	−0.976 7	−0.661 5	−2.633 0
采样点2	−0.819 8	−0.647 7	−1.654 6	−0.221 6	−1.021 0	−1.432 6	−0.688 7	−1.001 3	−2.689 4
采样点3	0.752 1	1.163 0	1.771 1	−0.158 1	1.376 0	1.331 2	0.528 6	1.129 1	2.625 7
采样点4	0.971 9	−0.997 7	1.176 1	1.384 4	−0.152 9	1.645 9	1.136 8	0.533 7	2.696 7
特征根	2.778 2	0.197 9		1.722 5	1.250 5		2.693 2	2.424 8	

综合上面的分析可知，样品4最可能指示成矿的地点，样品1最不可能指示成矿的地点。样品3代表Ag的成矿过程，如果寻找银矿，应该在样品3的采取位置开展工作；样品4代表Pb-Zn的成矿过程，如果寻找铅锌矿，应该在样品4的采取位置开展工作。样品1所在的位置最不大可能找到Pb-Zn矿，样品2所在的位置最不大可能找到Ag矿(图6-6-8)。

在地理应用研究中，常常涉及综合评价与排序方法。初学者缺乏相关的数学知识和系统思想，在变量选取方面容易贪多求全，动辄建立大规模指标体系。以为变量越多，信息越丰富，从而评价和排序效果越理想。这是理论方面的误解导致的应用误区。殊不知太多变量在带来有用信息的同时，也带来大量干扰地理分析的噪声。特别是，信息仿射冗余可能导致主导方向的轻重混淆，本末倒置，从而引起误判。实际上，无论多么复杂的社会经济系统，真正的控制变量为数不多。在变量选取方面，有一些基本的原则需要遵循。不仅要考虑充分性和必要性，还要考虑可比性即量纲一致性和正交性即变量非共线性(表6-6-12)。主成分分析和因子分析有助于变量遴选。KMO检验在一定程度上可以用于检测变量的充分性，Bartlett球形检测可以

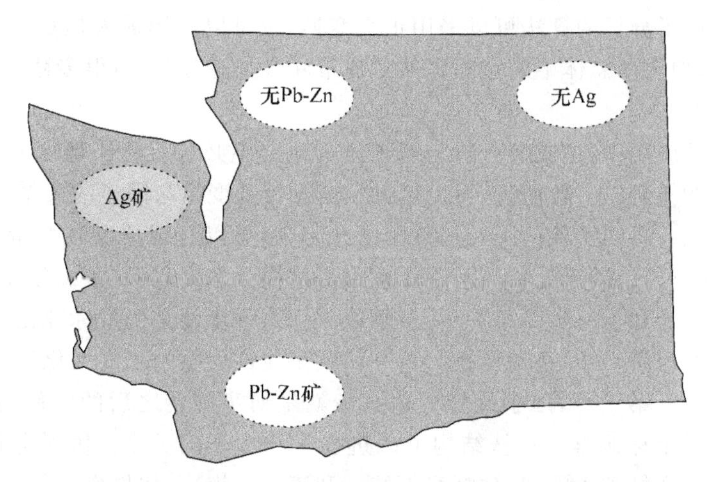

图 6-6-8　样本代表的成矿过程与找矿位置

用于判断变量的正交性，主成分得分可以实现变量的正交性，因子得分则不仅可以实现变量的正交性，还可以实现变量的量纲一致性。由于 KMO 检验并非总是有效，对于变量的充分性和必要性，需要研究人员综合定性-定量分析进行判断。但是，主成分分析和因子分析在解决变量量纲一致性和正交性方面的作用，已被大量的实践证明行之有效。

表 6-6-12　综合评价与排序的变量遴选原则

原则	性质	含义	违背该原则的后果
充分性	变量完备性	关键变量无遗漏	代表重要方向等信息缺失
必要性	变量非冗余性	无关变量不引入	无效变量干扰有用信息
可比性	变量量纲一致性	不同变量单位或者数量级一致	不同变量轻重主次可能颠倒
正交性	变量非共线性	变量之间不存在信息仿射冗余	不同变量之间信息相互干扰

§6.7　小　　结

在地理系统研究中，动辄涉及十几、数十个变量，众多的变量引发一系列问题。一是变量太多不便于直观处理，二是不同变量的相关性干扰分析结论。主成分分析和因子分析可以帮助人们基于变量的相关性将大规模的变量约减为少数几个互不相关的新变量，从而达到降维的效果——通过这少数几个新变量可以更方便地开展定量和定性分析。主成分分析的算法是正交变换，这个过程对变量的性质没有特殊的要求，比较适合社会经济数据的处理。正交变换过程实际上就是线性代数中的二次型函数化为标准形式的过程，利用电子表格 Excel 就可以处理绝大部分计算步骤。主成分分析的几何思想非常简单，就是初等数学的坐标平移与旋转。如果读者对有关数学原理理解不够透彻，可以采用 SPSS 之类的统计分析软件开展主成分分析和因子分析。因子分析的算法可以采用正交变换,也可以采用最大似然法。最大似然法虽然有自己的优点,但要求总体中的数据服从多变量联合正态分布,而很多社会经济系统不满足这种要求。

在地理研究的应用中,主成分分析与因子分析通常不必进行严格地区分。主成分分析可以视为因子分析的特例。一般而言,可以借助载荷图反映变量与因子的关系,通过得分图反映因子与样品的关系。将因子载荷图和得分图结合起来,可以直观地反映变量与样品的关系特征,据此开展系统分析。因子分析的基本步骤也是这样。综合起来,主成分分析和因子分析的数学过程可以归结为如下三步。第一步,量纲统一。这一步就是变量标准化,几何意义则是坐标平移与变量伸缩。第二步,正交变换。这一步就是线性代数的二次型化为标准形,几何意义就是坐标初步旋转。第三步,因子旋转。这一步就是初步旋转之后的再旋转(正交或斜交旋转),几何意义就是坐标调整——从结构上改进变量与因子的关系。因子分析的应用过程如下。首先借助正交变换求主因解(包括量纲统一和正交变换)。如果变换的结果具有清晰的结构,计算可以结束,否则,考虑正交因子旋转;如果正交旋转之后因子结构清楚,计算结束,否则,考虑斜交因子旋转。斜交旋转之后,因子载荷矩阵分为因子图式矩阵和因子结构矩阵,前者显示各个因子包含不同变量的信息多少,后者反映变量与因子的相关强度。主成分分析和因子分析着重用于解决如下问题:一是降维即变量约减,多个变量合并为少数几个新变量,从而简化分析过程;二是结构或过程分析,通过载荷图表和得分图表将复杂的变量-样品关系揭示出来;三是直观分类,将变量按照相关性进行归并,结合载荷图和因子得分图,将样品根据属性特征分为若干类别,以便加深认识和理解;四是综合评价,通过主成分得分或因子得分计算综合得分,可以对研究对象排出高低、优劣的位序。究竟如何利用主成分分析和因子分析,要根据研究对象或者目标来具体决定。

第7章　引力模型与空间相互作用分析

在地理分析中，引力模型和空间相互作用模型是一个问题的两个方面，分别从不同的角度描述空间关系。地理引力模型的常见表达形式有两种，一是基于负幂律的距离衰减函数，二是基于负指数律的距离衰减函数。第一种模型来源于经典物理学类比，第二种模型基于自组织系统的最大熵原理。引力模型可以从空间相互作用模型中导出，并且通常具有同构特征。因此，引力分析与空间相互作用分析相辅相成。长期以来，地理学家大多认为指数式引力模型理论意义更清楚，因为该模型可以从一般假设中推导出来。幂次引力模型仅仅是一种经验模型，缺乏理论基础。但是，事实并非如此简单。首先，地理引力模型最初是牛顿(I. Newton)万有引力模型的物理学类比的结果，似乎缺乏理论依据，这是问题之一。一方面，地理学家不甘心使用一个源于物理学类比的公式；另一方面，地理引力模型长期以来找不到引力常数——实际上也许根本没有这种地理引力常数。其次，地理引力模型在解释方面存在量纲的困难。由于幂次引力模型的距离指数不是整数，涉及分数的维数，早年对此无法解释，理论地理学家因此而困惑不已。在这种背景下，指数式空间相互作用模型一经提出，立即受到地理学界的普遍欢迎。从这个空间相互作用模型出发，可以类比生成基于负指数衰减的引力模型。地理学家认为找到了与物理学不同的、具有明显理论意义的引力模型，实际情况并非如此简单。本章主要讲述 Wilson(1970)的空间相互作用模型，然后说明距离衰减效应和有关距离衰减的数学表达及其应用。

§7.1　地理引力模型

7.1.1　引力模型和断点公式

引力模型可以用于刻画人文地理系统中要素或者部分之间的联系强度。地理引力模型的发展最早可以追溯到牛顿的万有引力定律(Newton's law of gravitation)，先后经历过从概念模型(conceptual model)、经验模型(empirical model)到理论模型(theoretical model)的演变过程，出现了各式各样的表达形式。如果将引力模型表示为符号模型(symbolic model)的形式，就是

$$I_{ij}=f(P_i,P_j,r_{ij}),\tag{7-1-1}$$

式中 I_{ij} 表示 i、j 两个地理实体(如城市或者商业网点)的相互作用力，或者联系强度，P_i、P_j 表征 i、j 两个实体的“质量(mass)”测度(如城市人口或者产值)，r_{ij} 表征 i、j 两个地点的距离，最开始用空间距离度量，后来发展到采用旅行时间、运输成本等测度。

地理引力分析历史较长。早在1713年，G. Berkeley 提出了地理学的引力模型的概念。1858年，H. C. Carey 进一步发展了引力和潜能模型的概念，使之成为一种概念模型(Carey, 1858)。1880年，英国人口统计学家 E. G. Ravenstein 提出了区域人口迁移定律(the law of migration)，指出人口迁移与一个聚落的人口规模(如城市大小)成正比，与距离平方成反比(Ravenstein, 1885)。这样逐步形成了一个经验性的地理引力模型。因此，Ravenstein 被认为是最早将引力定律引入人文与社会科学的学者。类比于牛顿引力定律，人们将地理引力模型表示为

$$I_{ij}=K\frac{P_iP_j}{r_{ij}^b}, \tag{7-1-2}$$

式中有两个参数，K 和 b。系数 K 为调节因子(adjustment factor)，即后面的标度因子(scaling factor)，幂指数 b 为距离指数(distance exponent)。地理学家常用流(flow)量作为引力 I_{ij} 或者相互作用测度，流量越大表明引力越强。

从地理引力模型出发，可以导出几个简明实用的空间分析公式。在上式中取 $K=1, b=2$，就是 Reilly 模型——类比于牛顿模型提出的一个人文地理引力模型(Reilly, 1929; Reilly, 1931)。从这个模型出发，可以推导出 Reilly 的零售引力模型(the law of retail gravitation)。下面将这个推导过程表示为更为一般的形式。假定两个市场中心 i、j 之间，存在一个被 i、j 两方面吸引的要素，这个要素标号为 k，质量为 P_k，到 i、j 两个中心的距离分别为 r_{ik} 和 r_{jk}。这样，我们有两个引力公式

$$I_{ik}=K\frac{P_iP_k}{r_{ik}^b},\ I_{kj}=K\frac{P_jP_k}{r_{jk}^b}. \tag{7-1-3}$$

显然，两式的比值为

$$\frac{I_{ik}}{I_{jk}}=\frac{P_i}{P_j}\left(\frac{r_{jk}}{r_{ik}}\right)^b. \tag{7-1-4}$$

这就是 W. J. Reilly 于1929年提出的零售引力模型的通常表达。这个模型虽然是从商业零售的角度推导出来的，但也可以用于聚落之间的引力作用关系。1930年，P. D. Converse 在 Reilly 模型的基础上推导了断点公式(breaking-point formula)(Converse, 1930; Converse, 1949)。在上式中，假定 k 位于 i、j 两个地点的平衡位置，即有 $I_{ik}=I_{jk}$，可得

$$\frac{P_j}{P_i}=\left(\frac{r_{jk}}{r_{ik}}\right)^b. \tag{7-1-5}$$

这个式子对空间平衡分析有启发意义。进一步地，考虑到 $r_{ij}=r_{ik}+r_{jk}$，得到

$$\frac{P_j}{P_i}=\left(\frac{r_{ij}-r_{ik}}{r_{ik}}\right)^b=\left(\frac{r_{ij}}{r_{ik}}-1\right)^b, \tag{7-1-6}$$

从而

$$1+\sqrt[b]{\frac{P_j}{P_i}}=\frac{r_{ij}}{r_{ik}}, \tag{7-1-7}$$

于是得到一个实用公式

$$B_i = r_{ik} = \frac{r_{ij}}{1+\sqrt[b]{P_j/P_i}}. \tag{7-1-8}$$

这就是所谓 Reilly-Converse 断点模型，式中 $B_i = r_{ik}$ 表示平衡点到 i 的距离，相应地，$B_j = r_{jk}$ 表示平衡点到 j 的距离。容易看出，如果 $P_i = P_j$，必有 $r_{ik} = r_{jk} = r_{ij}/2$，这是符合逻辑的。这个公式既可以用于市场区或者零售商业网点的分界，也可用于城镇聚落的某种势力范围分界。总之是用于计算地理现象的引力平衡点(break-even point)，对于一批地物，则可以据之绘制引力平衡线(break-even line)。

不妨看一个简单的例子。根据普查数据，2010 年，湖北武汉市的人口规模为 7 279 628 人(表示为 P_i)，河南郑州市的人口规模为 3 627 841 人(表示为 P_j)。已知武汉、郑州两地的交通里程为 549 千米(以铁路里程计算)。假定取 $b=2$，试求两地的交通断点。又知河南省信阳市位于武汉与郑州之间，到武汉的距离约为 217 千米，到郑州的距离约为 332 千米，试问信阳在哪个城市的吸引范围之内？将这些数值代入断点公式，容易算出

$$r_{\text{武汉-断点}} = \frac{549}{1+\sqrt{3\,627\,841/7\,279\,627}} = 321.816\,2 \approx 322\ (\text{km}),$$

大于 217 千米。相应地

$$r_{\text{郑州-断点}} = r_{\text{武汉-郑州}} - r_{\text{武汉-断点}} \approx 549 - 322 = 227\ (\text{km}),$$

小于 332 千米。可以看出，信阳在武汉的吸引范围之内，因为信阳到武汉的距离 217 千米小于武汉到断点的距离 322 千米。

7.1.2 势能模型

上述模型只能反映城市体系中两两要素的关系，不能给出一个城市与其他所有城市的整体作用。为了解决这个问题，天体物理学专业出身的 J. Q. Stewart 与 W. Warntz 合作，根据物理学的重力势能概念提出所谓势能模型(potential model，通常译作“潜能模型”)。考虑到力与作用距离的乘积构成能(energy)，我们有

$$E_{ij} = I_{ij} r_{ij} = K\frac{P_i P_j}{r_{ij}^{b-1}}, \tag{7-1-9}$$

则第 i 个城市与其他所有城市的相互作用能量即互能(mutual energy)之和为

$$E_i = \sum_{j=1}^{n-1} E_{ij} = KP_i \sum_{j=1}^{n-1} \frac{P_j}{r_{ij}^{b-1}}, \tag{7-1-10}$$

这里 n 为系统中城市总数，并且 $i \neq j$。于是各个城市对第 i 个城市的综合影响可以表示为总势能

$$V_i = \frac{E_i}{P_i} = K \sum_{j=1}^{n-1} \frac{P_j}{r_{ij}^{b-1}}, \tag{7-1-11}$$

式中，E_i 值的大小可以反映第 i 个城市在城市体系或一个区域中的影响能力，V_i 值的大小则

可表明各个城市对第 i 个城市的综合影响程度或者第 i 个城市的可达性(accessibility)。V_i 值有一个缺点,即没有考虑 P_i 自身的强度,这对于大的城市或者商业网点是不公平的。为了弥补这个不足,人们考虑在模型中加入 r_{ii} 项。可以取值

$$r_{ii}=\frac{1}{2}r_i^*, \tag{7-1-12}$$

这里 r_i^* 为 i 到最近邻点的距离;或者取

$$r_{ii}=\sqrt{\frac{S}{\pi}}, \tag{7-1-13}$$

式中,S 为城区面积;更简单地,取 $r_{ii}=1$。于是可以定义势能总量(potential total)为

$$V_i=K\left[\frac{P_i}{r_{ii}^{b-1}}+\sum_{j=1}^{n-1}\frac{P_j}{r_{ij}^{b-1}}\right]=K\sum_{j=1}^{n}\frac{P_j}{r_{ij}^{b-1}}. \tag{7-1-14}$$

用这个公式可以计算一批城市或者商业网点的势能面(potential surface)。

7.1.3 引力模型的派生形式

由于地理系统不存在真正的常数,地理引力模型出现各种各样的变体。例如 G. K. Zipf 曾于 1949 年提出 P_1P_2/d 假说,这里变量 d 相当于距离 r_{12}。Zipf 的引力模型实际可以表示为 P_iP_j/r_{ij},相当于参数全部取值为 1。1958 年,J. R. Mackay 通过研究加拿大 Montreal 和周围城市的长途电话联系,将引力模型表示为更为一般的四参数形式

$$T_{ij}=K\frac{P_i^{\alpha}P_j^{\beta}}{r_{ij}^{b}}, \tag{7-1-15}$$

式中,T_{ij} 表示从 i 地到 j 地的流量(客流、货流、信息流),α、β 为参数(Mackay, 1958)。这个模型基于一个给定地方与其他地方的距离向量,可以通过对数线性回归估计参数,其中引力测度采用交通或者通信流量表示。实际上,如果考虑任意地方两两的关系,则距离向量扩展为距离矩阵,从而上述这个模型存在一个对偶表达式

$$T_{ji}=K\frac{P_i^{\beta}P_j^{\alpha}}{r_{ji}^{b}}, \tag{7-1-16}$$

式中,T_{ji} 表示从 j 地到 i 地的流量。可见,式(7-1-15)描述流出量,式(7-1-16)则用于描述流入量。只有一个地理子系统的流入量与流出量相等的时候,上面两个式子才完全对称。借助式(7-1-15)和式(7-1-16),可以重新定义地理引力并规范引力模型。

引力模型可以用于描述出行人数与机会(如工作岗位数)的关系。机会越多,距离越近,则引力越大。不仅如此。如果考虑整个空间网络,则一个地点 i 与其他地点 j 之间的引力总和不仅与 j 地的机会数目和两地距离有关,而且不同地点的机会并不均等。在 20 世纪五六十年代,Casey 和 D. L. Huff 将引力模型表示为概率形式

$$T_{ij}=O_i\left(\frac{D_jr_{ij}^{-b}}{\sum\limits_{j=1}^{n}D_jr_{ij}^{-b}}\right). \tag{7-1-17}$$

这就是所谓 Casey-Huff 相互作用模型,这个式子可以看作后述产生约束相互作用模型的一种原型。Casey-Huff 模型后来常被表示为如下标准形式:

$$T_{ij}=O_i\left(\frac{D_jF_{ij}K_{ij}}{\sum_{j=1}^{n}D_jF_{ij}K_{ij}}\right), \tag{7-1-18}$$

式中,T_{ij} 为区域 j 吸引区域 i 的旅行数量,O_i 为起始区域 i 产生的旅行总量,D_j 为到达区域 j 吸引的旅行总量,i 为起始区编号,j 为到达区编号,n 为区域数,K_{ij} 为社会经济调节因子,F_{ij} 为摩擦因子或者旅行时间因子,可以表示为

$$F_{ij}=\frac{C}{t_{ij}^{n}}, \tag{7-1-19}$$

式中,C 为模型因子的校准因子。需要明确的是,空间距离的测度不限于两地的距离,可以用运输成本的大小或者交通时间的长短来进行度量。

以上模型及其数学演绎结果都是基于幂指数函数的,即以负幂律为模型的基础。这些模型大多是物理学类比或者社会系统想象的产物,属于经验模型,没有理论依据。幂指数函数与量纲有关,采用传统数学思想无法解释引力模型的量纲问题。于是人们基于 Wilson 的空间相互作用模型提出基于负指数衰减的引力模型

$$T_{ij}=KP_iP_j\mathrm{e}^{-r_{ij}/r_0}, \tag{7-1-20}$$

式中参数 r_0 为平均距离或者平均距离的半数。从此引力模型又经常以负指数模型的形式出现。式(7-1-20)与量纲无关,但又引发新的问题。负指数衰减是时间上无长期记忆、空间上无长程关联的,即具有局部性特征。然而,引力和空间相互作用是以长程作用(action at a distance)为前提的。因此,指数式引力模型也存在内在缺陷。

也有学者在模型中放弃距离测度的直接作用,仅仅将距离作为分析的间接根据。1940年,S. A. Stouffer 提出了中介机会模型(intervening-opportunity model)。如前所述,地理学家用流量或者旅行次数作为空间作用力的测度。Stouffer 认为,距离并不构成流在空间上衰减的实质性原因,真正的原因在于中介机会的增加。他假定从一个源地(O)到目的地(D)的旅行次数与目的地的机会数目成正比,与中介机会数目成反比。于是流量 I_{ij} 可以表示为如下形式:

$$T_{ij}=O_i\left[\exp\left(-\sum_{j=1}^{n-1}D_j\right)-\exp\left(-\sum_{j=1}^{n}D_j\right)\right], \tag{7-1-21}$$

式中,O_i 表示第 i 个源地的出行人数,D_j 表示第 j 个目的地的机会数(例如工作岗位数目)。假定 i、j 两地的距离为 r_{ij},则括号中的第一项的指数为对于所有距离小于等于 r_{ij} 的其他目的地的机会数加和,这个加和中不包括 j 地在内,代表作为 j 地竞争对象的中介机会;第二项的指数为对于所有距离小于等于 r_{ij} 的目的地的机会数加和,这个加和中包括 j 地在内,代表全部机会。式(7-1-21)就是用这些机会数作为负指数,预测任意两个地点之间的流量数。20世纪 60 年代,中介机会模型被广泛用于交通流(traffic flow)研究,一个引人注目的工作是

1959年的芝加哥地区运输研究(Chicago Area Transportation Study, CATS)。下面是一个简单的计算实例,计算过程由近及远逐步引入新的机会生长点(表7-1-1)。计算结果可以表示为如下模型

$$T_{ij}=KD_j^{\beta}r_{ij}^{-b}=1050.823D_j^{1.187}r_{ij}^{-1.439}. \tag{7-1-22}$$

拟合优度$R^2=0.987$,模型F统计量对应的概率值sig. $=0.013$,参数t统计量对应的概率值分别为$P=0.010$、0.012和0.048。可见,式(7-1-22)的置信度高于95%。上面的式子中将i地视为给定的特殊点。如果将其视为任意的地方,考虑i、j两两的关系,则上式可以推广为

$$T_{ij}=KO_i^{\alpha}D_j^{\beta}r_{ij}^{-b}. \tag{7-1-23}$$

这个式子可以视为行为版的空间相互作用模型,与后面基于最大熵原理的规范版空间相互作用模型形成对照。可以看出,这个式子返回到前述四参数引力模型的表达形式。这意味着,中介机会模型本质上并无新意,它不过是经典引力模型的一种异化形式和不同表达,或者说是引力模型与空间相互作用模型的混合版。此外还有Lowry(1966)迁移模型(Lowry migration model),Caffrey和Isaacs的消费支出空间分布模型(consumption expenditures spatial distribution model)、Isard(1960)模型,如此等等,不一一介绍。

表7-1-1　基于中介机会模型的计算实例

O_i	D_j	r_{ij}	$\sum_{j=1}^{n-1}D_j$	$\exp(-\sum_{j=1}^{n-1}D_j)$	$\sum_{j=1}^{n}D_j$	$\exp(-\sum_{j=1}^{n}D_j)$	T_{ij}
100	0.9	10	0.4	0.6703	1.3	0.2725	39.7788
100	0.4	12	1.4	0.2466	1.8	0.1653	8.1298
100	0.1	13	1.8	0.1653	1.9	0.1496	1.5730
100	0.4	5	0	1.0000	0.4	0.6703	32.9680
100	0.1	11	1.3	0.2725	1.4	0.2466	2.5935

说明:根据P. Haggett等(1977)给出的例子计算。由于采用了连续的计算过程,中间环节不涉及3位小数点后四舍五入的问题,故计算结果更为精确,与原书给出的数值稍有差异。

§7.2　空间相互作用模型

7.2.1　状态数和熵

地理引力模型可以从空间相互作用模型推导出来。空间相互作用模型的里程碑式成果之一是Wilson(1968)的最大熵(maximum entropy)模型。从演绎过程看来,Wilson模型有三个基本假设(postulates):其一是数学意义的假设(前提性假设),即要素足够多,空间足够大,出现各种可能的流的分布。其二是物理意义的假设(目标性假设),那就是熵最大,本质上等价于运输成本最小。所谓熵最大,也就是达到最可几(the most probable)分布,即最大可能性分布。其三是地理意义的假设(关系性假设),即运输成本与距离成正比。所谓正比例,就是运输

费用随交通里程的增加而线性增长。为了说明 Wilson 模型建设的基本原理，需要了解如下概念：系统的状态数，熵(entropy)，以及状态数与熵的关系。举一个简单的例子，考虑一个包含 20 个城市的城市体系，根据空间关系将这 20 个城市分成 4 组，或者说 4 个子系统：第一组 4 个城市，第二组和第三组各 5 个城市，第四组 6 个城市。请问划分结果的状态数是多少？显然，宏观状态数为 $N=4$，那么微观状态数呢？这是一个有序划分问题。根据排列组合知识，微观状态数按照下式计算

$$W=\begin{pmatrix} & n & \\ n_1 & n_2 & n_3 & n_4 \end{pmatrix}=\frac{n!}{n_1!\ n_2!\ n_3!\ n_4!}=\frac{20!}{4!\ \cdot 5!\ \cdot 5!\ \cdot 6!}=9\ 777\ 287\ 520,$$

式中 W 为状态数，感叹号！表示阶乘。类似地，如果将这 20 个城市分为 5 组，第一组 3 个，第二组、第三组和第四组各 4 个，第五组 5 个。则宏观状态数为 $N=5$，微观状态数为

$$W=\frac{20!}{3!\ \cdot 4!\ \cdot 4!\ \cdot 4!\ \cdot 5!}=244\ 432\ 188\ 000.$$

基于状态数，可以定义系统的状态熵：宏观状态数的对数为宏观状态熵，微观状态数的对数为微观状态熵。类比于 Boltzmann 熵，微观状态熵被定义为

$$S=\ln W, \tag{7-2-1}$$

式中 S 表示微观状态熵。对于第一种划分，状态熵为

$$S_1=\ln(9\ 777\ 287\ 520)=23.003(\text{nat});$$

对于第二种划分，状态熵上升为

$$S_2=\ln(244\ 432\ 188\ 000)=26.222(\text{nat}).$$

可以证明，对于上述问题，宏观状态数越多，状态熵越高；划分得越是均匀，状态熵值越大。将这 20 个城市分为 20 个小组，每组 1 个城市，微观状态熵达到最大：$S_{\max}=\ln(20!)=42.336$ nat。

另外，在给定宏观状态数的情况下，比方说限定 4 组或者 5 组，则分配得越是均衡，熵值越大。不难计算，当宏观状态数等于 4 时，各组 5 个城市熵最大，数值为 $S_{\max}(4)=23.186$ nat；当宏观状态数等于 5 时，各组 4 个城市熵最大，数值为 $S_{\max}(5)=26.445$ nat。

那么，熵最大是否意味着绝对均匀分布呢？对于有限分布的宏观状态数，情况的确如此：分配越是均匀，熵值就越大。但是，当我们考虑无穷划分的时候，情况就不一样了。在地理学中，熵最大化可以分为三种情况考虑：第一种是变量上、下有边界——例如有限人口在有限数目的区域或者城市中的分配，结果是平均分布；第二种是有上界、无下界——例如城市人口从 CBD 向外边腹地的递减分布，结果是指数分布；第三种是上、下均无边界——例如从无穷远的一边到无穷远的另外一边，结果是正态分布，即 Gaussian 分布(表 7-2-1)。本章内容主要涉及第二种情况。理论上，最近的流运动距离可以视为 0，最远的流可以视为无穷大。当然，在现实中，这两种情况都不存在。但是，理论思考与现实情况不必一致。在开展理论分析的时候，切记我们关注的主要是可能性，而不是真实性。如果我们的思维不能摆脱现实情况的束缚，死钻牛角尖，那么想象的空间将会被窒息，理论的创造自然也会被扼杀。有了上述理论思想和基本概念的预备，就可以讲解 Wilson 最大熵模型了。

表 7-2-1 不同条件下的最大熵极值条件及其极值解

区间	特载参数	分布函数	极值解
$a\leqslant r\leqslant b$	下界：a 上界：b	$f(r)=\frac{1}{b-a}$	$\ln(b-a)$
$0\leqslant r<\infty$	平均值：r_0	$f(r)=\frac{1}{r_0}\exp\left(-\frac{r}{r_0}\right)$	$\ln(r_0 e)$
$-\infty<r<\infty$	标准差：σ	$f(r)=\frac{1}{\sqrt{2\pi}\sigma}\exp\left(-\frac{r^2}{2\sigma^2}\right)$	$\ln(\sqrt{2\pi}\cdot e\sigma)$

资料来源：Chen (2012)；Reza(1961)，Silviu(1977)。

7.2.2 最大熵与 Wilson 引力模型的推导

从区域交通流的最大熵分布出发，可以导出 Wilson 的空间相互作用模型。假定将一个区域(region)分为 n 个子区(zone)，则流的数量为 $n\times n$ 个。理论上，可以假设 $n\to\infty$。进一步假定总流量为 T，则从 i 到 j 的距离为 r_{ij}，流量为 T_{ij}，单位流量的运输费用为 c_{ij}。流在空间的运行距离 r_{ij} 数值不等，最近的为 0，最远的理论上为无穷大。这样，流量可以在空间上形成连续分布，从而离散的量可以转化为连续的量。于是各种流组成的状态数为

$$W(T_{ij})=\begin{pmatrix} & & T & & \\ T_{11} & T_{12} & \cdots & T_{21} & \cdots & T_{nn}\end{pmatrix}$$

$$=\frac{T!}{T_{11}!\ T_{12}!\ \cdots T_{21}!\ \cdots T_{nn}!}=\frac{T!}{\prod\limits_{i,j}T_{ij}!}. \tag{7-2-2}$$

式中 i、$j=1,2,\cdots,n$。根据流的分布情况，可以定义状态熵如下

$$H=\ln W(T_{ij})=\ln T!\ -\ln\left(\prod_{i=1}^{n}\prod_{j=1}^{n}T_{ij}!\right)=\ln T!\ -\sum_{i=1}^{n}\sum_{j=1}^{n}\ln T_{ij}!. \tag{7-2-3}$$

限定条件为流出量、流入量和总流量一定，即有

$$\sum_{j=1}^{n}T_{ij}=O_i, \tag{7-2-4}$$

$$\sum_{i=1}^{n}T_{ij}=D_j, \tag{7-2-5}$$

$$\sum_{i=1}^{n}\sum_{j=1}^{n}T_{ij}=\sum_{i=1}^{n}O_i=\sum_{j=1}^{n}D_j=T. \tag{7-2-6}$$

如果距离和区域数目为有限，则假定熵最大化，必然得到流的均衡分布，即 $T_{ij}\equiv\text{const}$，这里 const 表示常数，即所有的流均衡分布。

但是，如果考虑流在空间上运动的差异性，情况就会不一样。假定有的流运行近，有的流运行远。最近的距离可以是 0，最远的距离理论上为无穷大。这样，有必要在约束条件中将距离参量突出出来。为简明起见，不妨从运行成本的角度考虑距离：单位流量运行越远，费用越

高，费用与距离为线性关系。这样，不同距离的流量有不同的单位费用。假定从 i 到 j 的单位流量费用为 $c_{ij}=\mu+\eta r_{ij}$，这里 μ、η 为常数，全部旅行的总费用为 C，则第三个约束条件代之以如下关系：

$$\sum_{i=1}^{n}\sum_{j=1}^{n}c_{ij}T_{ij}=C. \tag{7-2-7}$$

这样，问题转化为寻求状态熵最大化。于是得到一个非线性规划和优化模型：

目标函数：

$$\max \quad H=\ln T!-\sum_{i=1}^{n}\sum_{j=1}^{n}\ln T_{ij}!$$

约束条件：

$$\text{s. t.}\begin{cases}\sum_{j=1}^{n}T_{ij}=O_i\\ \sum_{i=1}^{n}T_{ij}=D_j\\ \sum_{i=1}^{n}\sum_{j=1}^{n}c_{ij}T_{ij}=C\end{cases}$$

非线性规划模型是对偶的。交换主要约束条件与目标函数的位置，得到一个对应表达为

目标函数：

$$\min \quad C=\sum_{i=1}^{n}\sum_{j=1}^{n}c_{ij}T_{ij}$$

约束条件：

$$\text{s. t.}\begin{cases}\sum_{j=1}^{n}T_{ij}=O_i\\ \sum_{i=1}^{n}T_{ij}=D_j\\ \ln T!-\sum_{i=1}^{n}\sum_{j=1}^{n}\ln T_{ij}!=H\end{cases}$$

如果第一个模型为元模型，则第二个模型为元模型的对偶模型。元模型求状态熵最大，对偶模型求交通运输成本最小。

只要找到熵最大的极值条件，就可以建立流量与成本的关系，进一步得到流量与距离的关系。从上面的任意非线性规划模型出发，都可以导出 Wilson 空间相互作用模型。不妨从元模型出发求解。为求熵最大化条件，根据高等数学求条件极值的方法，需要借助目标函数和约束条件构造 Lagrange 函数

$$L(T_{ij})=\ln T!-\sum_{i=1}^{n}\sum_{j=1}^{n}\ln T_{ij}!+\sum_{i=1}^{n}x_i\left(O_i-\sum_{j=1}^{n}T_{ij}\right)$$

$$+\sum_{j=1}^{n} y_j (D_j - \sum_{i=1}^{n} T_{ij}) + \beta(C - \sum_{i=1}^{n}\sum_{j=1}^{n} c_{ij} T_{ij}). \tag{7-2-8}$$

式中 x_i、y_j 和 β 为 Lagrange 乘数(Lagrange multiplier),简称 La 氏乘子(LM)。熵最大化的条件是

$$\frac{\partial L(T_{ij})}{\partial T_{ij}} = 0. \tag{7-2-9}$$

由 Stirling 公式可得

$$N! = (2\pi)^{1/2} N^{N+1/2} e^{-N}. \tag{7-2-10}$$

当 N 很大时,在上式两边取对数并求导数可得如下近似关系:

$$\frac{d\ln N!}{dN} = \ln N. \tag{7-2-11}$$

理论上,可以假定每一股流量中都包括很多的个体,即 T_{ij} 在数值上是一个很大的量。这样,对 La 氏函数求 T_{ij} 的偏导数得到

$$\frac{\partial L(T_{ij})}{\partial T_{ij}} = -\ln T_{ij} - x_i - y_j - \beta c_{ij}. \tag{7-2-12}$$

考虑到极值条件,可得

$$T_{ij} = e^{-x_i} e^{-y_j} e^{-\beta c_{ij}}. \tag{7-2-13}$$

不失一般性,在上式中可取

$$e^{-x_i} = A_i O_i, e^{-y_i} = B_j D_j, \tag{7-2-14}$$

于是得到 Wilson 空间相互作用模型

$$T_{ij} = A_i B_j O_i D_j e^{-\beta c_{ij}}. \tag{7-2-15}$$

将上式代入约束条件可得

$$\sum_j A_i B_j O_i D_j e^{-\beta c_{ij}} = O_i, \sum_i A_i B_j O_i D_j e^{-\beta c_{ij}} = D_j, \tag{7-2-16}$$

从而

$$A_i = 1\Big/\sum_j B_j D_j e^{-\beta c_{ij}}, B_j = 1\Big/\sum_i A_i O_i e^{-\beta c_{ji}}. \tag{7-2-17}$$

由于运输成本与距离成比例,假定 $\mu=0$,则有

$$c_{ij} = \eta r_{ij}. \tag{7-2-18}$$

可以将成本表示为距离形式,式中 η 为比例系数。从而得到 Wilson 的空间相互作用模型的一般表达形式

$$T_{ij} = A_i B_j O_i D_j e^{-br_{ij}}, \tag{7-2-19}$$

式中

$$A_i = 1\Big/\sum_j B_j D_j e^{-br_{ij}}, B_j = 1\Big/\sum_i A_i O_i e^{-br_{ji}}, \tag{7-2-20}$$

式中 $b=\beta\eta$ 为距离衰减系数,其倒数近似为平均距离的一半。

7.2.3 Wilson 引力模型的四种类型

Wilson(1970)空间相互作用模型以及相关的引力模型在理论地理界影响很大而且意义深远。它不仅提供了一种空间分析方法,而且启发了理论建模的思路。P. R. Gould 高度评价了 Wilson 的研究成果,认为 Wilson 的工作为许多基于不太严格的物理学类比的空间相互作用模型提供了更为坚实的理论基础,使得引力模型像长生鸟(phoenix)一样在积木自焚后的灰烬中获得再生(郭沫若所谓的"凤凰涅槃")(Gould, 1972; Haggett et al., 1977)。Wilson 模型提出之后,不断改进和发展,形成空间流预测和优化的系列模型(Wilson, 1981; Wilson, 1997; Wilson, 2000; Wilson, 2010)。如果模型参数不做限制,则类似于原始的引力模型,为完全无约束引力模型(completely unconstrained model)。但是,空间相互作用模型不同于引力模型,为了预测或者优化空间流,需要对一些参数进行限定。下面分为四种情况讨论。

1. 总流量约束相互作用模型

总流量约束相互作用模型(total-flow constrained interaction model,简称总量约束模型)对流出量和流入量不做具体限定,但全部空间流的总量一定。换言之,空间总流量 T 必须满足式(7-2-6)的约束。如果没有这个限制,就无法确定模型的标度因子,从而无法开展预测和优化分析。假定各个区域的流出量 O_i 和流入量 D_j 事先均不知道,则模型表达式为

$$T_{ij}=KO_iD_j\mathrm{e}^{-br_{ij}}, \tag{7-2-21}$$

式中 K 为标度因子,它满足总量限制条件式(7-2-6),即有

$$\sum_{i=1}^{n}\sum_{j=1}^{n}T_{ij}=K\sum_{i=1}^{n}\sum_{j=1}^{n}O_iD_j\mathrm{e}^{-br_{ij}}=T, \tag{7-2-22}$$

从而得到

$$K=\frac{T}{T^*}=\sum_{i=1}^{n}\sum_{j=1}^{n}T_{ij}\Big/\sum_{i=1}^{n}\sum_{j=1}^{n}O_iD_j\mathrm{e}^{-br_{ij}}, \tag{7-2-23}$$

式中

$$T^*=\sum_{i=1}^{n}\sum_{j=1}^{n}O_iD_j\mathrm{e}^{-br_{ij}} \tag{7-2-24}$$

为标度因子 $K=1$ 时的总流量。顺便说明,流出量又叫出发量、产生量、源流量等,流入量又叫到达量、吸收量、汇流量等。在实际应用中,如果仅仅知道总流量 T,但没有流出量 O_i 和流入量 D_j,可以选用此模型。

2. 产生约束相互作用模型

由于总量约束模型没有受到流出量和流入量的约束条件限制,可能产生不切实际的计算结果。接下来考虑两种单方面约束模型,简称单约模型(singly constrained model)。其中之一就是产生约束相互作用模型(production-constrained interaction model,简称产生约束模型),又叫源约束模型。其特征是事先知道流出量 O_i,但不知道流入量 D_j。可见该模型对流的产生量有具体的限制,可以表示为

$$T_{ij}=A_iO_iD_j\mathrm{e}^{-br_{ij}}, \tag{7-2-25}$$

式中 A_i 为一个针对全部源流地流出量 O_i 的标度因子的集合，被定义为

$$A_i=\frac{1}{\sum_{j=1}^{n}(D_j\mathrm{e}^{-br_{ij}})}, \tag{7-2-26}$$

这里序号 i、$j=1, 2, \cdots, n$ 为子区域编号。标度因子的这种定义形式是为了满足流出量约束条件式(7-2-4)，即

$$\sum_{j=1}^{n}T_{ij}=O_i. \tag{7-2-27}$$

简而言之就是，从区 i 到区 j 的流量之和必须与区 i 的流出量相等。在实际应用中，如果拥有全部流出量数据即 O_i 值，但没有流入量数据，可以采用此模型(Tong et al.，2018)。

3. 吸引约束相互作用模型

单约模型之二为吸引约束相互作用模型(attraction-constrained interaction model，简称吸引约束模型)。又叫库约束模型，可以视为产生约束相互作用模型的对偶表达。其特征是事先不知道流出量 O_i，但知道流入量 D_j。换言之，该模型对流的吸收量有具体的限定，方程式为

$$T_{ij}=B_jO_iD_j\mathrm{e}^{-br_{ij}}, \tag{7-2-28}$$

式中 B_j 为一个针对全部汇流地流入量 D_j 的标度因子的集合，被定义为

$$B_j=\frac{1}{\sum_{i=1}^{n}(O_i\mathrm{e}^{-br_{ji}})}, \tag{7-2-29}$$

这里序号 i、$j=1,2, \cdots, n$。标度因子的这种定义形式是为了满足吸收量约束条件式(7-2-5)，即

$$\sum_{i=1}^{n}T_{ij}=D_j. \tag{7-2-30}$$

这暗示，从区 i 到区 j 的流量之和必须与区 j 的流入量相等。在实际应用中，如果拥有全部流入量数据即 D_j 值，但没有流出量数据，可以采用这个模型。知道流出量或者流入量，当然也就知道总量。可见单约模型要比总量约束模型更为严格，从而预测也更为准确。

4. 产生-吸引约束相互作用模型

在很多情况下，单纯约束流的产生方向或者到达方向的量都不能得到令人满意的建模及其预测结果。如果数据资料具备，有必要考虑源-库双向约束。产生-吸引约束相互作用模型(production-attraction-constrained interaction model)简称双约模型(doubly constrained model)，其特征是流出量 O_i 和流入量 D_j 事先都知道。这是标准的 Wilson 空间相互作用模型，表达式前面已经导出：

$$T_{ij}=A_iB_jO_iD_j\mathrm{e}^{-br_{ij}}, \tag{7-2-31}$$

式中 A_i、B_j 为两个针对流出量 O_i、流入量 D_j 的标度因子的集合，被定义为

$$A_i=\frac{1}{\sum_{j=1}^{n}(B_jD_j\mathrm{e}^{-br_{ij}})} \tag{7-2-32}$$

以及

$$B_j=\frac{1}{\sum_{i=1}^{n}(A_iO_i\mathrm{e}^{-br_{ji}})}. \tag{7-2-33}$$

这里序号 i、$j=1,2,\cdots,n$。标度因子的这种定义形式是为了满足约束条件式(7-2-4)，即

$$\sum_{j=1}^{n}T_{ij}=O_i \tag{7-2-34}$$

对所有的 O_i 成立，以及约束条件式(7-2-5)，即

$$\sum_{i=1}^{n}T_{ij}=D_j \tag{7-2-35}$$

对所有的 D_j 成立，进而保证总量约束条件即式(7-2-6)成立。这意味着，所有流出量之和等于流入量之和，等于全部流量。

§7.3 计算方法

7.3.1 空间流量预测问题

人文地理学的重要现象和研究对象是流的分布及其预测。地理空间流包括人流、货流、信息流。以城市研究为例，Batty(2013)指出，科学的城市不仅仅是空间(spacc)中的地方(place)，也是网络和流的系统。因此，要理解空间，必须理解流；而要理解流，必须理解网络，以及构成城市体系的各种要素之间的关系。Wilson(2000)的空间相互作用模型是空间复杂性描述和空间流预测的经典模型。下面以一个非常简单的例子——三城市网络及其铁路货流为例，说明如何应用空间相互作用模型预测流的分布。根据 2001 年出版的《中国交通年鉴》，2000 年北京、天津和上海三个城市之间的铁路交通里程如表 7-3-1 所示，相应地，铁路货流数据如表 7-3-2 所示。现状单位货流总成本为 212.8231 千米/万吨。据此，可以借助空间相互作用模型预测理论上的铁路货流量。年鉴数据反映三城市铁路货流的现实行为特征，而理论模型的预测结果可以作为规范结果和优化判据。要求借助 Wilson 推导的空间相互作用模型，分别从总量约束、产生约束、吸引约束以及产生-吸引双向约束的角度进行流量分配的预测和分析。

表 7-3-1 北京、天津和上海之间的铁路交通里程(2000)

单位：千米

源区/汇区		到达区(D_i)		
		北京(D_1)	天津(D_2)	上海(D_3)
出发区(O_i)	北京(O_1)	0.00	137.00	1463.00
	天津(O_2)	137.00	0.00	1326.00
	上海(O_3)	1463.00	1326.00	0.00

表 7-3-2 北京、天津和上海之间的铁路运输年货流量(2000)

单位：万吨

源区/汇区		到达区(D_i)			合计 O
		北京(D_1)	天津(D_2)	上海(D_3)	
出发区(O_i)	北京(O_1)	726	518	25	1269
	天津(O_2)	318	368	23	709
	上海(O_3)	41	22	110	173
合计		1085	908	158	2151

7.3.2 总量约束模型的计算结果

首先开展最宽松的分析，不限定各城市的流出量和流入量，但限定总量。这样，可以利用总量约束模型进行计算和预测。该模型的特点是，空间流量预测值的行总和不必等于相应的产生量即出发量(O_i)，列总和也不必等于相应的吸引量即到达量(D_j)，但是表总和必须等于空间总流量(T)。建模分析的计算过程如下。

第一步，计算距离衰减系数 b。对于二维空间流，距离衰减系数 b 的倒数值在理论上等于距离的平均值的一半，即有

$$b=\frac{\sigma}{\bar{r}}=\frac{\sigma n^2}{\sum_{i=1}^{n}\sum_{j=1}^{n}r_{ij}}, \tag{7-3-1}$$

式中 σ 为经验调节系数，r 上加一杠表示平均距离，即

$$\bar{r}=\frac{1}{n^2}\sum_{i=1}^{n}\sum_{j=1}^{n}r_{ij} \tag{7-3-2}$$

为距离平均值。参数理论上取 $\sigma=1$，使得 $b=1/\bar{r}$。但经验上 σ 数值落入 1/2～2，即有 $1/2\leqslant\sigma\leqslant2$。首先利用上面的式子，估计参数 b 值。根据表 7-3-1 中的交通里程数据，容易算出平均距离。计算结果为

$$\bar{r}=\frac{1}{3\times3}\sum_{i=1}^{3}\sum_{j=1}^{3}r_{ij}=\frac{2(137+1463+1326)}{9}=\frac{5852}{9}\approx650.2222.$$

于是 b 的估计值为

$$b \approx \frac{1}{650.2222} \approx 0.001538.$$

经验上,b 值取 0.5/650.222 2≈0.000 769 到 2/650.222≈0.003 076 为好,需要根据具体情况测试。为简明起见,先取 0.001 538,然后可以根据预测效果进行校准。流的计算结果对距离系数比较敏感,故实际应用过程中可以取小数点后 6 位乃至更多。

第二步,计算标度因子 K。首先假定标度因子 $K=1$,利用式(7-2-24)计算总流量 T^*,得到 $T^*=3\,680\,369.493\,6$(表 7-3-3)。已知总流量 2151 万吨。借助式(7-2-23)即可算出标度因子 $K=T/T^*=2151/3\,680\,369.493\,6\approx 0.000\,584$。

表 7-3-3 标度因子为 1 时的流量及其合计结果

出发/到达区		到达区(D_i)			合计
		北京(D_1)	天津(D_2)	上海(D_3)	O
出发区(O_i)	北京(O_1)	1 376 865.000 0	933 346.364 9	21 132.755 3	2 331 344.120 2
	天津(O_2)	623 119.501 1	643 772.000 0	14 576.235 2	1 281 467.736 3
	上海(O_3)	19 783.961 4	20 439.675 5	27 334.000 0	67 557.637 0
合计	D	2 019 768.462 6	1 597 558.040 4	63 042.990 5	3 680 369.493 6

第三步,计算流量 T_{ij}。有了距离系数 b 和标度因子 K 的估计值,不难运用表 7-3-1 和表 7-3-2 中的数据,利用式(7-2-21)计算流量 T_{ij}(表 7-3-4)。比较表 7-3-4 与表 7-3-2 可以看出,流出量 O_i 与流入量 D_j 都与预期数值不等,但总流量 T 等于 2151 万吨。

表 7-3-4 总量约束模型的流量预测结果及其总计

单位:万吨

出发/到达区		到达区(D_i)			合计
		北京(D_1)	天津(D_2)	上海(D_3)	O
出发区(O_i)	北京(O_1)	804.711 8	545.496 3	12.351 1	1362.559 2
	天津(O_2)	364.183 6	376.254 0	8.519 1	748.956 6
	上海(O_3)	11.562 8	11.946 0	15.975 4	39.484 2
合计	D	1180.458 1	933.696 3	36.845 6	2151.000 0

第四步,计算标准误差 Stderr。用表 7-3-2 中的各条路线的货物流量减去表 7-3-4 中相应路线的货流量预测值,得到预测误差(表 7-3-5)。然后利用下式计算标准误差

$$\text{Stderr}=\sqrt{\frac{1}{n^2}\sum_i^n\sum_j^n(T_{ij}-\hat{T}_{ij})^2}=\sqrt{\frac{1}{9}\sum_i^3\sum_j^3(T_{ij}-\hat{T}_{ij})^2}, \tag{7-3-3}$$

式中 $n=3$ 代表区域数量,T_{ij} 表示流的预测值。计算结果为 Stderr=46.344 8。标准误差反映流的分布现状与理论预期的差距。标准误差越大,表明实际货流分布与理论预期货流分布相差越远,反之越小。

表 7-3-5 总量约束模型的预测误差

出发/到达区		到达区(D_i)			平方和
		北京(D_1)	天津(D_2)	上海(D_3)	$\sum O^2$
出发区(O_i)	北京(O_1)	−78.711 8	−27.496 3	12.648 9	7111.584 2
	天津(O_2)	−46.183 6	−8.254 0	14.480 9	2410.744 6
	上海(O_3)	29.437 2	10.054 0	94.024 6	9808.255 0
平方和	$\sum D^2$	9195.012 0	925.258 3	9210.313 5	19 330.583 8

第五步,计算单位货物运输总成本 Cost。所谓单位货物运输总成本,就是一年之内各条路线上单位货流运输的成本之和。该成本可以采用单位货流的运输里程、时间或者费用来度量。基于里程,现有单位货流总成本为 212.823 1 千米/万吨。利用下式可以计算预期单位货流的总成本

$$\text{Cost}=\sum_{i=1}^{n}\sum_{j=1}^{n}(r_{ij}/\hat{T}_{ij})=\sum_{i=1}^{3}\sum_{j=1}^{3}(r_{ij}/\hat{T}_{ij}). \tag{7-3-4}$$

计算结果为 Cost=512.254 5 千米/万吨(表 7-3-6)。这个数值高于现有货流总成本,计算成本与实际成本的比值约为 2.406 9,故根据总量约束模型,实际货流分布尚未达到优化状态。

表 7-3-6 基于总量约束模型的预期货流总成本

单位:千米/万吨

出发/到达区		到达区(D_i)			合计
		北京(D_1)	天津(D_2)	上海(D_3)	O
出发区(O_i)	北京(O_1)	0.000 0	0.251 1	118.451 1	118.702 3
	天津(O_2)	0.376 2	0.000 0	155.650 0	156.026 2
	上海(O_3)	126.526 7	110.999 4	0.000 0	237.526 0
合计	D	126.902 9	111.250 5	274.101 1	512.254 5

7.3.3 产生约束模型的计算结果

假定三个城市的货物流出量是确定的,但流入量不定。各城市货物到达量为表 7-3-2 中的行总和:$O_1=1269$,$O_2=709$,$O_3=173$。出发总量已知,到达总量未知,此为单约问题类型之一。试用产生约束模型预测各城市到达货物量以及各条路线的货流量。该模型的特点是,空间货流量预测值的行总和必须等于相应的货物发出量(O_i),从而表总和等于总流量(T)。但是,列总和不必等于相应的货物到达量(D_j)。建模分析的计算过程如下。

第一步,计算距离衰减系数 b。方法同上,结果为 $b\approx0.001\,538$。

第二步,计算标度因子 A_i。公式为式(7-2-26),计算方法和结果如下:

$$A_1=\frac{1}{1085\mathrm{e}^{-0.001\,538\times0}+908\mathrm{e}^{-0.001\,538\times137}+158\mathrm{e}^{-0.001\,538\times1463}}$$

$$=\frac{1}{1085.0000+735.4975+16.6531}=\frac{1}{1837.1506}=0.000544,$$

$$A_2=\frac{1}{1085e^{-0.001538\times137}+908e^{-0.001538\times0}+158e^{-0.001538\times1326}}$$

$$=\frac{1}{878.8709+908.0000+20.5589}=\frac{1}{1807.4298}=0.000553,$$

$$A_3=\frac{1}{1085e^{-0.001538\times1463}+908e^{-0.001538\times1326}+158e^{-0.001538\times0}}$$

$$=\frac{1}{114.3582+118.1484+158.0000}=\frac{1}{390.5066}=0.002561.$$

为了简明起见,计算过程和结果列入表 7-3-7 中。

表 7-3-7 产生约束模型的标度因子

出发/到达区		到达区(D_i)			合计	标度因子
		北京(D_1)	天津(D_2)	上海(D_3)	O	A
出发区(O_i)	北京(O_1)	1085.000 0	735.497 5	16.653 1	1837.150 6	0.000 544
	天津(O_2)	878.870 9	908.000 0	20.558 9	1807.429 8	0.000 553
	上海(O_3)	114.358 2	118.148 4	158.000 0	390.506 6	0.002 561

第三步,计算流量 T_{ij}。有了距离系数 b 和标度因子 A_i 的估计值,就可以运用表 7-3-1 和表 7-3-2 中的数据,借助式(7-2-25)计算流量 T_{ij}(表 7-3-8)。部分计算过程如下:

$$\hat{T}_{11}=A_1O_1D_1e^{-br_{11}}=0.000544\times1269\times1085\times e^{-0.001538\times0}=749.4568,$$

$$\hat{T}_{12}=A_1O_1D_2e^{-br_{12}}=0.000544\times1269\times908\times e^{-0.001538\times137}=508.0402,$$

……

$$\hat{T}_{21}=A_2O_2D_1e^{-br_{21}}=0.000553\times709\times1085\times e^{-0.001538\times137}=344.7545,$$

……

其余计算依此类推。比较表 7-3-8 与表 7-3-2 可以看出,货物流出量 O_i 与预期数值一样,但流入量 D_j 与预期数值有差别,总流量 T 等于 2151 万吨。

表 7-3-8 产生约束模型的流量预测结果及其总计

单位:万吨

出发/到达区		到达区(D_i)			合计
		北京(D_1)	天津(D_2)	上海(D_3)	O
出发区(O_i)	北京(O_1)	749.456 8	508.040 2	11.503 0	1269
	天津(O_2)	344.754 5	356.180 9	8.064 6	709
	上海(O_3)	50.662 3	52.341 4	69.996 3	173
合计	D	1144.873 6	916.562 6	89.563 9	2151

第四步，计算标准误差 Stderr。用表 7-3-2 中的各条路线的货物流量减去表 7-3-8 中相应路线的货流量预测值，得到预测误差（表 7-3-9）。然后利用式（7-3-3）计算标准误差，结果为 Stderr＝22.421 2。较之于总量约束模型，标准误差减小。

表 7-3-9 产生约束模型的预测误差

出发/到达区		到达区（D_i）			平方和
		北京（D_1）	天津（D_2）	上海（D_3）	O
出发区（O_i）	北京（O_1）	−23.456 8	9.959 8	13.497 0	831.587 5
	天津（O_2）	−26.754 5	11.819 1	14.935 4	1078.557 9
	上海（O_3）	−9.662 3	−30.341 4	40.003 7	2614.262 0
平方和	D	1359.382 6	1159.491 3	2005.533 5	4524.407 4

第五步，计算单位货流总成本 Cost。利用式（7-3-4）可以计算预期货流总成本，结果为 Cost＝346.484 2 千米/万吨（表 7-3-10）。这个数值依然大于现有实际货流总成本，计算成本与实际成本的比值约为 1.628 0，故根据产生约束模型，货流分布仍然没有达到优化状态。比较可知，此单约模型给出的货流总成本略低于总量约束模型预计的总成本 512.254 5 千米/万吨。

表 7-3-10 基于产生约束模型的预期单位货流总成本

单位：千米/万吨

出发/到达区		到达区（D_i）			合计
		北京（D_1）	天津（D_2）	上海（D_3）	O
出发区（O_i）	北京（O_1）	0.000 0	0.269 7	127.184 1	127.453 8
	天津（O_2）	0.397 4	0.000 0	164.421 9	164.819 3
	上海（O_3）	28.877 5	25.333 7	0.000 0	54.211 1
合计	D	29.274 9	25.603 3	291.606 0	346.484 2

7.3.4 吸引约束模型的计算结果

假定三个城市的货物流入量是确定的，但货物发出量不定。各城市货物到达量为表 7-3-2 中的列总和：$D_1=1085$，$D_2=908$，$D_3=158$。但是，各城市提供的货物总流量不能确定，此为单约问题类型之二。试用吸引约束模型预测各个城市货物发出量和各条路线的货流量。该模型的特点是，空间货流量预测值的列总和必须等于相应的到达量（D_j），从而表总和等于总流量（T），但行总和不必等于相应的货物发出量（O_i）。建模分析的计算过程如下。

第一步，计算距离衰减系数 b。方法和结果同上，$b \approx 0.001\,538$。

第二步，计算标度因子 B_j。利用式（7-2-29），容易算出 3 个标度因子。计算方法和结果如下：

$$B_1=\frac{1}{1269e^{-0.001\,538\times 0}+709e^{-0.001\,538\times 137}+173e^{-0.001\,538\times 1463}}$$

$$=\frac{1}{1269.000\,0+574.303\,7+18.234\,1}=\frac{1}{1861.537\,8}=0.000\,537,$$

$$B_2=\frac{1}{1269e^{-0.001\,538\times 137}+709e^{-0.001\,538\times 0}+173e^{-0.001\,538\times 1326}}$$

$$=\frac{1}{1027.914\,5+709.000\,0+22.510\,7}=\frac{1}{1759.425\,2}=0.000\,568,$$

$$B_3=\frac{1}{1269e^{-0.001\,538\times 1463}+709e^{-0.001\,538\times 1326}+173e^{-0.001\,538\times 0}}$$

$$=\frac{1}{133.751\,6+92.254\,7+173.000\,0}=\frac{1}{399.006\,3}=0.002\,506.$$

全部计算过程值和最终值列入表 7-3-11。

表 7-3-11 吸引约束模型的标度因子

出发/到达区		到达区(D_i)		
		北京(D_1)	天津(D_2)	上海(D_3)
出发区(O_i)	北京(O_1)	1269.000 0	1027.914 5	133.751 6
	天津(O_2)	574.303 7	709.000 0	92.254 7
	上海(O_3)	18.234 1	22.510 7	173.000 0
合计	D	1861.537 8	1759.425 2	399.006 3
标度因子	B	0.000 537	0.000 568	0.002 506

第三步,计算流量 T_{ij}。有了距离系数 b 和标度因子 B_j 的估计值,就容易采用表 7-3-1 和表 7-3-2 中的数据,应用式(7-2-28)计算流量 T_{ij}(表 7-3-12)。部分计算过程如下:

$$\hat{T}_{11}=B_1O_1D_1e^{-br_{11}}=0.000\,537\times 1269\times 1085\times e^{-0.001\,538\times 0}=739.638\,5,$$

$$\hat{T}_{12}=B_2O_1D_2e^{-bt_{12}}=0.000\,568\times 1269\times 908\times e^{-0.001\,538\times 137}=530.483\,7,$$

……

$$\hat{T}_{21}=B_1O_2D_1e^{-bt_{21}}=0.000\,537\times 709\times 1085\times e^{-0.001\,538\times 137}=334.733\,7,$$

……

其余计算依此类推。比较表 7-3-12 与表 7-3-2 可以看出,流入量 D_j 与预期数值一样,但流出量 O_i 与预期数值不同,总流量 T 等于 2151 万吨。

表 7-3-12 吸引约束模型的流量预测结果及其总计

单位：万吨

出发/到达区		到达区(D_i)			合计
		北京(D_1)	天津(D_2)	上海(D_3)	O
出发区(O_i)	北京(O_1)	739.638 5	530.483 7	52.963 5	1323.085 7
	天津(O_2)	334.733 7	365.899 1	36.531 3	737.164 1
	上海(O_3)	10.627 8	11.617 2	68.505 2	90.750 2
合计	D	1085	908	158	2151

第四步，计算标准误差 Stderr。用表 7-3-2 中的各条路线的货物流量减去表 7-3-12 中相应路线的货物流量预测值，得到预测误差（表 7-3-13）。然后应用式（7-3-3）计算标准误差，结果为 Stderr＝21.968 2。较之于总量约束模型，标准误差更小；与产生约束模型比较，标准误差稍小，但相差不显著。

表 7-3-13 吸引约束模型的预测误差

出发/到达区		到达区(D_i)			平方和
		北京(D_1)	天津(D_2)	上海(D_3)	O
出发区(O_i)	北京(O_1)	−13.638 5	−12.483 7	−27.963 5	1123.807 0
	天津(O_2)	−16.733 7	2.100 9	−13.531 3	467.529 4
	上海(O_3)	30.372 2	10.382 8	41.494 8	2752.094 3
平方和	D	1388.500 4	268.058 3	2686.872 1	4343.430 8

第五步，计算单位货物流量总成本 Cost。运用式（7-3-4）可以计算预期货流总成本，结果为 Cost＝316.387 1 千米/万吨（表 7-3-14）。这个数值更接近于现有货物流量总成本，计算成本与实际成本的比值约为 1.486 6，故根据吸引约束模型，货流分布依然没有达到优化状态。比较可知，此单约模型给出的货流总成本小于产生约束模型预计的总成本 346.484 2 千米/万吨，更小于总量约束模型预计的总成本 512.254 5 千米/万吨。

表 7-3-14 基于吸引约束模型的预期单位货流成本

单位：千米/万吨

出发/到达区		到达区(D_i)			合计
		北京(D_1)	天津(D_2)	上海(D_3)	O
出发区(O_i)	北京(O_1)	0.000 0	0.258 3	27.622 8	27.881 1
	天津(O_2)	0.409 3	0.000 0	36.297 6	36.706 9
	上海(O_3)	137.658 5	114.140 6	0.000 0	251.799 1
合计	D	138.067 7	114.398 9	63.920 4	316.387 1

7.3.5 产生-吸引约束相互作用模型(双约模型)的计算结果

假定从这三个城市发出的货物全部到这三个城市，并且发货量与到货量都有观测值。三个城市发出的货流量分别为：$O_1=1269$，$O_2=709$，$O_3=173$；各个城市到达的货流量分别是：$D_1=1085$，$D_2=908$，$D_3=158$。试用 Wilson 空间相互作用模型预测各条路线的货流量。可以看出，这是一个产生-吸引双重约束问题，流出量和流入量明确，可以借助双约模型开展预测分析。该模型的特点是，空间流量预测值的行总和必须等丁相应的产出量(O_i)，列总和必须等于相应的到达量(D_j)，从而表总和必然等于总流量(T)。建模分析的计算过程如下。

第一步，计算距离衰减系数 b。方法和结果同上，$b\approx 0.001\,538$。

第二步，计算标度因子 A_i、B_j。计算公式为式(7-2-32)、式(7-2-32)。这一次的麻烦在于，两个标度因子相互交织：你中有我，我中有你。因此，需要借助迭代法进行参数校验。首先设定初始值 $A_1=A_2=A_3=1$，利用公式计算 B_j 值，将 B_j 值的计算结果代入公式计算 A_j 值，如此循环往复，直到在一定误差范围内参数值不再变化。在 6 位小数点以内，计算到第 14 步的结果与第 13 步的结果没有显著差别(表 7-3-15)。但是，考虑到标度因子数值的敏感性，不妨往下多迭代几步——本例采用第 20 步的结果作为标度因子最终值。注意，标度因子的最终数值依赖于初始值的设定。如果将初始值改为 $A_1=A_2=A_3=2$，或者改为 $A_1=1$、$A_2=0$、$A_3=1$，则标度因子最终收敛的位置是不一样的。但是，只要收敛的最终结果足够精确，则不会影响流的预测值。因为初始值影响 A_i 值和 B_j 值，但不影响 A_iB_j 值(表 7-3-16)。

表 7-3-15 双约模型标度因子的迭代校准过程

数值类型	迭代步骤	标度因子 A_i			标度因子 B_j		
		A_1	A_2	A_3	B_1	B_2	B_3
初始值	0	1	1	1	0.000 537	0.000 568	0.002 506
过程值	1	0.959 122	0.961 794	1.906 332	0.000 554	0.000 585	0.001 829
	2	0.941 843	0.947 435	2.373 069	0.000 561	0.000 591	0.001 603
	3	0.934 825	0.941 426	2.582 874	0.000 564	0.000 593	0.001 518
	4	0.931 988	0.938 971	2.671 127	0.000 565	0.000 594	0.001 485
	5	0.930 847	0.937 980	2.707 195	0.000 565	0.000 594	0.001 472
	……	……	……	……	……	……	……
	12	0.930 084	0.937 316	2.731 490	0.000 565	0.000 594	0.001 463
	13	0.930 083	0.937 316	2.731 514	0.000 565	0.000 594	0.001 463
	14	0.930 083	0.937 315	2.731 524	0.000 565	0.000 594	0.001 463
	……	……	……	……	……	……	……
中止值	20	0.930 083	0.937 315	2.731 530	0.000 565	0.000 594	0.001 463

表 7-3-16 双约模型的标度因子乘积

标度因子乘积 A_iB_j		标度因子(B_j)			标度因子
		B_1	B_2	B_3	A
标度因子(A_i)	A_1	0.000 526	0.000 553	0.001 361	0.930 083
	A_2	0.000 530	0.000 557	0.001 371	0.937 315
	A_3	0.001 545	0.001 624	0.003 997	2.731 530
标度因子	B	0.000 565	0.000 594	0.001 463	

第三步,计算流量 T_{ij}。基于距离系数 b 和标度因子 A_i、B_j 的估计值,可以运用表 7-3-1 和表 7-3-2 中的数据,利用式(7-2-25)计算流量 T_{ij}(表 7-3-17)。部分计算过程如下:

$$\hat{T}_{11}=A_1B_1O_1D_1\mathrm{e}^{-br_{11}}=0.930\,083\times0.000\,565\times1269\times1085\times\mathrm{e}^{-0.001\,538\times0}=724.162\,5,$$

$$\hat{T}_{12}=A_1B_2O_1D_2\mathrm{e}^{-br_{12}}=0.930\,083\times0.000\,594\times1269\times908\times\mathrm{e}^{-0.001\,538\times137}=516.077\,7,$$

……

$$\hat{T}_{21}=A_2B_1O_2D_1\mathrm{e}^{-br_{21}}=0.937\,315\times0.000\,565\times709\times1085\times\mathrm{e}^{-0.001\,538\times137}=330.278\,3,$$

……

其余计算依此类推。比较表 7-3-17 与表 7-3-2 可以看出,流出量 O_i 和流入量 D_j 都与预期数值一样。不言而喻,总流量 T 等于 2151 万吨。

表 7-3-17 双约模型的流量预测结果及其总计

单位:万吨

出发/到达区		到达区(D_i)			合计
		北京(D_1)	天津(D_2)	上海(D_3)	O
出发区(O_i)	北京(O_1)	724.162 5	516.077 7	28.759 8	1269
	天津(O_2)	330.278 3	358.730 5	19.991 2	709
	上海(O_3)	30.559 2	33.191 8	109.249 0	173
合计	D	1085	908	158	2151

第四步,计算标准误差 Stderr。用表 7-3-2 中的各条路线的货物流量减去表 7-3-16 中相应路线的货物流量预测值,得到预测误差(表 7-3-18)。接下来应用式(7-3-3)计算标准误差,结果为 Stderr=7.466 7。较之于总量约束模型、产生约束模型和吸引约束模型,标准误差变得更小了。

表 7-3-18 双约模型的预测误差

出发/到达区		到达区(D_i)			平方和
		北京(D_1)	天津(D_2)	上海(D_3)	O
出发区(O_i)	北京(O_1)	1.837 5	1.922 3	−3.759 8	21.207 8
	天津(O_2)	−12.278 3	9.269 5	3.008 8	245.732 1
	上海(O_3)	10.440 8	−11.191 8	0.751 0	234.829 9
平方和	D	263.142 1	214.874 8	23.752 9	501.769 8

第五步,计算单位货流运输总成本 Cost。借助式(7-3-4)容易计算预期货流的总成本,结果为 Cost=205.702 9 千米/万吨(表 7-3-19)。这个数值低于现有货流总成本,计算成本与现实成本的比值约为 0.966 5,故根据双约模型,货流分布达到优化状态。比较可知,双约模型给出的货流总成本小于单约模型预测的结果,更小于总量约束模型预计的总成本。

表 7-3-19 基于双约模型的预期单位货流总成本

单位:千米/万吨

出发/到达区		到达区(D_i)			合计
		北京(D_1)	天津(D_2)	上海(D_3)	O
出发区(O_i)	北京(O_1)	0.000 0	0.265 5	50.869 6	51.135 1
	天津(O_2)	0.414 8	0.000 0	66.329 1	66.743 9
	上海(O_3)	47.874 2	39.949 6	0.000 0	87.823 9
合计	D	48.289 1	40.215 1	117.198 8	205.702 9

7.3.6 应用方向:预测与优化

1. 参数校准与应用方向

空间相互作用模型的主要功能究竟是解释、预测抑或空间优化,目前存在争议。过去人们应用 Wilson 模型,总是期望建立空间流的预测公式。这种建模思想有一个默认的假设,那就是"存在的就是合理的"。基于这个假设,模型预测值越是接近于观测值,越是被人们认可。模型的评判标准之一是预测标准误差,误差越小越好。为了降低标准误差,不惜舍弃距离衰减系数的科学取值,将其倒数调整到平均距离到平均距离半数之间,即取

$$\frac{1}{\bar{r}} < b = \frac{\sigma}{\bar{r}} < \frac{2}{\bar{r}}, \tag{7-3-5}$$

或

$$\frac{1}{\bar{t}} < b = \frac{\sigma}{\bar{t}} < \frac{2}{\bar{t}}. \tag{7-3-6}$$

或

$$\frac{1}{\bar{c}} < b = \frac{\sigma}{\bar{c}} < \frac{2}{\bar{c}}. \tag{7-3-7}$$

这里 r 代表距离，t 代表运输时间，c 代表运输成本。经过调整，距离系数通常会有所减小。就预测标准误差而言，参数 σ 有一个最佳值，从而距离系数 b 有一个最佳值。不妨以前面的教学案例为例，具体说明。对于总量约束模型，$\sigma=1/2$ 时标准误差最小，此时 $b=0.000\ 769$；对于产生约束模型，$\sigma=1.2$ 时标准误差最小，此时 $b=0.001\ 846$；对于吸引约束模型，$\sigma=1.3$ 时标准误差最小，此时 $b=0.001\ 999$；对于双约模型，$\sigma=1$ 时标准误差最小，此时 $b=0.001\ 538$（表7-3-20）。通过参数调试，可以对模型预测效果进行校准。不过，总运输成本与标准误差的变化趋势不一致。距离衰减系数越小，总成本越低。

实际上，基于最大熵思想的空间相互作用模型是一个空间优化模型。最大熵模型的本质是非线性规划，状态熵最大等价于运营总成本最低，或者运输总成本最小。另外，现实的流的分布未必达到优化状态。然而，模型预测精度与系统优化有时是相互矛盾的：标准误差小，运输总成本未必少，有时反而增多（表 7-3-20）。因此，有效运用空间相互作用模型的前提是深度认识现实。如果现实的流的分布是近似优化的，则可以基于观测数据建立一个预测模型。对于这个模型，标准误差越小越好。空间流分布是否优化的判据在于流动成本是否可以降低。但是，如果现实的流的分布并不合理，则可以基于观测数据建立一个优化模型，根据这个模型引导空间流的优化分布。在这种情况下，标准误差并不反映模型的品质，而是反映空间优化的余地。标准误差越大，表明目标与现实的距离越大，空间流分布的改进余地也就越大。改进空间流分布的定量判据之一仍然是运输总成本。

表 7-3-20　基于不同参数的不同模型预测的标准误差和总成本的比较

参数		总量约束模型		产生约束模型		吸引约束模型		双约模型	
σ	b	标准误差	总成本	标准误差	总成本	标准误差	总成本	标准误差	总成本
0.1	0.000 154	52.677 5	91.348 8	54.996 2	85.792 6	55.049 9	84.543 0	57.173 9	79.193 6
0.2	0.000 308	46.624 4	109.307 0	49.761 2	96.933 0	49.918 4	94.213 9	52.531 4	82.785 3
0.3	0.000 461	42.780 0	131.348 7	45.215 1	110.605 9	45.498 6	106.153 0	47.231 8	87.822 4
0.4	0.000 615	40.774 4	158.403 6	41.143 7	127.385 2	41.549 0	120.880 5	41.344 7	94.685 1
0.5	0.000 769	40.165 9	191.615 0	37.388 3	147.976 4	37.886 4	139.038 1	35.034 0	103.809 8
0.6	0.000 923	40.530 1	232.389 0	33.850 4	173.246 9	34.389 4	161.416 4	28.532 3	115.706 0
0.7	0.001 077	41.526 5	282.455 1	30.497 8	204.263 2	31.000 8	188.990 6	22.109 0	130.985 3
0.8	0.001 230	42.917 1	343.941 5	27.373 2	242.337 0	27.731 1	222.963 4	16.066 6	150.401 6
0.9	0.001 384	44.552 2	419.466 9	24.606 7	289.082 1	24.664 7	264.818 6	10.846 0	174.903 4
1	0.001 538	46.344 8	512.254 5	22.421 2	346.484 2	21.968 2	316.387 1	7.466 7	205.702 9
1.1	0.001 692	48.248 5	626.272 5	21.103 8	416.987 1	19.888 4	379.928 4	7.612 3	244.371 7
1.2	0.001 846	50.240 4	766.406 9	20.904 5	503.599 4	18.707 0	458.232 4	10.480 3	292.981 4
1.3	0.001 999	52.310 5	938.675 4	21.892 4	610.025 5	18.623 1	554.743 7	14.107 2	354.319 3
1.4	0.002 153	54.455 2	1150.491 0	23.908 6	740.827 7	19.625 7	673.716 9	17.769 3	432.216 2

（续表）

参数		总量约束模型		产生约束模型		吸引约束模型		双约模型	
σ	b	标准误差	总成本	标准误差	总成本	标准误差	总成本	标准误差	总成本
1.5	0.002 307	56.673 2	1410.986 9	26.669 2	901.626 2	21.499 9	820.408 1	21.283 7	532.011 9
1.6	0.002 461	58.963 8	1731.419 0	29.894 3	1099.345 7	23.960 4	1001.312 4	24.619 3	661.102 9
1.7	0.002 614	61.325 6	2125.660 9	33.368 8	1342.520 4	26.762 8	1224.457 1	27.792 8	829.408 9
1.8	0.002 768	63.756 6	2610.817 3	36.946 9	1641.670 4	29.736 9	1499.766 4	30.837 5	1049.540 3
1.9	0.002 922	66.253 5	3207.980 0	40.538 0	2009.766 2	32.776 9	1839.511 4	33.789 8	1336.573 7
2	0.003 076	68.812 5	3943.162 8	44.089 8	2462.803 8	35.822 4	2258.869 4	36.681 2	1707.599 6

2. 线性规划结果比较

现在，从一个新的角度考察货流配置问题。假定京津沪三个城市的发货量已知：$O_1=1269$，$O_2=709$，$O_3=173$；同时三个城市的到货量也是已知：$D_1=1085$，$D_2=908$，$D_3=158$。总的发货量和总的到达量相等：2151 万吨。假定这三个城市的空间货流量收支平衡。从一个城市到不同城市的交通里程如表 7-3-1 所示。交通里程与运输成本是成正比的。减少各条道路上不必要的货流量，有助于缓解城市之间交通压力。那么，货流如何分布，方才使得空间流的总成本最低？

表 7-3-21 从不同城市到不同城市的空间流量(假设)

单位：万吨

出发/到达区		到达区(D_i)			合计
		北京(D_1)	天津(D_2)	上海(D_3)	O
出发区(O_i)	北京(O_1)	x_{11}	x_{12}	x_{13}	1269
	天津(O_2)	x_{21}	x_{22}	x_{23}	709
	上海(O_3)	x_{31}	x_{32}	x_{33}	173
合计	D	1085	908	158	2151

这个问题可以借助线性规划方法解决。假定从第 i 个城市到第 j 个城市的货流量为 x_{ij}（表 7-3-21）。以运输总成本最小为优化追求的目的，构造目标函数如下：

$$\min \quad S=0x_{11}+137x_{12}+1463x_{13}+137x_{21}+0x_{22}+1326x_{23}+1463x_{31}+1326x_{32}+0x_{33},$$

约束条件可以表示为

$$\begin{aligned}\text{s.t.}\quad & x_{11}+x_{12}+x_{13}=O_1=1269\\ & x_{21}+x_{22}+x_{23}=O_2=709\\ & x_{31}+x_{32}+x_{33}=O_3=173\\ & x_{11}+x_{21}+x_{31}=D_1=1085\\ & x_{12}+x_{22}+x_{32}=D_2=908\end{aligned}$$

$$x_{13}+x_{23}+x_{33}=D_3=158$$
$$x_{ij}\geqslant 0.$$

上述线性规划数学模型也可以表示为表格形式。从表 7-3-22 中可以清楚地看到从三个出发地(O_i)到三个目的地(D_j)的人流配置关系,只要求出表中的未知数,问题就得到解决。

表 7-3-22 不同城市之间的货流分布规划平衡表

关系	货流/万吨	交通里程/千米	O_1	O_2	O_3	D_1	D_2	D_3
O_1D_1	x_{11}	0	x_{11}			x_{11}		
O_1D_2	x_{12}	137	x_{12}				x_{12}	
O_1D_3	x_{13}	1463	x_{13}					x_{13}
O_2D_1	x_{21}	137		x_{21}		x_{21}		
O_2D_2	x_{22}	0		x_{22}			x_{22}	
O_2D_3	x_{23}	1326		x_{23}				x_{23}
O_3D_1	x_{31}	1463			x_{31}	x_{31}		
O_3D_2	x_{32}	1326			x_{32}		x_{32}	
O_3D_3	x_{33}	0			x_{33}			x_{33}
限量	0	S	1269	709	173	1085	908	158
实际量	2151	45 098	1269	709	173	1085	908	158

线性规划求解的算法如今有多种。借助单纯形法或者非线性算法,容易计算出如下结果:从北京(O_1)到北京(D_1)和天津(D_2)的货流量分别为 1085 万吨和 184 万吨,不必考虑北京(O_1)到上海(D_3)的关系;天津(O_2)的货流全部到达天津(D_2),即内部消费,不必外流;从上海(O_3)到天津(D_2)和上海(D_3)的货流分别为 15 万吨和 158 万吨,不必考虑上海(O_3)到北京(D_1)的关系(表 7-3-23)。这样,总的运输成本是 89.144 6 千米/万吨。现状总成本为 212.823 1 千米/万吨。根据双约空间相互作用模型规划的货流总成本为 205.702 9 千米/万吨。线性规划与空间相互作用模型的区别在于:线性规划以单纯的成本最低为目标,关注的是整体的效率,故只考虑最经济的流量分布格局,不考虑空间交互作用过程。空间相互作用模型则同时关注空间交互作用过程和流的空间分布格局,目标是在整体的效率与个体的公平之间寻求最佳协调效果。换言之,空间相互作用既不单纯追求整体的效率,也不单纯追求个体的公平,而是在二者之间找到一个平衡点。但是,在极端情况下——样本小而距离衰减指数很高,基于负幂律衰减的空间相互作用模型可能给出与线性规划一样的结果。

表 7-3-23 从不同城市到不同城市的货流分配线性规划结果 单位：万吨

出发/到达区		到达区(D_i)			合计
		北京(D_1)	天津(D_2)	上海(D_3)	O
出发区(O_i)	北京(O_1)	1085	184	0	1269
	天津(O_2)	0	709	0	709
	上海(O_3)	0	15	158	173
合计	D	1085	908	158	2151

§7.4 模型推广

7.4.1 推广的原因

为了更好地利用空间相互作用模型解决现实问题，可以根据具体情况调整模型的表达形式。Wilson(1970)的最大熵模型在理论地理学界产生了巨大的影响，并且引发了众多的理论研究和应用探讨。基于负指数式距离函数的空间相互作用理论似乎已经不可动摇，但实际上却隐含着更为深刻的理论难题。问题之一，简单与复杂。指数函数意味着简单，而幂指数函数暗示着复杂。城市和区域都是复杂的空间系统(Allen，1997；Wilson，2000)。复杂系统要素的空间相互作用过程理当服从负幂律，而不是负指数律。问题之二，局域性与长程作用。波谱分析表明，负指数暗示着局域性，而负幂律才表明长程作用(Chen，2015)。地理空间相互作用理当是非局域的，否则与地理学第一定律发生矛盾。问题之三，线性与非线性。过去人们假设交通运输成本随距离的增加而线性变化，这个假定也未必符合事实(Haggett，2001；Wilson，2010)。此外，对于地理空间而言，最大熵究竟意味着什么？最可能分布？为什么最可能？这也是一直令人感到似懂非懂、似是而非的问题。有些问题在本章已经澄清，还有一些问题留待今后进一步开展研究。

7.4.2 经典模型——基于负幂律衰减

距离衰减函数的常见形式有两种：一是负幂律，二是负指数律。Wilson 模型的距离衰减函数为负指数函数，而负指数函数不能有效反映空间长程作用。Wilson(1968,1970)最初的假设是运输成本与空间距离成线性关系。但是，真实的运输成本与运输距离之间表现为非线性关系。Haggett(2001)指出："对于距离成本而言，一个更为真实的曲线是凸形的(convex)和非线性的，暗示运输成本随着距离的增加而以减速的方式增长。"最简单的凸形非线性函数是对数函数。如果采用对数函数描述距离与运输成本的关系，即假定 $c_{ij}=\mu+\eta\ln(r_{ij})$，则基于负指数衰减的空间相互作用模型就会变成基于负幂律的空间相互作用模型(Chen，2015；Wilson，2010)。负幂律函数代替负指数函数之后，空间相互作用模型的表达形式类似于经典的引力模型，即有

$$T_{ij}=A_iB_jO_iD_jr_{ij}^{-\sigma},\tag{7-4-1}$$

式中 σ 为距离摩擦系数(一般而言,$1\leqslant b\leqslant 2$),A_i、B_j 为两个基于流出量 O_i、流入量 D_j 的标度因子的集合,可定义为

$$A_i=\frac{1}{\sum_{j=1}^{n}(B_jD_jr_{ij}^{-\sigma})}\tag{7-4-2}$$

以及

$$B_j=\frac{1}{\sum_{i=1}^{n}(A_iO_ir_{ji}^{-\sigma})}.\tag{7-4-3}$$

这里序号 i、$j=1,2,\cdots,n$。标度因子的这种定义形式可以满足如下约束条件

$$\sum_{i=1}^{n}T_{ij}=D_j\tag{7-4-4}$$

和

$$\sum_{j=1}^{n}T_{ij}=O_i\tag{7-4-5}$$

对所有的 D_j 和 O_i 成立,进而保证总量约束条件即式(7-2-6)成立。

比较可知,基于负幂律的空间相互作用模型与基于负指数的空间相互作用模型结构相似,但不同的距离衰减函数导致本质不同的空间意义。在前面的计算案例中,只要将负指数函数替换为负幂律,立即得到不同的结果,但计算方法没有显著差异。麻烦在于,负幂律在距离为0时无定义,从而无法运算,为此要单独定义一个区域或者城市内部的运输距离,该距离的确定具有主观性。一个发现是,在两种极端条件下,基于负幂律的空间相互作用模型预测的流的分布与线性规划给出的流的分布趋于一致。不妨以前面的例子为例,具体说明。其一,当距离衰减系数一定,如 $b=2$,城市或区域内部距离很小,例如取 $r_{ii}=1$ 千米,甚至小于1千米;其二,当城市或区域内部距离一定,如取 $r_{ii}=30$ 千米,距离衰减系数很大,如 $b>5$。容易验算,如果内部距离较小而距离衰减系数较大,如 $r_{ii}=0.1$ 千米,$b=1.7$,则空间相互作用模型预测的结果与线性规划结果接近乃至相同。可见,在极端条件下,线性规划与空间相互作用模型殊途同归。由此也可以旁证:空间相互作用模型是一种以规范研究为目标的优化模型。

7.4.3 松弛模型

前面讲述的双约模型是非常严格的,影响空间相互作用的变量是各个城市或区域的输出量 O_i 和输入量 D_j。然而,在现实中,很难保证如此严格的相互作用关系。决定空间流量分布的可能并非 O_i 和 D_j,而是与 O_i 和 D_j 相关但不同的量。现在假定如下关系:

$$O_i\neq O_i^*,\ D_j\neq D_j^*,\tag{7-4-6}$$

这里 O_i^* 表示输出区的某个与流量有关的测度,如人口、产值,D_j^* 表示输入区的某个与流量有关的测度,如人口、产值。于是,标准的 Wilson 空间相互作用模型可以推广为松弛的空间相

互作用模型

$$T_{ij}=A_iB_jO_i^*D_j^*f(r_{ij}), \tag{7-4-7}$$

式中 A_i、B_j 为两个基于测度 O_i^* 和 D_j^* 的标度因子的集合,可定义为

$$A_i=\frac{1}{\sum_{j=1}^{n}[B_jD_j^*f(r_{ij})]} \tag{7-4-8}$$

以及

$$B_j=\frac{1}{\sum_{i=1}^{n}[A_iO_i^*f(r_{ji})]}. \tag{7-4-9}$$

与前面类似,序号 i、$j=1,2,\cdots,n$。标度因子的这种定义形式是为了满足如下约束条件

$$\sum_{i=1}^{n}T_{ij}=D_j\propto D_j^* \tag{7-4-10}$$

对所有的 D_j 成立,以及

$$\sum_{j=1}^{n}T_{ij}=O_i\propto O_i^* \tag{7-4-11}$$

对所有的 O_i 成立。式中$\propto$表示比例关系。至于距离衰减函数 $f(r)$,可以取负幂律,也可以取负指数律,依地理系统的性质和空间结构特征而定。这种松弛模型也被一些学者当作引力模型对待。

7.4.4 混合模型

在形式上,混合模型是引力模型与空间相互作用模型的混合版本。如果采用规模测度代替流量测度,则可以得到混合型的空间相互作用模型。假定流量与规模之间形成如下比例关系:

$$O_i=\eta P_i,\ D_j=\mu P_j, \tag{7-4-12}$$

式中,P_i 表示输出区的某个规模测度(如人口),P_j 表示输入区的某个相应的规模测度如人口,参数 η、μ 表示比例系数。于是,空间相互作用模型化为如下形式:

$$T_{ij}=A_iB_jP_iP_jf(r_{ij}), \tag{7-4-13}$$

式中 A_i、B_j 为两个基于规模测度 P_i 和 P_j 的标度因子的集合,可定义为

$$A_i=\frac{1}{\sum_{j=1}^{n}[B_jP_jf(r_{ij})]} \tag{7-4-14}$$

以及

$$B_j=\frac{1}{\sum_{i=1}^{n}[A_iP_if(r_{ij})]}. \tag{7-4-15}$$

序号依然取 i、$j=1,2,\cdots,n$。标度因子的这种定义形式是为了满足如下约束条件

$$\sum_{i=1}^{n} T_{ij} = \mu P_j \tag{7-4-16}$$

对所有的 P_j 成立,以及

$$\sum_{j=1}^{n} T_{ij} = \eta P_i \tag{7-4-17}$$

对所有的 P_i 成立。这里给出的实际上是引力模型与空间相互作用模型的混合模型,距离衰减函数 $f(r)$可以是负幂律,也可以是负指数律,根据地理系统的复杂程度和空间分布的格局特征而定。

§7.5 引力与距离衰减律

7.5.1 地理学定律与空间关联效应

地理学中有著名的第一定律和不太引人注目的第二定律,这两个定律都暗示某种空间关联效应。两个地理学定律本质上都是在引力模型和空间相互作用模型的基础上提出的。地理学第一定律(the first law of geography)是说:“所有的地理事物都存在关系,但距离较近的事物比距离较远的事物更有关系。”(Tobler, 1970; Tobler, 2004)。地理事物的空间关联效应一般以负幂律或者指数方式衰减。可见,地理学第一定律说的其实是距离衰减效应。由于负指数律具有准局域性,而负幂律则暗示长程作用,第一定律与基于负幂律的空间衰减有关。

在第一定律的基础上,有人建议提出地理学第二定律。Tobler(2004)建议的第二定律大意是说,一个地理区域之外的现象影响该区域之内发生的事情。这个“定律”与经济学的外部性概念有关。还有人如 David Harvey 将空间异质性建议为地理学第二定律(Tobler,2004)。Arbia 等提出的地理学第二定律(the second law of geography)则可表述如下:“所有的地理事物都存在关系,但尺度较大的事物比尺度较小的事物更有关系。”(Arbia et al., 1996)。Arbia 等的第二定律与 Tobler(2004)提议的第二定律不同,但似乎更为可取。这个定律实质上是说,尺度大的地物之间要比尺度小的地物之间有更强的相互作用。由此可见,Arbia 等的第二定律说的是质量关联效应。如果说第一定律阐释了经典引力模型的分母[$\exp(br_{ij})$或者 r_{ij}^b],而第二定律则阐释了经典引力模型的分子(P_iP_j)。

7.5.2 距离衰减效应

地理空间过程中最基本、最重要的现象可谓是距离衰减效应。距离衰减有多种表现形式,不同的时空条件下,衰减模式可能不同。一般的距离衰减函数可以表示为

$$T = a\mathrm{e}^{-bf(d)}, \tag{7-5-1}$$

式中 d 表示距离,T 表示相互作用,a 为比例系数,b 为距离衰减系数。各种衰减函数可以分

为两大类别：一是单对数衰减函数，二是双对数衰减函数。单对数衰减函数包括指数衰减、正态衰减和平方根指数衰减。在式(7-5-1)中，当 $f(d)=d$ 时，为指数衰减；当 $f(d)=d^2$ 时，为正态衰减；当 $f(d)=d^{1/2}$ 时，为平方根指数衰减。双对数衰减函数包括幂律衰减和对数正态衰减。在式(7-5-1)中，当 $f(d)=\ln(d)$时，为幂律衰减；当 $f(d)=[\ln(d)]^2$ 时，为对数正态衰减(表 7-5-1)。实际上，还有其他类型的衰减，如对数衰减、指数二型衰减、双曲函数衰减、Gamma 衰减(参见第 5 章的非线性函数)。

在各类衰减函数中，最常见的衰减模式是指数衰减和幂律衰减。实际上，地理学中最常用的模型是一些具有某种对称性的函数。指数函数具有尺度平移对称性，而幂函数具有尺度伸缩对称性即标度对称性。指数衰减主要用于描述空间分布(如城市人口分布)，而幂律衰减则用于描述空间相互作用(如城市间相互作用)。如前所述，指数衰减函数暗示局域性，而幂律衰减函数暗示长程作用。指数衰减有特征尺度，超过平均距离，空间效应迅速减弱；幂律衰减没有特征尺度，代表一种标度现象，无论距离多远，效应都存在。由此可见，地理学第一定律主要反映的是幂律衰减，指数衰减不满足地理学第一定律。

表 7-5-1 距离衰减函数的一般分类

名称	函数	线性回归变换
一般函数	$T=a\mathrm{e}^{-bf(d)}$	$\ln T=\ln a-bf(d)$
单对数衰减函数		
正态衰减	$T_{ij}=a\mathrm{e}^{-bd_{ij}^2}$	$\ln T_{ij}=\ln a-bd_{ij}^2$
指数衰减	$T_{ij}=a\mathrm{e}^{-bd_{ij}}$	$\ln T_{ij}=\ln a-bd_{ij}$
平方根指数衰减	$T_{ij}=a\mathrm{e}^{-bd_{ij}^{0.5}}$	$\ln T_{ij}=\ln a-bd_{ij}^{0.5}$
双对数衰减函数		
幂律衰减	$T_{ij}=a\mathrm{e}^{-b\ln d_{ij}}$	$\ln T_{ij}=\ln a-b\ln d_{ij}$
对数正态衰减	$T_{ij}=a\mathrm{e}^{-b(\ln d_{ij})^2}$	$\ln T_{ij}=\ln a-b(\ln d_{ij})^2$

资料来源：Taylor (1975)。见于：Haggett, et al. *Location Analysis in Human Geography*. 1977：31；周一星.城市地理学：360。

符号说明：T_{ij}＝区位 i 与 j 之间的相互作用，d_{ij}＝区位 i 与 j 之间的距离，a，b＝常数，e＝指数常数 (2.718 3)。实际上，距离衰减函数还包括对数函数、反比指数函数等。

7.5.3 异速关系与引力模型的导出

传统的引力模型与 Wilson 的空间相互作用模型既有联系又有区别。Wilson 模型本质上是一种流量分布模型。城市或者区域之间的流量大小与引力大小存在不容置疑的关系，流量是引力的函数。引力越大，流量一般也会越大。但是，在数学模型上，引力模型与流量分布模型还是有区别的：在引力模型中，通常采用地方的某种规模如人口定义自变量，而流入量和流出量用于构成因变量，因变量代表引力测度，它由现实的流量决定；在流量分布模型中，流入量和流出量为两个自变量,因变量则是预测的流量,而非现实的流量。简而言之,引力模型是一种行为描述模型,主要用于解释和预测;空间相互作用模型是一种理论规范模型,主要用于优化和规划(表7-5-2)。从引力模型到空间相互作用模型,Fotheringham 等将其概括为四个发展阶段:Newton 万有引力类比、熵最大化、效用最大化(完全替代集)、随机效用最大化(有限选择集)(Fotheringham et al., 2000)。限于篇幅,不多介绍。

在一定条件下,引力模型可以从空间相互作用模型中推导出来。推导的前提在于:重标的流出量和流入量与城市或者区域的某种规模测度构成异速标度关系。假定如下异速关系成立

$$A_iO_i = \eta P_i^u,\ B_iD_j = \mu P_j^v, \tag{7-5-2}$$

式中,P_i 表示输出区的某个规模测度(如人口),P_j 表示输入区的某个相应的规模测度(如人口),参数 η、μ 表示比例系数,u、v 为标度指数。将上式代入式(7-4-1)得

$$T_{ij} = \eta\mu P_i^u P_j^v r_{ij}^{-\sigma} = KP_i^u P_j^v r_{ij}^{-\sigma}, \tag{7-5-3}$$

式中,$K=\eta\mu$ 为初始引力系数。这个式子可以用于局部流量分析,即一个城市(如北京)与区域内其他城市(如京津冀的各个城市)的流量分布关系。如果考虑全局关系,则有对偶形式

$$T_{ji} = \eta\mu P_i^v P_j^u r_{ij}^{-\sigma} = KP_i^v P_j^u r_{ij}^{-\sigma}. \tag{7-5-4}$$

式(7-5-3)、式(7-5-4)两式相乘得

$$T_{ij}T_{ji} = K^2 P_i^{u+v} P_j^{u+v} r_{ij}^{-2\sigma}. \tag{7-5-5}$$

两边取 $u+v$ 次根,化为

$$I_{ij} = (T_{ij}T_{ji})^{1/(u+v)} = K^{2/(u+v)} P_iP_j r_{ij}^{-2\sigma/(u+v)} = GP_iP_jr_{ij}^{-b}, \tag{7-5-6}$$

这里 I_{ij} 为引力,模型参数表达为

$$G = K^{2/(u+v)},\ b = \frac{2\sigma}{u+v}. \tag{7-5-7}$$

式中,G 为重标后的地理引力系数,b 为重标后的距离衰减指数,也是相应规模测度的分维平均值(Chen, 2015)。

表 7-5-2　引力模型与空间相互作用模型的比较

比较项目	引力模型	空间相互作用模型
性质	行为模型	规范模型
功能	解释和预测	优化和规划
标准阻抗函数	负幂律	负指数函数
推广阻抗函数	负指数函数	负幂律
成本距离函数	标准形式为对数函数	初始形式为线性函数
理论基础	早先基于经验和类比,如今可以借助最大熵推导出来	地理系统的最大熵过程
应用方向	描述现实的流的不对称分布,可以转换为对称的联系强度	根据优化思想计算最有效率的流的不对称分布,指导交通规划

§7.6 小　结

引力和空间相互作用模型是理论地理学的基本模型,也是地理空间分析的重要工具。它们是理解地理学理论与应用的窗口,也是沟通地理传统与前沿的桥梁。引力模型可以描述地理系统空间行为,而空间相互作用模型更多的是暗示地理空间优化。本章讲述了引力模型的基本形式及其变体,更多地讲述了空间相互作用模型的理论基础、表现形式、计算方法及其与引力模型的相似性和差异性。通过本章内容的学习,至少加深如下几个方面的认识。一是距离衰减效应。地理分布和空间作用都随距离的增大而减弱,这是地理学的基本规律。空间分布的距离衰减通常表现为指数函数,具有明确的特征尺度和边界;空间作用的距离衰减通常表现为幂次函数,没有特征尺度和边界。二是空间关联效应。地理现象都不是孤立的,一个事件联系着另一个事件,一个要素联系着另一个要素,尺度或规模越大,距离越近,联系越强,反之则弱。三是尺度与标度。如果距离衰减表现为负指数形式,则空间相互作用具有特征尺度,可以采用常规的数学方法处理;如果距离衰减表现为负幂律形式,则空间相互作用没有特征尺度,属于标度格局和过程,常规数学方法通常失效,需要新的数学理论和分析方法。四是位移与滞后。距离衰减效应暗示着空间位移效应,即一个地理要素不仅直接影响相邻的要素,而且影响不相邻的要素。不仅如此,空间位移反映在演化过程中就是滞后效应,即反应延迟现象。一个要素对另一个要素的影响不一定立即表现出来,可能要过一段时间才会逐步显示。空间维度和时间滞后是数学建模的两大难题,学习引力模型和空间相互作用知识,有助于启发探索今后地理空间建模的新方向。

在地理空间分析中,引力模型、空间相互作用模型、线性规划以至 Markov 链,可以相互结合,互补使用。以区域中的一组城市为例,说明三种分析方法的区别。其一,引力模型。已知城市的规模、城市之间的空间距离和流量,估计模型参数,计算城市之间的现实吸引力或者相互作用强度。其二,空间相互作用模型。本质上是一种非线性规划。已知城市的总产出流量(向量)、总吸收流量(向量)、空间距离(矩阵)或交通时间(矩阵)或运输成本(矩阵),计算最合理的空间流量分布。该模型既关注流的交互作用过程,也关注合理的分布格局。目标在于城市之间的公平与城市体系整体的效率。其三,线性规划。已知城市的总产出流量(向量)、总吸收流量(向量)、空间距离(矩阵)或交通时间(矩阵)或运输成本(矩阵),计算运输成本最低的流量分布格局。目标在于运输成本最低,这是单纯的以经济为导向的空间优化。线性规划可以给出最低运输成本的流的分布,而空间相互作用不然,空间相互作用预测的流的分布,运输成本较低,不一定是最低。基于指数衰减的空间相互作用模型与线性规划存在显著区别。但是,基于幂律衰减的空间相互作用模型在极端情况下,其结果与线性规划模型分析的结论殊途同归。

第8章　空间自相关分析与自回归建模

空间自相关和空间相互作用是计量地理学中最重要的两种模型和分析方法。提到空间自相关，地理学者往往想到 Tobler(1970, 2004)的地理学第一定律。实际上，空间自相关测度来源于地理学之外，Moran 指数最早由生物计量学家提出(Moran, 1950)，随后统计学杂志出现了 Geary 系数概念(Geary, 1954)。空间自相关的数学表达貌似复杂，但其基本原理却非常简单。空间自相关分析方法是从常规的相关分析推广而来的。通过回归分析类比，很容易理解空间自相关的理论和方法。Moran 指数是自相关系数的推广，而自相关系数则是回归分析中 Pearson 相关系数的推广。Geary 指数是从回归分析的 Durbin-Watson(1950, 1951)统计量类比而得的，二者在形式上仅仅是数值范围定义的不同。目前，空间自相关分析已经形成了完整的空间分析范式。这种方法既可以单独用于空间关联分析，也可用于基于空间抽样建模的辅助分析。空间自相关的测度有多种，包括 Moran 指数(Moran's I)、Geary 系数(Geary's C)、Ripley 指数(Ripley's K)、Getis-Ord 的 G 统计量(Getis-Ord' G)。此外，在地理学中还有所谓连接数分析(join count analysis)。本章着重讲述 Moran 指数、Geary 系数、Getis 统计量和 Moran 散点图分析等。首先简单地说明相关系数的推广过程，然后介绍空间自相关的常用测度，再借助一个简明的教学案例给出详细的计算过程。最后将空间自相关模型推广到空间自回归模型。通过本章的学习，读者可以借助 Excel 之类的电子表格计算 Moran 指数和 Geary 系数，并绘制规范化的 Moran 散点图。了解空间自相关的数学原理和数值计算过程，可望更好地应用该方法分析并解决实际问题。

§8.1　相关系数和自相关系数

8.1.1　Pearson 相关系数

统计分析有一个基本的假定，那就是样本中不同的观测值彼此独立、互不干扰。当且仅当一个观测点对另外一个观测点没有显著影响时，所获样本才能更为有效地揭示变量关系及其反映的统计结构。然而，现实中的情况往往不是如此简单。样品与样品之间有时相互作用。对于地理问题而言，如果空间抽样存在地域邻近性，则不能保证样本观测值彼此无关。在这种情况下，有必要考虑样品的空间联系。空间自相关分析的主要目的有两个：其一，基本目的是检验空间独立性(independence)或者随机性(randomness)假定。当人们借助统计学建立空间模型的时候，往往需要假设空间抽样彼此独立，属于随机分布。这个假设是否成立，可以采用空间自相关分析进行检验。其二，测量空间依存性的强度。如果样品的空间联系的确存在，并且以往的定量分析方法失效，则不妨采用空间自相关分析，直接解析出有用的地理信息（Griffith，2003；Haggett，et al.，1977）。例如，基于中国31个省、自治区、直辖市的观测值可以研究城市化水平与交通网络连接度的关系，建模的前提是各个区域的观测值原则上没有相关性，否则，模型参数就会偏离实际。然而，实际上，空间数据点可能并非彼此无关。究竟有没有关系，可以采用空间自相关分析进行判断。没有显著的空间自相关，则可以开展城市化水平与交通网络的回归分析；否则，退而求其次，基于各个区域的城市化水平或者交通网络开展空间自相关分析。进一步地，基于空间自相关分析，建立空间自回归模型。

如前所述，空间自相关的基本测度来自常规相关系数。在统计学中，相关性常常采用Pearson相关系数测度，它表示的是两个随机变量的线性关系的强度和方向。在回归分析中，相关系数（correlation coefficient）有时叫作简单互相关系数（cross-correlation coefficient），可以定量地反映一元线性回归模型对观测数据最小平方拟合的质量。假定一个地理系统包括n个要素，为了基于这些要素描述某种测度关系，可以运用相关系数。考虑两个变量x和y，它们代表n个地理要素的两种不同测度，相关系数的计算公式为

$$R=\frac{\sum_{i=1}^{n}(x_i-\bar{x})(y_i-\bar{y})}{\sqrt{\sum_{i=1}^{n}(x_i-\bar{x})^2\sum_{i=1}^{n}(y_i-\bar{y})^2}}=\frac{\mathrm{cov}(x_i,y_i)}{\sqrt{\mathrm{Var}(x_i)\mathrm{Var}(y_i)}}, \tag{8-1-1}$$

这里

$$\bar{x}=\frac{1}{n}\sum_{i=1}^{n}x_i,\ \bar{y}=\frac{1}{n}\sum_{i=1}^{n}y_i$$

为平均值，cov表示协方差，Var表示总体方差。式(8-1-1)就是著名的Pearson积-矩相关系数，相对于复相关系数则称之为简单相关系数。该统计量在前面的回归分析、主成分分析中反复用到。在时间序列分析中，简单相关系数可以视为0阶时间滞后（time lag，简称"时滞"）的互相关系数。

8.1.2 自相关系数

一种方法往往可以通过类比或"移植"扩大其使用范围，使之更具有一般性。此过程谓之"推广"。通过若干步骤的推广，可以将Pearson相关系数"改装"为自相关系数。考虑地理系统演化的一个时间序列（time series），任取其中一段，得到一个样本路径（sample path）。所谓样本路径，就是在给定的一个时段内，按照一定的时间间隔观测或者采样的数据的集合。第一次推广，序列分解。假定时滞为$\tau=1$，将上面的相关系数应用于时间序列或者空间序列自身，得到如下结果

$$\rho=\frac{\sum_{t=1}^{n-1}(x_t-\bar{x}_{1,n-1})(x_{t+1}-\bar{x}_{2,n})}{\sqrt{\sum_{t=1}^{n-1}(x_t-\bar{x}_{1,n-1})^2\sum_{t=1}^{n-1}(x_{t+1}-\bar{x}_{2,n})^2}}, \tag{8-1-2}$$

式中

$$\bar{x}_{1,n-1}=\frac{1}{n-1}\sum_{t=1}^{n-1}x_t,\ \bar{x}_{2,n}=\frac{1}{n-1}\sum_{t=1}^{n-1}x_{t+1}$$

为平均值,n 为样本路径长度或者观测点数,ρ 表示时间自相关系数。上面的式子与简单互相关系数没有结构上的区别,不同之处在于将一个序列人为地分解为两个序列,然后计算两个序列的“互”相关测度——此时的互相关实际上反映了自相关。第二次推广,均值替换。将上面的自相关系数改为

$$\rho=\frac{\sum_{t=1}^{n-1}(x_t-\bar{x})(x_{t+1}-\bar{x})}{\sqrt{\sum_{t=1}^{n-1}(x_t-\bar{x})^2\sum_{t=1}^{n-1}(x_{t+1}-\bar{x})^2}},\tag{8-1-3}$$

式中

$$\bar{x}=\frac{1}{n}\sum_{t=1}^{n}x_t$$

为整个时间序列样本路径的平均值。均值替换思想在于时间序列的平稳性假设。第三次推广,方差替换。当样本路径很长从而 n 很大时,离差平方和有如下近似关系:

$$\sum_{t=1}^{n-1}(x_t-\bar{x})^2\approx\sum_{t=1}^{n-1}(x_{t+1}-\bar{x})^2\leqslant\sum_{t=1}^{n}(x_t-\bar{x})^2,\tag{8-1-4}$$

自相关系数可以进一步推广为

$$\rho=\frac{\sum_{t=1}^{n-1}(x_t-\bar{x})(x_{t+1}-\bar{x})}{\sum_{t=1}^{n}(x_t-\bar{x})^2}.\tag{8-1-5}$$

近似离差平方和替换的本质是近似方差替换。方差替换思想仍然在于时间序列的平稳性假设。式(8-1-5)也可以等价地表示为

$$\rho=\frac{\sum_{t=2}^{n}(x_t-\bar{x})(x_{t-1}-\bar{x})}{\sum_{t=1}^{n}(x_t-\bar{x})^2},\tag{8-1-6}$$

式中的 t 表示观测时刻的序号,这里讨论的自相关可以看作时间上的自相关。但是,上面的公式仅仅考虑一次滞后。如果考虑多次滞后,即取 $\tau=1,2,3,\cdots$,则时间自相关系数化为时间自相关函数。第四次推广,时空代换。将时间序号替换为空间序号,时间滞后参数替换为空间位移参数,时间序列的自相关系数即可推广为一维空间序列自相关系数

$$\rho=\frac{\sum_{r=2}^{n}(x_r-\bar{x})(x_{r-1}-\bar{x})}{\sum_{r=1}^{n}(x_r-\bar{x})^2},\tag{8-1-7}$$

这里 r 表示空间位置的序号。上面的公式仅仅考虑一次位移。如果考虑多次位移,即取 $k=1,2,3,\cdots$,则空间自相关系数化为空间自相关函数。在时空代换过程中,时间序列的平稳性被空间序列的平稳性假设替代。式(8-1-6)和式(8-1-7)都是一维自相关系数计算公式。更进一步,将一维空间自相关推广到二维空间自相关,并且考虑空间邻近关系即权重因素,就可得到下面讨论的空间自相关系数了。实际上,二维空间自相关是采用空间权重矩阵代替一维空间自相关位移参数的结果。

§ 8.2　空间邻近函数和权重矩阵

8.2.1　空间邻近函数

空间权重矩阵可以借助空间邻近函数或者距离衰减函数生成。常用的空间邻近函数包括阶梯函数、指数函数和幂指数函数,后面两个函数也用于刻画空间相互作用的距离衰减过程(Chen, 2012)。在这一系列函数中,最基本的是负指数函数。阶梯函数可以视为负指数函数的极端情形,而通过阶梯函数的累计移动平均,可以生成负幂律衰减函数。空间关联可以分为两种基本类型:一是局域关联(local correlation),二是长程关联(long-range correlation)。所谓局域关联,就是一个区位或者地理要素,仅仅直接影响邻近的区位或者地理要素,对间隔的区位或者地理要素没有直接影响。所谓长程关联,就是一个区位或者地理要素,不仅直接影响邻近的区位或者地理要素,而且直接影响间隔的区位或者地理要素,但距离越远,影响越小。如果采用以距离为横坐标的坐标图表示空间直接作用曲线,则长程关联曲线为拖尾(tail off)式衰减——逐渐减弱,而局域关联曲线为截尾(cut off)式衰减——突然消失。

(1) 局域关联与阶梯函数。局域关联可以采用 0、1 二值分类变量表示。简单的二值邻接矩阵常由如下阶梯函数生成:

$$v_{ij}=\begin{cases}1 & \text{当区域 } i \text{ 和 } j \text{ 邻接}, i\neq j\\ 0 & \text{其他}\end{cases},\qquad (8\text{-}2\text{-}1)$$

式中 v_{ij} 表示区域 i 与 j 的邻近性测度。

(2) 准局域关联与阶梯函数。准局域关联与局域关联存在微妙的区别。对于此类关联,基于距离二值分类变量的空间权重矩阵可以由如下阶梯函数产生:

$$v_{ij}=\begin{cases}1 & \text{当区域 } i \text{ 和 } j \text{ 的距离小于 } r_c \text{ 时}, i\neq j\\ 0 & \text{其他}\end{cases}.\qquad (8\text{-}2\text{-}2)$$

式中 r_c 表示临界尺度。上述两种关联的基础是分类变量,此类变量又叫虚拟变量、名义变量或者指示变量。

(3) 准长程关联与负指数函数。当空间关系的直接作用具有局域性特征而间接作用具有长程衰减特征时,可以采用负指数函数描述,公式如下:

$$v_{ij}=\exp\left(-\frac{r_{ij}}{r_0}\right),\tag{8-2-3}$$

式中 r_{ij} 表示区域 i 与 j 的距离，r_0 为平均距离或者平均距离的一半，即有 $r_0=\bar{r}$ 或者 $r_0=\bar{r}/2$，这里 $\bar{r}$ 表示平均距离。当 $r_{ij}\to 0$ 时，$v_{ij}\to 1$；当 $r_{ij}\to\infty$ 时，$v_{ij}\to 0$。可见，负指数函数的极端情况表现为阶梯函数特征。

(4) 长程关联与负幂律函数。当空间关联具有长程作用特征即直接作用和间接作用都逐步衰减时，可根据负幂律计算空间邻近性，公式表示为

$$v_{ij}=r_{ij}^{-b},\tag{8-2-4}$$

式中 b 为距离摩擦系数，一般取 $b=1$。地理学家 Cliff 和 Ord(1973, 1981)主要采用这个公式计算权重矩阵，故有时人们称之为 Cliff-Ord 权重(Cliff-Ord weights)。从阶梯函数出发，通过半移动平均，可以生成 $b=1$ 的负幂律函数(Chen, 2015)，即有

$$v=\frac{1}{r}\sum_{i=1}^{r}f(i)=\frac{1}{r},\tag{8-2-5}$$

式中 $i=1,2,\cdots,r$ 表示序号，$f(i)=1,0,0,\cdots$ 表示相应的阶梯函数值。

8.2.2 空间权重矩阵

有了空间邻近函数，就可以将空间关系或者距离转化为空间邻近性测度矩阵(空间邻近性距阵)。通常定义一个二元对称空间邻近性矩阵 V，来表达 n 个区域或区位的空间邻近性，其形式如下

$$V=\begin{bmatrix} v_{11} & v_{12} & \cdots & v_{1n} \\ v_{21} & v_{22} & \cdots & v_{2n} \\ \cdots & \cdots & \cdots & \cdots \\ v_{n1} & v_{n2} & \cdots & v_{nn} \end{bmatrix},\tag{8-2-6}$$

式中 v_{ij} 用于比较区域(位)i 与 j 相邻的程度。实际上，V 不是严格意义的权重矩阵，在西方文献中一般称之为邻近矩阵(contiguity matrix)。也有学者不作概念区分，称之为空间权重矩阵。该矩阵归一化之后才称为严格意义的空间权重矩阵，表示为

$$\boldsymbol{W}=\frac{V}{V_0}=\begin{bmatrix} w_{11} & w_{12} & \cdots & w_{1n} \\ w_{21} & w_{22} & \cdots & w_{2n} \\ \cdots & \cdots & \cdots & \cdots \\ w_{n1} & w_{n2} & \cdots & w_{nn} \end{bmatrix},\tag{8-2-7}$$

式中

$$w_{ij}=\frac{v_{ij}}{V_0}=v_{ij}\Big/\sum_{i=1}^{n}\sum_{j=1}^{n}v_{ij},\tag{8-2-8}$$

这里

$$V_0=\sum_{i=1}^{n}\sum_{j=1}^{n}v_{ij}. \tag{8-2-9}$$

显然式(8-2-8)满足归一化条件

$$\sum_{i=1}^{n}\sum_{j=1}^{n}w_{ij}=1. \tag{8-2-10}$$

满足归一化条件的矩阵才是权重矩阵。在文献中，地理学家通常采用按行归一化，即有

$$\boldsymbol{W}^*=n\begin{bmatrix} w_{11} & w_{12} & \cdots & w_{1n} \\ w_{21} & w_{22} & \cdots & w_{2n} \\ \cdots & \cdots & \cdots & \cdots \\ w_{n1} & w_{n2} & \cdots & w_{nn} \end{bmatrix} \tag{8-2-11}$$

式(8-2-11)中的 w_{ij} 不同于式(8-2-7)中的 w_{ij}。在理论上，这种归一化方式是有问题的，因为它违背了距离公理。空间邻近性矩阵本质上是一个距离矩阵，距离矩阵必须服从距离公理，条件之一是对称性。如果采用按行归一化，则最终结果不对称。虽然经验上常常看不出这个错误的后果，但有时会导致 Moran 指数的绝对值大于 1。采用完全归一化权重矩阵不仅不会违背距离公理，从而不会出现荒谬的计算结果，而且要比按行归一化矩阵更为简洁、规范，便于计算。按行归一化有效的前提是空间平稳性。满足空间平稳性的地理系统，局部平均值之间没有显著差异，从而按行归一化的结果与全局归一化的结果没有显著差别。

空间距离矩阵采用数值变量表示，容易理解，而基于分类变量的 0、1 二值形式的空间邻近矩阵，与基于常规数字概念的矩阵有所区别。不妨看一个简单的例子。假设有 A、B、C、D、E 五个区域，它们彼此的空间关系如图 8-2-1 所示。根据式 8-2-1 所表示的局域性：两区域共边，权重为 1，否则为 0。于是得到权重矩阵(表 8-2-1)。在空间自相关分析过程中，对角线的元素要强行定义为 0。

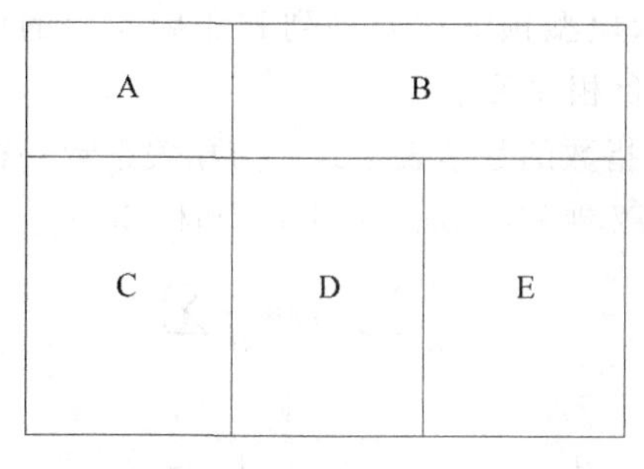

图 8-2-1　五个区域的空间关系示意

表 8-2-1 基于局域性的空间邻近矩阵一例

	A	B	C	D	E
A	1	1	1	0	0
B	1	1	0	1	1
C	1	0	1	1	0
D	0	1	1	1	1
E	0	1	0	1	1

§8.3 全局空间自相关

8.3.1 Moran 指数

空间自相关分析通常采用 Moran 指数和 Geary 系数开展全局分析。Moran 指数(Moran's index)是空间自相关理论中最早出现的测度,也是确定空间自相关的最基本的判据。该指数由 Moran(1950)提出。如前所述,Moran 指数是由 Pearson 相关系数推广而来,而 Geary 系数则是由 Durbin-Watson 统计量类比得到。自相关系数的推广路径是:简单相关系数→一维时间自相关系数→一维空间自相关系数→二维权重空间自相关系数(Moran 指数)。在回归分析中,Durbin-Watson 统计量与自相关系数的关系为(Durbin and Watson, 1950, 1951, 1971)

$$\mathrm{DW}=\frac{\sum_{t=2}^{n}(e_t-e_{t-1})^2}{\sum_{t=1}^{n}e_t^2}=2(1-\rho), \tag{8-3-1}$$

式中 ρ 表示自相关系数,可类比于 Moran 指数,DW 为 Durbin-Watson 统计量,可类比于 Geary 系数,e_t、e_{t-1} 分别表示模型预测误差序列和滞后一期的误差序列。由此可见,Moran 指数与 Geary 系数之间存在负相关关系。

首先给出常规的 Moran 指数的数学表达式。与相关系数一样,Moran 指数是基于离均差(deviations from mean)的交叉乘积(cross-product)和构建的。定义均值

$$\bar{x}=\frac{1}{n}\sum_{i=1}^{n}x_i=\frac{1}{n}\sum_{j=1}^{n}x_j \tag{8-3-2}$$

和方差

$$\sigma^2=\frac{1}{n}\sum_{i=1}^{n}(x_i-\bar{x})^2=\frac{1}{n}\sum_{j=1}^{n}(x_j-\bar{x})^2, \tag{8-3-3}$$

式中 σ 表示总体标准差。数据排列形式不同,求和的表达式不同:对于列向量,对 i 求和;对于行向量,对 j 求和。对于均值和方差的计算,最终结果一样。基于双求和过程,全局 Moran

指数用如下公式计算：

$$I=\frac{n\sum_{i=1}^{n}\sum_{j=1}^{n}v_{ij}(x_i-\bar{x})(x_j-\bar{x})}{\sum_{i=1}^{n}\sum_{j=1}^{n}v_{ij}\sum_{i=1}^{n}(x_i-\bar{x})^2}=\frac{\sum_{i=1}^{n}\sum_{j=1}^{n}v_{ij}(x_i-\bar{x})(x_j-\bar{x})}{\sigma^2\sum_{i=1}^{n}\sum_{j=1}^{n}v_{ij}},\tag{8-3-4}$$

式中 I 为 Moran 指数($j\neq i$)，实则加权空间自相关系数。可以看出，Moran 统计量是一种标准化的加权空间自协方差。理论上，Moran 指数 I 的取值在$[-1,1]$。作为相关系数，大于 0 表示正相关，小于 0 表示负相关，等于 0 表示不相关。但是，对于 Moran 指数，人们通常不这样理解。不是以 0 作为正负相关的临界值，而是以期望值作为临界值。期望值为 $\mathrm{E}(I)=-1/(n-1)$。I 小于$-1/(n-1)$表示负相关，等于$-1/(n-1)$表示不相关，大于$-1/(n-1)$表示正相关。需要明确的是：理论意义的总体标准差，其均值 $\bar{x}$ 应该用期望μ 代替；实际的均值又是样本均值 $\bar{x}$，此时应该用 $n-1$ 代替式(8-3-3)中的 n，从而用样本标准差代替总体标准差。如果这样处理，又不能与时间序列的自相关系数的数学结构形成严格意义的类比关系。可见，由于历史的原因，空间自相关模型的符号难以全面统一。

接下来，借助矩阵和向量，可以将 Moran 指数公式表示为更为简洁的形式。引入记号

$$y_i=x_i-\bar{x},\ y_j=x_j-\bar{x},\ y^{\mathrm{T}}=[y_1,y_2,\cdots,y_n],$$

这里 T 表示矩阵或者向量转置。考虑到式(8-2-9)，全局 Moran 指数 I 的计算公式就可以简单地表示为

$$I=\frac{n}{V_0}\frac{\sum_{i=1}^{n}\sum_{j=1}^{n}v_{ij}(x_i-\bar{x})(x_j-\bar{x})}{\sum_{i=1}^{n}(x_i-\bar{x})^2}=\frac{n}{V_0}\frac{\sum_{i=1}^{n}\sum_{j=1}^{n}v_{ij}y_iy_j}{\sum_{i=1}^{n}y_i^2}=\frac{n}{V_0}\frac{y^{\mathrm{T}}Vy}{y^{\mathrm{T}}y}.\tag{8-3-5}$$

上面表达还可以进一步简化。假定变量标准化，即定义

$$z_i=\frac{y_i}{\sigma}=\frac{x_i-\bar{x}}{\sigma},\ z_j=\frac{y_j}{\sigma}=\frac{x_j-\bar{x}}{\sigma},\ z^{\mathrm{T}}=[z_1,z_2,\cdots,z_n],$$

这里

$$\sigma=\left(\frac{1}{n}y^{\mathrm{T}}y\right)^{1/2}\tag{8-3-6}$$

与式(8-3-3)等价。基于式(8-2-8)所示的归一化条件和标准化向量，式(8-3-5)可以化为如下矩阵形式(陈彦光，2009)：

$$I=\frac{ny^{\mathrm{T}}Wy}{y^{\mathrm{T}}y}=z^{\mathrm{T}}Wz,\tag{8-3-7}$$

这里 $W=V/V_0$ 为归一化权重矩阵。利用这个式子，可以在电子表格 Excel 或者数学软件 Matlab 中非常方便地计算出 Moran 指数值。

8.3.2 Geary 系数

Moran 指数是基于空间总体定义的，对于空间小样本分析，Moran 指数的测度可能不符合实际。于是人们需要 Geary 系数。Geary 系数(Geary coefficient)是从空间样本的角度，基于观测值彼此之间偏离强度定义的。理论上 Geary 系数与 Moran 指数等价，实际应用中有区别。类比于 DW 计算公式，考虑空间距离权重，基于双求和过程，Geary 系数 C 计算公式如下：

$$C=\frac{(n-1)\sum_{i=1}^{n}\sum_{j=1}^{n}v_{ij}(x_i-x_j)^2}{2\sum_{i=1}^{n}\sum_{j=1}^{n}v_{ij}\sum_{i=1}^{n}(x_i-\bar{x})^2}=\frac{n-1}{2V_0}\frac{\sum_{i=1}^{n}\sum_{j=1}^{n}v_{ij}(x_i-x_j)^2}{\sum_{i=1}^{n}(x_i-\bar{x})^2},\tag{8-3-8}$$

式中 C 为 Geary 系数，其他变量同上式。Geary 系数 C 的取值一般在[0, 2]之间，期望值为 $E(C)=1$，大于 1 表示负相关，等于 1 表示不相关，而小于 1 表示正相关。基于样本标准差将变量 x 标准化，式(8-3-8)可以简化为

$$C=\frac{1}{2}\sum_{i=1}^{n}\sum_{j=1}^{n}w_{ij}(z_i^*-z_j^*)^2,\tag{8-3-9}$$

式中

$$z_i^*=\frac{y_i}{s}=\frac{x_i-\bar{x}}{s},\ z_j^*=\frac{y_j}{s}=\frac{x_j-\bar{x}}{s},\ s=\left(\frac{1}{n-1}y^{\mathrm{T}}y\right)^{1/2},\ z^{*\mathrm{T}}=[z_1^*,z_2^*,\cdots,z_n^*],$$

其中 s 表示样本标准差。

不妨比较 Geary 系数与 Durbin-Watson 统计量，看看二者的相似性和差异性。如果在 C 值前面乘以 2，就会与 DW 对应了：$2C$ 值变化于 0～4 之间：大于 2 表示正相关；等于 2 表示不相关；小于 2 表示正相关。比较式(8-3-9)与式(8-3-1)可知，Geary 系数与 DW 统计量的计算公式在本质上同构。不同之处在于：① DW 计算式表示一维统计量(单求和)，而 Geary 系数为二维统计量(双求和)；② DW 没有考虑距离权重关系，但考虑一次滞后，而 Geary 系数考虑了距离权重关系——实质上是用权重代替了滞后；③ DW 值在 0～4 之间，Geary 系数数值除以 2，将数值限定在 0～2 之间。

在很多情况下，Geary 系数与 Moran 指数反映的地理信息是一致的，但二者并非可以彼此替代。首先，统计视角不同。Moran 指数基于总体，而 Geary 系数基于样本。在简化计算过程中，前者用到总体标准差，而后者则用到样本标准差。其二，描述方向不同。Moran 指数是基于夹角大小定义，而 Geary 系数是基于距离定义的空间统计量。较之于 Moran 指数，Geary 系数强调的是观测值彼此之间的差异，而不是比较两组观测值的协方差。就统计学的几何意义而言，协方差代表“交角”，而观测值偏差代表“距离”。其三，应用的侧重点有所差异。Moran 指数基于全局，而 Geary 系数反映局部特征。Moran 指数主要是一个总体性指标，对小邻居的差异反映迟钝；与此相反，Geary 系数对小邻居反映更加敏感。因此，要想反映空间

自相关的宏观规律,可以采用 Moran 指数;要想揭示具有演化前景但规模小从而容易被忽略的地域单元特征,建议采用 Geary 系数。

8.3.3 Z 统计量

所谓空间自相关系数实际上是一个变量通过网络空间与自身相关程度的度量。如果一个变量的空间分布隐含某种系统的图式,就可认为它是空间自相关的,否则为空间随机分布。如果相邻或者接近的区域表现出某种相似性,则是正的(positive)空间自相关(图 8 3 1a);如果相邻或者接近的区域彼此表现为差异性,则属于负的(negative)空间自相关(图 8-3-1b);如果区域之间看不出任何趋势——既没有明显的邻近相似性,也没有邻近差异性,那就是随机分布,不存在空间自相关,可以采用常规的统计学方法如回归分析开展数据分析。

图 8-3-1 正负空间自相关示意

可是,相关性不是一个截然清晰的概念,而是模糊表达。相关与否,是就某个显著性水平而言的。当人们提到一个地理现象是否存在空间自相关时,必须采用置信陈述,即:在某个显著性水平上,存在空间自相关,相关系数的变化范围又是多少。对于 Moran 指数,可以用标准化统计量 Z 来检验 n 个区域是否存在空间自相关关系,Z 的计算公式为(Haggett, et al., 1977; Odland, 1988)

$$Z=\frac{I-\mathrm{E}(I)}{\sqrt{\mathrm{var}(I)}}. \tag{8-3-10}$$

可以看到,Z 统计量可以类比于变量标准化公式,即所谓 z-计分(z-score)。式中期望值计算公式为

$$\mathrm{E}(I)=\frac{-1}{n-1}. \tag{8-3-11}$$

基于非归一化的空间邻近性矩阵,标准差计算公式为

$$S_{E(I)}=\sqrt{\mathrm{var}(I)}=\left[\frac{n^2\sum_{i=1}^{n}\sum_{j=1}^{n}v_{ij}^2+3(\sum_{i=1}^{n}\sum_{j=1}^{n}v_{ij})^2-n\sum_{i=1}^{n}(\sum_{j=1}^{n}v_{ij})^2}{(n^2-1)(\sum_{i=1}^{n}\sum_{j=1}^{n}v_{ij})^2}\right]^{1/2}, \tag{8-3-12}$$

式中 v_{ij} 表示非归一化的空间邻近值。基于归一化的空间权重矩阵,标准差计算公式简化为

$$S_{E(I)}=\left[\frac{3+n^2\sum_{i=1}^{n}\sum_{j=1}^{n}w_{ij}^2-n\sum_{i=1}^{n}(\sum_{j=1}^{n}w_{ij})^2}{n^2-1}\right]^{1/2}, \tag{8-3-13}$$

式中 w_{ij} 表示全局归一化的空间权重值。两种公式给出的计算结果一样。当 Z 值为正并且显著时,表明存在正的空间自相关,此时不同空间单元的观测值 x_i 趋于相似;反过来,当 Z 值为负并且显著时,表明存在负的空间自相关,此时不同空间单元的观测值 x_i 趋于差异;当 Z 值为零时,观测值表现为独立随机分布,没有明显的趋势性。

以上测度主要用于全局空间自相关,而全局自相关是相对于局部空间自相关而言的。对于空间分析而言,既需要全局描述,也需要局部分析。一方面,假定分析 N 个地理要素的空间自相关,如果度量这些要素两两之间的关系总和,便是全局空间自相关测度;另一方面,如果以其中某个要素为中心进行度量并展开分析,便是局部空间自相关。从这个意义上讲,局部空间自相关分析可以视为全局空间自相关分析的组成部分。在地理分析中,局部空间自相关是一维概念,而全局空间自相关则是二维概念。局部空间自相关包括三种分析方法:① 空间联系的局部指数(LISA);② G 统计量;③ Moran 散点图。

§8.4 局部空间自相关

8.4.1 Getis-Ord 统计量

Moran 指数和 Geary 系数主要用于度量全局空间自相关性质。如果仅仅判断一个空间样本的内部要素是否存在显著的相关性,从而影响某种空间统计分析如回归分析的效果,全局 Moran 指数就够了。但是,如果将空间自相关系数作为一种具有推断性质的地理空间分析的工具,而不仅仅是一种描述性的评价测度,则仅仅开展全局分析是不够的。为此,Getis 和 Ord (1992)提出了一种新的测度,文献中称之为 Getis-Ord 指数(简称 Getis 指数或者 Getis' G)。Getis 的 G 统计量分为全局统计量和局部统计量两种。Getis-Ord 指数重在局部参数,不妨从其全局参数讲起。基于双求和过程,Getis-Ord 全局统计量 G 可以表示为

$$G=\frac{\sum_{i=1}^{n}\sum_{j=1}^{n}w_{ij}x_ix_j}{\sum_{i=1}^{n}\sum_{j=1}^{n}x_ix_j}. \tag{8-4-1}$$

这叫作一般统计量，式(8-4-1)的分母为 x 的外积。对每一个区域单元的局部统计量 G_i，公式为

$$G_i=\sum_{j=1}^{n}w_{ij}x_j\Big/\sum_{j=1}^{n}x_j,\ G_j=\sum_{i=1}^{n}w_{ij}x_i\Big/\sum_{i=1}^{n}x_i. \tag{8-4-2}$$

这叫作特殊统计量。式(8-4-2)中的两个式子等价，形式不同——有按行求和或者按列求和之别。G 统计量的 Z 检验公式与局部 Moran 指数相似，表达式为

$$Z(G_i)=\frac{G_i-\mathrm{E}(G_i)}{\sqrt{\mathrm{var}(G_i)}}. \tag{8-4-3}$$

其中 G_i 的平均值计算公式很简单，$\mathrm{E}(G_i)=\sum_j(w_{ij})/(n-1)$。但是，方差 $\mathrm{var}(G_i)$ 的计算过程很复杂。

G 统计量主要用于局部集聚分析，故特殊统计量比一般统计量应用频率更高。显著的 Z 正值意味着，在各个区域单元周围，高观测值的区域单元趋于空间集聚，而显著的 Z 负值暗示低观测值的区域单元趋于空间集聚。G 统计量有助于我们探测出区域单元属于高值集聚还是低值集聚的空间分布，这与 Moran 指数不同——Moran 指数只能揭示相似性观测值（正相关）或非相似性观测值（负相关）的空间集聚模式。

基于归一化变量，可将 G 统计量表示为矩阵形式。这样，形式更为简洁，计算更为方便。如果不排除 x 外积矩阵中的对角线元素，则将式(8-4-1)改变形式得到

$$G=\frac{\sum_{i=1}^{n}\sum_{j=1}^{n}w_{ij}x_ix_j}{\sum_{i=1}^{n}x_i\sum_{j=1}^{n}x_j}=\frac{\sum_{i=1}^{n}\sum_{j=1}^{n}w_{ij}x_ix_j}{S^2}, \tag{8-4-4}$$

式中

$$S=\sum_{i=1}^{n}x_i=\sum_{j=1}^{n}x_j \tag{8-4-5}$$

表示向量元素之和。于是全局 Getis-Ord 指数可以表示为矩阵乘法形式

$$G=\sum_{i=1}^{n}\sum_{j=1}^{n}w_{ij}\frac{x_i}{S}\frac{x_j}{S}=\sum_{i=1}^{n}\sum_{j=1}^{n}w_{ij}x_i^*x_j^*=x^{*\mathrm{T}}Wx^*, \tag{8-4-6}$$

此结构与全局 Moran 指数矩阵表达一样。不同之处在于，z 是标准化变量，x^* 是归一化变量。上式中的符号如下：

$$x_i^*=\frac{x_i}{S},\ x_j^*=\frac{x_j}{S},\ x^{*\mathrm{T}}=[x_1^*,x_2^*,\cdots,x_n^*].$$

相应地，基于单求和过程，局部 Getis 指数可以表示为

$$G_i=\sum_{j=1}^{n}w_{ij}\frac{x_j}{S}=\sum_{j=1}^{n}w_{ij}x_j^*. \tag{8-4-7}$$

表示为矩阵形式便是

$$g=[G_i]=Wx^*, \tag{8-4-8}$$

式中 g 表示局部 Getis 指数构成的向量。如果排除 x 外积矩阵的对角线元素，则式(8-4-4)不再成立，需要重新表述。一方面，Getis 和 Ord(1992)的原著中语焉不详；另一方面，排除对角线元素没有道理。故上述推理过程没有排除对角元素。如果 x 是已经归一化的变量，则必有 $S=1$，从而 $x=x^*$。可以证明，如果基于负幂律的特例——双曲函数 $v_{ij}=1/r_{ij}$——构建空间邻近矩阵，则局部 Getis 指数等价于空间相互作用中的潜能，全局 Getis 指数相当于潜能的加权之和。不同之处在于，在空间相互作用分析中，潜能的计算不一定将规模测度和距离测度归一化，而计算 Getis 指数必须采用归一化的距离倒数和归一化的规模测度。

8.4.2 空间联系的局部指数

Getis-Ord 指数虽然可以描述地理空间联系的局部特征，但其定义与自相关系数存在差异。如上所述，该指数的数理本质与空间相互作用更有关系。为了描述空间自相关的局部特征，Anselin(1995)提出了著名的空间联系的局部指标(Local Indicators of Spatial Association, LISA)。LISA 可以从如下两个角度得到理解：① 一个区域单元的 LISA 是以该区域单元为出发点的自相关指标，反映这个区域单元与其他区域单元的空间集聚性质；② 所有区域单元的 LISA 总和与全局的空间自相关程度成比例关系。LISA 包括局部 Moran 指数(Local Moran's I)和局部 Geary 系数(Local Geary's C)。对于标准化的计量分析方法，全局 Moran 指数等于局部 Moran 指数之和，全局 Geary 系数等于局部 Geary 系数之和。下面首先介绍局部 Moran 指数，然后考察局部 Geary 系数。基于单求和过程，局部 Moran 指数被定义为

$$I_i=\frac{(x_i-\bar{x})}{\sigma^2}\sum_{j=1}^{n}w_{ij}(x_j-\bar{x}), \tag{8-4-9}$$

可展开表示为

$$I_i=\frac{n(x_i-\bar{x})\sum_{j=1}^{n}w_{ij}(x_j-\bar{x})}{\sum_{i=1}^{n}(x_i-\bar{x})^2}=\frac{ny_i\sum_{j=1}^{n}w_{ij}y_j}{y^{\mathrm{T}}y}=z_i\sum_{j=1}^{n}w_{ij}z_j, \tag{8-4-10}$$

式中 $z_i=y_i/\sigma$、$z_j=y_j/\sigma$ 表示经过标准差标准化的观测值。局部 Moran 指数检验的标准化统计量为

$$Z(I_i)=\frac{I_i-E(I_i)}{\sqrt{\mathrm{var}(I_i)}}, \tag{8-4-11}$$

式中统计量的估计与全局自相关的有关公式类似。

全局 Geary 系数基于地理要素之间两两关系定义的，计算过程利用要素的两两差值平方矩阵。类似于局部 Moran 指数，局部 Geary 系数考虑的是一个地理要素与其他地理要素的关系。借助样本标准差公式

$$s=\left(\frac{1}{n-1}y^{\mathrm{T}}y\right)^{1/2}=\left[\frac{1}{n-1}\sum_{i=1}^{n}(x_i-\bar{x})^2\right]^{1/2} \tag{8-4-12}$$

将变量标准化,局部 Geary 系数可以表示为

$$C_i=\frac{(n-1)\sum_{j=1}^{n}v_{ij}(x_i-x_j)^2}{2\sum_{i=1}^{n}\sum_{j=1}^{n}v_{ij}\sum_{i=1}^{n}(x_i-\bar{x})^2}=\frac{1}{2}\sum_{j=1}^{n}w_{ij}(z_i^*-z_j^*)^2, \tag{8-4-13}$$

$$C_j=\frac{(n-1)\sum_{i=1}^{n}v_{ij}(x_i-x_j)^2}{2\sum_{i=1}^{n}\sum_{j=1}^{n}v_{ij}\sum_{i=1}^{n}(x_i-\bar{x})^2}=\frac{1}{2}\sum_{i=1}^{n}w_{ij}(z_i^*-z_j^*)^2, \tag{8-4-14}$$

上面两个公式是等价的,差别在于:式(8-4-13)表示按行单求和,而式(8-4-14)表示按列单求和。就数值而言,结果完全一样,其总和等于全局 Geary 系数。特别说明:Anselin(1995)给出的两个计算局部 Moran 指数的公式和两个计算局部 Geary 系数的公式存在一些不足乃至失误。其第一个局部 Moran 指数和局部 Geary 系数基于非归一化空间邻近性矩阵和非标准化规模向量,第二个局部 Moran 指数和局部 Geary 系数基于按行归一化权重矩阵和根据总体标准差的标准化规模变量。基于非归一化矩阵和向量的公式有效,但不规范;基于按行归一化矩阵和向量的公式存在推理错误。本节给出的局部空间自相关统计量,全部是纠正了 Anselin(1995)数学演绎失误之后的结果,并且将表达形式进行了规范化处理。

8.4.3 Moran 散点图

地理空间分析的一个趋势是图像化乃至可视化。如果能够利用某种方法直观地表示一种空间分异特征,则展示效果更好。为此地理学家需要 Moran 散点图(Moran scatterplot)之类的图像。该坐标图与 LISA 一起,构成局部空间自相关分析的基本工具。为了图解空间自相关的局部特征,Anselin(1996)建议基于中心化变量 y 和相应的空间滞后变量 Wy 绘制散点图。一般说来,空间样本点落入坐标图的四个不同的象限。如果是正的空间自相关,则绝大部分散点分布在第一和第三象限;如果是负的空间自相关,则绝大部分散点分布在第二和第四象限。Moran 散点图的四个象限分别对应于一个区域单元与其相邻单元之间四种类型的局部空间关联形式。这样,根据散点的分布,可以将空间样本点划分四类(表 8-3-1)。具体说明如下:

- 第一象限为高-高自相关(正空间联系):自身高值,周边邻居也是高值。故此象限代表高观测值的区域单元主要被高值的区域所包围的空间关联形式。
- 第二象限为低-高自相关(负空间联系):自身低值,周边邻居却是高值。故此象限代表低观测值的区域单元主要被高值的区域所包围的空间关联形式。
- 第三象限为低-低自相关(正空间联系):自身低值,周边邻居也是低值。故此象限代表低观测值的区域单元主要被低值的区域所包围的空间关联形式。
- 第四象限为高-低自相关(负空间联系):自身高值,周边邻居却是低值。故此象限代表高观测值的区域单元主要被低值的区域所包围的空间关联形式。

表 8-3-1 Moran 散点图的空间统计意义分类表示

	横轴负（$y<0$）	横轴正（$y>0$）
纵轴正（$Wy>0$）	第二象限：低-高型。一个区位自身为负值，但其邻居为正值。空间负关联	第一象限：高-高型。一个区位及其邻居都是正值。空间正关联
纵轴负（$Wy<0$）	第三象限：低-低型。一个区位及其邻居都是负值。空间正关联	第四象限：高-低型。一个区位自身为正值，但其邻居为负值。空间负关联

可见，Moran 散点图与 LISA 的用途不尽一致。较之于局部 Moran 指数，Moran 散点图的重要功能在于能够进一步具体显示区域单元和其邻居之间属于高值和高值、低值和高值、低值和低值、高值和低值之中的哪种空间联系形式。不仅如此。通过 Moran 散点图的不同象限，可识别出空间分布中存在着哪几种不同的模式。结合 Moran 散点图与 LISA 显著性水平，还可以给出“Moran 显著性水平图”。这个图可以表示出显著的 LISA 区域，且分别标识出对应于 Moran 散点图中不同象限的地理区域。

实际上，Moran 散点图还有改进和发展的余地。当初 Anselin(1996)认为 Moran 散点图的趋势线斜率给出全局 Moran 指数，实际并非如此。该图给出的斜率是 I/n，即全局 Moran 指数的 $1/n$。如果采用标准化变量 z 代替中心化变量 y，采用 nWz 代替滞后变量 Wy，绘制规范化 Moran 散点图，则新式 Moran 散点图不仅具有原来散点图的全部信息，而且具有新的特征：其一，散点的斜率直接给出全局 Moran 指数；其二，在散点图中可以添加反映局部 Moran 指数特征的趋势线。在式(8-3-7)两边同时左乘以标准化自变量 z 得到

$$zz^{\mathrm{T}}Wz = Iz. \tag{8-4-15}$$

可见，Moran 指数是矩阵 $zz^{\mathrm{T}}W$ 的最大特征值，z 为相应的特征向量。可以验证，采用 z 的内积 $z^{\mathrm{T}}z$ 代替式(8-4-15)中的外积 zz^{T}，该关系近似成立：

$$z^{\mathrm{T}}zWz = nWz = Iz. \tag{8-4-16}$$

这里 $z^{\mathrm{T}}z=n$。这意味着，Moran 指数也是矩阵 nW 的最大特征值，z 为相应的特征向量。基于标准化自变量 z 的内积定义一个函数

$$f = z^{\mathrm{T}}zWz = nWz. \tag{8-4-17}$$

基于标准化自变量 z 的外积 zz^{T} 定义另一个函数

$$f^{*} = zz^{\mathrm{T}}Wz. \tag{8-4-18}$$

以 z 为横坐标轴，以 f 和 f^{*} 为纵坐标轴，可以画出规范化 Moran 散点图。其中 z 与 f 的关系给出散点分布，根据式(8-4-16)，趋势线的斜率即为 Moran 指数；式(8-4-18)中 z 与 f^{*} 的关系给出一条直线，代表散点的趋势线，根据式(8-4-15)，其斜率便是 Moran 指数值。利用全局 Moran 指数及其散点图，可以诊断出对异常值(outlier)以及对 Moran 指数具有强烈影响的区域单元。实际上，由于数据点对(z，nWz)经过了标准化，异常值可以通过 2 倍的标准差可视化地显示出来。

§8.5 计算方法

8.5.1 数据来源和预备

借助非常简单的空间自相关案例分析，可以演示空间自相关主要统计量的计算方法。以北京、天津、上海、杭州四个城市的人口规模数据的空间关联分析为例，说明如何计算 Moran 指数、Geary 系数和 Getis 指数。注意，这个例子没有实际意义，仅仅用于教学——乃是纯粹的教学案例，旨在说明如何理解空间自相关测度，对于理解真正的中国城市体系空间格局和过程而言，不足为训。在这方面，这个例子与前面空间相互作用的案例属于同类性质。下面按照传统的计算公式，不厌其烦、按部就班地运算。首先整理城市规模变量，计算离差平方和和离差交叉乘积矩阵。人口测度采用 2010 年第六次人口普查的市人口(表 8-5-1)。四个城市的平均人口规模为 1161.520 3 万人。根据表中数据可以得到城市人口规模的总体方差为

$$\sigma^2=\frac{1}{4}\sum_{i=1}^{4}(x_i-\bar{x})^2=278\,292.412\,7.$$

从而离差平方和为 $4\sigma^2=1\,113\,169.650\,7$。由式 $(x_i-\bar{x})(x_j-\bar{x})$ 得到离差交叉乘积矩阵(表 8-5-2)。

表 8-5-1 北京、天津、上海和杭州的城市普查人口(2010)

城市	人口/万人	$y=x_i-\bar{x}$	$(x_i-\bar{x})^2$
北京	1555.237 8	393.717 5	155 013.469 8
天津	885.623 4	−275.896 9	76 119.099 4
上海	1764.084 2	602.563 9	363 083.253 6
杭州	441.135 8	−720.384 5	518 953.827 8
均值	1161.520 3	0.000 0	278 292.412 7

表 8-5-2 北京、天津、上海和杭州人口离差的交叉乘积矩阵(2010)

	北京	天津	上海	杭州
北京	155 013.469 8	−108 625.437 7	237 239.952 3	−283 627.984 4
天津	−108 625.437 7	76 119.099 43	−166 245.512 1	198 751.850 4
上海	237 239.952 3	−166 245.512 1	363 083.253 6	−434 077.693 8
杭州	−283 627.984 4	198 751.850 4	−434 077.693 8	518 953.827 8

其次整理城市之间的空间邻近性测度。四个城市之间的铁路距离矩阵见表 8-5-3，可以利用这些数据计算空间权重矩阵。问题在于根据什么原理确定空间权重。

表 8-5-3 北京、天津、上海和杭州的铁路距离矩阵(2010)

单位：千米

	北京	天津	上海	杭州
北京	0	137	1463	1664
天津	137	0	1326	1527
上海	1463	1326	0	201
杭州	1664	1527	201	0

8.5.2 基于负幂律计算 Moran 指数

第一种空间权重，基于长程关联的负幂律计算。地理学第一定律的基本思想就是存在空间长程关联。根据引力模型，空间衰减函数可以表示为

$$v_{ij}=\frac{1}{r_{ij}^{b}}, \tag{8-5-1}$$

根据距离衰减规律，不妨取 $b=1$。固定对角线的元素为 0，空间邻近矩阵 V 如表 8-5-4 所示。根据计算公式，对角线上的元素不为 0。为什么对角线上的元素强迫取 0 呢？原因在于，类比于时间或者空间序列的自相关分析，对角线上的元素对应于 0 时滞(时间序列)或者 0 位移(空间序列)。当时滞或者位移为 0 的时候，自相关系数一定为 1，这是一个确定的数值，没有地理信息可言。计算一个没有信息的数值，不仅浪费笔墨资源，而且会干扰有信息的数值分析。因此，最好弃置不顾。这样，空间邻近矩阵中的数值总和为

$$V_0=\sum_{i}^{4}\sum_{j}^{4}r_{ij}^{-1}=0.029\,936.$$

根据 Moran 指数的计算公式，用空间邻近矩阵(表 8-5-4)的元素与离差交叉乘积矩阵(表 8-5-2)中的对应元素相乘，然后分别除以 $V_0=0.029\,936$，得到结果如表 8-5-5 所示。

表 8-5-4 基于负幂律的四城市的空间邻近矩阵(2010)

	北京	天津	上海	杭州
北京	0	0.007 299	0.000 684	0.000 601
天津	0.007 299	0	0.000 754	0.000 655
上海	0.000 684	0.000 754	0	0.004 975
杭州	0.000 601	0.000 655	0.004 975	0

表 8-5-5 基于负幂律的四城市的局部 Moran 指数值(2010)

	北京	天津	上海	杭州
北京	0	−26 486.210 3	5416.919 1	−5693.831 5
天津	−26 486.210 3	0	−4188.082 8	4347.914 5
上海	5416.919 1	−4188.082 8	0	−72 140.685 2
杭州	−5693.831 5	4347.914 5	−72 140.685 2	0
总和	−26 763.122 7	−26 326.378 6	−70 911.848 8	−73 486.602 2
局部 Moran 指数	−0.096 2	−0.094 6	−0.254 8	−0.264 1

有了上述预备，容易计算全局和局部 Moran 指数。根据式(8-3-5)，表 8-5-5 中数值总和为

$$\frac{1}{V_0}\sum_{i=1}^{4}\sum_{j=1}^{4}v_{ij}(x_i-\bar{x})(x_j-\bar{x})=-197\,487.952\,3.$$

于是全局 Moran 指数为

$$I=\frac{4\sum_{i=1}^{4}\sum_{j=1}^{4}\frac{v_{ij}}{V_0}(x_i-\bar{x})(x_j-\bar{x})}{\sum_{i=1}^{4}(x_i-\bar{x})^2}=\frac{4\times(-197\,487.952\,3)}{1\,113\,169.650\,7}=-0.709\,6.$$

这意味着上述四个城市的空间自相关为负相关格局。

局部 Moran 指数相当于分别考虑北京、天津、上海和杭州与其他城市的自相关系数。根据局部 Moran 指数计算公式，北京(BJ)、天津(TJ)、上海(SH)和杭州(HZ)的局部 Moran 指数分别为

$$MI_{\mathrm{BJ}}=\frac{4\times(-26\,763.122\,7)}{1\,113\,169.650\,7}=-0.096\,2,\ MI_{\mathrm{TJ}}=\frac{4\times(-26\,326.378\,6)}{1\,113\,169.650\,7}=-0.094\,6,$$

$$MI_{\mathrm{SH}}=\frac{4\times(-70\,911.848\,8)}{1\,113\,169.650\,7}=-0.254\,8,\ MI_{\mathrm{SH}}=\frac{4\times(-73\,486.602\,2)}{1\,113\,169.650\,7}=-0.264\,1.$$

由于上面的计算是基于全局归一化权重矩阵处理，局部 Moran 指数之和等于全局 Moran 指数。

在进行判断和分析之前，需要计算 Moran 指数的 Z 统计量。为了计算全局 Moran 指数检验的 Z 检验统计量，首先要计算平均值和标准差。基于非归一化的空间邻近矩阵，根据 Z 公式即式(8-3-12)，分步算出如下结果：

$$n^2\sum_{i=1}^{n}\sum_{j=1}^{n}v_{ij}^2=0.002\,555,\ 3\Big(\sum_{i=1}^{n}\sum_{j=1}^{n}v_{ij}\Big)^2=0.002\,688,$$

$$n\sum_{i=1}^{n}\Big(\sum_{j=1}^{n}v_{ij}\Big)^2=0.000\,918,\ (n^2-1)\Big(\sum_{i=1}^{n}\sum_{j=1}^{n}v_{ij}\Big)^2=0.013\,442.$$

由此得到“标准差”值

$$S_{\mathrm{E}(I)}=\sqrt{\mathrm{var}(I)}=\left[\frac{0.002\,555+0.002\,688-0.000\,918}{0.013\,442}\right]^{1/2}=0.567\,3.$$

基于归一化的空间权重矩阵，根据 Z 公式即式(8-3-12)，分步算出如下结果：

$$n^2\sum_{i=1}^{n}\sum_{j=1}^{n}w_{ij}^2=2.851\,6,\ 3\Big(\sum_{i=1}^{n}\sum_{j=1}^{n}w_{ij}\Big)^2=3,$$

$$n\sum_{i=1}^{n}\Big(\sum_{j=1}^{n}w_{ij}\Big)^2=1.024\,2,\ (n^2-1)\Big(\sum_{i=1}^{n}\sum_{j=1}^{n}w_{ij}\Big)^2=15.$$

于是，“标准差”值为

$$S_{\mathrm{E}(I)}=\sqrt{\mathrm{var}(I)}=\left[\frac{2.851\,6+3-1.024\,2}{15}\right]^{1/2}=0.567\,3.$$

可见归一化与否不影响空间邻近矩阵的标准差的计算。平均值为

$$\mathrm{E}(I)=\frac{-1}{n-1}=\frac{-1}{4-1}=-0.3333.$$

因此全局 Z 统计量为

$$Z=\frac{I-\mathrm{E}(I)}{S_{\mathrm{E}(I)}}=\frac{-0.7096-(-0.3333)}{0.5673}=-0.6633.$$

根据 Z 检验的原理,当 Z 值为负并且显著时,表明存在负的空间自相关,即相似的观测值趋于分散分布。对于本例,Z 统计量为负数,表明京津沪杭之间的城市规模存在显著的负自相关:较大城市附近为相对较小的城市(北京附近为天津,上海附近为杭州),较小城市附近为相对较大的城市(天津附近为北京,杭州附近为上海)。

8.5.3 基于负指数律计算 Moran 指数

第二种空间权重,基于准长程关联的负指数律计算。根据 Wilson 的空间相互作用模型,空间衰减函数可以表示为

$$v_{ij}=\mathrm{e}^{-r_{ij}/r_0}, \tag{8-5-2}$$

式中 $r_0=789.75$ 为距离矩阵全部元素的平均值。参数 r_0 取平均距离不是随意或者想象的,而是根据最大熵原理推导的。类似于前面的处理方法,固定对角线的元素为 0,空间邻近性矩阵 V 如表 8-5-6 所示。表中权重数值的总和为

$$V_0=\sum_{i}^{4}\sum_{j}^{4}\mathrm{e}^{-r_{ij}/r_0}=4.451363.$$

用第二个权重矩阵(表 8-5-6)的元素与离差交叉乘积矩阵(表 8-5-2)中的对应元素相乘,然后分别除以 $V_0=4.451363$,得到结果如表 8-5-7 所示。表中数值总和为

$$\frac{1}{V_0}\sum_{i=1}^{4}\sum_{j=1}^{4}V_{ij}(x_i-\bar{x})(x_j-\bar{x})=-192036.1739.$$

于是

$$I=\frac{4\times(-192036.1739)}{1113169.6507}=-0.6901.$$

至于局部的 Moran 指数,计算方法与前面基于负幂律权重矩阵给出的步骤类似。

表 8-5-6 基于负指数律的四城市的空间邻近性矩阵(2010)

	北京	天津	上海	杭州
北京	0	0.840 740	0.156 847	0.121 603
天津	0.840 740	0	0.186 558	0.144 638
上海	0.156 847	0.186 558	0	0.775 296
杭州	0.121 603	0.144 638	0.775 296	0

表 8-5-7 基于负指数律的四城市的局部 Moran 指数值(2010)

	北京	天津	上海	杭州
北京	0.000 0	−20 516.363 1	8359.318 4	−7748.175 2
天津	−20 516.363 1	0.000 0	−6967.406 8	6458.025 2
上海	8359.318 4	−6967.406 8	0.000 0	−75 603.485 4
杭州	−7748.175 2	6458.025 2	−75 603.485 4	0.000 0
总和	−19 905.219 8	−21 025.744 8	−74 211.573 9	−76 893.635 4
局部 Moran 指数	−0.071 5	−0.075 6	−0.266 7	−0.276 3

统计检验的方法与前面基于幂律的处理类似。为了计算 Z 检验统计量，首先分步计算。基于非归一化空间邻近性矩阵，各步结果如下：

$$n^2\sum_{i=1}^{n}\sum_{j=1}^{n}v_{ij}^2=44.8972,\quad 3\left(\sum_{i=1}^{n}\sum_{j=1}^{n}v_{ij}\right)^2=59.4439,$$

$$n\sum_{i=1}^{n}\left(\sum_{j=1}^{n}v_{ij}\right)^2=19.8492,\quad (n^2-1)\left(\sum_{i=1}^{n}\sum_{j=1}^{n}v_{ij}\right)^2=297.2194.$$

由此得到"标准差"值

$$S_{\mathrm{E}(I)}=\sqrt{\mathrm{var}(I)}=\left[\frac{44.9872+59.4439-19.8492}{297.2194}\right]^{1/2}=0.5332.$$

基于归一化空间权重矩阵，分步算出如下结果：

$$n^2\sum_{i=1}^{n}\sum_{j=1}^{n}w_{ij}^2=2.2659,\quad 3\left(\sum_{i=1}^{n}\sum_{j=1}^{n}w_{ij}\right)^2=3,$$

$$n\sum_{i=1}^{n}\left(\sum_{j=1}^{n}w_{ij}\right)^2=1.0017,\quad (n^2-1)\left(\sum_{i=1}^{n}\sum_{j=1}^{n}w_{ij}\right)^2=15.$$

于是，"标准差"值为

$$S_{\mathrm{E}(I)}=\sqrt{\mathrm{var}(I)}=\left[\frac{2.2659+3-1.0017}{15}\right]^{1/2}=0.5332.$$

两种结果一样。平均值同上：$\mathrm{E}(I)=-1/(4-1)=-0.333$。于是得到 Z 统计量

$$Z=\frac{I-\mathrm{E}(I)}{S_{\mathrm{E}(I)}}=\frac{-0.6901-(-0.3333)}{0.5332}=-0.6690.$$

可以看到，选择的空间权重矩阵虽然不同，且数值相差较大，但最后的计算结果和分析结论相差不远。实际上，对于中国的城市，空间距离衰减特征介于负幂律衰减和负指数衰减之间。从京津沪杭四城市看来，存在明确的空间负相关：较大和较小城市交错分布，不同城市的人口趋于空间差异。相反，假定北京与上海邻近，天津与杭州邻近，则大、小城市分别趋于集中，从而会表现出正的空间自相关格局。

8.5.4 Geary 系数计算

Moran 指数是基于总体标准差定义的，不便于小样本空间分析。如果空间样本不大，采

用 Geary 系数可能更有优势，因为 Geary 系数是基于样本标准差定义的。但是，Geary 系数与空间自相关系数的关系是一种近似关系。下面按部就班地计算 Geary 系数。根据 Geary 系数计算公式(8-3-8)，首先，计算城市规模的差值平方$(x_i-x_j)^2$，并表示为矩阵形式(表 8-5-8)。然后，利用公式$v_{ij}(x_i-x_j)^2/V_0$对差值平方矩阵进行加权处理。与 Moran 指数对应，分别采用两种权重矩阵计算 Geary 系数。基于负幂律的距离衰减矩阵，得到如下结果(表 8-5-9)。四城市的人口平均值前面已经算出，为 1161.520 3 万人。故样本方差为

$$s^2=\frac{1}{3}\sum_{i=1}^{4}(x_i-\bar{x})^2=371\,056.550\,2.$$

相应地，离差平方和为$3s^2=1\,113\,169.650\,7$。差值平方的加权之和为

$$\sum_{i=1}^{n}\sum_{j=1}^{n}\frac{v_{ij}}{V_0}(x_i-x_j)^2=899\,751.060\,2.$$

于是 Geary 系数为

$$C=\frac{(4-1)\times 899\,751.060\,2}{2\times 1\,113\,169.650\,7}=1.212\,4.$$

数值大于 1，初步表明存在负自相关。

表 8-5-8　北京、天津、上海和杭州人口的差值平方矩阵(2010)

	北京(854.70)	天津(556.17)	上海(1097.60)	杭州(233.08)
北京(854.70)	0	448 383.444 7	43 616.818 8	1 241 223.266 4
天津(556.17)	448 383.444 7	0	771 693.377 1	197 569.226 6
上海(1097.60)	43 616.818 8	771 693.377 1	0	1 750 192.469 1
杭州(233.08)	1 241 223.266 4	197 569.226 6	1 750 192.469 1	0

表 8-5-9　北京、天津、上海和杭州人口的加权差值平方矩阵(2010)

	北京	天津	上海	杭州
北京	0	109 329.623 7	995.906 4	24 917.555 7
天津	109 329.623 7	0	19 440.619 5	4322.043 3
上海	995.906 4	19 440.619 5	0	290 869.781 5
杭州	24 917.555 7	4322.043 3	290 869.781 5	0

基于负指数距离衰减矩阵，计算过程类似。对差值平方矩阵近似加权处理，结果见表 8-5-10。此时差值平方的加权之和为

$$\sum_{i=1}^{n}\sum_{j=1}^{n}\frac{v_{ij}}{V_0}(x_i-x_j)^2=927\,450.598\,7.$$

这样，Geary 系数为

$$C=\frac{(4-1)\times 927\,450.598\,7}{2\times 1\,113\,169.650\,7}=1.249\,7.$$

数值大于 1，依然表明存在负自相关。对于 Geary 系数的判断，也存在 Z 统计量分析。计算过程烦琐，可以借助 ArcGIS 计算，此不赘述。

表 8-5-10 北京、天津、上海和杭州人口的加权差值平方矩阵(2010)

	北京	天津	上海	杭州
北京	0	84 687.323 1	1536.869 6	33 907.850 4
天津	84 687.323 1	0	32 341.936 0	6419.598 3
上海	1536.869 6	32 341.936 0	0	304 831.721 9
杭州	33 907.850 4	6419.598 3	304 831.721 9	0

8.5.5 Getis 的 G 统计量计算

如果空间权重矩阵采用幂律，Getis 指数等同于基于引力模型的潜能(参阅第 7 章)。下面分步计算全局 Getis 指数和局部 Getis 指数。根据 G 统计量的计算原始公式，首先两两交叉计算乘积 $x_i x_j$，得到计算交叉乘积矩阵 X(表 8-5-11)。交叉乘积之和为

$$S_x = \sum_{i=1}^{4}\sum_{j=1}^{4} x_i x_j = 21\,586\,070.517\,0.$$

以基于负幂律的权重矩阵为例，以归一化权重矩阵 W 与交叉乘积矩阵 X 对应元素相乘 $W \otimes X$，其数值之和为

$$S_w = \sum_{i=1}^{4}\sum_{j=1}^{4} w_{ij} x_i x_j = 1\,178\,989.088\,0.$$

于是全局 G 统计量

$$G = \frac{S_w}{S_x} = \frac{1\,178\,989.088\,0}{21\,586\,070.517\,0} = 0.054\,6.$$

至于各个地域单元的 G 统计量，采用归一化权重矩阵 W 左乘数值向量 x，然后除以向量 x 的数值之和即可(表 8-5-12)。局部 Getis 指数表明，就这四个城市而言，天津的空间区位最好，其次是杭州，最差的是上海。原因在于，天津的直接邻居分别是北京和上海，杭州的近邻是最大城市上海，而与上海邻近的却是两个较小城市杭州与天津。将局部 Getis 指数根据各个城市的规模权重加权，得到全局 Getis 指数。大城市分布越是相对集中，全局 Getis 指数越高，否则就会偏低。

表 8-5-11 北京、天津、上海和杭州人口的交叉乘积矩阵(2010)

	北京(1555.237 8)	天津(885.623 4)	上海(1764.084 2)	杭州(441.135 8)
北京(1555.237 8)	2 418 764.614 5	1 377 354.988 2	2 743 570.430 2	686 071.071 1
天津(885.623 4)	1 377 354.988 2	784 328.806 6	1 562 314.247 1	390 680.187 1
上海(1764.084 2)	2 743 570.430 2	1 562 314.247 1	3 111 993.064 7	778 200.694 8
杭州(441.135 8)	686 071.071 1	390 680.187 1	778 200.694 8	194 600.794 0

表 8-5-12 北京、天津、上海和杭州人口、归一化权重矩阵以及局部 G 统计量

城市	人口(x)	归一化权重矩阵(W)				向量	
		北京	天津	上海	杭州	W_x	$W_x/\sum x_j$
北京	1555.237 8	0.000 0	335 841.352 6	62 644.167 0	13 772.876 0	265.077 4	0.057 1
天津	885.623 4	335 841.352 6	0.000 0	39 358.063 4	8546.557 2	433.306 0	0.093 3
上海	1764.084 2	62 644.167 0	39 358.063 4	0.000 0	129 331.527 9	131.135 3	0.028 2
杭州	441.135 8	13 772.876 0	8546.557 2	129 331.527 9	0.000 0	343.773 9	0.074 0

8.5.6 绘制 Moran 散点图

Moran 散点图用于直观地开展局部空间自相关分析，据此可以对研究对象进行分类。利用上述简例，可以说明如何绘制规范化 Moran 散点图。实际上，如果开展纯粹的散点图分析，直接以标准化的向量 z 为横轴，以 Wz 为纵轴，绘制散点(z，Wz)的坐标图即可。为了作出规范化的 Moran 散点图，并且建立 Moran 指数与回归系数的关系，需要预备如下数据：归一化权重矩阵 W，前面已经给出；标准化数据向量 z。以 z 为横轴，以式(8-4-17)和(8-4-18)定义的 $f(z)$ 和 $f^*(z)$ 为纵轴，可以绘制规范化的 Moran 散点图(Chen, 2013)。以基于幂律的权重矩阵为例，数据如表 8-5-13 所示。将数据代入上述公式，得到如下两个向量：

$$z=\begin{bmatrix}(x_1-\bar{x})/\sigma\\(x_2-\bar{x})/\sigma\\(x_3-\bar{x})/\sigma\\(x_4-\bar{x})/\sigma\end{bmatrix}=\begin{bmatrix}0.746\,3\\-0.523\,0\\1.142\,2\\-1.365\,6\end{bmatrix},$$

$$f(z)=nWz=4\begin{bmatrix}w_{11}&w_{12}&w_{13}&w_{14}\\w_{21}&w_{22}&w_{23}&w_{24}\\w_{31}&w_{32}&w_{33}&w_{34}\\w_{41}&w_{42}&w_{43}&w_{44}\end{bmatrix}\begin{bmatrix}(x_1-\bar{x})/\sigma\\(x_2-\bar{x})/\sigma\\(x_3-\bar{x})/\sigma\\(x_4-\bar{x})/\sigma\end{bmatrix}=\begin{bmatrix}-0.515\,4\\0.723\,5\\-0.892\,3\\0.773\,5\end{bmatrix},$$

$$f^*(z)=zz^{\mathrm{T}}Wz=\begin{bmatrix}0.557\,0&-0.390\,3&0.852\,5&-1.019\,2\\-0.390\,3&0.273\,5&-0.597\,4&0.714\,2\\0.852\,5&-0.597\,4&1.304\,7&-1.559\,8\\-1.019\,2&0.714\,2&-1.559\,8&1.864\,8\end{bmatrix}Wz=\begin{bmatrix}-0.529\,6\\0.371\,1\\-0.810\,6\\0.969\,1\end{bmatrix}.$$

以 z 为横坐标，以 $f(z)=nWz$ 为纵坐标，得到 Moran 散点图如图 8-5-1 所示。以 z 为自变量，以 $f(z)$ 为因变量，添加线性回归趋势线，并且取截距为 0，得到如下回归方程

$$f(z)=-0.709\,6z+\varepsilon,$$

式中 ε 表示残差，拟合优度 $R^2=0.922\,4$，回归系数给出全局 Moran 指数。如果在散点图中引

入 $f^*(z)=zz^{\mathrm{T}}Wz$，则直接给出趋势线，趋势线的斜率等于全局 Moran 指数。事实上，以 z 为自变量，以 $f^*(z)$ 为因变量，得到标准的线性回归趋势线

$$f^*(z)=-0.7096z,$$

拟合优度 $R^2=1$，暗示完美拟合(perfect fit)。这表明，如果以 z 为横轴标，以 $f(z)$ 和 $f^*(z)$ 为纵坐标，作图，则同时可以得出散点图和趋势线，而不必另外添加趋势线(Chen, 2013)。

表 8-5-13 北京、天津、上海和杭州人口、权重矩阵以及离差向量

城市	人口(x)	归一化权重矩阵(W)				向量		
		北京	天津	上海	杭州	z	nWz	$zz^{\mathrm{T}}Wz$
北京	1555.2378	0	0.2438	0.0228	0.0201	0.7463	−0.5154	−0.5296
天津	885.6234	0.2438	0	0.0252	0.0219	−0.5230	0.7235	0.3711
上海	1764.0842	0.0228	0.0252	0	0.1662	1.1422	−0.8923	−0.8106
杭州	441.1358	0.0201	0.0219	0.1662	0	−1.3656	0.7735	0.9691

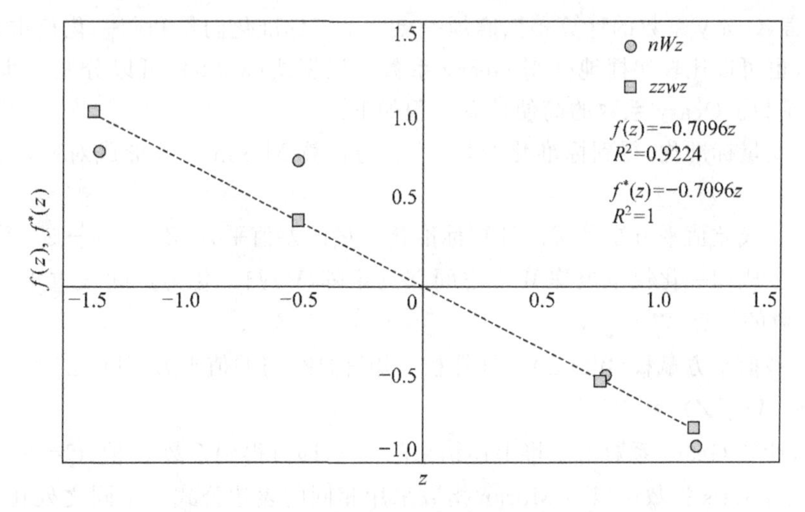

图 8-5-1 京津沪杭四城市的规范化 Moran 散点图

Moran 指数暗示空间负相关，散点落入第二和第四象限。对于标准化的变量，标准差 $\sigma=1$。纵向地看，全部的数值都在 2 倍的标准误差带 2σ 之内，本例没有异常值。其中北京、上海位于第四象限，属于高-低集聚型，即北京、上海人口规模相对大，属于高值集聚区，周围的属于低值集聚区(较大的城市身边有较小的城市)；天津、杭州位于第二象限，属于低-高集聚型，即天津、杭州人口规模相对小，属于低值集聚区，周围的属于高值集聚区(较小的城市身边有较大的城市)。对于此例，情况简单易懂：相对于北京，天津属于低值集聚区；相对于上海，杭州属于低值集聚区；相对于天津，北京属于高值集聚区；相对于杭州，上海属于高值集聚区。

8.5.7　简捷的计算公式和步骤

借助线性代数的矩阵乘法和相关软件数组运算功能，可以简化各种空间自相关指数的计算过程。基于标准化数值向量和归一化权重矩阵，根据式(8-3-7)，可以分三个步骤快速计算全局 Moran 指数。

第一步，变量 x 标准化，得到标准化向量 z。注意采用总体标准差公式[$z=(x-\mu)/\sigma$]而非抽样标准差公式[$z^*=(x-\mu)/s$]。

第二步，空间邻近矩阵 V 归一化，得到空间权重矩阵 W。对此前面有公式表达($W=V/V_0$)。

第三步，计算全局 Moran 指数值($I=z^{\mathrm{T}}Wz$)。先用行向量即 z 的转置 z^{T} 左乘以归一化权重矩阵 W，得到行向量 $z^{\mathrm{T}}W$；再用列向量 z 右乘 $z^{\mathrm{T}}W$，立即得到 Moran 指数值。

至于局部 Moran 指数，用列向量左乘 $z^{\mathrm{T}}W$，得到关联矩阵 $zz^{\mathrm{T}}W$，其对角线元素即为局部 Moran 指数。

比较而言，Geary 系数的计算稍微麻烦一点。基于标准化向量和归一化权重矩阵，借助矩阵运算方法，也可以比较快捷地获得 Geary 系数。根据式(8-3-9)，可以分三个步骤快速计算全局 Geary 系数。Geary 系数的简便计算过程如下。

第一步，变量标准化，得到标准化变量 z^*。与计算 Moran 指数形成对照，这次采用样本标准差[$z^*=(x-\mu)/s$]。

第二步，生成差值平方矩阵 Z。计算标准化变量的差值平方[$Z=(z_i^*-z_j^*)^2$]。

第三步，生成归一化权重矩阵 W。空间邻近矩阵(V)归一化为空间权重矩阵(W)。方法同 Moran 指数的计算($W=V/V_0$)。

第四步，差值平方赋权($W\otimes Z$)。计算权重矩阵(W)与差值平方矩阵(Z)对应元素的乘积之和 S 值($S=W\otimes Z$)。

第五步，计算 Geary 系数 C。将上述结果除以 2，即可得到系数 C 值($C=S/2$)。

在形式上，Getis 指数可以与 Moran 指数采用相同的表达公式。不同之处在于，前者基于归一化变量，后者基于标准化变量。基于归一化数值向量和归一化权重矩阵，根据式(8-4-6)，可以分三个步骤快速计算全局 Getis 指数。

第一步，变量归一化，得到归一化规模向量 x^*。各个数值分别除以总和即可得到归一化向量($x^*=x\big/\sum x$)。

第二步，空间邻近矩阵 V 归一化，得到空间权重矩阵 W。方法如前所述($W=V/V_0$)。

第三步，计算 Getis 指数值 G。先用向量转置 $x^{*\mathrm{T}}$ 左乘以归一化权重矩阵 W，再用相乘的结果左乘以向量 x^*，立即得到 Getis 指数 G 值($G=x^{*\mathrm{T}}Wx^*$)。

至于局部 G 统计量，采用归一化权重矩阵 W 左乘归一化向量 x^*，可得局部指数构成的向量 $g=Wx^*$。

§ 8.6　Moran 指数的推导

8.6.1　理论推导

Moran 指数是从 Pearson 相关系数一步一步推广而来的。从二变量简单互相关推广到一维时间序列自相关，再从时间序列自相关类比到一维空间序列自相关。问题在于，从一维空间序列自相关如何转换为二维空间分布自相关？为简明起见，不计空间权重，分别考虑 n 组空间自相关

$$\rho_j = \frac{\sum_{i=2}^{n}(x_i - \bar{x})(x_{i-1} - \bar{x})}{\sum_{i=1}^{n}(x_i - \bar{x})^2}, \tag{8-6-1}$$

这样可以得到 n 个自相关系数。对 n 组一维自相关求平均得到

$$I = \frac{1}{n}\sum_{j=1}^{n}\rho_j = \frac{\sum_{j=1}^{n}\sum_{i=2}^{n}(x_i - \bar{x})(x_{i-1} - \bar{x})}{n\sum_{i=1}^{n}(x_i - \bar{x})^2}. \tag{8-6-2}$$

由于 x_i 与 x_{i-1} 取自同一个样本，作符号替换，采用 x_j 代替 x_{i-1}，并引入平均权重 $v_{ij} = 1/n^2$，可得

$$I = \frac{n^2\sum_{i=1}^{n}\sum_{j=1}^{n}\frac{1}{n^2}(x_i - \bar{x})(x_j - \bar{x})}{n\sum_{i=1}^{n}(x_i - \bar{x})^2} = \frac{n\sum_{i=1}^{n}\sum_{j=1}^{n}v_{ij}(x_i - \bar{x})(x_j - \bar{x})}{\sum_{i=1}^{n}(x_i - \bar{x})^2}. \tag{8-6-3}$$

式中 v_{ij} 为 $1/n^2$ 的推广。在实际工作中，下面的条件不一定成立：

$$w_{ij} = \frac{1}{n^2},\ \sum_{i=1}^{n}\sum_{j=1}^{n}v_{ij} = 1.$$

故在分母中需要引入式(8-2-9)，目的是使得权重归一化。这样，式(8-6-3)化为

$$I = \frac{\sum_{i=1}^{n}\sum_{j=1}^{n}\frac{v_{ij}}{V_0}(x_i - \bar{x})(x_j - \bar{x})}{\frac{1}{n}\sum_{i=1}^{n}(x_i - \bar{x})^2} = \frac{1}{\sigma^2}\sum_{i=1}^{n}\sum_{j=1}^{n}w_{ij}(x_i - \bar{x})(x_j - \bar{x}). \tag{8-6-4}$$

这就是 Moran 指数的思想脉络及其数学表达式推导的技术路线。

8.6.2 经验说明

以前面那个例子为例，简单说明。将京津沪杭四个城市分为如下四组（表8-6-1）。第一组的排序为“北京—天津—上海—杭州”，一维自相关即局部空间自相关为“北京—天津—上海”与“天津—上海—杭州”的关系；第二组的排序为“天津—杭州—北京—上海”，一维自相关为“天津—杭州—北京”与“杭州—北京—上海”的关系；第三组的排序为“上海—北京—杭州—天津”，一维自相关为“上海—北京—杭州”与“北京—杭州—天津”的关系；第四组的排序为“杭州—上海—天津—北京”，一维自相关为“杭州—上海—天津”与“上海—天津—北京”的关系。将这些关系与表8-5-2所示的二维相关交叉成积矩阵对应，格局如表8-6-2所示。其中包括双向关系，即从A到B与从B到A的关系。

表8-6-1 北京、天津、上海和杭州人口的四组一维自相关(2004)

第一组(1)				第二组(2)			
北京	1555.2378	天津	885.6234	天津	885.6234	杭州	441.1358
天津	885.6234	上海	1764.0842	杭州	441.1358	北京	1555.2378
上海	1764.0842	杭州	441.1358	北京	1555.2378	上海	1764.0842
第三组(3)				**第四组(4)**			
上海	1764.0842	北京	1555.2378	杭州	441.1358	上海	1764.0842
北京	1555.2378	杭州	441.1358	上海	1764.0842	天津	885.6234
杭州	441.1358	天津	885.6234	天津	885.6234	北京	1555.2378

表8-6-2 北京、天津、上海和杭州人口四组一维自相关对应的交叉成积矩阵

	北京	天津	上海	杭州
北京	0	4(c)	2(c)	2(b)
天津	1(a)	0	4(b)	2(a)
上海	3(a)	1(b)	0	4(a)
杭州	3(b)	3(c)	1(c)	0

§8.7 空间自回归与Durbin-Watson统计量

8.7.1 自回归类比

在统计分析中，相关与回归是紧密联系的两个概念，相关分析与回归建模通常是一个问题的两个方面。相关原本是描述两个随机变量的联系强度，回归则是在相关分析的基础上，确定两个随机变量的因果关系或者数值转换关系。相关系数可以告诉人们两个随机变量的关联程度，但不能揭示其背后的因果关系，也不能进行预测分析。如果在相关分析的基础上建立回归分析模型,则可以进行某种统计推断或者预测分析。当一个随机变量存在自我影响(如过去的人口影响未来的人口),就会出现自相关概念;基于自相关概念,就可以建立自回归模型(如利用过去的人口增长预测未来的人口增长)。自相关和自回归是基于单一随机变量处理数据和建立模型的,但可以基于多个随机变量建立普通回归和自回归的混合模型。这类模型可以借助空间自相关自然而然地推广到空间自回归建模。在一元线性回归的有关章节里,给出一个非常简单的线性回归模型,表达的是两个时间序列的回归关系

$$y_t = \alpha + \beta x_t, \tag{8-7-1}$$

式中 x_t 为自变量(如山上最大积雪深度),y_t 为因变量(如山下灌溉面积),t 为时序,α 和 β 为回归参数。式(8-7-1)中没有考虑滞后效应,属于普通的一元线性回归。简而言之,这是基于无滞后互相关思想建立的一变量回归模型。如果 y_t 不是受到当期 x_t 的影响,而是受到上一期 y_{t-1} 的影响,则可以建立最简单的基于一次滞后自相关的自回归模型如下:

$$y_t = \alpha + \lambda y_{t-1}, \tag{8-7-2}$$

式中 λ 为自回归系数。这意味,随机变量 y_t 存在一次滞后的自相关。如果 y_t 不是受到上一期 y_{t-1} 的影响(无自相关),也不受当期 x_t 的影响(无零滞后互相关),仅仅受到上一期的 x_{t-1} 的影响(存在一期滞后互相关),则可以得到基于单纯滞后互相关的模型

$$y_t = \alpha + \beta_1 x_{t-1}, \tag{8-7-3}$$

此为时间滞后回归模型,式中 β_1 为滞后回归系数。如果 y_t 不仅受到上一期 y_{t-1} 的影响(自相关),还同时受到当期另一个因素 x_t 的影响,则可将式(8-7-1)与式(8-7-2)集成一体,得到一个混合模型

$$y_t = \alpha + \lambda y_{t-1} + \beta x_t. \tag{8-7-4}$$

在这个模型中,包括一次滞后自相关和零滞后互相关思想。如果 y_t 不受本期 x_t 的影响,但受到上一期 y_{t-1} 的影响(自相关),以及上一期 x_{t-1} 的影响(滞后互相关),则可将式(8-7-2)与式(8-7-3)集成一体,得到另一个混合模型

$$y_t = \alpha + \lambda y_{t-1} + \beta_1 x_{t-1}. \tag{8-7-5}$$

如果 y_t 不仅受到当期 x_t 的影响和上一期 x_{t-1} 的影响(互相关和滞后互相关),还受到上一期 y_{t-1} 的影响(自相关),即随机变量 x_t 也存在自相关,则可将式(8-7-1)、式(8-7-2)、式(8-7-3)集成一体,从而模型更为复杂一些:

$$y_t = \alpha + \lambda y_{t-1} + \beta x_t + \beta_1 x_{t-1}. \tag{8-7-6}$$

这个模型包括一次滞后自相关、零滞后互相关和一次滞后互相关思想。时间序列 y_t 存在自相关,而 x_t 和 y_t 之间存在一次滞后的互相关。式(8-7-5)和式(8-7-6)是在普通回归模型的基础上考虑到变量的时间滞后效应,引入了自相关关系和滞后互相关关系,得到具有自回归过程和时间滞后回归的混合模型。在有关时间序列分析的教科书中,很容易找到上述模型的类似表达或者等价表示。如果变量标准化,则常数项 $\alpha=0$,上面的模型形式变得更为简洁。以式(8-7-6)为例,标准化模型形式为

$$y_t = \lambda y_{t-1} + \beta x_t + \beta_1 x_{t-1}. \tag{8-7-7}$$

上面给出的是纯粹理论表达,没有考虑残差项 ε_t。

如果基于观测数据考虑回归关系,而不是基于理论世界考虑因果关系,则简单线性回归模型中需要引入残差项 ε_t。以式(8-7-6)为例,带残差项的观测模型形式为

$$y_t=\hat{\alpha}+\hat{\lambda}y_{t-1}+\hat{\beta}x_t+\hat{\beta}_1x_{t-1}+\varepsilon_t. \tag{8-7-8}$$

式中残差序列 ε_t 理论上是一种 Gauss 白噪声。是否 Gauss 白噪声,可以借助 Durbin-Watson 统计量判断。模型残差的 Durbin-Watson 统计量可以借助 Geary 系数公式直接计算,也可以借助 Moran 指数间接估计。对于标准化残差序列 e,Moran 指数为

$$I=e^{\mathrm{T}}We. \tag{8-7-9}$$

关键在于如何构建权重矩阵 W。对于时间序列,由于仅仅考虑一步相关,邻近性函数如下

$$v_{ij}=\begin{cases}1, |i-j|=1\\0, |i-j|\neq 1\end{cases}. \tag{8-7-10}$$

由此得到样本点的邻近性矩阵

$$V=[v_{ij}]_{n\times n}=\begin{bmatrix}0 & 1 & 0 & \cdots & 0\\1 & 0 & 1 & \cdots & 0\\0 & 1 & 0 & \cdots & 0\\\cdots & \cdots & \cdots & \ddots & \cdots\\0 & 0 & 0 & \cdots & 0\end{bmatrix}. \tag{8-7-11}$$

该矩阵的归一化公式如下:

$$W=\frac{V}{V_0}=\frac{1}{2(n-1)}V. \tag{8-7-12}$$

式(8-7-9)就是基于式(8-7-12)和标准化的残差向量 e 构建的。借助 Geary 系数表达式,可得 Durbin-Watson 统计量的计算公式

$$\mathrm{DW}=\sum_{i=1}^{n}w_{ij}(e_i-e_j)^2. \tag{8-7-13}$$

基于 Moran 指数的规范表达式,可得 Durbin-Watson 统计量的近似计算公式

$$\mathrm{DW}^*=2(1-I)=2(1-e^{\mathrm{T}}We). \tag{8-7-14}$$

上面的矩阵是根据距离公理给出的对称表达。然而,对于时间序列而言,第 t 年的变化影响第 $t+1$ 年的变化,但反过来没有意义:第 $t+1$ 年的数值不影响第 t 年的情况。因此,如果在式(8-7-11)中上三角的数值全部取 0,不影响最终计算结果。

利用第 3 章的回归分析案例,容易验证上面的公式。① 直接计算。如果标准化残差是基于样本标准差,则利用式(8-7-13)可以算出 DW=0.750 9。利用 DW 反推 Moran 指数,结果为 $I=1-\mathrm{DW}/2\approx 0.624\,5$(注意,这是基于样本标准离差的结果)。② 间接估计。如果标准化残差是基于样本标准差,则 $I=0.628\,5$,然后利用式(8-7-14)可以估计 DW=0.743 0;如果标准化残差是基于总体标准差,则 $I=0.565\,6$(可以利用 SPSS 的自相关分析功能算出),然后利用式(8-7-14)可以估计 DW=0.868 7。说明四点。其一,标准化形式。如果变量标准化,则模

型常数项为 0,即有 $\alpha=0$。其二,观测模型。如果基于观测数据建模,则所有的表达式都应该加上残差项 ε。其三,多变量模型。上面仅仅考虑一个互相关变量 x。现实中的重要影响因素通常是多个。其四,多滞后模型。上面的时间滞后仅仅考虑 1 期。实际上,如果时间方向上的影响是长期效应(long-term effect),而不是无后效性(no aftereffect),则时间滞后不是 1 期。在这种情况下,需要构建多时滞模型。

8.7.2 空间自回归和空间滞后回归模型

类比于上述简单的时间自回归建模,可以基于空间自相关建设空间自回归模型。最简单的自回归模型是 Wy 与 y 的关系;对于标准化变量,则是 Wz 与 z 的关系。这里 Wy 或 Wz 相当于滞后一期的 y_{t-1},而 y 或 z 相当于 y_t。时间滞后(lag)对应于空间位移(displacement)。地理学所谓的空间滞后(spatial lag),其实应该叫作一次空间位移才准确。考虑一个包括 n 个要素的空间系统,可以采用两个相关变量 x 和 y 描述其相互关系,则可以建立简单的回归模型 $y_i=\mu+bx_i$,式中 x_i 为自变量(如区域城市化水平),y_i 为因变量(如交通网络的 beta 指数),μ 和 b 为回归参数,i 为编号($i=1,2,\cdots,n$)。表示为向量形式就是

$$y=\mu+bx. \tag{8-7-15}$$

式(8-7-15)中既没有考虑空间自相关,也没有考虑空间互相关,属于普通的、基于无位移互相关的一元线性回归模型,与式(8-7-1)对应。如果 y_i 不受 x_i 的影响,但受到 y_j 的影响($j=1,2,\cdots,n;\ j\neq i$),则可以建立最简单的、基于空间自相关的空间自回归模型如下:

$$y=\mu+\rho Wy, \tag{8-7-16}$$

式中 W 为空间权重矩阵,ρ 为空间自回归系数。此时 μ 代表常向量,x、y 均表示向量。这是基于一步位移的空间自回归模型,也是最最基本的空间自回归模型了——可谓是各种复杂的空间自回归模型的核心构成。如果 y_i 不受 x_i 和 y_j 的影响,但受到 x_j 的影响,则可以建立最简单的、基于一次滞后互相关的空间滞后回归模型

$$y=\mu+b_1Wx, \tag{8-7-17}$$

如果 y_i 不仅受 x_i 的影响,还受到 y_j 的影响,将式(8-7-15)与式(8-7-16)集成一体,得到一个混合模型

$$y=\mu+\rho Wy+bx, \tag{8-7-18}$$

式中包括无位移互相关和空间自相关。如果 y_i 不受 x_i 的影响,但受到 x_j 和 y_j 的影响,则可将式(8-7-16)与式(8-7-17)集成一体,得到另一个混合模型

$$y=\mu+\rho Wy+b_1Wx, \tag{8-7-19}$$

式中包括空间自相关和一步位移互相关。如果 y_i 不仅受到 x_i 的影响,还受到 x_j 和 y_j 的影响,则可将式(8-7-15)、式(8-7-16)、式(8-7-17)集成一体,得到更为复杂的模型

$$y=\mu+\rho Wy+bx+b_1Wx. \tag{8-7-20}$$

这个模型包括空间自相关(y 与 Wy 之间)、无位移空间互相关(y 与 x 之间)以及有位移空间互相关(y 与 Wx 之间)。

上述复合模型的称谓有一些异议,至今尚未达成共识。由于空间位移相当于时间滞后,而互相关不同于自相关,引入带位移的空间互相关的滞后,不能以空间自相关一言以蔽之。所以,地理学家将式(8-7-16)、式(8-7-18)称为空间自回归模型(Spatial Auto-Regression Model,SARM),而将式(8-7-17)之类称之为空间滞后回归模型(Spatial Lag Regression Model,SLRM)。至于式(8-7-19)、式(8-7-20),则既可以叫作空间自回归模型,也可以叫作空间滞后模型。不过,窃以为空间滞后模型不如空间位移回归模型(Spatial Displacement Regression Model,SDRM)概念准确。说明三点。其一,标准化形式。如果变量标准化,则模型常数项为0,即有 $\mu=0$。其二,观测模型。纯粹理论模型不带残差项。如果基于观测数据建模,则需要考虑残差项 ε。其三,多变量模型。上面仅仅考虑一个互相关变量 x。如果考虑多个变量与 y 的互相关,则向量 x 需要替换为矩阵 X,模型形式也要相应地改变。顺便说明,对于二维空间的随机分布,目前尚且不能考虑多步位移,这与时间序列不同,时间序列需要考虑多期滞后。

8.7.3 简明自回归案例

为了基于前面的空间自相关分析给出自回归分析案例,不妨考虑最简单的、标准化的自回归建模。对于标准化变量 z,类比于式(8-7-2)可得

$$z=\rho Wz. \tag{8-7-21}$$

式中 ρ 为标准化空间自回归系数。比较式(8-7-21)与式(8-4-16)可知

$$\rho=\frac{n}{I}, \tag{8-7-22}$$

即有 $z=(n/I)Wz$。这是纯粹理论的表达,没有考虑随机干扰过程。对于空间观测样本,随机噪声是不可避免的,需要在式(8-7-21)中引入残差项 ε,将其化为

$$z=\hat{\rho}Wz+\varepsilon. \tag{8-7-23}$$

可以证明,在这种情况下,式(8-7-22)被下式替代

$$\hat{\rho}=\frac{nR^2}{I}, \tag{8-7-24}$$

式中 R^2 为相关系数平方即拟合优度。

利用前面自相关分析的简例,很容易拟合最基本的空间自回归模型。基于式(8-7-23),不带截距的模型及其拟合效果如图 8-7-1 所示。利用参数和统计量计算结果,不难验证自回归系数表达式(8-7-24)。回归系数 $\rho=5.1996$,相应的拟合优度 $R^2=0.9225$,由此判知 Moran 指数为 $I=4\times0.9225/5.1996=0.7096$。如果进一步考虑其他地理要素对城市人口规模的影响,则可以尝试式(8-7-18)、式(8-7-19),乃至式(8-7-20)的标准化形式的回归分析效果。当然,四个样本点仅仅适合于教学,做研究就不足为训。顺便说明,用式(8-2-6)和式(8-2-7)代替式(8-7-11)和式(8-7-12),就可以将基于时间序列的 Durbin-Watson 检验推广到基于空间序列的 Durbin-Watson 检验,从而检查自回归模型的残差序列相关性了。

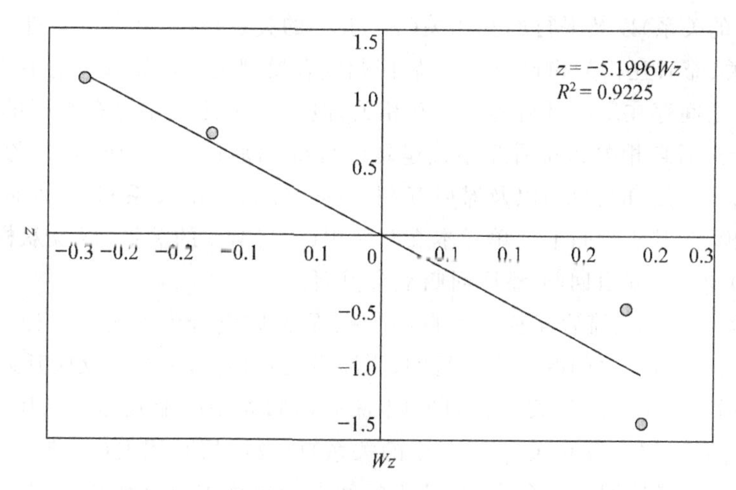

图 8-7-1 京津沪杭四城市的空间自回归图式

8.7.4 时空滞后回归类比

通过时空相关概念与相应回归模型的比较,可以更好地认识和理解地理学的空间自回归和滞后回归建模。不妨以最简单的情况——时间上 1 期滞后,影响上一个外部因素——为例。假定一个地理系统的某种响应或者变化用 y 表示。其影响因素包括两个方面:一是自我影响,即 y 的自我影响,表现为同一个样本的内部要素或者样本点的自相关;二是外在影响,因为仅仅考虑单个因素,表示为 x,形式上表现为两个样本之间的要素的互相关。于是,建模分为六种类型(表 8-7-1)。

(1) 简单互相关和普通线性回归模型。所谓简单互相关,就是时间上无滞后影响(y_t 与 x_t 相关),空间上没有位移影响(y_i 与 x_i 相关),不涉及时间差和空间距离。这样,可以构建最普通的一元线性回归模型。

(2) 自相关和纯粹自回归模型。如果没有外在因素的影响,即 x 对 y 不发生作用,但 y 存在自我影响,则可以建立简单自回归模型:基于时间上的延迟反应(y_t 与 y_{t-1} 的关系)建立时间序列的自回归模型,基于空间上的交互作用(y 与 Wy 的关系)建立空间自回归模型。

(3) 滞后互相关与滞后回归模型。如果 y 没有时间延迟的自相关,y 与 x 之间也没有平行的、无滞后的互相关,但 y 与 x 之间存在反应延迟的滞后互相关,则可以建立滞后回归模型:基于时间上的延迟反应(y_t 与 x_{t-1} 的关系)建立时间序列的滞后回归模型,基于空间上的交互作用(y 与 Wx 的关系)建立空间滞后回归模型。

(4) 自相关、无滞后互相关和复合自回归模型。如果 y 存在基于时间延迟的自相关,y 与 x 之间存在平行的、无滞后的互相关,但 y 与 x 之间不存在反应延迟的滞后互相关,则可以基于滞后自相关和无滞后互相关建立复合自回归模型:基于时间上的延迟反应(y_t 与 y_{t-1} 的关系)以及平行的互相关(y_t 与 x_t 的关系)建立时间序列的复合自回归模型,基于空间上的交互作用(y 与 Wy 的关系)以及平行的互相关(y_i 与 x_i 的关系)建立复合空间自回归模型。

(5) 自相关、滞后互相关和自回归-滞后回归复合模型之一。如果 y 存在基于时间延迟的自相关,y 与 x 之间存在反应延迟的滞后互相关,但 y 与 x 之间不存在平行的、无滞后的互相关,则可以基于滞后自相关和滞后互相关建立自回归-滞后回归模型的形式之一:基于时间上的延迟反应(y_t 与 y_{t-1} 的关系)以及滞后互相关(y_t 与 x_{t-1} 的关系)建立时间序列的自回归-滞后回归复合模型,基于空间上的单样本交互作用(y 与 Wy 的关系)以及双样本交互作用(y 与 Wx 的关系)建立空间自回归-滞后回归复合模型。

(6) 自相关、互相关、滞后互相关和自回归-滞后回归复合模型之二。如果 y 存在基于时间延迟的自相关,y 与 x 之间既存在平行的、无滞后的互相关,也存在反应延迟的滞后互相关,则可以基于滞后自相关和互相关建立自回归-滞后回归模型的形式之二:基于时间上的延迟反应(y_t 与 y_{t-1} 的关系)、互相关(y_t 与 x_t 的关系)以及滞后互相关(y_t 与 x_{t-1} 的关系)建立时间序列的自回归-滞后回归复合模型,基于空间上的单样本交互作用(y 与 Wy 的关系)、双样本无位移互相关(y 与 x 的关系)以及双样本交互作用(y 与 Wx 的关系)建立空间自回归-滞后回归复合模型。

表 8-7-1 基于自相关和互相关的时、空自回归模型、时间滞后模型和空间位移模型

相关类型	回归模型	
	基于一维时间随机过程	基于二维空间随机分布
互相关	$y_t=\alpha+\beta x_t$	$y=\mu+bx$
自相关	$y_t=\alpha+\lambda y_{t-1}$	$y=\mu+\rho Wy$
滞后互相关	$y_t=\alpha+\beta_1 x_{t-1}$	$y=\mu+b_1 Wx$
自相关+互相关	$y_t=\alpha+\lambda y_{t-1}+\beta x_t$	$y=\mu+\rho Wy+bx$
自相关+滞后互相关	$y_t=\alpha+\lambda y_{t-1}+\beta_1 x_{t-1}$	$y=\mu+\rho Wy+b_1 Wx$
自相关+互相关+滞后互相关	$y_t=\alpha+\lambda y_{t-1}+\beta x_t+\beta_1 x_{t-1}$	$y=\mu+\rho Wy+bx+b_1 Wx$

§8.8 小 结

空间自相关分析原本是空间抽样效果评估的辅助工具,如今成为计量地理学空间分析的重要方法之一。经过不断的理论和方法的发展,原本描述性的统计量逐步演化为具有推断性的空间参数。空间自相关在经验上和概念上都可以视为冗余度(redundancy)的二维等价物。它测度的是一个区域的某个事件(occurrence)对相邻区域的另一个事件的影响程度——提高另一个事件发生的概率(正相关)还是抑制另一个事件的发生可能性(负相关)。空间自相关分析可以作为独立的分析工具,用于解析空间联系的规律和空间图式的特征(统计推断性分析);也可以用作一个统计分析的辅助工具,用于检测空间抽样是否随机或者独立(统计描述性分析)。空间自相关的测度分为全局和局部两种。全局测度主要采用 Moran 指数和 Geary 系数;局部测度则包括 Getis 指数和 LISA。Moran 散点图是局部空间自相关分析的直观工具,可以与 LISA 分析相辅相成。在统计分析中,相关与回归通常是一个问题的两个方面。基于空间自相关关系,可以构造空间自回归模型。

目前看来,空间自相关分析存在一些不足之处。一是空间权重矩阵的构造缺乏公认的标准。目前人们构造空间权重矩阵的函数主要是幂函数、指数函数和阶梯函数。但是,何时何地采用何种函数,存在一些认识上的分歧。好在不同的权重函数导致的结果往往大同小异。二是空间相互作用的反应延迟现象没有得到有效反映。实际上,空间自相关分析方法的一个难以克服的缺陷,就是没有考虑时间上的时滞效应和空间上的位移效应。一维的时间序列自相关存在时滞参数,一维的空间序列自相关则存在位移参数。基于时滞或位移参数,可以获得自相关函数。在空间自相关理论中,空间权重矩阵代替了滞后/位移参数,从而将基于有序分布的一维空间分析推广到随机分布的二维空间分析。遗憾的是,时间上的延迟效应和空间上的位移效应也因此而被忽略。尤其是对于大区域,一个地域单元对另外一个区域的单元的影响通常不是即时的,相互作用的反应有一个滞后过程。这个滞后过程可以在时间意义的自相关分析中得到反映,但在二维空间自相关分析中却没有考虑进来。如何将时间意义的自相关和空间意义的自相关有效结合起来,可能是空间自相关理论和方法今后发展的一个重要方向。

第 9 章　地理分形建模与分维分析

地理数学建模和空间分析可以概略地分为两大类别：有尺度分析和无尺度分析。如果一种地理现象有特征尺度，则可以基于特征尺度建立数学模型或者整理观测数据。通常的计量地理学都是基于特征尺度开展空间分析的。如果一种地理现象没有特征尺度，则常规的数学方法理论上失效，实际应用效果较差——解释不准确，预测不可靠，这时需要基于标度概念建立模型或者整理观测数据。分形(fractal)几何学是标度分析最系统的工具之一，在无尺度地理空间分析中具有不可替代的作用。无尺度分析联系着空间复杂性。复杂系统在结构上没有特征尺度，从而涉及标度分析。普及分形的学者通常喜欢引用美国物理学家 Wheeler(1983)的一段名言："在过去(19 世纪)，一个人如果不懂得'熵'和 Gaussian 分布，就不能说是有科学意义的教养；可以想见，在明天(21 世纪)，一个人如果不熟悉分形，他就不能被算是科学上的文化人。"之所以如此，是因为无特征尺度的数学描述和机理分析在 20 世纪末已经提上研究日程。对于简单地理系统和有尺度空间分析而言，熵和 Gaussian 分布属于基础概念；对于复杂地理系统和无特征尺度空间分析来说，分形思想和 Pareto 分布则更为重要。分形理论框架包括自组织系统思想、复杂性理论和不规则几何学。这一章属于地理分形分析导论，主要从地理学的角度介绍分形思想、分维概念，重点用实例讲解常用的分维测量方法以及有关分形参数的地理意义。通过本章的学习，可以奠定未来地理空间标度分析知识建构的基础。

§9.1　分形与地理分形

9.1.1　特征尺度

分形几何学，就其本质而言，源于欧氏几何学的空间测量。如果测量有结果，即获得确定的长度、面积、体积、密度等，则分形思想无用武之地，这类问题采用常规的数学方法即可解决；如果测量无结果，即不能获得有效的长度、面积、体积、密度等，常规的数学方法就失效了，有必要求助标度分析方法。所谓测量无结果，就是测量的数值依赖于尺度，存在所谓尺度依赖性(scale dependence)。此时就应该用过程代替结果：基于尺度-测度构建一种标度关系(scaling relation)，估计一个标度指数(scaling exponent)。这个标度指数就是后面讲到的分维或其函数。标度指数可以代替常规的测度开展空间分析。标度关系表现为一个泛函方程，其解通常为幂指数函数。几何学测量可以推广到线性代数和概率分布。理论上，数学问题都可以采用形和数两种表示方式，前者涉及几何学，后者涉及代数学。在线性代数中，特征值(根)代表一种特征长度；在概率论和统计学中，平均值和标准差代表两种特征长度。如果一个线性空间没有确定的特征值(根)，一个概率分布没有确定的平均值，则也暗示一种可能的分形格局或者过程。

在地理研究中，当常规的数学方法在地理空间分析中不能有效发挥作用的时候，可能要用到分形几何学。现实中的事物可以大略地分为两类：一类有特征尺度，简称有尺度现象，如人、桌子、湖泊面积、人口密度的负指数衰减，诸如此类；另一类无特征尺度，简称无尺度现象，如云、海岸线、水系、城市形态、城市体系结构、交通网络密度的负幂律衰减，如此等等。所谓有尺度，就是具备某种特征长度，该长度可以用一个确定数值表现出来。特征长度可以是一个变量，也可以是某种参数或者统计量。具体说来，研究对象具有确定的长度、面积、体积、密度、特征根、特征向量、平均值、标准差，如此等等，那就有特征长度。如果在观测过程中，无法找到有效的特征测度，即长度、面积、特征根、平均值等不确定，则地理现象没有显著的特征长度，可以称之为无尺度现象，此时就应该考虑采用基于标度的空间分析代替基于特征尺度的空间分析(表9-1-1)。第一类现象可以采用传统数学工具定量描述，第二类现象可以借助分形语言刻画。以湖泊为例，湖泊面积逼近于一个常数，该面积等效圆的半径就是其特征长度。但是，湖泊的周界长度可能是不确定的，一个湖泊的边界长度依赖于测量尺度，改变测量尺度，湖泊边界长度随之改变。这样，就面积而言，湖泊是一种常规几何现象，有特征长度；就边界而言，湖泊是一种分形几何现象，没有特征长度——湖泊边界可以被视为一种分形线。如果考察一个城市，那就比湖泊复杂多了，城市边界长度、城区建筑面积、城区交通网络，如此等等，都没有确定的长度、面积或者密度，无法转换出一个代表特征长度的数值。对于统计分析而言，如果某种样本或者分布具有确定的平均值，那就有特征长度，否则没有特征长度；对于矩阵运算来说，如果某个方阵具有确定的特征值，那就有特征长度，否则没有特征长度。

表9-1-1　有尺度现象与无尺度现象的对比

类型	特征	地理现象	测量结果	定量表示	数学工具
简单系统：有尺度现象	有特征长度	几何实体	有确定的长度、面积、体积	长度、面积、体积等可以转换为长度	基于高等数学的常规数学方法，包括微积分、线性代数、概率论与统计学
		矩阵表示	有确定的特征值和特征向量	特征值代表长度	
		概率分布	有确定的平均值和标准差	平均值、标准差代表位置或距离	
复杂系统：无尺度现象	无特征长度	几何实体	无确定的长度、面积、体积	几何测度依赖于测量尺度	分形几何学、异速标度理论、复杂网络理论，等等
		矩阵表示	无确定的特征值和特征向量	特征值依赖于测量尺度	
		概率分布	无确定的平均值和标准差	平均值依赖于样本规模	

描述分形的重要参数是分形维数(fractal dimension)，简称分维。要明白分维的用途，首先必须明确维数的数理意义。维数是一种空间测度，反映空间范围，特别是长度、高度和宽度。在数学中，维数代表次元，即需要确定在空间或时空中唯一一点的最小独立坐标数。在物理学

中，维数反映量纲，暗示一种物理性质，例如质量、长度、时间或其他一种组合；维数还可以被视为一种基本的测度或一种物理量的一组基本的测度之一。通常的欧氏几何学维数或者拓扑维数不测可知，因此没有信息可言。但是，分维不然，分维需要测量才能得知，可以反映研究对象内在的空间特征。分维的发现，使得维数概念在科学研究中从先验领域走进经验领域，从一个没有信息的参数变成一个有信息的指数。维数与空间概念息息相关，采用分维开展地理空间分析适得其所。

9.1.2　分形现象

分形理论由两部分构成：一是描述不规则现象的自然几何学，二是解释复杂系统演化的自组织思想。也可以更为精细地分为三部分：自然几何学、自组织思想和复杂性理论。分形理论首先是一种几何学，但不同于欧氏几何学。欧氏几何学在科学上曾经发挥两种重要功能：其一，它代表一种严谨的思维方式。从公理到定理，演绎过程严密而且优美。其二，它代表一种描述语言和处理方式。科学研究首先是描述，然后是寻求解释（Gordon，2005；Henry，2002）。丹皮尔在其《科学史》一书中曾经指出：开普勒（Johannes Kepler，1571—1630）用欧氏几何学处理天上的动力学，伽利略（G. Galileo，1564—1642）则用它处理地面上的动力学。早在近400年以前（1623），意大利物理及天文学家伽利略在其《哲学原理》一书中，就曾指出，大自然的语言是用数学写成的，语言要素为几何图形——三角形、圆和其他图形。在所有的欧氏几何形状中，最基本的形状是三角形，而最容易处理的形状则是矩形。分形几何学发展之后，人们的认识发生了改变。Voss (1988)曾经纠正了伽利略对自然语言论述的一些失误。Voss (1988)指出，大自然的语言是数学，这是不错的；但是，大自然偏爱的语支（dialect）不是欧氏几何学，而是分形几何学。与欧氏几何学相比，分形几何学的功能强大之处在于：欧氏几何学只能描述图形或者简单格局，而分形几何学不仅可以描述图形和复杂格局，同时可以描述过程、功能和信息。作为一门几何学，分形可以摆脱图形的约束，开展抽象的演绎和变换，从而更深入地揭示大自然的本质。最典型的自然分形是一种地理现象——海岸线。分形理论诞生的标志之一就是Mandelbrot(1967)的一篇关于海岸线长度的论文。根据英国地理教科书，英国海岸线长度是12 429千米。真的是这样吗？Mandelbrot研究发现，海岸线的长度依赖于测量尺度。改变尺度，长度的测量结果也会变化。随着尺度趋近于无穷小，海岸线的长度在理论上会趋向于无穷大。顺便指出，Mandelbrot(1965)也研究过城市之类的人文地理标度现象。

分形原义为破碎和不规则，其基本特性是自相似性（self-similarity）。自相似性等价于无尺度性（scale-free），即标度不变性（scaling invariance）。所谓自相似，就是局部与整体相似：部分放大与整体一样，整体缩小与局部一样。所谓无尺度，如前所述，就是没有特征尺度。分形的一个定义就是：由与整体以某种方式相似的部分构成的一类形体（Feder，1988）。分形的基本要素有三个：形态、机遇和维数（Mandelbrot，1977）。形态（form）对应于空间，机遇（chance）对应于时间，维数（dimension）对应于信息——分形体的维数定义与信息熵具有数学关系。下面以典型的生长分形——Vicsek(1989)图形为例，简单地说明分形的特征和生成原理(图 9-1-1)。Vicsek 分形被西方学者作为表征城市生长现象的一个基本模型。有两种方法生成这种分形。其一是以点为初始元(initiator),以均匀占据一个小正方形的五个"点"为生成元(generator),通过无穷累积,逐步生成一个生长分形(图 9-1-1a);其二是以单位边长的正方形为初始元,以均匀占据一个单位边长的正方形的五个方块为生成元,通过无限细划,逐步生成一个生长分形(图 9-1-1b)。两种方式的出发点不一样,但最终结果殊途同归。无限累积的生成方式主要适用于生长分形,而无穷细划的生成方式适用于更多的规则分形构造。Sierpinski 垫片就是从单位边长的等边三角形出发,通过无穷细划而生成的一种数学分形(Mandelbrot,1982)。

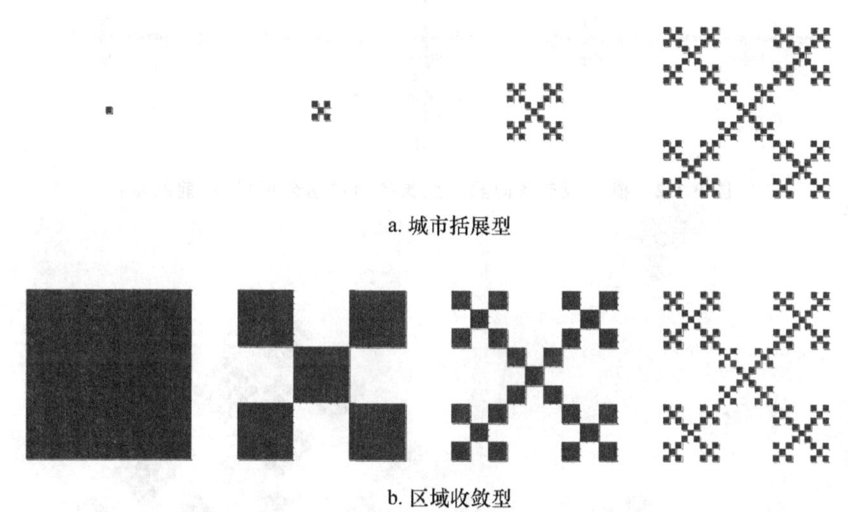

a. 城市括展型

b. 区域收敛型

图 9-1-1 Vicsek 分形的两种生成方式(前四步):无穷累积或者无限细划

(Vicsek, 1989)

分形的分类大体如下。其一,根据机遇因子的引入与否,可以分为规则分形(regular fractal)和随机分形(random fractal);其二,根据测度,可以分为瘦分形(thin fractal)和胖分形(fat fractal);其三,根据生长方向可以分为自相似分形(self-similar fractal)和自仿射分形(self-affine fractal)(图 9-1-1 和图 9-1-2);其四,根据复杂程度可以分为单分形(monofractal, uni-fractal)、双分形(bi-fractals)和多分形(multi-fractals)(图 9-1-1 和图 9-1-3);其五,根据形态也可以分为生长分形、Laplacian 分形等(图 9-1-4)。其他如自然分形和社会分形。在地理研究中,分形理论和方法的应用依然非常有限。到目前为止,主要是研究瘦分形、简单分形,涉及一些 Laplacian 分形。对于多分形、胖分形等,应用远远不够。上面几种分形都是确定性数学分形,又叫规则分形。为了描述现实,需要的是另外一类分形,那就是随机分形。在城市生长及其形态演化模拟过程中,主要用到扩散限制凝聚(Diffusion-Limited Aggregation, DLA)模型和电介质击穿模型(Dielectric Breakdown Model, DBM)。这些都是随机分形。随机分形的生成和演化才真正体现出机遇因子的作用。不妨比较一下规则分形——

Vicsek 图形(第五步)和随机分形——DLA 模型(图 9-1-4)。这两种分形都被地理学家用作城市生长模型。

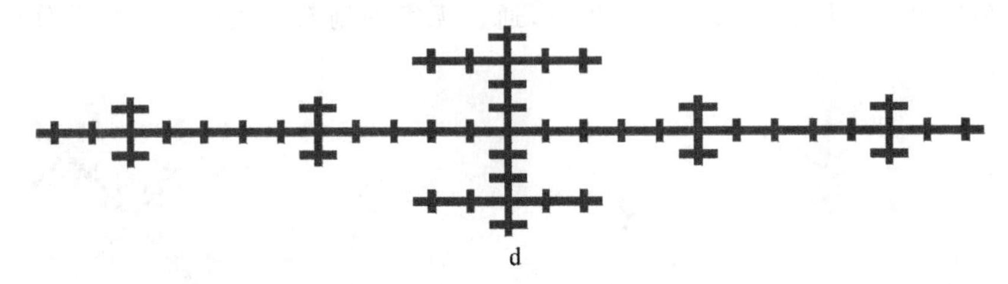

图 9-1-2 模拟城市各向异性生长的自仿射分形模型(前四步)

(Vicsek, 1989)

图 9-1-3 模拟城市复杂生长过程的多分形模型(前三步)

(Vicsek, 1989)

如前所述,科学研究始于描述,成于理解。分形几何学在地理学中的作用首先表现在空间描述方面,也提供了地理解释的新视角。地理现象破碎、不规则,不能用欧氏几何学有效描述,却可以用分形几何学更好地刻画。地理学是一门关于空间和地方的科学。要描述空间现象,最好借助于维数。但是,欧氏维数是一种平庸的概念,没有很多的信息。分维概念不仅开创了地理空间的全新测度方式,而且导致了人们对地理空间更为深入的认识。地理引力模型的距离衰减指数、异速生长的标度指数,其测量数值过去无法理解,今天可以借助分形几何学给出

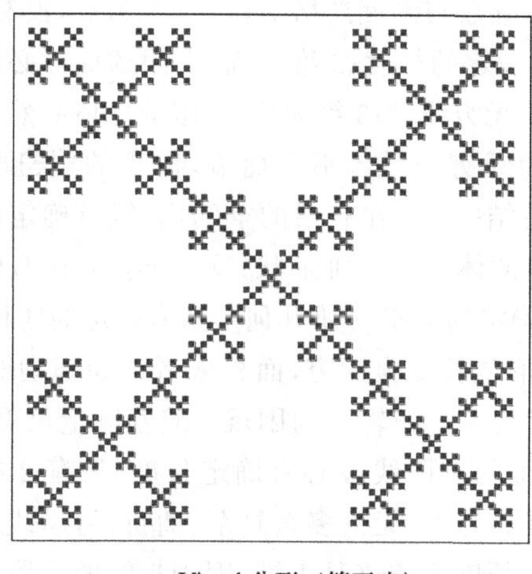

a. Vicsek分形（第五步）

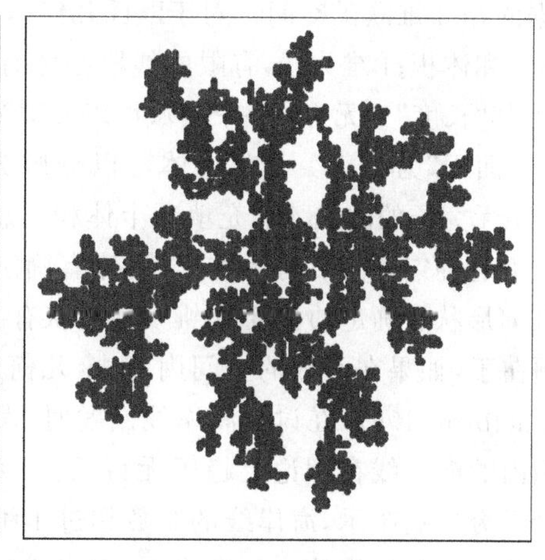

b. DLA（5000粒子）

图 9-1-4 作为城市生长模型的两种分形：规则分形 Vicsek 图形和随机分形 DLA 模型

合理的解释。分形用于地理研究的意义可能主要表现在规划方面。分形是大自然的优化结构，分形体能够最有效地占据空间。利用分形思想优化地理空间或者规划城市和城市体系，可以使得人类更为科学、合理地利用有限的土地资源。否则，在人口日益膨胀、资源日趋短缺、地球日渐拥挤的今天，可持续发展就难于落到实处。

9.1.3 分维

分形体不能用常规的测度如长度、面积、体积等描述，刻画分形的主要参数是分维。在数学中，维数是描述几何对象特征的一个基本而又重要的参量。如前所述，维数原本是为了确定几何对象中一个点的位置所需要的最少独立坐标的数目，或者独立方向的数目。要理解分维，首先理解欧氏维数（d_E）和拓扑维数（d_T）。欧氏维数相对直观：点为 0 维；线为 1 维；面为 2 维；体为 3 维。根据解析几何思想，很容易理解欧氏维数：增加一个独立坐标，就会增加一个维度。拓扑维数概念与欧氏维数有关，但不尽相同。对于更为抽象和复杂的对象，只要每一个局部都可以与欧氏空间对应，就可以确定拓扑维数。不管空间如何压缩、扭曲和拉伸，维数都不会改变。讨论拓扑维数，需要用到邻域（neighborhood）、极限（limit）等数学概念。通俗地讲，面对一个物体，设想在其任意部位生成一个任意小的小球。如果该物体在任何一个方向都不能突破小球向外延伸，它就是 0 维；如果只有一个方向突出小球之外，它就是 1 维；如果有两个彼此垂直的方向突出小球之外，它就是 2 维；如果有三个相互垂直的方向突出小球之外，它就是 3 维。注意：方向不分正负，一个坐标轴只有一个方向。欧氏维数和拓扑维数都是整数。就拓扑维数而言，点为 0 维，平滑的曲线为 1 维，平滑的面（平面或者曲面）为 2 维，通常的立体为 3 维。一般情况下，一个几何体的拓扑维数与其本身欧氏维数相等，但小于所在空间的欧氏维数。平面上的平滑曲线，拓扑维数为 1 维，占据的却是 2 维欧氏空间；一个球面，拓扑维数为

2 维，占据的是 3 维欧氏空间。对于欧氏几何体，维数与测度严格对应：0 维为点，没有长度，更不会有面积和体积；1 维为线，有限的线段必然有确定的长度；2 维为面，有限的面域必然有确定的面积，但其“长度”为无穷：一个面域可以分解为无穷线段；3 维为体，有限的立体必然有确定的体积，但其“面积”为无穷：一个立体可以分解为无穷面域。不言而喻，体积的“长度”更是无穷——一条无穷长的曲线才能充填一个体积。总结一下：在有限的空间内，线有确定的长度为 1 维形状，面有确定的面积为 2 维形状，体有确定的体积为 3 维形状；反之亦然：在有限的空间内，1 维几何形状有确定的长度，2 维几何形状有确定的面积，3 维几何形状有确定的体积。

问题在于，如果在有限的空间内，一个几何形状长度为无穷，面积或者体积却为 0，那会怎样？Mandelbrot(1967)在讨论海岸线问题时，发现一个逻辑上的困难：随着测量尺度的减小，有限范围内的海岸线在理论上趋于无穷长。1 维的有限线段必有确定长度，只有 2 维的面的长度才会无穷。这暗示，海岸线的维数超过 1 维。另外，无论多么复杂、曲折，海岸线没有面积可言。由此得出两个推论——推论 1：海岸线的长度不应该是 1 维，因为 1 维的线段都有确定的长度，而海岸线没有确定的长度；推论 2：海岸线也不是 2 维现象，因为有限区域的 2 维现象必有面积，而海岸线的面积显然为 0。逻辑结论必然是：海岸线的长度应该介于 1～2 维。实测结果表明，海岸线的维数的确介于 1～2(Mandelbrot，1982)。不列颠西海岸的维数约为 1.25(Mandelbrot，1967)。于是，自然而然地引出分维的概念。

分维可以追溯到 Felix Hausdorff (1868—1942)对维数的定义。现在，撇开抽象的数学概念，用通俗的语言表达 Hausdorff 维数的基本思想。为了简单起见，考虑一个平面正方形。设想如何度量这个 $d=2$ 维正方形的面积。第一步，采用 $d=1$ 维的线来测量——覆盖或者包裹。比方说，用直线并排覆盖。这样将会需要无穷多条直线。测量的结果为无穷大(∞)。第二步，采用 $d=3$ 维的立体来测量。由于平面没有体积，不论采用立体怎样包裹，结果都是 0。可见，无论采用线还是体来度量平面，都不合适。线太“细”，体太“粗”。第三步，采用 $d=2$ 维的小方块来度量。假定小方块的面积为 $S=a^2$。运用这种小方块来覆盖上述的正方形，并且要求小方块的数目为最少。假定采用 N 个小方块不多不少地覆盖住，并且没有缝隙和交叠，则面积为 $A=Na^2$，即有

$$A = Na^2, \tag{9-1-1}$$

从而方块数 N 与边长 a 的关系为

$$N = Aa^{-2}. \tag{9-1-2}$$

在上面的公式中，不论考虑面积 A 与尺度 a 的关系，还是考虑数目 N 与尺度 a 的关系，结果都一样：幂指数 ± 2 的绝对值表示的就是被测量物体的维数。上述方块可以视为二维小盒子。推广到一般：对于任意形体，如果需要 N 个 D 维小盒覆盖，才能度量出其真实测度；并且度量体(小盒)的维数稍大于 D，则度量结果为 0；稍小于 D，度量结果为无穷大。这时，就说被度量物体的维数为 D。这个 D 就是 Hausdorff 维数。当然，Hausdorff 维数的原始定义要比这里的解释抽象和难懂。尽管如此，上述解析有助于理解 Hausdorff 维数定义的思想。设想我们测量一条海岸线的长度。为了简明，考虑海岸线的模型之一——Koch 曲线，或者 Koch

雪花曲线。如果采用1维的尺子去度量长度,最后的结果是长度无穷大;如果采用2维的方块去度量面积,则面积为0。可以判断,Koch曲线的维数介于1~2。实际上,这种曲线的维数为$D=1.2619$。可以看到,维数的定义与测量有关(表9-1-2)。

表 9-1-2 定义维数的测量与被测量的关系与过程

名词	测量主体(测量工具)	测量客体(测量对象)
实物	测量体(尺子,小盒,小球)	被测量体(海岸线,城区面积)
数学概念	线性尺度(linear scale 或 linear size)	测度(measure)
说明	尺度与测量体有关,利用其线性尺寸,如尺子长度、盒子边长、小球直径	考察被测量体的长度、面积、体积、数目,等等

进一步设想不同维度的图形的测度与尺度的关系。1维:设想一个长度为L的直线,用长度为a的尺子去度量。假定测量N次,覆盖了全部直线。则长度可以表示为$L=Na$。2维:设想一个面积为A的矩形,用面积为a^2的小方块去度量。假定测量N次,全部覆盖完毕,则面积为$A=Na^2$。3维:设想一个体积为V的方柱,用体积为a^3的小盒子去度量。假定测量N次,全部覆盖完毕,则面积为$V=Na^3$。最简单的情况是单位直线、单位边长正方形、单位边长立方体,此时采用单位长度的尺子来度量,则有$N=1$。于是,直线长度$L=a$,正方形面积为$A=a^2$,立方体体积为$V=a^3$。将这种尺度与测度的关系推广到更一般的欧氏几何图形,尺度与测度关系形式多样,但本质都是测度(长度L、面积A、体积V、表面积S)与线性尺度(a或者b)的某个幂次成比例关系。在表9-1-3中,对于长方形和椭圆之类,两个尺度,如长边a和短边b,半长轴a和半短轴b,都可以构成比例关系$b=ka$,这里k为比例系数。可见:矩形的面积可以化为$S=ka^2$;椭圆的面积可以化为$S=k\pi a^2$。在量纲方面,ab等价于a^2或者b^2。其余情况依此类推。总之,欧氏几何体的测量有过程、有结果。推广到一般:对于d维的任意测度(长度、面积、体积、表面积),采用尺度r(边长、半径、长轴、短轴)去度量,则一定可以得到一种幂指数关系

$$M=kr^d, \tag{9-1-3}$$

式中k为比例系数,d为维数。然而,如果研究对象为分形现象,则长度、面积、体积等理论上均不存在。在这种情况下,上述测量仅仅是一种过程,但常规测度方面却没有结果。

表 9-1-3 几种典型形体的尺度-测度关系($b=ka$)

测度/形体	正方形/正方体	圆形/圆球	矩形/立方体	椭圆/椭球	一般
长度L	$L=a$	$L=2\pi a$	$L=a$, $L=b$	$L=\pi(a+b)$	$L\propto a$
面积A	$A=a^2$	$A=\pi a^2$	$A=ab$	$S=\pi ab$	$A\propto a^2$
体积V	$A=a^3$	$V=\pi a^3/3$	$V=ab^2$	$V=4\pi ab^2/3$	$V\propto a^3$
表面积S	$A=6a^2$	$A=4\pi a^2$	$A=4ab+2b^2$	$S=4\pi ab$	$S\propto a^2$

现在换一个角度：考虑一个图形的划分问题。在理论地理学中，空间循环细分代表重要的思维方式。为了简明起见，不妨考虑一个正方形：边长一分为二，个数一分为四，如此逐级划分(图 9-1-5a)；边长一分为三，个数一分为九，如此逐级划分(图 9-1-5b)。于是可以建立尺度 r 与数目 $N(r)$ 之间的关系(表 9-1-4)。对于一分为四的情况，尺度 r 与数目 N 可以表作 $r=1/2^n$，$N=4^n$，从而得到尺度 r 与数目 N 的关系

$$N=\left(\frac{1}{r}\right)^2=r^{-2}. \tag{9-1-4}$$

对于一分为九的情况，尺度 r 与数目 N 可以表作 $r=1/3^n$，$N=9^n$，从尺度 r 与数目 N 的关系也可以表示为式(9-1-4)。推广到一般得到 $r=1/a^n$，$N=(a^2)^n=(a^n)^2$。可见，尺度 r 与数目 N 的关系还是式(9-1-4)。考虑到 d 维情形，进一步推广便是：$r=1/a^n$，$N=(a^d)^n=(a^n)^d$。于是得到尺度 r 与数目 N 的关系

$$N=\left(\frac{1}{r}\right)^d=r^{-d}. \tag{9-1-5}$$

这里 $d=d_E=1$、2、3 为欧氏维数。继续向前推广 $r=1/a^n$，$N=b^n=(k^{1/n}a^D)^n=k(a^n)^D$。由此得到尺度 r 与数目 N 的负幂关系

$$N=k\left(\frac{1}{r}\right)^D=kr^{-D}. \tag{9-1-6}$$

这时，只要参数 D 不为整数，就得到分维。当系数 $k=1$ 时，得到发育良好的分形结构；当 n 趋近于无穷大时，$k^{1/n}$ 趋近于 1。

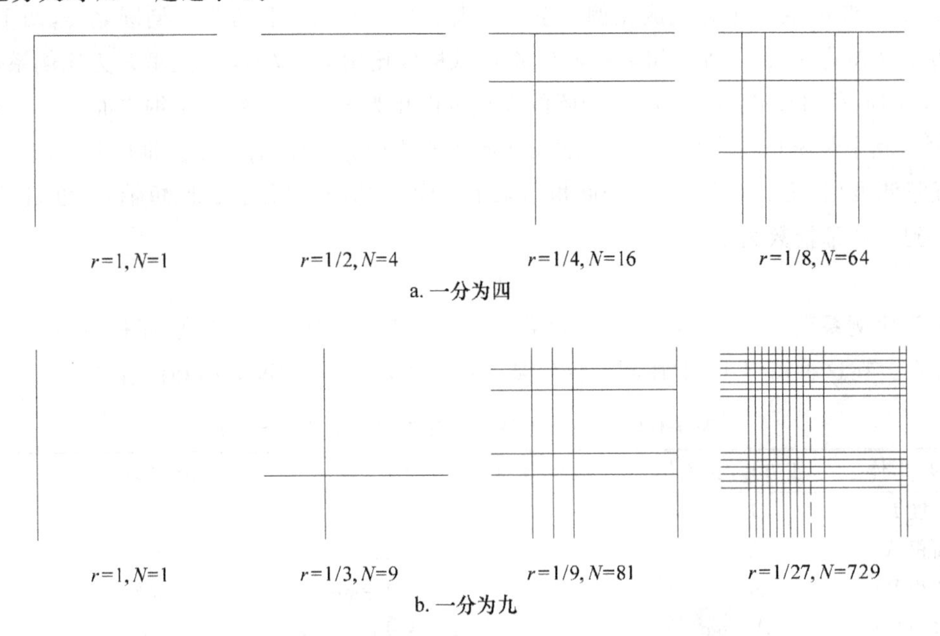

图 9-1-5　正方形的空间循环细分(前四步)

表 9-1-4 正方形的两种空间循环细分及其尺度-数目关系

步骤 i	一分为四		一分为九	
	r	$N(r)$	r	$N(r)$
0	$1=1/2^0$	$1=4^0$	$1=1/3^0$	$1=9^0$
1	$1/2=1/2^1$	$4=4^1$	$1/3=1/3^1$	$9=9^1$
2	$1/4=1/2^2$	$16=4^2$	$1/9=1/3^2$	$81=9^2$
3	$1/8=1/2^3$	$64=4^3$	$1/27=1/3^3$	$729=9^3$
…	…	…	…	…
n	$1/2^n$	4^n	$1/3^n$	9^n

前述考虑的都是规则图形。下面考察有缺陷的图形。假定图形缺一角，右上方少 1/16。左边和底边长为 1(表 9-1-5)。面积为 $A=1-1/16=15/16=0.9375$(图 9-1-6)。从第 3 级开始，测量结果逼近真实值。盒子数目 $N(r)$与尺度 r 的关系如下：

$$N(r)=\frac{15}{16}\left(\frac{1}{r}\right)^2=0.9375r^{-2}, \tag{9-1-7}$$

这里比例系数 $k=15/16=A$，可见：

$$A(r)=N(r)r^2. \tag{9-1-8}$$

进一步地，考察一个矩形缺一角的情况。左边和底边长为 1 和 1.5。面积为 $A=1\times3/2-1/16=23/16=1.4375$(图 9-1-7)。从第 3 级开始，测量结果逼近真实值。盒子数目 $N(r)$与尺度 r 的关系如下：

$$N(r)=\frac{23}{16}\left(\frac{1}{r}\right)^2=1.4375r^{-2}, \tag{9-1-9}$$

这里比例系数 $k=23/16=A$，可见：

$$A(r)=N(r)r^2. \tag{9-1-10}$$

不论怎样，面积与尺度的二次方成比例关系。

表 9-1-5 正方形矩形缺一角的空间循环细分及其尺度-数目关系

测量步骤	尺度 (r)	缺角正方形			缺角矩形		
		盒子数 $N(r)$	面积 $A(r)$	准确否	盒子数 $N(r)$	面积 $A(r)$	准确否
第 1 次	1	1	1	不准确	2	2	不准确
第 2 次	1/2	4	1	不准确	6	3/2	不准确
第 3 次	1/4	15	15/16	准确	23	23/16	准确
第 4 次	1/8	60	15/16	准确	92	23/16	准确
第 5 次	1/16	240	15/16	准确	368	23/16	准确
第 6 次	1/32	960	15/16	准确	1472	23/16	准确
第 7 次	1/64	3840	15/16	准确	5888	23/16	准确
第 n 次	…	…	15/16	准确	…	23/16	准确

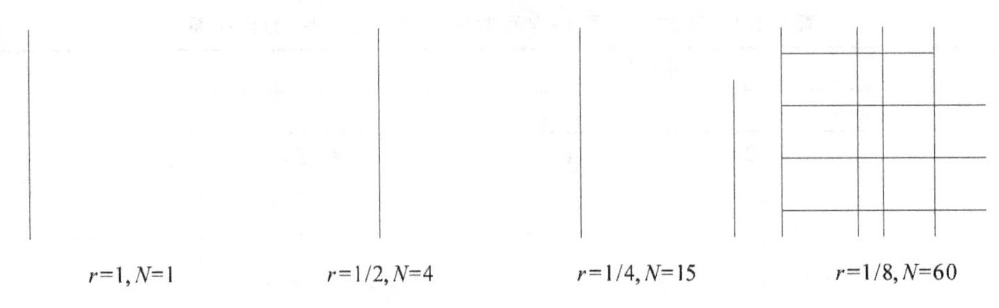

图 9-1-6　正方形缺一角的空间循环细分与覆盖(前四步)

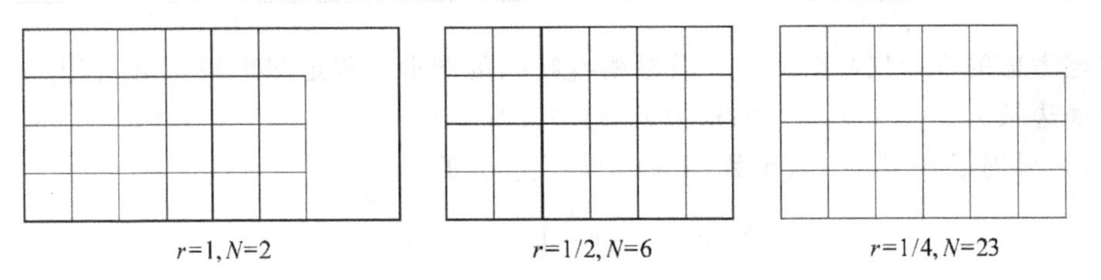

图 9-1-7　矩形缺一角的空间循环细分与覆盖(前四步)

现在,不妨将上述覆盖测量法用于现实问题。考察一个矩形桌面,不知其面积,也没有尺子,但有长度为 a、宽度为 b 的一副扑克牌。采用最少的扑克牌覆盖整个桌面,需要扑克牌数为 N。则桌面的估计面积为 $A=Nab$。假定扑克牌的长宽之比为 $b/a=k$,则有 $A=kNa^2$。这个结果未必准确,不妨将每张扑克牌一分为四,尺度为原来的 1/2。重新覆盖,力求用牌数目最少,于是测量结果更接近桌面的真实面积。当扑克牌尺度趋近于无穷小时,可逼近真实的桌面面积。注意上面的测量原则:其一,完整覆盖。盖着整个桌面,不留缝隙。其二,最少覆盖。力求用牌数量最少:扑克牌不重叠,尽量少超出桌面。只有这样,估计桌面效果才会达到最好。测量面积的效果越好,估计维数的效果也越好。面积与边长的关系如下:

$$A(a)=kNa^2, \tag{9-1-11}$$

或者

$$A(b)=\frac{1}{k}Nb^2. \tag{9-1-12}$$

可以看出,依然有面积与尺度的二次方成比例关系。

前述测量对象都是欧氏几何体。下面将同样的测量过程应用于分形体,不妨考察前面提到的 Vicsek 分形(图 9-1-8)。采用边长 $r=1$ 的盒子,1 个盒子刚好盖住,数目为 $N(r)=1$;采用边长 $r=1/3$ 的盒子,5 个盒子刚好盖住,数目为 $N(r)=5$;采用边长 $r=1/9$ 的盒子,25 个盒子刚好盖住,数目为 $N(r)=25$……(表 9-1-6)。这个过程相当于空间循环细分的过程,一分为五,五分为二十五……。非空盒子或者正方形数目 $N(r)$ 与尺度 r 的关系如下:

$$N(r)=\left(\frac{1}{r}\right)^D=r^{-D}. \tag{9-1-13}$$

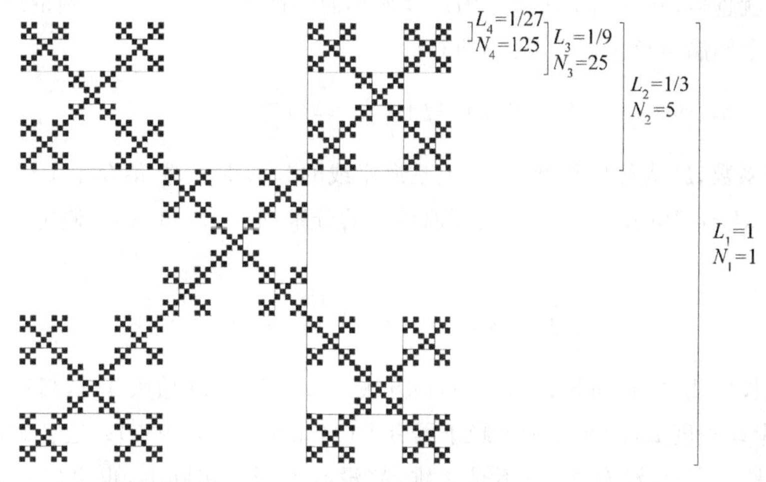

图 9-1-8 Vicsek 分形的空间循环细分和盒子覆盖示意

表 9-1-6 Viscek 分形的空间循环细分及其尺度-数目关系

测量	尺度	盒子数目	面积	是否准确
第 1 次	1	1	1	不准确
第 2 次	1/3	5	$5/3^2$	不准确
第 3 次	1/9	25	$25/9^2$	不准确
第 4 次	1/27	125	$125/27^2$	不准确
第 5 次	1/81	625	$625/81^2$	不准确
第 6 次	1/243	3125	$3125/243^2$	不准确
第 7 次	1/729	15 625	$15\,625/729^2$	不准确
第 n 次	$1/3^{n-1}$	5^{n-1}	$5^{n-1}/9^{n-1}$	不准确

这里比例系数 $k=1$,可见:

$$D=-\frac{\ln N(r)}{\ln r}=\frac{\ln(5)}{\ln(3)}=1.465. \tag{9-1-14}$$

面积 $A(r)$与尺度 r 的关系如下:

$$A(r)=N(r)r^2=r^{2-D}. \tag{9-1-15}$$

当尺度 r 趋近于 0 时,测量的面积 $A(r)$逼近于 0。这意味着,没有一个确定的面积,但有一个确定的参数——分维 D 或者标度指数 $2-D$。这样,得到一个有用的关系:盒子数 $N(r)$与尺度 r 的幂指数关系,或者叫作负幂律关系。这种关系的背后是一种标度关系。

现在考虑海岸线的维数。假定借助两脚规在精确度和分辨率极高的地图上测量一条海岸线的长度,两脚规之间的距离为 r,测量次数为 $N(r)$。考虑到海岸线曲曲折折,有无穷的细节,改变两脚规之间的间距,测量次数必定不同。间距越小,捕捉到的海岸线的细节越多,从而测量的次数也就越多,并且测量次数不因尺度缩小而线性上升。经验上,测量次数 $N(r)$ 与两脚规的间距 r 之间满足负幂指数关系,即有

$$N(r)=k\left(\frac{1}{r}\right)^{D}=kr^{-D}, \tag{9-1-16}$$

式中 k 为比例系数,D 为标度指数,实际上是海岸线的分形维数,数值介于1~2。实测结果正是如此。根据Mandelbrot(1967),不列颠西海岸的分维约为 $D=1.25$。假定系数 $k=1$,则海岸线的长度为

$$L=N(r)r=\left(\frac{1}{r}\right)^{D}r=r^{1-D}. \tag{9-1-17}$$

这就是海岸线长度测量的Richardson(1961)方法。由于分维 D 值大于1,当尺度 r 变得无穷小的时候,海岸线长度 $L(r)$ 在理论上趋于无穷大(Mandelbrot, 1967)。这就解决了前述海岸线的难题:不是1维,故没有长度;不是2维,故没有面积。实际上,也可以基于盒子计数法(box-counting method)思考海岸线问题。设想用尺度为 r 的盒子覆盖海岸线,根据最少覆盖原则,一共覆盖 $N(r)$ 次。改变尺度 r,可以得到不同的覆盖次数或者盒子数目 $N(r)$。沿着这个思路,可以得出类似于式(9-1-17)的表达以及由此导出的结论。

进一步地,可以引出分维的另一种表示。考虑递推关系,由 $r_n=1/a^n$、$N_n=b^n$ 可得 $r_{n+1}=1/a^{n+1}$、$N_{n+1}=b^{n+1}$,由此得到比例关系 $r_{n+1}/r_n=1/a$、$N_{n+1}/N_n=b$,从而

$$b=\lim_{n\to\infty}(k^{1/n}a^{D})=a^{D}. \tag{9-1-18}$$

这里 k 趋近于1。据上,得到相似维数的一种表达:

$$D=\lim_{n\to\infty}\frac{\ln b}{\ln a}=-\lim_{r\to 0}\frac{\ln(N_{n+1}/N_n)}{\ln(r_{n+1}/r_n)}\to-\lim_{r\to 0}\frac{\mathrm{dln}(N)}{\mathrm{dln}(r)}. \tag{9-1-19}$$

一般将分维分为如下几种:Hausdorff维数、盒子维数(box dimension)和相似维数(similarity dimension)。这些维数都是在Hausdorff的开创性工作基础上发展而来的。相似维数根据相似比确定,盒子维数则是根据用于覆盖的小盒尺度与数目的标度关系定义。早先,人们给出的分形定义就是这样一类形体,其Hausdorff维数大于拓扑维数 d_{T} 而小于嵌入空间(embedding space)的欧氏维数 d_{E}。后来发现至少有三个例外:其一,相似维数可以大于嵌入空间的欧氏维数;其二,基于半径-面积标度的径向维数(radial dimension)可以大于嵌入空间的欧氏维数;其三,有一类分形如Peano空间填充曲线的分维值等于嵌入空间维数。虽然相似维数不同于Hausdorff维数,但上述定义容易引起误会。通常情况下,相似维数等于盒子维数。但是,不尽然。如果一个分形体的各个分形元不存在交叠,则相似维数等于盒子维数,并且它们都大于拓扑维数,小于嵌入空间的欧氏维数。如果分形元存在空间交叠,则相似维数大于盒子维数,甚至大于嵌入空间的维数。现在我们知道,分维不必是整数,而是多为分数。整数维为分维的特例。一个分形体的维数,一定大于拓扑维数。所以,Mandelbrot(1982)对分形的定义

就是："分形可以定义为如下集合，其 Hausdorff-Besicovitch 维数严格大于拓扑维数。"只要满足上述定义，整数维也属于分维。定义于 2 维空间的分形两例：Hilbert 空间填充曲线(space-filling curve)和 Morton 的 N 形树(N-Tree)(图 9-1-9)。

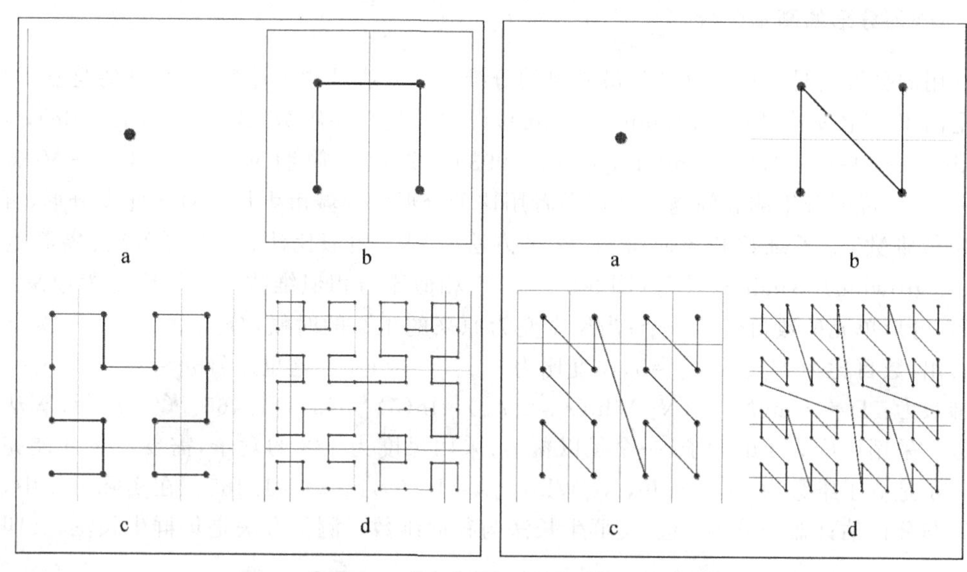

a. Hilbert空间填充曲线　　b. Morton的N形树

图 9-1-9　空间填充曲线的生成过程两例(前四步)

从分维的角度，可以概括分形的基本特征。常见的分形都是瘦分形，其 Lebesque 测度为 0。在 1 维空间，分形体长度为 0；在 2 维空间，分形体面积为 0；在 3 维空间，分形体体积为 0。在任意维空间，分形体的 Lebesque 测度为 0。但是，胖分形不满足这个条件。分形特征见表 9-1-7。

表 9-1-7　定义于不同嵌入空间的分形特征

嵌入空间维数	Lebesque 测度	拓扑维数	相应于拓扑维数的测度	分维值
1 维	长度为 0	0	0 维点数目无穷	点集 $D>0$
2 维	面积为 0	0 或 1	0 维点数目无穷 1 维线长度无穷	点集 $D>0$ 线 $D>1$
3 维	体积为 0	0 或 1 或 2	0 维点数目无穷 1 维线长度无穷 2 维面面积无穷	点集 $D>0$ 线 $D>1$ 面 $D>2$

§9.2 分维测算方法

9.2.1 规则分形的基本分维

常用的分维简易测量法有二。最简单的分维测量方法是盒子计数法,得到的是盒子维数;其次是面积-半径标度法(area-radius scaling),得到的是径向维数(Batty and Longley, 1994; Frankhauser, 1994; White and Engelen, 1993)。先以最简明的生长分形——Vicsek 图形——为例,说明分维测算问题。地理学者用这种分形隐喻城市生长。对于此类分形,可以考虑其相似维数、盒子维数和径向维数,测量方法分别为相似比法、盒子覆盖法、集群生长法(cluster growing)、Sandbox 法等(图 9-2-1)。① 相似比与相似维数。当尺度变为原来的 1/3 的时候,分形单元的数目变为 5 个;当尺度变为原来的 1/9 的时候,分形单元数目变为 25 个。容易看出,数目比为 $N_{m+1}/N_m=5$,尺度比为 $r_{m+1}/r_m=1/3$。这里序号 $m=1,2,3,\cdots\cdots$于是,相似维数为:$D=-\ln(N_{m+1}/N_m)/\ln(r_{m+1}/r_m)=\ln(5)/\ln(3)=1.465$。② 盒子计算法与盒子维数。采用尺度为 1 的盒子,一个足以覆盖;采用尺度为 1/3 的盒子,需要 5 个才能完全覆盖……于是盒子维数为:$D=-\ln(N_m)/\ln(r_m)=\ln(5)/\ln(3)=1.465$。在实际工作中,可以借助回归分析估计盒子分维。③ 集群生长法与径向维数。测量方法是集群生长法,又叫半径

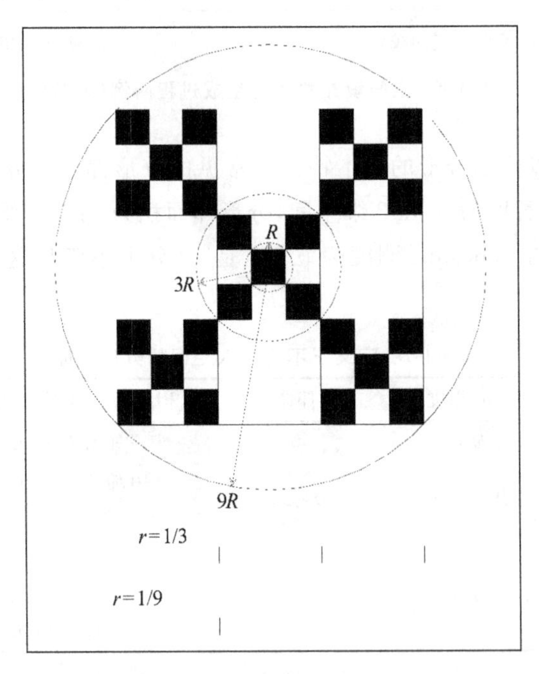

图 9-2-1 分维测量的盒子法、半径标度法和 Sandbox 法示意(前三步)

(根据 Batty and Longley, 1994)

标度法。利用半径法计算分维——以分形体的中心为正方形的形心：当半径为 $R=1$ 时，圆圈内包含 1 个分形元；当半径为 $R=3$ 时，圆圈内包含 5 个分形元；当半径 $R=9$ 时，圆圈内包含 25 个分形元……于是分维为：$D=\ln(N_m)/\ln(R_m)=\ln(5)/\ln(3)=1.465$。④ Sandbox 法与准径向维数。集群生长法可以代之以 Sandbox 法，计算结果类似于径向维数。对于生长分形，测量结果等同于面积-半径标度法。利用 Sandbox 法计算分维，可以以分形体的中心为正方形的形心：当边长为 $r=1$ 单位时，正方形内包含 1 个分形元；当边长为 $r=3$ 单位时，正方形内包含 5 个分形元；当边长 $r=9$ 单位时，正方形内包含 25 个分形元……于是分维为：$D=\ln(N_m)/\ln(r_m)=\ln(5)/\ln(3)=1.465$。

就这个简单的规则分形而言，相似维数、盒子维数、径向维数相等。是否所有的分形，各种维数都相等？并非如此。对于现实中的分形，不同的维数实测结果有差异，有时差异显著。不同的分维有不同的刻画对象或者视角。对于城市地理研究而言，相似维数可以用于城市等级体系，描述城市规模分布；盒子维数则主要用于地理现象的空间分布分析，描述空间网络；径向维数则用于描述地理生长过程、扩散现象和核心-边缘关系。其他还有边界维数、谱维数，如此等等。

现实中的分形都是包括机遇因子从而具有随机性质的前分形。对于随机分形，很难采用简易的方法测量维数值，必须借助相对复杂的方法估计其分形参数。日本学者高安秀树（H. Takayasu）总结了五种实用的分维测算方法。其一，改变粗视化程度求分维（changing coarse-graining level）；其二，根据测度关系求分维（using the fractal measure relations）；其三，根据关联函数求分维（using the correlation function）；其四，根据分布函数求分维（using the distribution function）；其五，根据波谱密度求分维（using the power spectrum）（高安秀树，1989；Takayasu，1990）。这些方法都可以应用于地理研究。此外，还可以利用相空间重构（reconstructing phase space）、小波分析（wavelet analysis）、重正化群（renormalization group）等技术计算分维。重构相空间用于测量关联维数，重整化群用于自组织网络中的分维估计，小波分析可以用于多分维测算。下面以城市研究为例，着重说明高安秀树（1989）总结的五种常用方法（表 9-2-1）。

表 9-2-1 随机分形维数估计的五种常用方法

序号	方法	具体说明	城市研究中的典型应用
1	粗视化	改变粗视化程度求分维	城市形态和城市体系的空间结构
2	测度关系	根据测度关系求分维	城市人口-面积异速生长
3	关联函数	根据关联函数求分维	城市用地空间扩展、交通网络空间分布
4	分布函数	根据分布函数求分维	城市规模分布和等级体系（人口、用地）
5	谱密度	根据功率谱密度求分维	城市人口密度分布、城市化过程

9.2.2 随机分形的常用分维测量方法

1. 改变粗视化程度求分维

最常用的分维测算方法是改变粗视化程度。假定某种地物(如城镇分布)如下,地物数目为 $N=50$(图 9-2-2)。采用正方形覆盖,并统计被地物占据的非空网格数 $N(r)$,以及非空网格中的点数 $N_i(r)$。每一个网格代表一个盒子(Benguigui et al., 2000; Shen, 2002)。在最简单的情况下,以网格尺度 r 为自变量,以非空网格数 $N(r)$ 为因变量,拟合幂指数模型,即可得到基本的盒子分维 D。实际上,盒子维数可以分为容量维(capacity dimension)D_0、信息维(information dimension)D_1 和关联维(correlation dimension)D_2。推广到一般就是广义关联维数 D_q,D_q 是多分维谱的全局参数之一($q=-\infty,\cdots,-2,-1,0,1,2,\cdots,\infty$)。上述三个参数都是广义多分维谱中的重要元素。实际上,容量维 D_0 反映空间填充度,信息维 D_1 反映空间均衡度,关联维 D_2 反映空间依存度。容量维 D_0 为最基本的分维,可以作为长度、面积、体积的替代测度。均衡度与差异度是一个问题的两个方面,空间差异是地理学的核心概念之一。依存度与空间自相关有关,关联维数可被视为空间自相关的一个参数。

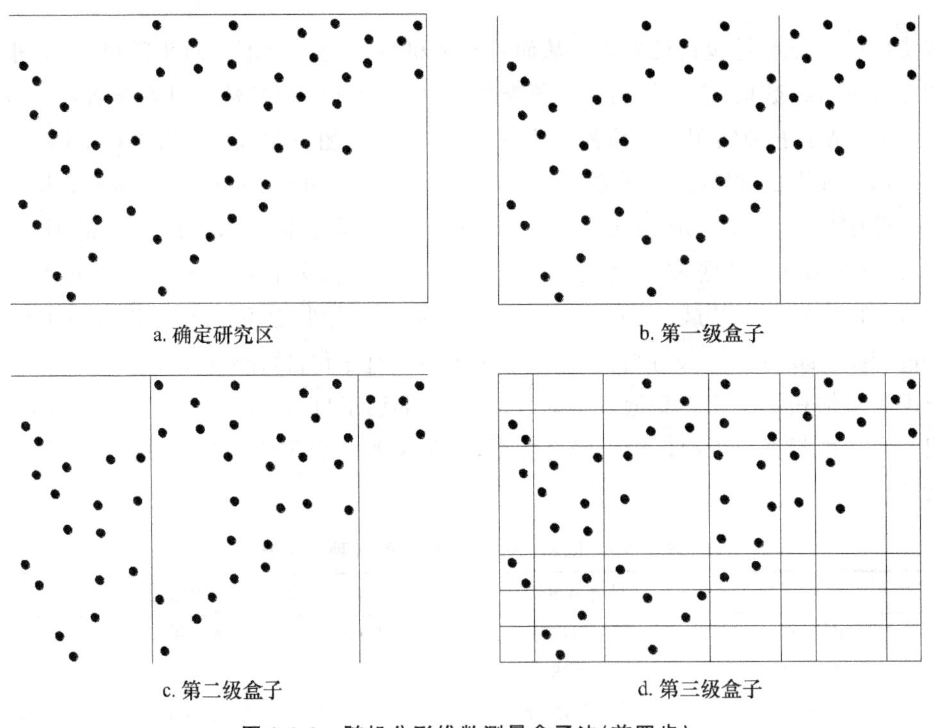

图 9-2-2 随机分形维数测量盒子法(前四步)

以盒子计数法为例,计算方法具体说明如下。首先界定一个研究区,这是一个矩形区(图 9-2-2a)。然后,采用边长为 $r=1$ 的正方形覆盖,需要 6 个正方形,其中非空正方形为 5 个,即有 5 个非空盒子(图 9-2-2b)。接下来,将每个正方形一分为四,得到 15 个非空盒子(图 9-2-2c);继续将小正方形一分为四,得到 45 个非空盒子(图 9-2-2d)。这里盒子尺度序列为 $r=1,\ 1/2,\ 1/4$,非空盒子序列为 $N(r)=5,\ 15,\ 45$,借助非空盒子中的点数计算基于自然对数的信息量序列为 $I(r)=1.5939,\ 2.6556,\ 3.7734$。容量维的计算公式为

$$N(r)=N_1 r^{-D_0}, \tag{9-2-1}$$

式中 N_1 为比例系数,D_0 为容量维数。两边取对数,化为线性表达,即可借助线性回归分析估计容量维,数值为 $D_0=1.5850$。为了计算信息维数,需要统计每一个网格中的点数 $N_i(r)$,据此计算非空网格地物出现的频率 $P_i(r)=N_i(r)/N$。这里 $N_i(r)$为第 i 个网格中的点数,$N=50$ 为点子总数。然后,利用下式计算信息量

$$I(r)=-\sum_{i=1}^{N(r)} P_i(r)\ln P_i(r), \tag{9-2-2}$$

式中 $I(r)$为基于测量尺度 r 的信息量,$N(r)$为非空网格数。以 $r=1/2$ 为例,非空盒子数目 $N(r)=5$,每一个非空盒子中的点数为 $N_i(r)=9,\ 11,\ 13,\ 9,\ 8$,由此易算概率 $P_i(r)$值,进而算出信息量 $I(1/2)=1.5939$ nat。用同样的方法计算 $r=1/4$ 和 $r=1/8$ 时的信息量,分别为 2.6556 nat 和 3.7734 nat。信息维的回归分析公式为

$$I(r)=I_0-D_1\ln(r). \tag{9-2-3}$$

其斜率 D_1 给出信息维,数值为 $D_1=1.5722$。注意,信息维小于等于容量维,即有 $D_1\leqslant D_0$。否则,意味着某个地方计算失误,或者系统发育存在某种问题。进一步地,还可以测算出空间关联维数 D_2,不过,计算过程复杂一些。

下面以北京城市形态分维测算为实例,简要说明该方法的实际应用。盒子法的操作有些困难,实际应用中可以代之以功能盒子法(Chen, 2014; Lovejoy et al., 1987; 陈涛,1995)。所谓功能盒子法(functional box-counting method),就是采用确定一个研究区,围绕研究区套一个矩形区,这个矩形代表最大盒子,盒子的面积对应于研究区的测度面积(measure area)。然后,将矩形区一分为四,四分为十六,十六分为六十四……(图 9-2-3)。这是一个空间循环细分的过程(Batty and Longley, 1994; Goodchild and Mark, 1987)。每一个小的矩形区代表一个盒子,被研究对象占据的矩形区代表非空盒子。形式上这些矩形区域形成规范的网格体系。盒子的尺度可以以长边计算,也可以以短边计算,效果相同,表示为 $r=1,\ 1/2,\ 1/4,\ 1/8,\cdots$。计算非空盒子数目,即非空矩形区域数,或叫非空网格数 $N(r)$。如果尺度 r 与非空盒子数目 $N(r)$之间形成幂律关系,或者局部幂律关系,则幂指数就是分维数,相当于容量维。如果测出各个非空盒子中的像素数目(点数),或者面积大小,则可以计算空间概率分布,从而计算空间信息量 $I(r)$,进而利用空间尺度 r 与信息量 $I(r)$的对数关系计算信息维。

借助遥感图像,可以提取多个年份北京城市土地利用形态的数据。然后将功能盒子法应用于图像资料提取结果,估计城市土地利用格局的分维(Chen and Wang, 2013; Huang and Chen, 2018)。现在以 2009 年北京城市土地利用情况为例具体说明。先确定研究区的范围,框定一个矩形区代表最大功能盒子,其大小为测度面积。利用空间循环细分,得到不同尺度的

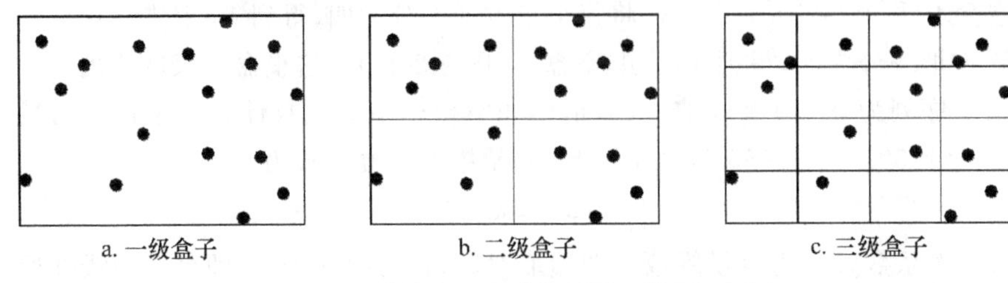

图 9-2-3　功能盒子法分维测量示意(前三步)

盒子。计算非空盒子数,即被城市土地占据的网格数 $N(r)$;同时计算各个非空盒子或者网格中的像素数目,或者土地面积大小,据此计算空间信息量 $I(r)$(表 9-2-2)。盒子尺度 r 与非空盒子数 $N(r)$之间满足幂指数关系,可以建立如下回归方程式:

$$\log_2 N(r) = -1.8477\log_2(r). \tag{9-2-4}$$

斜率给出容量维的估计值 $D_0 = 1.8477$,拟合优度 $R^2 = 0.9992$(图 9-2-4a)。还原可得幂律关系

$$\hat{N}(r) = r^{-1.8477}. \tag{9-2-5}$$

字母上面的尖顶号"ˆ"表示估计值,下同。盒子尺度 r 与信息量 $I(r)$之间满足对数关系,可以建立回归方程式如下

$$\hat{I}(r) = -1.7837\ln(r). \tag{9-2-6}$$

斜率给出信息维数的估计值 $D_1 = 1.7837$,拟合优度 $R^2 = 0.9992$(图 9-2-4b)。注意,在上面的回归计算过程中,都是将模型截距固定为 0,从而幂指数模型的比例系数为 1,对数模型的常数项为 0。如果不固定常数项,也可以估计分维,结果稍有不同。但是,从多分维谱分析的角度看来,固定常数项,效果更好一些(Huang and Chen, 2018)。

表 9-2-2　北京城市形态的功能盒子法测量结果:尺度、非空盒子数、信息量

m	r	$N(r)$	$\log_2(r)$	$\log_2[N(r)]$	$I(r)$
1	1	1	0	0.0000	0.0000
2	1/2	4	−1	2.0000	1.7795
3	1/4	16	−2	4.0000	3.2983
4	1/8	53	−3	5.7279	5.1019
5	1/16	176	−4	7.4594	6.9403
6	1/32	631	−5	9.3015	8.8378
7	1/64	2259	−6	11.1415	10.7152
8	1/128	7968	−7	12.9600	12.5600
9	1/256	26 709	−8	14.7050	14.3629
10	1/512	88 160	−9	16.4278	16.1799

说明:这里 m 代表步骤的序号,信息量的单位是 bit。

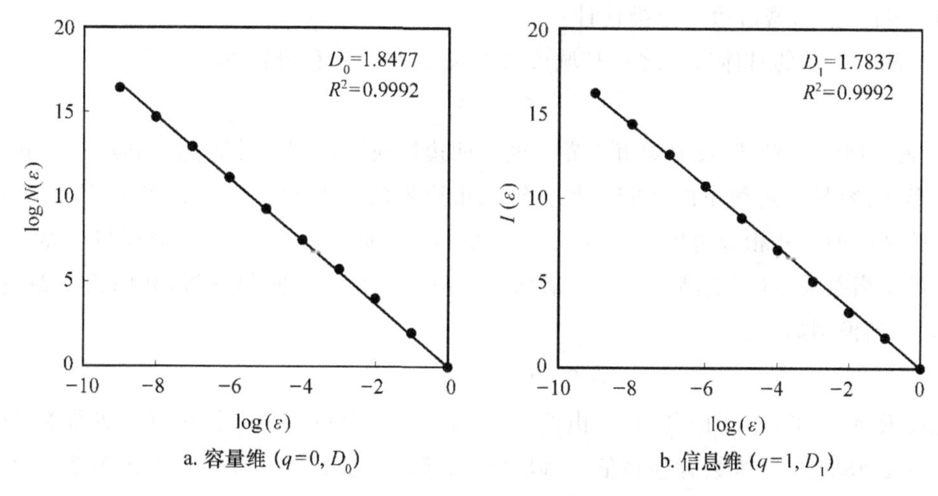

图 9-2-4　北京城市土地利用形态容量维和信息维的测量坐标图(2009)

盒子维数和功能盒子维数的地理空间意义没有本质区别。可以从三个角度理解盒子维数的地理意义。其一,空间填充度。以城市形态为例,城市土地利用的填充程度越高,分维数值就会越高,反之则低。其二,空间均衡度。以城市体系为例,城镇空间分布越是均匀,分维数值就会越高,反之则低。其三,空间复杂度。以城市为例,空间结构越是复杂,则分维数值一般越高,反之则偏低。需要说明两点:第一,空间填充度与空间均衡度之间存在关系。一般来说,填充程度越高,空间分布往往越均衡,但反之未必。例如,城市土地利用充分,填充度高,分布也均衡,但城市体系的要素均匀分布,并不意味着填充度高。第二,空间复杂性与分维之间不是线性关系。对于地理系统的复杂性度量而言,物极必反,分维太高,逼近于欧氏维数,结构反而简单。

2. 根据测度关系求分维

几何测度关系的本质在于维数或者量纲一致性。基于欧氏几何学,维数不同的测度如长度与面积之间不成比例关系,只有维数相同,才能构成线性比例。这个比例关系就是几何测度关系,推而广之可得分形测度关系(Benguigui et al., 2006; Feder, 1988; Mandelbrot, 1982; Takayasu, 1990)。利用分形测度关系可以计算海岛边界、湖泊边界、河流、区域边界、城市边界、城市人口分布等的分维。根据量纲一致性,一个几何体涉及的长度 L、面积 A、体积 V 和广义体积 M 之间满足如下关系

$$L^{1/1} \propto A^{1/2} \propto V^{1/3} \propto M^{1/D}, \tag{9-2-7}$$

式中$\propto$表示比例关系,M 可以根据具体情况代替 L、A 和 V。例如,对于一个岛屿,面积是 2 维测度,边界是地理分形线,则有 $A^{1/2} \propto L^{1/D}$,这里 A 表示岛屿面积,L 表示基于给定测量尺度的边界长度,D 表示岛屿边界分维。对于山峰,则有 $V^{1/3} \propto A^{1/D}$,这里 V 表示山峰体积,A 表示基于给定测量尺度的山峰表面积,D 表示山峰表面分维。

(1) 案例之一,城市边界分维估计。

几何测度关系的具体形式之一是城市边界长度-城区面积异速标度关系

$$L \propto A^{D/2}, \tag{9-2-8}$$

这里 A 表示城区面积,L 表示城市边界长度。两边取对数得到线性表达。利用这个式子的线性转换形式,容易通过简单的回归分析估算城市边界的分维 D。现有 2005 年长江三角洲 68 个城镇的城区面积和相应边界长度数据(表 9-2-3)。数据分析表明,城区面积与边界长度之间大体满足幂指数关系(王洁晶,2011)。借助基于最小二乘法的回归分析,利用式 9-2-8 拟合这组数据,得到模型如下:

$$L \propto A^{0.7266} = A^{1.4532/2}. \tag{9-2-9}$$

拟合优度 $R^2=0.8879$(图 9-2-5)。由此可知,长三角 2005 年 68 个城镇边界维数 $D=2\times 0.7266=1.4532$。该维数有些高估,可以借助分维校正公式对其校正。上述关系可以推广到研究城区面积-交通网络长度的分形测度关系、城区面积-交通节点数目的分形测度关系以及交通网络长度-交通节点数目的分形测度关系,这些关系囊括了城市空间结构的点、线、面关系(Chen et al., 2019)。

表 9-2-3 长江三角洲 68 个城镇的面积和周长数据(2005)

单位:面积 km²,周长 km

城镇	面积	周长	城市	面积	周长	城市	面积	周长	城市	面积	周长
上海	1368.11	1095.44	苏州	197.10	180.47	泰兴	23.77	65.96	奉化	18.95	82.31
青浦	25.93	59.29	常熟	58.60	127.81	靖江	28.23	78.59	嘉兴	67.29	98.29
崇明	9.69	27.51	张家港	70.19	112.34	镇江	67.51	186.67	嘉善	23.27	45.71
松江	71.93	83.81	昆山	62.45	79.94	句容	10.06	33.42	海盐	21.49	29.12
金山	27.36	35.15	吴江	18.73	34.46	扬中	12.25	45.72	海宁	23.34	57.09
南京	311.11	418.07	太仓	38.82	55.76	丹阳	33.02	67.58	平湖	24.78	40.35
江宁	41.85	91.62	南通	114.53	226.23	杭州	200.66	184.77	桐乡	34.34	43.68
江浦	15.84	50.94	海安	29.97	57.21	桐庐	7.43	30.32	湖州	30.15	50.59
六合	16.17	34.78	如东	14.23	31.38	富阳	55.75	83.71	德清	22.52	33.88
溧水	21.04	53.97	海门	15.53	44.87	临安	16.25	34.92	长兴	23.24	43.68
高淳	11.32	37.98	启东	20.26	51.45	余杭	17.88	40.72	安吉	23.14	50.29
无锡	149.01	192.22	如皋	23.25	53.01	萧山	96.49	178.18	绍兴	57.23	142.19
江阴	95.17	199.15	扬州	75.57	154.09	宁波	193.81	219.05	嵊县	8.08	28.06
宜兴	38.09	78.15	江都	31.05	85.12	象山	7.39	20.01	新昌	7.86	28.05
常州	205.62	275.72	仪征	24.37	49.05	宁海	12.51	23.07	诸暨	65.86	110.29
溧阳	18.95	64.27	泰州	70.61	169.03	余姚	63.83	157.04	上虞	28.77	72.33
金坛	19.69	46.87	姜堰	24.98	80.58	慈溪	67.35	146.38	舟山	14.76	47.78

数据来源:王洁晶(2011)。

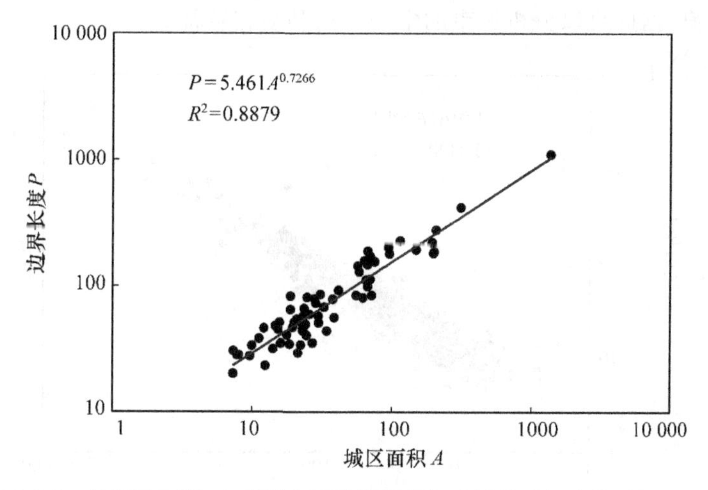

图 9-2-5 长江三角洲 68 个城市的城区面积与边界长度标度关系图(2005)

(2) 案例之二,城市人口分维估计。

几何测度关系的具体形式之二就是城市人口-城区面积异速标度关系

$$A = aP^b = aP^{2/d}, \tag{9-2-10}$$

这里 A 表示城区面积,P 表示城市人口,a 为比例系数,$b=2/d$ 为标度指数,d 为城市人口的分维。这个关系是研究城市规模与形状关系的经典方程式,不过这里引入了分维概念。在分维概念引入之前,地理学家一直困惑于标度指数 b 的地理空间意义的解释(陈彦光,2013;Lee, 1989)。对于城市人口-城区面积标度关系而言,分形性质是相对的,分维的表达则是对偶的。如果将人口视为欧氏几何学测度,维数为 $d=2$,则可以构建如下关系:

$$A = aP^b = aP^{D/d}, \tag{9-2-11}$$

这里 $b=D/d$ 为标度指数,$d=d_E=2$ 为城市人口的欧氏维数。借助这个式子,容易估算城市人口的分维 d 或者城区面积的分维 D。以城市人口规模 P 和建成区面积 A 为测度,研究 2005 年中国 660 个城市的城市人口-城区面积异速标度关系(Chen, 2010)。由于数据量较大,这里不列出。借助最小二乘计算技术,可得如下幂指数模型

$$\hat{A}_k = 1.916\,7P_k^{0.817\,2}, \tag{9-2-12}$$

式中 k 表示基于城市人口规模的位序($k=1,2,3,\cdots$),拟合优度 $R^2=0.842\,2$,异速标度指数 $b=0.817\,2$(图 9-2-6)。由此可知,中国 2005 年 660 个城市人口分维约为 $D=2/0.817\,2=2.447\,3$。这意味着,中国城市人口分布的平均分维约为 2.447 3。如果将城市人口视为 2 维欧氏几何学分布现象,则城区面积的分维为 $D=bd=2\times0.817\,2=1.634\,5$。这暗示,中国城市形态的平均分维约为 1.634 5。还有一种可能,城市人口和城市形态的分维都不知道,标度指数仅仅给出二者的比值,即有 $b=D_a/D_p$,这里 D_p 为城市人口的分维,D_a 为城市形态的分维。对于城市研究而言,参数或者测度的价值在于比较。标度指数提供了两个维数的比值,这

是一种相对维数值,据此可以分析城市的空间结构和演化特征。

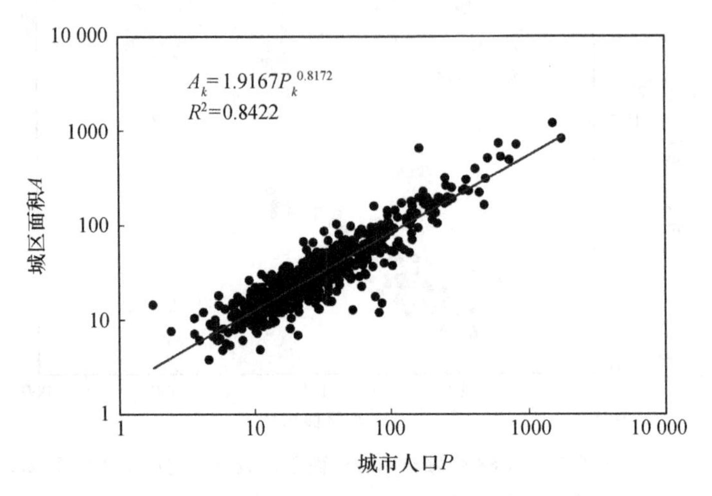

图 9-2-6 中国城市人口-城区面积异速标度关系示意(2005)

(Chen, 2010)

(3) 案例之三,城市形态和交通网络的径向维数估计。

几何测度关系的推广就是面积-半径标度关系、数目-半径标度关系和长度-半径标度关系。面积-半径标度关系可以用于估计城市生长形态的分维,长度-半径标度关系可以用于估计交通网络路线的分维,而数目-半径标度关系则可以用于估计城市形态和交通网络节点的分维(图 9-2-7)。面积-半径标度关系如下:

$$A(r)=A_0r^D, \tag{9-2-13}$$

这里 r 表示以城市中心为圆心的圆环的半径,$A(r)$表示半径范围内的城市用地面积,A_0 为比例系数,D 为城市形态的分维。长度-半径标度关系如下:

$$L(r)=L_0r^D, \tag{9-2-14}$$

这里 r 表示以城市中心为圆心的圆环的半径,$L(r)$表示半径范围内的城市交通路线的长度,L_0 为比例系数,D 为城市交通网络的分维。数目-半径标度关系如下:

$$N(r)=N_0r^D, \tag{9-2-15}$$

这里 r 表示以城市中心为圆心的圆环的半径,$N(r)$表示半径范围内的反映城市用地面积的像素数目或者交通节点数目,N_0 为比例系数,D 为城市形态的分维或者交通节点分布的分维。数目-半径关系可以用于描述前述 DLA 过程和格局的分维关系。利用 Matlab 之类的软件可以生成 DLA 模型,并且计算半径 r 范围内的点数 $N(r)$,然后估计 DLA 模型的分维(图 9-2-7a)。注意上面数目可以代表面积。

以交通网络为例,说明如何借助半径标度法计算城市生长的径向分维。研究对象是 2006 年的长春市交通网络,以火车站为中心绘制同心圆,测算基于不同半径的交通网络长度和节点数目(图 9-2-7b)。由于数据量较大,在此不列出。分析结果表明,同心圆的半径 r 与同心圆内的交通网络长度 $L(r)$ 以及节点数目 $N(r)$ 之间非常好地表现为幂律关系(图 9-2-8)。借助最小二乘回归,得到半径与道路长度标度关系如下:

$$\hat{L}(r)=0.1301r^{1.8107},\tag{9-2-16}$$

拟合优度 $R^2=0.9995$,分维估计值为 $D=1.8107$。借助最小二乘计算,得到半径与节点数目标度关系如下:

$$\hat{N}(r)=0.0006r^{1.7823},\tag{9-2-17}$$

拟合优度 $R^2=0.9978$,分维估计值为 $D=1.7823$。可见,节点的填充度低于道路的填充度。

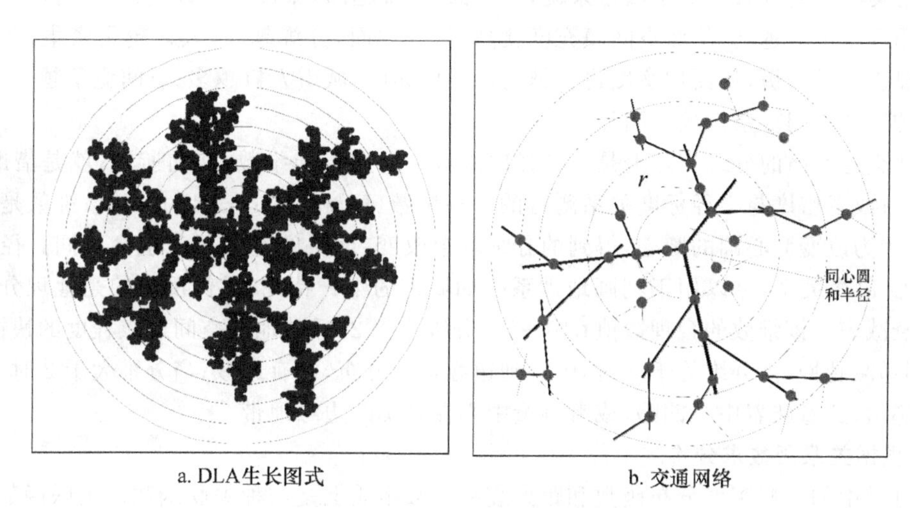

a. DLA生长图式　　b. 交通网络

图 9-2-7　生长分形的半径-测度标度关系示意

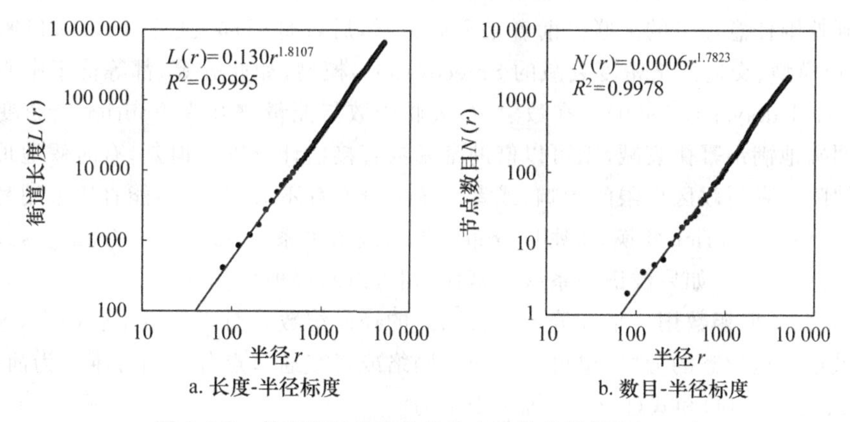

a. 长度-半径标度　　b. 数目-半径标度

图 9-2-8　长春市以火车站为中心地的半径标度(2006)

(Chen et al., 2019)

人文地理系统的分形和标度分析可以推广到自然地理系统的类似领域。城市边界线的分析可以推广到区域边界线、水体边界线、流域边界线，交通网络的分析可以推广到一个流域的水系，而城市人口-城区面积的异速标度关系可以推广到河流长度与流域面积的异速标度关系。无论是地理系统边界抑或交通网络的分形线，还是城市人口，其分维都反映地理要素填充度、均衡度或者复杂性。基于2维嵌入空间，合理数值在0～2；基于3维嵌入空间，合理数值在0～3。先看地理边界和交通网络之类的分形线。一方面，分维越高，分形曲线的细节越多，对地理空间的占用程度也就越高，从而空间填充度高；另一方面，分维越高，分形曲线越是曲折、多变，从而复杂度也会越高。对于交通线来说，分维越高，空间格局也会越是复杂。再看城市人口之类的空间分布。对于城市来说，一方面，分维越高，城市人口数量越多，对城市地理空间的占用程度也会越高，从而空间填充度就高；另一方面，分维越高，人口越是密集，在二维空间中的投影越是均衡，从而均衡度也会越高。不仅如此，城市人口越多，空间竞争越是强烈，从而导致的地理空间复杂性越是明显。

上述交通网络的分维实际上是一种径向维数。所谓径向维数，如前所述，就是借助长度、面积、数目或者密度与半径标度关系测得的一种维数(Frankhauser，1998)。该维数是一种局部维数，因为改变同心圆的圆心，得到的分维就会改变，反映的空间区位也会不同。径向维数描述中心-边缘关系，可以用于刻画地理系统如城市的生长特征，具体反映的是地理分形分布的空间衰减率。该维数的合理数值在0～2。分维小于2，反映地理空间递减程度的快慢，维数越大，则递减越慢；当分维等于2时，中心到边缘均匀分布，没有递减；当分维大于2时，从中心到边缘递增，这意味着中心凹陷，或者测量中心在系统的边缘地带。

3. 根据关联函数求分维

地理学中的一些密度分布函数和距离衰减函数本质上是一种关联函数。关联函数可以分为密度-密度关联函数和中心关联函数(Chen，2013)。以城市生长为例，从城市中心到外围绘制同心圆环带，则密度-密度关联函数反映任意两个环带之间的关联，而中心关联函数则反映城市中心到外围任意环带的关联。前者是全局关联，后者是局部关联。城市人口密度衰减的Clark(1951)模型、交通网络密度衰减的Smeed(1963)模型，如此等等，都等价于中心关联函数(Chen，2013；Takayasu，1990)。在数学中，关联函数与能量谱互为Fourier余弦变换。如果观测数据明确地满足幂律衰减，则可以借助幂函数直接估计分维。但是，有时候地理空间结构因为数据缺陷或者行政区界限的影响，或者系统本身发育不够健全，不能直接采用幂律估计分维，此时可以借助Fourier变换，将密度分布转换为波谱关系(Chen，2013；Takayasu，1990；刘式达，刘式适，1993)。如果波谱关系服从幂律，则可以间接地估算分维。

一般而言，关联函数用于估计分形生长图式的径向维数。对于城市生长而言，这种径向维数可以是城市用地形态的分维，也可以是交通网络或者交通节点分布的分维。为简单起见，将式(9-2-13)、式(9-2-14)和式(9-2-15)统一表示为

$$M(r)=M_0 r^D, \tag{9-2-18}$$

式中r为以城市中心为圆心的同心圆的半径，$M(r)$为反映地理点、线、面的一般测度，代表半

径 r 范围内的城市用地面积、交通网络长度、节点数目，等等，M_0 为比例系数，D 为分维。对式(9-2-18)求导数得到

$$\frac{\mathrm{d}M(r)}{\mathrm{d}r}=DM_0r^{D-1}. \tag{9-2-19}$$

另外，同心圆的欧氏几何学面积为

$$A(r)=\pi r^2, \tag{9-2-20}$$

求导得到

$$\frac{\mathrm{d}A(r)}{\mathrm{d}r}=2\pi r. \tag{9-2-21}$$

用式(9-2-21)去除式(9-2-19)可得密度分布函数

$$\rho(r)=\frac{\mathrm{d}M(r)}{\mathrm{d}A(r)}=\frac{DM_0}{2\pi}r^{D-2}=\rho_0r^{D-d}, \tag{9-2-22}$$

这里 $d=d_E=2$ 为嵌入空间的欧氏维数，比例系数 $\rho_0=DM_0/(2\pi)$ 代表中心区密度。当 M 表示城市交通网络长度时，式(9-2-22)相当于 Smeed(1963)模型。基于密度分布函数，可以构建一点关联函数如下：

$$C(r)=\langle\rho(0)\rho(r)\rangle=\rho_0^2r^{D-d}, \tag{9-2-23}$$

式中尖括号表示求平均。理论上，关联函数与波谱之间互为 Fourier 余弦变换(Takayasu, 1990)

$$F(k)=2\int_0^\infty C(r)\mathrm{e}^{-2\pi kir}\mathrm{d}r=2\rho_0^2\int_0^\infty r^{D-d}\mathrm{e}^{-2\pi kir}\mathrm{d}r=2\rho_0^2\int_0^\infty r^{D-d}\cos(2\pi kr)\mathrm{d}r, \tag{9-2-24}$$

由此得到标度关系

$$F(\lambda k)=2\rho_0^2\int_0^\infty r^{D-d}\mathrm{e}^{-2\pi\lambda kir}\mathrm{d}r=\frac{1}{\lambda^{D-d+1}}2\rho_0^2\int_0^\infty(\lambda r)^{D-d}\mathrm{e}^{-2\pi ki\lambda r}\mathrm{d}(\lambda r)=\lambda^{d-D-1}F(k).$$

上述方程的解给出负幂律波谱关系式

$$F(k)=F_1k^{d-D-1}=F_1k^{-\zeta}. \tag{9-2-25}$$

波谱指数与分维的关系如下：

$$\zeta=D-d+1. \tag{9-2-26}$$

基于 $d=2$ 维嵌入空间，可得分维与波谱指数的关系式

$$D=\zeta+d-1=\zeta+1. \tag{9-2-27}$$

只要利用波谱关系计算出波谱指数，就可以估计径向维数。

基于关联函数的波谱分析可以用于北京城市交通网络的分维测量。理论上，交通网络的密度分布服从 Smeed(1963)的幂律衰减模型，可用式(9-2-22)描述。因此，交通网络的累积分布可以用式(9-2-14)刻画。然而，由于行政边界的局限，交通网络数据在空间上不完整，加之周边网络发育问题，实际观测数据不能采用式(9-2-14)有效拟合，当然也不能采用式(9-2-22)无偏刻画。交通网络的密度更像是负指数衰减或者对数衰减，而不是幂律衰减。无论采用 Clark 模型，还是采用 Smeed 模型，拟合结果都似是而非。这暗示交通网络的结构具有自仿射

特征，或者因为数据缺失而人为导致的自仿射特征。采用波谱分析的步骤如下：

第一步，借助同心圆体系测算交通网络密度序列。以北京市中心为圆心，以相同的步长改变同心圆半径，构建同心圆体系，该体系包括100个环带，据此测量各个环带的交通线密度。

第二步，对交通网络密度进行Fourier变换，转换为谱密度。Fourier变换的算法是快速Fourier变换（fast Fourier transform，FFT），要求数据序列的点数是2的n次方，这里n为自然数。数据处理根据就近原则，如果多于某个2^n值，就删除首部或者尾部的部分数据，保留2^n个数值；或者在末尾补充0，凑足2^n个数值。对于本例，取$n=7$，得到与100最邻近的2^n值128。所以，在密度序列后面添加28个0，将100个数值延长为$N=128$个数值。如果取$n=6$，只能保留64个数值，为此必须删除36个数值，信息量损失较大（$2^7-100<100-2^6$）。变换的结果是复数形式，即有

$$F(k)=a+bi,\tag{9-2-28}$$

式中$k=0,1,2,\cdots,127$为波数，相当于功率谱分析的频率。理论上，关联函数满足Fourier余弦变换，虚部$b=0$。但是，由于实际观测数据并不完美无缺的表现为关联函数衰减形式，故虚部b并不为0。为此，需要代之以如下变量

$$F^*(k)=|F(k)|=\sqrt{F(k)\overline{F(k)}}=\sqrt{a^2+b^2},\tag{9-2-29}$$

这里$F(k)$表示Fourier余弦变换序列，$F^*(k)$表示离散Fourier变换结果。

第三步，借助最小二乘法估计波谱指数。变换的结果以$k=N/2$为分界点，左右对称。因此，当$k>N/2$时，不予考虑，仅仅考虑$k\leqslant N/2$的谱密度。第一个点即$k=0$的情况为特例，也不予考虑。剔除波数为0的初始点，借助最小二乘回归，拟合波谱关系式如下

$$\hat{F}^*(k)=0.3007k^{-0.7620},\tag{9-2-30}$$

拟合优度为$R^2=0.9578$，波谱指数估计值为$\xi=0.7620$，从而城市交通网络的分维估计值为$D=0.7620+1=1.7620$（图9-2-9）。

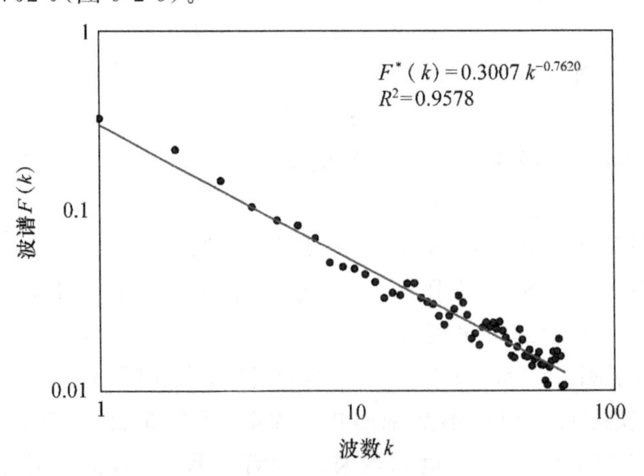

图9-2-9　北京市交通网络波谱标度关系图式（2017）

基于关联函数测量的分维原则上等价于径向维数,反映一个系统如城市从中心到边缘的递减速度。当波谱指数 ξ 值小于 1,从而分维 D 小于 2 时,维数值越小,密度递减越快,反之则慢;当波谱指数 ξ 值等于 1,从而分维 D 等于 2 时,密度均衡分布;当波谱指数 ξ 值大于 1,从而分维大于 2 时,从中心到外围递增,或者测量中心在边缘地带。不过,基于谱分析间接得到的分维不同于采用密度-半径标度或者数目-半径标度直接测算的分维。这种维数更多地反映空间结构特征,分维的增减往往暗示系统结构的好坏。

4. 根据分布函数求分维

分形是一种等级体系,这个等级体系可能是空间结构的循环细分的体现,也可能是规模分布的等级递阶结构的表现。等级体系通常服从位序-规模律(Jiang and Yao, 2010)。位序-规模分布是自然界和人类社会普遍存在的一种现象。岛屿规模分布、湖泊规模分布、河流长度规模分布、城市规模分布、收入规模分布、企业规模分布,如此等等,都服从 Zipf 定律。Zipf 定律与 Pareto 分布等价。Pareto 分布可以用于估计城市规模分布的分维(陈勇等,1993)。在地理空间范围足够大的情况下,城市规模分布服从 Zipf 定律,公式如下:

$$P_k = P_1 k^{-q}, \tag{9-2-31}$$

式中,k 表示位序,P_k 表示位序为 k 的城市规模($k=1,2,3,\cdots,N$,N 为城市总数),P_1 理论上为规模最大的城市的人口,q 为 Zipf 指数。据此可以估计城市规模分布的分维 $D=1/q$。当 $q=1$ 时,为纯 Zipf 分布(Batty, 2006),或者所谓的约束型位序-规模分布(Carroll, 1982)。

Zipf 定律的反函数为 Pareto 分布函数。考虑一个区域中的城市,以人口规模门槛 s 来度量,假定城市人口规模 P 大于等于 s 的城市数目为 $N(s)$,且二者满足幂指数关系

$$N(s) = N_1 s^{-D}, \tag{9-2-32}$$

式中 N_1 为比例系数,D 为 Pareto 指数,这里 D 为城市规模分布的分维,也是城市等级体系的分维。但它不是真正的分维,而是两个分维之比。实际上,严格意义的 Pareto 分布是频率分布表达式,但式(9-2-32)等价于 Pareto 分布——两边除以城市总数 N 可得标准的 Pareto 分布。利用这个分布函数,可以得到城市规模分布的分维 D。可以证明 $D=1/q$。如果城区面积也服从 Zipf 定律,则有

$$A_k = A_1 k^{-p}, \tag{9-2-33}$$

式中 A_k 表示位序为 k 的城市面积,A_1 理论上为规模最大的城市的面积,p 为 Zipf 指数。据此可以估计城市面积分布的分维 $D_a=1/p$。理论上,从式(9-2-31)和式(9-2-33)出发可以导出城市人口-城区面积的异速标度关系:

$$A_k = aP_k^b, \tag{9-2-34}$$

式中,参数 $a=A_1P_1^{-b}$,$b=p/q=D/D_a$。由于城市人口与城区面积的位序不尽一致,实际上的异速关系没有理论上那么令人满意。

下面以中国城市规模分布为例,说明如何借助 Zipf 定律和 Pareto 分布函数估计城市等级体系的分维。2000 年中国有 666 个国家认证的城市,这些城市都有人口普查数据。其市人口规模大体服从 Zipf 定律,但表现为局部位序-规模标度关系。也就是说,大约只有规模大于 10

万人的565个城市更好地满足位序-规模分布律,其余的城市在双对数坐标图上表现垂尾现象(图9-2-10)。进一步考察发现,中国城市位序-规模分布存在一个标度区,规模大于9.35万人的588个城市落入标度区内。所谓标度区,就是双对数坐标图上的、一定尺度范围内的显著直线段。借助最小二乘回归,利用标度区范围内的数据,可得如下位序-规模分布模型

$$\hat{P}_k = 3408.3643k^{-0.8911}, \tag{9-2-35}$$

拟合优度$R^2=0.9875$,Zipf指数约为$q=0.8911$,城市规模分布的分维估计值为$D=1.1223$。顺便说明,这里的标度区不是严格的界定。一般而言,城市规模分布的标度区没有明确的上、下边界线。

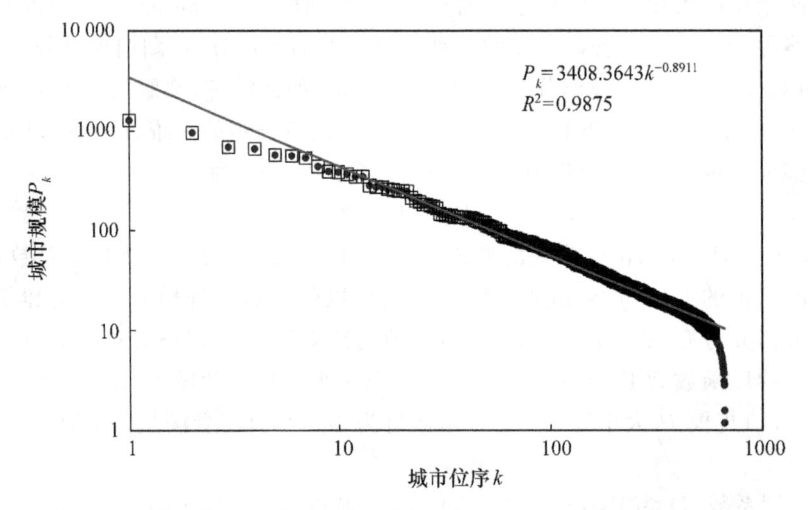

图9-2-10 基于"五普"市人口数据的中国城市位序-规模分布图式(2000)

如果城市规模非常显著地满足Zipf分布,则采用Zipf定律估计城市规模分布或者等级体系的分维是没有问题的。但是,中国城市规模在整体上对Zipf分布有偏离。这就是导致两种结果:其一,标度区范围不容易识别。其二,Zipf指数对标度区的改变非常敏感。这样,Zipf指数的倒数未必很好地逼近真实的分维值。Pareto分布是城市规模分布的分维估计的简便而有效的途径。人口规模门槛的设定可以依据二倍数法则。2000年,中国最大城市上海市人口是1272.0701万人。因此,可以取规模门槛$s=1200, 600, 300, 150, 75, \cdots$。规模大于等于1200万人的城市数目是$N(1200)=1$,大于等于600万人的城市数目是$N(600)=4$,大于等于300万人的城市数目是$N(300)=13$,大于等于150万人的城市数目是$N(150)=29$,大于等于75万人的城市数目是$N(75)=80$,……。其余以此类推:门槛规模$s$每降低一半,统计一次城市总数$N(s)$(表9-2-4)。在人口规模门槛与城市累积数目的双对数坐标图上,出现一个明显的标度区(图9-2-11)。人口规模大于1200万人和小于9.375万人的城市在标度区之外,其余的数据点形成对数线性分布。借助最小二乘计算,利用标度区范围内的数据,可得如下Pareto分布模型:

$$\hat{N}(s)=11\,426.377\,2s^{-1.202\,2},\tag{9-2-36}$$

拟合优度 $R^2=0.988\,2$，Pareto 指数约为 $D=1.202\,2$，从而城市规模分布的分维估计值为 $D=1.202\,2$。Pareto 分布的标度区边界相对明显一些，从而争议少一些。

表 9-2-4 中国城市人口规模分布的 Pareto 计数结果及其标度区范围(2000)

人口规模门槛 s/万人	累计城市数目 $N(P\geqslant s)$/个	标度区内的数据/个
1200	1	
600	4	4
300	13	13
150	29	29
75	80	80
37.5	170	170
18.75	351	351
9.375	588	588
4.687 5	652	—
2.343 75	664	—
1.171 875	666	—

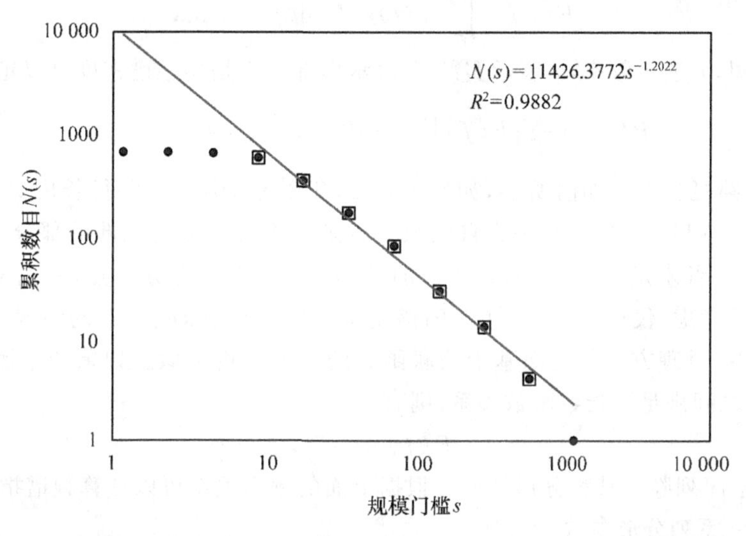

图 9-2-11 基于"五普"市人口数据的中国城市规模的 Pareto 分布图式(2000)

上述案例分析采用常规的行政意义的城市概念。近年来 Jiang 等学者倡导自然城市(natural city)概念(Jiang and Liu，2012)。如果采用基于自然城市的观测数据验证上述位序-规模律，则效果更为明显(Jiang and Jia，2011)。基于分布函数的分维反映递阶性等级结构的特征。对于城市规模分布而言，Zipf 指数和相应的分维数即 Pareto 指数的地理学意义如下(陈勇等,1992;陈彦光,刘继生,1999;刘继生,陈彦光,1998)。当 $q=1$ 即 $D=1$ 时,最大城市与最小城市的人口数之比恰为区域内的城市总数 N,此为约束型位序-规模分布,或者叫作纯 Zipf 分布;当 $q>1$ 即 $D<1$ 时,$P_1/P_k>k$,此时城市规模分布分散,城市体系人口分布差异较大,倾向于规模异质性,最大城市的垄断性较强;当 $q<1$ 即 $D>1$ 时,$P_1/P_k<k$,此时城市规模分布集中,城市体系人口分布均衡,倾向于规模分布同质性,中间位序的城市发育较多。当 $q\to0$ 即 $D\to\infty$时,所有的城市一样大;当 $q\to\infty$ 即 $D\to0$ 时,区域内只有一个城市。这两种极端情况在现实中一般不会出现。对于人口不多的小国,可以出现 $q\geqslant1$ 的情况;但是,对于像中国、印度这样的人口大国,城市规模分布的分维 D 必须大于 1,从而 $q<1$。否则,城市化水平很难提升上去。其他现象的规模分布可以通过类比或者类推来理解。

5. 根据功率谱密度求分维

借助关联函数计算分维,本质上是在 Fourier 变换的基础上,利用波谱关系求分维。实际上,Fourier 变换在分维估计中的用途是多方面的。对于一个信号,一个时间序列,一个空间序列,或者一个等级序列,如果存在某种趋势,则可以利用 Fourier 变换寻找频谱关系。如果时间序列的功率谱或者空间序列的波谱服从幂律,则可以估计一个自仿射记录维数。在一定条件下,该维数可以转换为自相似轨迹维数(Feder, 1988; Takayasu, 1990)。假定一个时间序列 $x(t)$,对其进行 Fourier 变换。变换方程如下:

$$F(f)=\int_{-\infty}^{\infty}x(t)\mathrm{e}^{-2\pi fit}\,\mathrm{d}t=a+bi,\tag{9-2-37}$$

式中 t 表示时间,f 表示频率,a 表示实部,b 表示虚部。于是功率谱密度可以定义为

$$P(f)=\frac{1}{T}\left|F(f)\right|^2=\frac{1}{T}F(f)\bar{F}(f)=\frac{a^2+b^2}{T},\tag{9-2-38}$$

这里 T 为样本路径长度。如前所述,如果采用 FFT 算法,则样本路径长度必须是 2 的 n 次方,即有 $T=2^n$,这里 $n=1,2,3,\cdots$为自然数。否则删除首部或者尾部的部分数据,或者在末尾补充 0,保留或者凑足 2^n 个数值。变换的结果以 $f=1/2$ 为分界点,左右对称。因此,当 $f>1/2$ 时,不予考虑,仅仅考虑 $f\leqslant1/2$ 的谱密度。第一个点即 $f=0$ 的情况为特例,也不予考虑。总之,数据处理方式与前面基于关联函数的波谱分析类似。如果功率谱密度 $P(f)$与相应的频率 f 之间满足幂指数函数关系,则有

$$P(f)\propto f^{-\beta},\tag{9-2-39}$$

从而可以判断:序列隐含某种分形性质。根据上面的频谱关系可以计算频谱指数β,基于频谱指数可以导出一系列分形参数:

$$\beta=5-2D_s,\tag{9-2-40}$$

$$D_s=2-H,\tag{9-2-41}$$

$$D_f=3.5-D_s,\tag{9-2-42}$$

这里 D_s 为自仿射记录分维,D_f 为自相似轨迹分维,H 为 Hurst 指数。时间序列变化率的自相关系数与 Hurst 指数的关系如下:

$$R_t = \frac{\langle -\Delta x(-t)\Delta x(t)\rangle}{\langle(\Delta x(t))^2\rangle} = \frac{\frac{1}{2}(2t)^{2H}}{t^{2H}} - 1 = 2^{2H-1} - 1. \tag{9-2-43}$$

由此可知，当 $D_s=1.5$，$H=0.5$ 时，$R_t=0$，表明时间序列差分的自相关系数为 0，即时间序列前后的变化无关。此时 $x(t_2)-x(t_1)$ 与 $x(t_3)-x(t_2)$ 在概率意义上没有关联，即无后效性。当 $D_s<1.5$，$H>0.5$ 时，$R_t>0$，表明时间序列差分的自相关系数大于 0，即时间序列的变化前后正相关。这种序列具有持久性：过去的一个增量意味着未来的一个增量，过去的一个减量意味着未来的一个减量。当 $D_s>1.5$，$H<0.5$ 时，$R_t<0$，表明时间序列差分的自相关系数小于 0，即时间序列的变化前后负相关。这种序列具有反持久性(anti-persistence)：过去的一个增量意味着未来的一个减量，过去的一个减量意味着未来的一个增量。当 $D_s=1.5$、$H=0.5$ 时，$R_t=0$，时间序列反映的事物变化率没有“记忆”；当 $D_s\neq1.5$、$H\neq1/2$ 时，$R_t\neq0$，时间序列的变化率具有长程记忆性。

不妨借助功率谱分析，研究中国城市化水平的分形性质和相关特征。现有 1949 年到 2017 年一共 69 年的城市化水平统计数值。FFT 算法要求时间序列的样本路径长度 $T=2^n$。如果取 $n=6$，则有 $T=64$，为此得舍弃头部或者尾部 5 个数据点，保留 64 个；如果取 $n=7$，则有 $T=128$，为此必须在末尾添加 59 个 0，凑足 128 个数值。添加数据太多与删除数据太多一样，导致计算误差。不妨去掉 1949 年到 1953 年 5 个数据点，采用 1954 年到 2017 年 64 年的观测值进行 Fourier 变换。频率取值为 $f=m/T$，这里 $m=0,1,2,\cdots,T/2$。去掉 $m=0$ 对应的 0 频点，利用其余数值考察频谱关系，大体服从负幂律(图 9-2-12)。借助最小二乘回归，得到如下模型：

$$\hat{P}(f) = 1.397\,4 f^{-1.827\,2}, \tag{9-2-44}$$

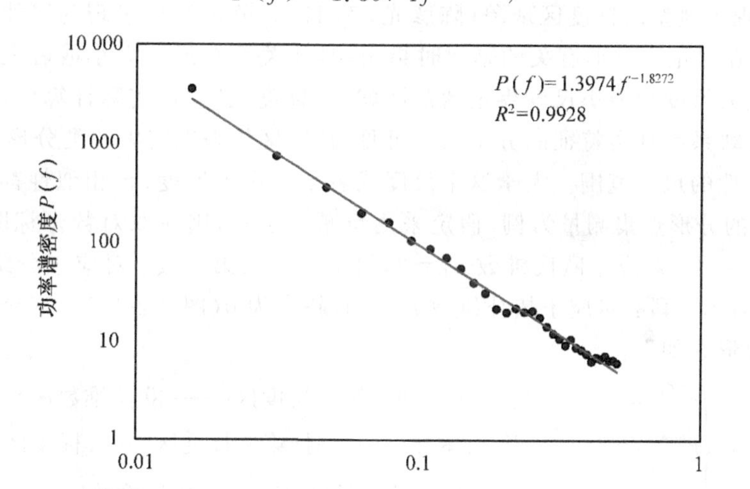

图 9-2-12 中国城市化水平的频谱标度关系(1954—2017)

拟合优度 $R^2=0.9928$，功率谱指数约为 $\beta=1.8272$。根据前面的公式，可以得知，自仿射记录维数 $D_s=(5-1.8272)/2=1.5864$，Hurst 指数 $H=0.4136$，城市化水平增长率的自相关系数为负，即有 $R_t=-0.1129$。这意味着城市化增长速度先上升后下降，这符合城市化水平的"S"形上升规律。

上述过程可以推广到有序的一维空间序列，于是频率被波数代替，功率谱被波谱代替。形式上，这里的波谱分析与前面基于关联函数的波谱分析类似。不同之处在于，关联函数的结构及其与 Fourier 变换的关系在理论上非常清楚，只要关联函数具有标度性质，波谱关系就形成标度关系，从而分维的出现是一定的。但是，对于本小节讲到的波谱分析，研究对象并非关联函数，而是空间随机过程，故波谱分析是经验意义，可能服从幂律，具有分形性质；也可能不满足幂律关系，没有分形性质。究竟情况如何，需要根据计算结果判定。例如基于等距离环带的杭州市人口密度数据形式上服从 Clark 定律，表现为负指数衰减，但背后隐含幂律波谱关系(Chen, 2008; Chen and Feng, 2012)。借助波谱分析，可以估计杭州人口密度分布的自仿射记录分维。

9.2.3 标度区——分维测算的无尺度范围

理论上的分形没有尺度范围，数学分形具有无穷的层次。但现实中不存在真正的分形，人们所研究的分形现象都是分形的近似体，叫作前分形(prefractal)(Addison, 1997)，或者类分形(Mitchell, 2009)。自相似性仅仅在一定尺度范围内存在(陈彦光，刘继生，2007)。因此，分维的测量不是无条件的，而是根据标度性质来确定分维测算的尺度范围。这就涉及一个重要概念：标度区(scaling range)。所谓标度区，就是幂律出现的有效尺度范围。故标度区又叫无尺度范围(scale-free range)。前面借助分布函数测量城市规模分布的分维的案例中，就出现了典型的标度区现象(陈彦光，2017)。分形结构表现为幂律。丹麦物理学家 Bak(1996)在讨论与分形有关的幂律时指出，幂律关系在尺度太小或者太大时最终会被破坏。这个最大尺度和最小尺度界定的范围就是"标度区"。在实际计算中，只有标度区内的结果才是反映系统真实特征的分维值。可见，标度区代表现实中的类分形(fractal-like)体表现出自相似性的尺度范围。大于这个尺度或者小于这个尺度，自相似性都渐趋消失。以 2 维嵌入空间的分形点集测量为例，假定采用负幂律表示，则在双对数坐标图上，曲线往往分为三段：第一段：对应于欧氏维数 $d_E=2$，斜率为 -2；第二段：对应于分维 $0<D<2$，斜率介于 $-2\sim0$；第三段：对应于拓扑维数 $d_T=0$，斜率为 0(图 9-2-13)。三个尺度区可以表示为阶梯函数形式如下：

$$N(r)\propto\begin{cases} r^{-d_E}=r^{-2}, & \text{当 } r>r_{c1} \text{ 时(第一尺度区 —— 欧氏维数区)} \\ r^{-D}=r^{-1.7}, & \text{当 } r_{c2}\leqslant r\leqslant r_{c1} \text{ 时(第二尺度区 —— 标度区：分维)} \\ r^{-d_T}=r^{-0}, & \text{当 } r<r_{c2} \text{(第三尺度区 —— 拓扑维数区)} \end{cases}$$

上式对应于图 9-2-13，标度区斜率为 -1.7，即分维 D 取 1.7。

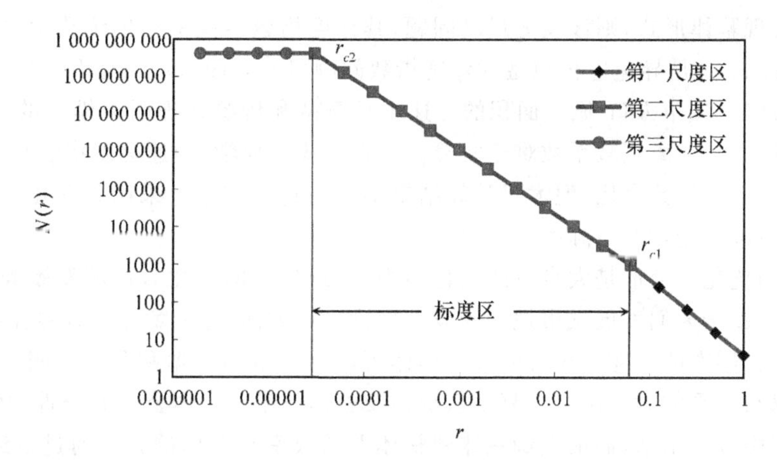

图 9-2-13 双对数坐标图上的标度区示意(基于负幂律)

§ 9.3 地理分形模型

9.3.1 分形理论在地理研究中的作用

地理分形研究意义深远,但其价值需要很长时间才会真正明朗。究其原因,在于人们习惯了传统的、基于欧氏几何学的思维。空间概念的改变需要假以时日。英国城市科学家 Batty (1992)曾经在一篇地理科普文章中指出:"我们的自然地理学和人文地理学中的许多理论正在被运用分形思想重新解释,明天,分形概念在我们的地理教育和实践中将会变得如同今天的地图和统计学一样不可或缺。"分形理论在地理研究中的主要作用,可以概括为如下五个方面。

第一,数学描述。分形是一种自然语言,为人们提供了描述不规则现象的有效工具。数学模型要比语言描述简单而且精确得多。同一个问题,用文字描述耗费千言万语,用数学描述只需要几个符号、几个方程式。数学演绎可以揭示反直观的、意想不到的信息。地理现象在很多方面是一种标度现象,破碎、不规则,没有特征尺度,但却具有统计自相似性,用分形模型刻画恰到好处。

第二,理论建构。分形为人们认识地理系统的本质、融合自然与人文系统规律提供了新的视角。以城市地理学为例,分形为人们建立城市地理模型的逻辑框架提供了思路。城市等级体系和位序-规模分布涌现出一系列模型和理论,Pareto 分布、Zipf 定律、Beckmann 模型、Davis 二倍数规律、Steindl 模型、Curry 最大熵模型、Christaller 的中心地理论,等等。过去,这些理论和模型没有表现逻辑关系,现在却可以借助分形理论将它们集成到一个体系,从而扩大人们理解城市发展的新视野。

第三,参数解释。分形为地理学家重新认识和理解经典地理模型提供了新视角。经典地理模型如果表现幂律形式，则涉及无尺度问题，其标度指数不能采用传统数学思想有效解释。典型的案例有二：一是异速生长模型的标度指数问题(Lee，1989)，二是引力模型的量纲难题(Haynes，1975)。城市人口-城区面积的异速生长模型和传统地理引力模型的经验应用效果很好，但异速指数和距离衰减系数难于解释。根据欧氏几何学，异速标度指数和距离衰减系数要么为整数，要么为整数之比，但大量计算结果不支持这个推论。采用分形几何学，这种数值容易得到理解(陈彦光，2009；陈彦光，2013)。

第四，空间优化。分形是大自然的优化结构，为地理空间优化方法的发展开拓了新方向。特别是，分形有助于人们发展城市规划和设计理论。一方面，分形意味着有限无穷：在有限的空间里进行无穷层次的填充。这表明着分形体可以最有效地占据和利用空间。另一方面，分形意味着效率与公平的对立统一。复杂系统涉及整体效率与个体公平的矛盾。分形模型可以从最大熵原理中推导出来，而最大熵意味着整体上的效率与个体的公平通过自组织达到最佳平衡状态。

第五，哲学思想。分形几何学具有深刻的本体论、认识论和方法论意义。以城市地理学为例，分形城市不是单纯的分形研究，它与各种自组织理论存在密切关系。分形城市与混沌城市、沙堆城市(自组织临界城市)、耗散城市、协同城市等等都有内在联系。分形是理解自组织城市的关键工具。Batty(1995)指出："在过去10年，地理学家和规划师思考城市生长和形态的方式发生了巨大变化。……在我看来，尤为重要的是我们理解城市的方式的改变对规划和干预产生的可能的影响。"西方的分形城市研究，目前主要融会于三个方向：一是空间复杂性(spatial complexity)；二是自组织城市(self-organized city)；三是地理计算(GeoComputation，GC)。这几个方向不是独立的，它们之间存在密切的关系。

分形理论有助于认识到地理空间秩序的本质。地理秩序是无序背后的有序，是一种更高层次的秩序。很多自然和人文地理现象，表面看起来没有规则可言，其实背后隐含着更为深刻的自然法则和秩序。后现代地理学家一度哀叹："当我们寻找空间秩序的时候，我们才发现，这个世界原来是没有秩序的。"(唐晓峰，李平，2000)可是，几乎与此同时，科学家通过混沌和分形理论却揭示了无序现象往往隐含着更为深刻的空间秩序——"大自然只让很少几类现象是自由的"(Gleick，1988)。不自由意味着并非随机性，非随机那就意味着有秩序。然而，这些秩序无法通过直观考察或者传统数学方法揭示，但可以基于分形思想等途径，采用新的数学工具将其挖掘出来。

9.3.2 分维的地理意义

分维原本是常规测度如长度、面积、体积的替代量。对于一个物体，如果可以测出确定的长度、面积、体积等，则无需分维；如果长度、面积、体积等不确定，则需要分维描述其特征。例如，对于海岸线上的两个村庄A和B，二者欧氏距离一定，其间的海岸线越长，则越是复杂、曲折。如果从A到B的海岸线长度趋于无穷，则长度不是一个确定量，分维可以代替长度反映其复杂、曲折程度。再如，对于给定地域范围内的城市用地，建筑面积总量越大，城市空间填充度越高。如果建筑总面积不能确切测量,则分维可以反映其建筑物的空间填充程度。其余以此类推。不仅如此。分维为人们带来了全新的地理空间认识。一方面,分维是一种空间特征量,反映标度对称性;另一方面,分维是一种演化特征量,反映自组织临界性。具体说来,地理分维的含义如下。

其一,分维是一种空间测度。它是无尺度现象的基本参数。对于有特征尺度的现象,可以用长度、面积、体积、密度等测度描述。但是,对于无特征尺度的现象,上述测度失效——找不到有效的长度、面积、体积、特征根、平均值、标准差,等等,需要借助分维刻画其数理特征。分维具有特征尺度的特征,有有效的均值和范围。

其二,分维是一种空间填充度。分维的高低反映一个系统如城市对空间的利用程度和效率。空间填充程度越高,分维越高。但是,不是分维越高越好,理论上有反映一个最佳空间利用效率的维数值:分维太低,则空间填充不足,空间浪费;分维太高,则空间填充过度,缓冲空间欠缺。对于城市研究而言,分维是长度、面积、密度等等的替代测度。如果能够有效地测算城市边界长度、交通网络长度、城市用地面积,则无需分维。由于城市形态的无尺度特征,长度、面积、密度依赖于测量尺度,分维才会发挥空间分析的作用。

其三,分维是一种空间均衡度。分维是空间熵的等价物和替代品,用于反映空间分布的同质性程度。相应地,基于分维的冗余度可以反映空间异质性。现已有数学家证明,Hausdorff维数与 Shannon 信息熵、Kolmogorov 复杂度等价。它们都是复杂性的量度。对于无尺度的系统,无法计算确定的信息熵,但可以计算一个确定的分维值。借助分维,可以开展系统的信息分析。空间分布越均匀,分维越高,同时信息熵也会越高。空间熵越高,空间异质性越差。如果直接度量空间异质性,采用冗余度即可。

其四,分维是一种空间复杂度。分维与空间关联函数有关,反映空间依存性,空间依存性暗示空间复杂性。一方面,维数指示系统控制变量的多少。另一方面,分维反映系统要素关联程度和强度。因此,分维的数值可以反映系统的复杂程度。作为一个空间复杂性的指数,分维的意义常被误解。要想有效描述空间复杂性,必须明确分维的刻画对象和描述角度。以城市为例,描述城市边界和描述城市边界线内部的用地格局,角度和意义大不相同。

9.3.3 经典地理模型与分形

虽然分形理论被引入地理学的历史并不久远,但地理学与分形的关系确实源远流长。早在分形理论创生之前,地理学就涉及大量的分形与分维问题。只不过是由于囿于传统的欧氏几何学思想和概念,人们没有将地理模型及其参数与分形、分维建立联系。以人文地理学为例,理论基石之一是中心地理论,而中心地系统本质上确是一种分形系统(Arlinghaus, 1985; Arlinghaus and Arlinghaus, 1989; Batty and Longley, 1994; Chen, 2011; Chen, 2014; Chen and Zhou, 2006)。中心地系统的边界包含分形理论中著名的 Koch 雪花曲线(图 9-3-1)。地理学中的三个基本规律乃是距离衰减律、位序-规模律(或者叫作规模分布律)和异速生长律,这三大定律无一不包含分形思想和分维概念(表 9-3-1)。在自然地理学中,著名 Horton (1945)水系结构模型就是一套分形模型,流域长度-汇水面积的 Hack (1957)定律就是有关河流的几何测度关系,这类例子不胜枚举。

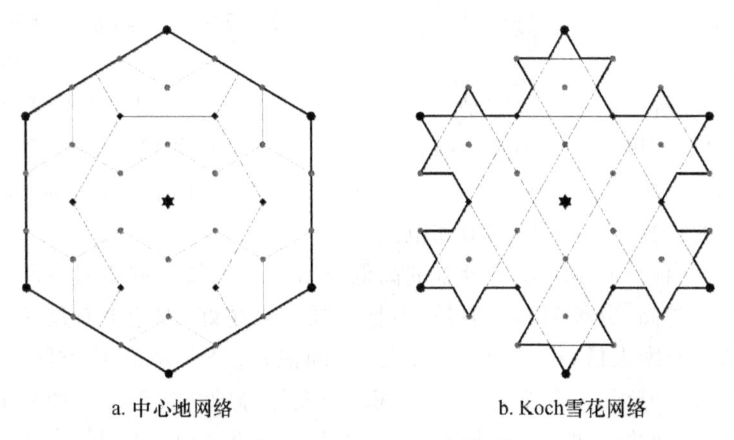

图 9-3-1 中心地网络($k=3$)中隐含的 Koch 雪花结构

表 9-3-1 地理学经典理论和规律中的分形与分维(举例)

理论和规律	内容	分形对象	分形特征	分维
中心地理论	中心地边界	分形线	织构分形	边界维数
	中心地系统	分形网络	结构分形	形态维数
	数目-距离标度	网络结构	分形关系	标度指数
	规模-距离标度	人口分布	分形关系	标度指数
距离衰减律	引力模型	空间相互作用	分形关系	标度指数
	密度幂律衰减	空间扩散	分形生长关系	标度指数
	旅行距离衰减	空间移动	分形流动	标度指数
位序-规模律	Zipf 定律	Pareto 分布	分形规模分布	标度指数
	Auerbach-Davis 法则	等级体系	分形规模分布	标度指数
异速生长律	规模-面积异速标度	分形比例	分形测度关系	标度指数
	面积-边界异速标度	分形比例	分形测度关系	标度指数
	中心-系统异速标度	分形比例	分形测度关系	标度指数

说明:标度指数要么就是分维,要么是分维的函数,如两个维数之比或者两个维数之差。

以刻画和预测地理空间流的城市引力模型为例,说明分形思想如何体现在传统地理数学模型里面。在一个地理区域中,各个子系统如城市,流量包括流出量 T_{ij} 和流入量 T_{ji}。用源区的流出量即出发量 T_{ij} 测度引力的模型,公式为

$$T_{ij}=KP_i^uP_j^vr_{ij}^{-\sigma}, \tag{9-3-1}$$

式子中 P_i 为城市 i 的规模,P_j 为城市 j 的规模,r_{ij} 为基于城市 i 到城市 j 的距离,K 为流量系数,u、v、σ 为交叉标度指数,其中 σ 为距离衰减指数。过去地理学者采用类似于式(9-3-1)

的模型研究引力，但有如下问题：其一，基于一点相关(局部相关)分析，忽略了点点相关(全局相关)的对称性和对偶性；其二，混淆了空间流量与引力的区别。流量可以反映引力的大小，但其自身并非引力。实际上，对偶地，存在用库的流入量即到达量 T_{ji} 测度引力的模型，公式为

$$T_{ji}=KP_i^vP_j^ur_{ji}^{-\sigma}. \tag{9-3-2}$$

式(9-3-1)、式(9-3-2)两式相乘，得到

$$T_{ij}T_{ji}=K^2P_i^{u+v}P_j^{u+v}r_{ij}^{-2\sigma}, \tag{9-3-3}$$

式(9-3-3)两边同时取 1/2 次方，得到

$$(T_{ij}T_{ji})^{1/2}=KP_i^{(u+v)/2}P_j^{(u+v)/2}r_{ij}^{-\sigma}. \tag{9-3-4}$$

这相当于以流出量和流入量的几何平均值为引力测度。式(9-3-4)两边同时取 $2/(u+v)$ 次方，得到规范化的引力模型(Chen，2015)

$$I_{ij}=(T_{ij}T_{ji})^{1/(u+v)}=K^{2/(u+v)}\frac{P_iP_j}{r_{ij}^{2\sigma/(u+v)}}=G\frac{P_iP_j}{r_{ij}^b}, \tag{9-3-5}$$

这里 I_{ij} 为引力，G 为地理引力系数，b 为基于规范化引力模型的距离衰减指数。于是引力定义为

$$I_{ij}=(T_{ij}T_{ji})^{1/(u+v)}, \tag{9-3-6}$$

引力系数表达为

$$G=K^{2/(u+v)}, \tag{9-3-7}$$

距离衰减指数表示为

$$b=\frac{2\sigma}{u+v}. \tag{9-3-8}$$

可以证明，距离衰减指数与城市位序-规模分布的 Zipf 指数 q 以及中心地网络分维 D 之间具有如下关系(Chen，2011；Chen and Huang，2018)：

$$b=qD. \tag{9-3-9}$$

如果采用人口度量城市规模，则有 $q=D_{\mathrm{p}}/D$，这里 D_{p} 为城市人口分布的平均维数，从而

$$b=\frac{D_{\mathrm{p}}}{D}D=D_{\mathrm{p}}. \tag{9-3-10}$$

如果城市人口分布为欧氏几何学现象，则有 $D_{\mathrm{p}}=d=2$，从而 $b=2$。到此，引力模型与分形的关系明确了，距离衰减指数本质上就是城市人口分布的平均分维。

地理规律通常表现为演化的规律，而不是存在的规律。换言之，在地理系统自组织优化过程中，分形结构涌现出来。在地理系统发育尚未达到一定程度之前，分形结构未必出现。因此，地理引力模型的形式不必具有唯一性。在分形几何学产生之前，地理学家无法采用欧几里得几何学解释地理引力模型的距离衰减指数。根据欧氏几何学，距离衰减指数 b 要么为整数，要么为整数之比。但是，经验上的测量值并非如此，这就导致了地理引力模型的量纲困境(Haynes，1975；陈彦光，2009)。为了解决这个问题，人们采用基于 Wilson(1970)空间相互作用模型的指数衰减函数代替幂律衰减函数。基于负指数衰减律，上面的公式可以改为

$$T_{ij}=KP_i^uP_j^v\mathrm{e}^{-\sigma r_{ij}},\tag{9-3-11}$$

$$T_{ji}=KP_i^vP_j^u\mathrm{e}^{-\sigma r_{ji}}.\tag{9-3-12}$$

上面两式相乘,得到

$$T_{ij}T_{ji}=K^2P_i^{u+v}P_j^{u+v}\mathrm{e}^{-2\sigma r_{ji}}.\tag{9-3-13}$$

两边同时取 1/2 次方,得到

$$(T_{ij}T_{ji})^{1/2}=KP_i^{(u+v)/2}P_j^{(u+v)/2}\mathrm{e}^{-\sigma r_{ji}}.\tag{9-3-14}$$

上式两边同时取 $2/(u+v)$次方,得到基于负指数衰减律的规范化的引力模型

$$I_{ij}=(T_{ij}T_{ji})^{1/(u+v)}=K^{2/(u+v)}P_iP_j\mathrm{e}^{-(2\sigma/(u+v))r_{ij}}=GP_iP_j\mathrm{e}^{-br_{ij}}=GP_iP_j\mathrm{e}^{-r_{ij}/r_0},\tag{9-3-15}$$

于是距离衰减系数可以表示为式(9-3-8)形式,其倒数便是空间距离的特征长度,即有

$$r_0=\frac{1}{b}=\frac{u+v}{2\sigma}.\tag{9-3-16}$$

需要明确的是,基于负指数引力模型的参数 G、K、u、v、σ、b 与基于幂律引力模型的参数 G、K、u、v、σ、b 形式一样,但数学性质不同。基于负指数衰减的引力模型不是分形模型,因为存在典型距离 r_0 作为特征尺度。对于现实的地理系统,究竟有没有特征尺度,采用何种引力模型进行描述、预测或者规划,要根据实际计算效果来判定。如果基于负幂律衰减的引力模型对观测数据的拟合效果显著高于基于负指数模型的拟合效果,则属于无尺度空间流分布,具有分形性质,研究对象为复杂地理系统;反之,如果基于负指数衰减的引力模型对观测数据的拟合效果显著高于基于负幂律模型的拟合效果,则属于有尺度空间流分布,没有分形性质,研究对象为简单地理系统。

§9.4 地理分形实例

9.4.1 长江究竟有多长

对于欧氏几何学现象,长度、面积、体积等的测量都有确定的结果。然而,在地理测量中,往往无法找到确切的度量数据。如果有人简单将其归结为技术误差、灰色或者模糊,那就没有抓住问题的本质。不妨先看一个实例。对于中国而言,长江像黄河一样,不仅仅是一种地理现象,更是一种文化标志,一种民族精神的象征。因此,人们很关心它的基本测度——长度。可是,长江的长度充分表现了地理学的“长度之谜(conundrum of length)”——一个古老的测量难题。1978 年之前,长江长度的官方数字是 5800 千米。1976 年,长江流域规划办公室等机构组织考察队考察发现,过去的长江源头搞错了。1978 年新华社根据这次考察成果发布消息:长江源头不在过去以为的巴颜喀拉山南麓,而是在唐古拉山脉主峰各拉丹东雪山西南侧的沱沱河;长江全长也不是 5800 千米,而应该改为 6300 千米。长江源头和长度的重新确认,成为

具有历史意义的一件大事。其实,关于长江长度的数据,一直以来,有多种估计结果:5498千米、5500千米、5701千米、5769千米、5800千米、6275千米、6288千米、6300千米、6380千米、6397千米、6403千米、6407千米……(《中国国家地理》第2009年第3期)。长江似乎在不断地变长!2001年,中国科学院遥感应用研究所公布了一个测量结果:6211.3千米。长江突然变短。于是科学家给出了自己的解释:河道深泓线(talweg)即最深谷底线变化,河流局部截弯取直,测量技术改进,如此等等。实际上,在几十年的时期内,长江深泓线的演变对测量结果影响是不大的。只有发生黄河那种历史性的改道,才会对测量结果形成显著的影响。除了非技术原因(源头搞错、计算失误)和技术原因(遥感影像的分辨率提高、测量工具改进)之外,还有一个重要因素,那就是测量尺度。采用的尺度不同,计算的长度也会不同。这涉及下面将要讨论的"Steinhaus 佯谬"(Goodchild and Mark, 1987)。究其本质,在于地理测量的尺度依赖性。

此外,中国海岸线的长度,中国国境线的长度,中国各省各地区的边界线长度,等等,都存在类似的长度谜题。2001年9月5日,《北京青年报》第2版发表一篇题为"全国省界'长'了一万公里"的文章。当时,1996年开始的全国(不含港、澳、台)全面勘界工作行将结束,68条省界全部勘定,2800多个县级行政单位的界线勘查也基本竣工。根据这次勘界的结果,全国省界总长度大约63 000千米,比原有的数据"增长"了大约1万千米(又见:全国省(区)界线全部勘定.地球信息科学,2001,7(3):17)。对此,民政部全国勘界工作办公室的负责人给出了两条理由:一是原先是数据是在1∶200 000的地图上量算的,存在误差;二是一些争议区原先比较平滑的界线经过协调后可能变得犬牙交错。第一个理由涉及对象的粒度(地图分辨率),第二个理由涉及测量的尺度。这两个理由都与分形有关。实际上,中国省界如同一些国界一样,通常是沿着河道、分水岭等分形线进行划分。正是由于这次全国勘界,中国1045万平方千米的国土面积数据也引起了广泛的注意——过去公布的国土面积是960万平方千米(《中国国家地理》,2001年第9期)。由于地表形态的分形特征,国土面积的测量也存在尺度依赖性——不同测量机构给出的中国版图大小数据不尽一致(陈彦光,2012)。类似于江河长度和省界长度的问题是万里长城的长度。明长城的长度过去有6300千米、7300千米等不同的估算结果。2009年,国家文物局和国家测绘局首次联合发布明长城"家底",总长度为8851.8千米,较之于10年前最近的一次调查结果又增加了2200多千米。可以预见,如果其他机构再测量一次,结果还会有变化。因为明长城依山脉走势而修建,其轨迹难免具有分形线性质。

9.4.2 地理线的长度之谜

分形和分维的概念是在测量过程中引申出来的,最基本的当然是长度测量。Mandelbrot(1967)的分形理论奠基性作品之一就是《英国的海岸线有多长》;如果是陆地人为地分界,也可能具有分形特征。Mandelbrot(1982)在查阅百科全书时曾经发现,西班牙和葡萄牙分别测量它们共同的边界线长度,可是测量结果却相差20%左右——误差也太显著了。问题的根源在于国境线如同海岸线一样,具有尺度依赖性;西、葡边界线的差别问题在性质上类似于中国省界总长度两次测量结果的巨大差异。这类问题导致一种新的几何学——分形几何学的诞生。早在Mandelbrot提出分形概念之前,地理学家已经开始探讨地理分形线问题了,可惜未能形成理论突破。河流的长度测量曾经是非常著名的地理难题。对于同一条河流,不同学术团体或者研究机构测量的结果大不相同,人们称之为"Steinhaus悖谬(paradox)"(Steinhaus, 1954; Steinhaus, 1960)。其实,海岸线长度、国界线长度、河流长度、城市边界长度,如此等等,都存在长度测量结果的不确定性问题。诸如此类的问题形成地理学著名的长度之谜。在分形几何学概念提出之前不久,地理学家已经正式探索过长度谜题。20世纪60年代,美国密歇根数量地理学家校际共同体(Michigan Inter-University Community of Mathematical Geographers, MIUCMG)着手调研地理空间的长度之谜以及与此相关的学术问题。调查工作完成之后,J. D. Nystuen于1966年撰写了一篇题为"边界形状效应和局部凸性概念"的报告,讨论了有关成果(Batty, 1991)。该报告指出:对于地理现象,长度的测算依赖于尺度。此外,这个研究报告循着历史轨迹追溯到Steinhaus(1954, 1960)的工作,追溯到波兰地理学学家J. Perkal于1958年的工作,而Perkal注意到奥地利地理学家Albrecht Penck于1894年的工作——后者早在19世纪末期就知道长度之谜了。这个问题可能困扰人类很长时间。Batty(1991)指出:"有证据表明达芬奇(Leonardo da Vinci)业已与长度难题较量过了,如果真的如此,那就意味着古希腊人已经知道长度之谜。"

为什么地理空间的长度问题如此重要?因为长度是最最基本的空间测度。要进行准确的描述,就得明确一些测度:长度、面积、体积、质量、密度,如此等等(参阅第2章)。测度是定量化的开端,是从定性研究通往定量研究的中介环节。如果我们连基本测度都不清楚,建模、分析、解释、预测等等都是一纸空谈,没有意义。从Nysteun报道的成果看来,地理学家的探索距离分形思想已经很近了,可却擦肩而过。今天看来,Nysteun的报告是一篇开创性的文章。可是,那篇文章居然没有公开发表,只是作为MIUCMG组织的讨论文章系列之一在密歇根大学地理系存档保留下来。这反映一个问题:欧氏几何学的思想在地理学家那里根深蒂固,以致这种具有分形概念的成果很难及时引人注目。就在Nysteun撰写报告的第二年(1967年),Mandelbrot(1967)发表"英国的海岸线有多长"一文,提出地理线的长度依赖于测量尺度的思想。十年之后,分形几何学的英文版专著正式发表(Mandelbrot, 1977)。值得地理工作者深思的是,在此之前一年,"地理学定量方法委员会(CQMG)"宣布解散。20世纪80年代,分形几何学产生巨大影响,并且深深地影响了地理学。直到此时,地理学家才恍然大悟:原来长度之谜是这么回事!可是,地理学家与发现分形的业绩已然失之交臂(艾南山等,1999)。

§9.5 小　结

传统的数学建模和定量分析是基于特征尺度的,只有找到有效的特征长度,才能基于常规数学方法开展地理空间分析。然而,地理系统是复杂空间系统,复杂系统的一个特征是在很多方面找不到特征长度,从而传统的数学建模和定量分析失效。在这种情况下,借助标度思想开展无尺度空间分析是一种合理的选择。分形几何学是标度分析的强有力工具之一,利用分形几何学及其相关的复杂性思想和自组织理论,可以开拓地理空间分析的新方向。本章着重讲述如下问题:第一,分形和分维概念。分形的形态特征是自相似性,数理本质是无尺度性,分维则是描述无尺度现象的一种标度指数。分形没有特征尺度,但分维有特征尺度。分维是一种空间测度,用于地理空间分析适得其所。第二,分维测算的常用方法。借助分形理论开展地理空间分析的关键是测量分维,有了分维才能进行地理空间描述,进而获得地理过程的理解。不同的测量方法导致不同的分形参数,而不同的分形参数适用于不同的地理空间分析。参照相关学科的研究经验,通过简明案例讲解了分维测量的粗视化法、测度关系法、关联函数法、分布函数法和谱密度法。作为补充,讲述了与分维测量和标度分析密切相关的标度区概念。第三,分形和分维在地理研究中的价值和意义。一方面,一些传统的理论和模型因为分形思想的引入而获得新生。传统地理模型如引力模型、异速生长模型,实用效果较好,但参数的地理意义无法通过传统数学思想得到解释。分形思想和分维概念可以帮助解决这些悬而未决的理论难题。另一方面,分形理论为地理空间描述和数学建模提供了新的途径,并启发了新的思路。地貌形态、水系结构、城市生长、交通网络,如此等等,采用长度、面积、体积和密度等常规测度描述,无法刻画系统的本质。借助分维和相应的标度指数,则可以更为有效地描述其特征,从而理解其演化。随着学科的逐步发展,越来越多的学者会认识到分形几何学在地理空间分析中的用途、效果和意义。

参考文献

Addison P S (1997). *Fractals and Chaos: An Illustrated Course*. Bristol and Philadelphia: Institute of Physics Publishing

Allen P M (1997). *Cities and Regions as Self-Organizing Systems: Models of Complexity*. Amsterdam: Gordon and Breach Science Pub

Angel S, Hyman G M (1976). *Urban Fields: A Geometry of Movement for Regional Science*. London: Pion Press

Anselin L (1995). Local indicators of spatial association—LISA. *Geographical Analysis*, 27(2): 93-115

Anselin L (1996). The Moran scatterplot as an ESDA tool to assess local instability in spatial association. In: Fischer M, Scholten HJ, Unwin D (eds.). *Spatial Analytical Perspectives on GIS*. London: Taylor & Francis: 111-125

Arbia G, Benedeiti R, Espa G (1996). Effect of the MAUP on image classification. *Geographical System*, 3(2—3): 123-141

Arlinghaus S L (1985). Fractals take a central place. *Geografiska Annaler B*, 67(2): 83-88

Arlinghaus S L, Arlinghaus W C(1989). The fractal theory of central place geometry: A Diophantine analysis of fractal generators for arbitrary Löschian numbers. *Geographical Analysis*, 21: 103-121

Armstrong M P (2000). Geography and computational science. *Annals of the Association of American Geographers*, 90(1): 146-156

Arora M S, Rogerson A (1991). Future trends in mathematics modelling and applications. In: M. Niss, W. Blum, I. Huntley (Eds). *Teaching of Mathematical Modelling and Applications: Mathematics and Its Applications*. New York: Ellis Horwood: 111-116

Atkinson P M, Martin D (2000Eds). *GIS and GeoComputation*. NY: Taylor & Francis

Atkinson P M, Foody G M, Darby SE, Wu F (2005 Eds). *GeoDynamics*. London: CRC Press

Bak P (1996). *How Nature Works: the Science of Self-organized Criticality*. New York: Springer-Verlag

Banks R B (1994). *Growth and Diffusion Phenomena: Mathematical Frameworks and Applications*. Berlin: Springer-Verlag

Bartlett A A (2004). *Arithmetic, Population, and Energy. One-Hour Talk*. Available from http://jclahr.com/bartlett/arithmetic.html

Batty M (1991). Cities as fractals: Simulating growth and form. In: Crilly AJ, Earnshaw RA,

Jones H (eds). *Fractals and Chaos*. New York: Springer-Verlag: 43-69

Batty M (1992). Physical phenomena. *Geographical Magazine*, 64(7): 35-36

Batty M (1995). New ways of looking at cities. *Nature*, 377: 574

Batty M (2006). Hierarchy in cities and city systems. In: Pumain (ed.). *Hierarchy in Natural and Social Sciences*. Dordrecht: Springer: 143-168

Batty M (2008). The size, scale, and shape of cities. *Science*, 319: 769-771

Batty M (2013). *The New Science of Cities*. Cambridge, MA: MIT Press

Batty M, Carvalho R, Hudson-Smith A, Milton R, Smith D, Steadman P (2008). Scaling and allometry in the building geometries of Greater London. *The European Physical Journal B—Condensed Matter and Complex Systems*, 63(3): 303-314

Batty M, Kim K S (1992). Form follows function: reformulating urban population density functions. *Urban Studies*, 29(7):1043-1070

Batty M, Longley P A (1988). The morphology of urban land use. *Environment and Planning B: Planning and Design*, 15(4): 461-488

Batty M, Longley P A (1994). *Fractal Cities: A Geometry of Form and Function*. London: Academic Press

Beckmann M J (1958). City hierarchies and distribution of city sizes. *Economic Development and Cultural Change*, 6(3): 243-248

Bell G, Hey T, Szalay A (2009). Beyond the data deluge. *Science*, 323: 1297-1298

Benguigui L, Blumenfeld-Lieberthal E (2007a). A dynamic model for city size distribution beyond Zipf's law. *Physica A: Statistical Mechanics and its Applications*, 384(2): 613-627

Benguigui L, Blumenfeld-Lieberthal E (2007b). Beyond the power law—a new approach to analyze city size distributions. *Computers, Environment and Urban Systems*, 31 (6): 648-666

Benguigui L, Blumenfeld-Lieberthal E (2011). The end of a paradigm: is Zipf's law universal? *Journal of Geographical Systems*, 13(1): 87-100

Benguigui L, Blumenfeld-Lieberthal E, Czamanski D (2006). The dynamics of the Tel Aviv morphology. *Environment and Planning B: Planning and Design*, 33: 269-284

Benguigui L, Czamanski D, Marinov M, Portugali Y (2000). When and where is a city fractal? *Environment and Planning B: Planning and Design*, 27(4): 507-519

Berry B J L (1976). *Urbanization and Counterurbanization*. Beverly Hills, CA: Sage Publications

Boulding K E (1966). *The Impact of the Social Science*. New Brunswick, NJ: Rudgers University Press: 108

Boyce R R, Clark WAV (1964). The concept of shape in geography. *The Geographical Review*, 54: 561-572

Bunge W 著(1962),石高玉、石高俊译(1991).理论地理学.北京:商务印书馆:9-10

Burtenshaw D (1983). *Cities and Towns*. London: Bell & Hyman

Burton I (1963). The quantitative revolution and theoretical geography. *Canadian Geographer*, 7(4): 151-162

Cadwallader M T(1997). *Urban Geography: An Analytical Approach*. Upper Saddle River, NJ: Prentice Hall

Caffrey J, Isaacs H H (1971). *Estimating the Impact of a College or University on the Local Economy*. New York, NY: EXXON Education Foundation (ERIC Number: ED252100)

Carey H C (1858). *Principles of Social Science*, Philadelphia: J. B. Lippincott

Carroll C (1982). National city-size distributions: what do we know after 67 years of research? *Progress in Human Geography*, 6(1): 1-43

Carroll J B (1993). *Human Cognitive Abilities: A Survey of Factor-Analytic Studies*. New York, NY: Cambridge University Press

Chen Y G (2008). A wave-spectrum analysis of urban population density: entropy, fractal, and spatial localization. *Discrete Dynamics in Nature and Society*, vol. 2008, Article ID 728420

Chen Y G (2010). A new model of urban population density indicating latent fractal structure. *International Journal of Urban Sustainable Development*, 1(1—2): 89-110

Chen Y G (2010). Exploring the fractal parameters of urban growth and form with wave-spectrum analysis. *Discrete Dynamics in Nature and Society*, Volume 2010, Article ID 974917

Chen Y G (2011). Fractal systems of central places based on intermittency of space-filling. Chaos, Solitons & Fractals, 44(8): 619-632

Chen Y G (2012). On the four types of weight functions for spatial contiguity matrix. Letters in Spatial and Resource Sciences, 5(2): 65-72

Chen Y G (2012). The rank-size scaling law and entropy-maximizing principle. *Physica A: Statistical Mechanics and its Applications*, 391(3): 767-778

Chen Y G (2013). Fractal analytical approach of urban form based on spatial correlation function. *Chaos, Solitons & Fractals*, 49(1): 47-60

Chen Y G (2013). New approaches for calculating Moran's index of spatial autocorrelation. *PLoS ONE*, 8(7): e68336

Chen Y G (2014). Multifractals of central place systems: models, dimension spectrums, and empirical analysis. *Physica A: Statistical Mechanics and its Applications*, 402: 266-282

Chen Y G (2015). Power-law distributions based on exponential distributions: Latent scaling, spurious Zipf's law, and fractal rabbits. *Fractals*, 23(2): 1550009

Chen Y G (2015). The distance-decay function of geographical gravity model: power law or exponential law?. *Chaos, Solitons & Fractals*, 77: 174-189

Chen Y G, Feng J (2012). Fractal-based exponential distribution of urban density and self-affine fractal forms of cities. *Chaos, Solitons & Fractals*, 45(11): 1404-1416

Chen Y G, Huang LS (2018). A scaling approach to evaluating the distance exponent of urban gravity. *Chaos, Solitons & Fractals*, 109: 303-313

Chen Y G, Wang JJ (2013). Multifractal characterization of urban form and growth: the case of Beijing. *Environment and Planning B: Planning and Design*, 40(5): 884-904

Chen Y G, Wang YH, Li XJ (2019). Fractal dimensions derived from spatial allometric scaling of urban form. *Chaos, Solitons & Fractals*, 126: 122-134

Chen Y G, Zhou YX (2006). Reinterpreting central place networks using ideas from fractals and self-organized criticality. *Environment and Planning B: Planning and Design*, 33(3): 345-364

Chisholm M (1975). *Human Geography: Evolution or Revolution*? London: Penguin Books

Christaller W (1933). *Central Places in Southern Germany* (Translated by C. W. Baskin in 1966). Englewood Cliffs, New Jersey: Prentice Hall

Clark C (1951). Urban population densities. *Journal of Royal Statistical Society*, 114(4): 490-496

Clark P J, Evans F C (1954). Distance to nearest neighbour as a measure of spatial relationships in populations. *Ecology*, 35: 445-453

Cliff A D, Ord J K (1973). *Spatial Autocorrelation*. London: Pion Limited

Cliff A D, Ord J K (1981). *Spatial Processes: Models and Applications*. London: Pion Limited

Cobb C W, Douglas P H (1928). A theory of production. *American Economic Review*, 18 (Supplement): 139-165

Converse P D (1930). Elements of Marketing. NJ: Englewood Cliffs

Converse P D (1949). New laws of retail gravitation. *The Journal of Marketing*, 14: 379-384

Couclelis H (1997). From cellular automata to urban models: new principles for model development and implementation. *Environment and Planning B: Planning and Design*, 24(2): 165-174

Dacey M F (1960). The spacing of river towns. *Annals of the Association of American Geographers*, 50(1): 59-61

Dacey M F (1962). Analysis of central place and point patterns by nearest neighbor method. *Lund Studies in Geography B: Human Geography*, 24: 55-75

Dacey M F (1970). Some comments on population density models, tractable and otherwise. *Papers of the Regional Science Association*, 27: 119-133

Davis K (1978). *World urbanization*: 1950—1970. In: I. S. Bourne, J. W. Simons (Eds.). *Systems of Cities* (ed.). New York: Oxford University Press, pp92-100

De Blij H J, Muller P O (1997). *Geography: Realms, Regions, and Concepts* (*Eighth edition*). New York: John Wiley & Sons

Dickinson R E, Howarth O J R (1933). *The Making of Geography*. Oxford: Oxford University Press, p142

Diebold F X (2007). *Elements of Forecasting* (4th edition). Mason, Ohio: Thomson

Durbin J, Watson G S (1950). Testing for serial correlation in least squares regression, I. *Biometrika*, 37(3—4): 409-428

Durbin J, Watson G S (1951). Testing for serial correlation in least squares regression, II. *Biometrika*, 38(1—2): 159-177or179

Durbin J, Watson G S (1971). Testing for serial correlation in least squares regression, III. *Biometrika*, 58 (1): 1-19

Dutton G H (1971). National and regional parameters of growth and distribution of urban population in the United States, 1790—1970. *Harvard Papers in Theoretical Geography*, *Geography of Income Series*, *V*. Laboratory for Computer Graphics and Spatial Analysis, Graduate School of Design, Harvard University

Einstein A (1963). A letter to J. E. Switzer of San Mateo California (1953). In: A. C. Crombie (Ed). *Scientific Change*. London: Heinemann: 142

Feder J (1988). *Fractals*. New York: Plenum Press

Fischer M M, Leung L (2001Eds). *Geocomputational Modelling*: *Techniques and Applications*. Berlin: Springer

Fotheringham A S (1997). Trends in quantitative methods I: Stressing the local. *Progress in Human Geography*, 21(1): 88-96

Fotheringham A S (1998). Trends in quantitative method Ⅱ: Stressing the computational. *Progress in Human Geography*, 22(2): 283-292

Fotheringham A S (1999). Trends in quantitative methods III: Stressing the visual. *Progress in Human Geography*, 23(4): 597-606

Fotheringham A S, Brunsdon C, Charlton M (2000). *Quantitative Geography*: *Perspectives on Spatial Data Analysis*. London: SAGE Publications

Fotheringham A S, Brunsdon C, Charlton M (2002). *Geographically Weighted Regression*: *the Analysis of Spatially Varying Relationships*. Chichester: John Wiley & Sons

Fotheringham A S, O'Kelly M E (1989). *Spatial Interaction Models*: *Formulations and Applications*. Boston: Kluwer Academic Publishers: 2

Frankhauser P (1994). *La Fractalité des Structures Urbaines* (*The Fractal Aspects of Urban Structures*). Paris: Economica

Frankhauser P (1998). The fractal approach: A new tool for the spatial analysis of urban agglomerations. *Population*: *An English Selection*, 10(1): 205-240

Gabaix X, Ioannides Y M (2004). The evolution of city size distributions. In: *Handbook of Urban and Regional Economics*, *Volume* 4 (Chapter 53). Eds. J. V. Henderson and J. F. Thisse. Amsterdam: North-Holland Publishing Company: 2341-2378

Gahegan M (1999). What is geocomputation?. *Transactions in GIS*, 3(3): 203-206

Gardner H E (1983). *Frames Of Mind*: *The Theory of Multiple Intelligences* (*2nd Edition*). New York: Basic Books

Gardner H E (1993). *Frames Of Mind*: *The Theory of Multiple Intelligences* (10*th Edition*).

New York: Basic Books

Gastwirth J L (1972). The estimation of the Lorenz curve and Gini index. *The Review of Economics and Statistics*, 54 (3): 306-316

Geary R C (1954). The contiguity ratio and statistical mapping. *The Incorporated Statistician*, 1954, 5: 115-145

Getis A, Ord J K (1992). An analysis of spatial association by use of distance statistic. *Geographical Analysis*, 24(3):189-206

Gleick J (1988). Chaos: Making a New Science. New York: Viking Penguin

Goodchild M F, Mark D M (1987). The fractal nature of geographical phenomena. *Annals of Association of American Geographers*, 77(2): 265-278

Gordon K (2005). The mysteries of mass. *Scientific American*, 293(1):40-46/48

Gould P R (1972). Pedagogic review: entropy in urban and regional modelling. *Annals of the Association of American Geographers*, 62(1): 689-700

Gould S J (1973). The shape of things to come. *Systematic Zoology*, 22(4): 401-404

Gould S J (1979). An allometric interpretation of species-area curves: The meaning of the coefficient. *The American Naturalist*, 114(3): 335-343

Griffith D A (2003). Spatial Autocorrelation and Spatial Filtering: Gaining Understanding Through Theory and Scientific Visualization. Berlin: Springer

Grossman D, Sonis M (1989). A reinterpretation of the rank-size rule: examples from England and the land of Israel. *Geographical Research Forum*, 9: 67-108

Hack J T (1957). Studies of longitudinal streams profiles in Virginia and Maryland. *U. S. Geological Survey Professional Papers*, 294—B: 45-97

Haggett P (2001). *Geography: a Global Synthesis*. New York: Pearson Hall

Haggett P, Cliff AD, Frey A (1977). *Locational Analysis in Human Geography* (2nd *edition*). London: Arnold

Hamming R W (1962). *Numerical Methods for Scientists and Engineers*. New York: McGraw-Hill (Second edition 1973, reprinted in 1987)

Haynes A H (1975). Dimensional analysis: some applications in human geography. *Geographical Analysis*, 7(1): 51-68

Henry J (2002). *The Scientific Revolution and the Origins of Modern Science* (*2nd Edition*). New York: Palgrave, p14-53

Holt-Jensen A (1999). *Geography: History and Concepts*. London: SAGE Publications

Horton R E (1945). Erosional development of streams and their drainage basins: Hydrophysical approach to quantitative morphology. *Bulletin of the Geophysical Society of America*, 56(3): 275-370

Huang L S, Chen Y G (2018). A comparison between two OLS-based approaches to estimating urban multifractal parameters. *Fractals*, 26(1): 1850019

Huff D L (1964). Defining and estimating a trading area. *The Journal of Marketing*, 28(3): 34-38

Hurst M E E (1985). Geography has neither existence nor future. In: R. J. Johnston(Ed). The Future of Geography. London: Methuen: 59-91

Isard W (1960Eds). *Methods of Regional Analysis: An Introduction to Regional Science*. Cambridge, MA: MIT Press

Jiang B, Jia T (2011). Zipf's law for all the natural cities in the United States: a geospatial perspective. *International Journal of Geographical Information Science*, 25(8): 1269-1281

Jiang B, Liu XT (2012). Scaling of geographic space from the perspective of city and field blocks and using volunteered geographic information. International Journal of Geographical Information Science, 26(2): 215-229

Jiang B, Yao X (2010eds). *Geospatial Analysis and Modeling of Urban Structure and Dynamics*. Berlin: Springer

Johnston R J (1985). To the ends of the Earth. In: R. J. Johnston(Ed). The Future of Geography. London: Methuen: 326-238

Johnston R J (2008). Quantitative human geography: Are we turning full circle? *Geographical Analysis*, 40 (3): 332-335

Kac M (1969). Some mathematical models in science. *Science*, 166: 695-699

Kaye B H (1989). *A Random Walk Through Fractal Dimensions*. New York: VCH Publishers

Keyfitz N (1968). *Introduction to the Mathematics of Population*. Reading, Massachusetts: Addison-Wesley

King L J (1962). A quantitative expression of the patterns of urban settlements in selected areas of the United States. *Tijdschrift voor Economische en Sociale Geografie*, 53(1): 1-7 [荷兰《经济和社会地理学杂志(*Journal of Economic and Social Geography*)》]

King L J (1969). *Statistical Analysis in Geography*. Englewood Cliffs, NJ: Prentice Hall

Krugman P (1996). Confronting themystery of urban hierarchy. *Journal of the Japanese and International economies*, 10(4): 399-418

Lee Y (1989). An allmetric analysis of the US urban system: 1960—80. *Environment and Planning A*, 21(4): 463-476

Longley P A (1999). Computer simulation and modeling of urban structure and development. In: M. Pacione (Ed). *Applied Geography: Principles and Practice: An Introduction to Useful Research in Physical, Environmental and Human Geography*. London and New York: Routledge: 605-619

Longley P A, Batty M, Shepherd J (1991). The size, shape and dimension of urban settlements. *Transactions of the Institute of British Geographers (New Series)*, 16(1): 75-94

Longley P A, Brooks S M, McDonnell R, Macmillan B (1998). *Geocomputation: a Primer*. Chichester, Sussex: John Wiley

Longley P A, Goodchild M F, Maguire D J, Rhind D W (2001 Eds). *Geographic Information Systems and Science*. New York: Wiley

Lorenz M O (1905). Methods of measuring the concentration of wealth. Publications of the American Statistical Association, 9(70): 209-219

Lovejoy S, Schertzer D, Tsonis A A (1987). Functional box-counting and multiple elliptical dimensions in rain. *Science*, 235: 1036-1038

Lowry I S (1966). *Migration and Metropolitan Growth: Two Analytical Models*. San Francisco: Chandler Publishing Company

Lösch A (1940). The Economics of Location (Translated by W. H. Woglom and W. F. Stolper in 1954). New Haven: Yale University Press

Mackay J R (1958). The interactance hypothesis and boundaries in Canada: a preliminary study. *The Canadian Geographer*, 3(11):1-8

Malthus T (1798). *An Essay on the Principle of Population*. Harmondsworth, England: Penguin Books (reprinted in 1970)

Mandelbrot B B (1965). A Class of long-tailed probability distributions and the empirical distribution of city sizes. In: F. Massarik, P. Ratoosh (eds). *Mathematical Explorations in Behavioral Science*. Homewood, IL: Richard D. Irwin and the Dorsey Press: 322-332

Mandelbrot B B (1967). How long is the coast of Britain? Statistical self-similarity and fractional dimension. *Science*, 156: 636-638.

Mandelbrot B B (1977). *Fractals: Form, Chance, and Dimension*. San Francisco: W. H. Freeman

Mandelbrot B B (1982). *The Fractal Geometry of Nature*. New York: W. H. Freeman and Company

March L (1971). Urban systems: a generalized distribution function. *London Papers in Regional Science*, 2: 156-170

May R M (1976). Simple mathematical models with very complicated dynamics. *Nature*, 261: 459-467

Mayhew S (1997). *Oxford Dictionary of Geography (2nd ed)*. Oxford: Oxford University Press

McDonald J F (1989). Economic studies of urban population density: a survey. *Journal of Urban Economics*, 26(3): 361-385

McEvoy P, Richards D (2006). A critical realist rationale for using a combination of quantitative and qualitative methods. *Journal of Research in Nursing*, 11(1): 66-78,

Mitchell M (2009). *Complexity: A Guided Tour*. New York: Oxford University Press

Moran P A P (1948). The interpretation of statistical maps. *Journal of the Royal Statistical Society, Series B*, 37(2): 243-251

Moran P A P (1950). Notes on continuous stochastic phenomena. *Biometrika*, 37: 17-33.

Morrill R (2008). Is geography (still) a science? *Geographical Analysis*, 40(3): 326-331

Moss R P 著(1980),李德美译(1985). 地理研究的科学方法. 地理译报,4(1): 54-58

Naroll R S, Bertalanffy L von (1956). The principle of allometry in biology and social sciences. General Systems Yearbook, 1(part II): 76-89

Neumann J von (1961). *Collected Works (Vol. 6)*. Ed. A. H. Taub. New York: Pergamon Press, p492

Newling B E (1969). The spatial variation of urban population densities. *Geographical Review*, 59: 242-252

Nordbeck S (1965). The law of urban allometric growth. *Michigan Inter-University Community of Mathematical Geographers* 7. Ann Arbor: Department of Geography, University of Michigan

Odland J (1988). *Spatial Autocorrelation*. London: SAGE Publications

Openshaw S (1994). Computational human geography: towards a research agenda. *Environment and Planning A*, 26(3): 499-505

Openshaw S (1998). Towards a more computationally minded scientific human geography. *Environment and Planning A*, 30(2): 317-332

Openshaw S, Abrahart RJ (2000). *GeoComputation*. New York: Taylor & Francis: 26

O'Leary D P (1997). Teamwork: Computational science and applied mathematics. *IEEE Computational Science and Engineering*, 4(2): 13-18

Parr J B (1985). A population-density approach to regional spatial structure. *Urban Studies*, 22(4): 289-303

Philo C, Mitchell R, More A (1998). Reconsidering quantitative geography: things that count (Guest editorial). *Environment and Planning A*, 30(2): 191-201

Ravenstein E G (1885). On the laws of migration. *Journal of the Royal Statistical Society*, 48(2): 167-235

Reilly W J (1929). *Methods for the Study of Retail Relationships*. Austin: The University of Texas

Reilly W J (1931). The Law of Retail Gravitation. New York: The Knickerbocker Press

Reza F M (1961). *An Introduction to Information Theory*. NY: McGraw Hill

Richardson L F (1961). The problem of contiguity: an appendix of 'Statistics of deadly quarrels'. *General Systems Yearbook*, 6: 139-187

Sameh A (1995). An auspicious beginning. *IEEE Computational Science and Engineering*, 2(1): 1-1

Schaefer F K (1953). Exceptionalism in geography: a methodological examination. *Annals of the Association of American Geographers*, 43(3): 226-249

Schumm S A(1956). Evolution of drainage systems and slopes in badlands at Perth Amboy, New Jersey. *Geological Society of America Bulletin*, 67(5), 597-646

Shen G Q (2002). Fractal dimension and fractal growth of urbanized areas. International Journal of Geographical Information Science, 16(5): 419-437

Sherratt G G (1960). A model for general urban growth. In: C. W. Churchman and M. Verhulst (Eds). *Management Sciences, Model and Techniques: Proceedings of the Sixth International Meeting of Institute of Management sciences* (*Vol.* 2). Elmsford, N. Y: Pergamon Press: 147-159

Silviu G (1977). *Information Theory with Applications*. NY: McGraw Hill

Smeed R J (1961). The traffic problem in towns. *Manchester Statistical Society Papers*. Manchester: Norbury Lockwood

Smeed R J (1963). Road development in urban area. *Journal of the Institution of Highway Engineers*, 10(1): 5-30

Sokal R R, Oden NL (1978). Spatial autocorrelation in biology. 1. Methodology. *Biological Journal of the Linnean Society*, 10: 199-228

Sokal R R, Thomson JD (1987). Applications of spatial autocorrelation in ecology. In: Legendre P, Legendre L. (eds.) Developments in Numerical Ecology, NATO ASI Series, Vol. G14. Berlin: Springer-Verlag: 431-466

Sonis M, Grossman D (1984). Rank-size rule for rural settlements. *Socio-Economic Planning Sciences*, 18(6): 373-380

Spate O H K (1960). Quantity and quality in geography. *Annals of the Association of American Geographers*, 50: 377-394

Steinhaus H (1954). Length, shape and area. *Colloquium Mathematicum*, 3: 1-13

Steinhaus H (1960). Mathematical Snapshots. Oxford, UK: Oxford University Press

Stewart J Q (1942). A measure of the influence of population at a distance. *Sociometry*, 5(1): 63-71

Stewart J Q (1948). Demographic gravitation: evidence and applications. *Sociometry*, 11(1—2): 31-58

Stewart J Q (1950). The development of social physics. *American Journal of Physics*, 18: 239-253

Stewart J Q (1950). Potential of population and its relationship to marketing. In: R. Cox, W. Alderson (eds.). *Theory in Marketing*. Homewood, IL: Richard D. Irwin: 19-40

Stewart J Q, Warntz W (1958). Macrogeography and social science. *Geographical Review*, 48(2): 167-184

Stimson R J (2008). A personal perspective from being a student of the quantitative revolution. *Geographical Analysis*, 40 (3): 222-225

Stone R (1947). On the interdependence of blocks of transactions (with discussion). *Journal of the Royal Statistical Society*, 9(1 Supplement): 1-45

Strahler A E (1952). Hypsometric (area-altitude) analysis of erosional topography. *Geological So-*

ciety of American Bulletin, 63(11): 1117-1142

Takayasu H (1990). *Fractals in the Physical Sciences*. Manchester: Manchester University Press

Tanner J C (1961). Factors affecting the amount travel. *Road Research Technical Paper No*. 51. London: HMSO (Department of Scientific and Industrial Research)

Taylor P J (1975). Distance decay models in spatial interaction. *Norwich*: 23-24

Taylor P J (1977). *Quantitative Methods in Geography*. Prospect Heights, Illinois: Waveland Press (reprinted in 1983)

Thrall G I (1985). Scientific Geography: report on the Athens 'Scientific Geography' conference. *Area*, 17(9): 254

Thünen J H von (1826). *The Isolated State in Relation to Agriculture and Political Economy* (Part III). New York: Palgrave Macmillan (reprinted 2009)

Tidswell V (1978). *Pattern and Process in Human Geography*. Slough: University Tutorial Press

Tobler W (1970). A computer movie simulating urban growth in the Detroit region. *Economic Geography*, 46(2): 234-240

Tobler W (2004). On the first law of geography: a reply. *Annals of the Association of American Geographers*, 94(2): 304-310

Tong X, Wang T, Chen Y G, Wang Y T (2018). Towards an inclusive circular economy: Quantifying the spatial flows of e-waste through the informal sector in China. *Resources, Conservation & Recycling*, 135: 163-171

United Nations (2004). *World Urbanization Prospects: The* 2003 *Revision*. New York: U. N. Department of Economic and Social Affairs, Population Division

Vicsek T (1989). *Fractal Growth Phenomena*. Singapore: World Scientific Publishing Co.

Voss R F (1988). Fractals in nature: From characterization to simulation. In: H-O Peitgen and D. Saupe (eds). *The Science of Fractal Images*. New York: Springer-Verlag, 1988: 21-70

Waldrop M (1992). *Complexity: The Emerging of Science at the Edge of Order and Chaos*. NY: Simon and Schuster

Wang F H, Zhou Y X (1999). Modeling urban population densities in Beijing 1982—90: suburbanisation and its causes. *Urban Studies*, 36(2): 271-287

Weber A (1909). *Theory of the Location of Industries* (Translated by C. J. Friedrichin 1929). Chicago: The University of Chicago Press

Weeks J R, Getis A, Hill A G, Gadalla M S, Rashed T (2004). The fertility transition in Eqypt: Intraurban patterns in Cairo. *Annals of the Association of American Geographers*, 94(1): 74-93

Wheeler J A (1983). Review on*The Fractal Geometry of Nature* by Benoit B. Mandelbrot. *American Journal of Physics*, 51(3): 286-287

White R, Engelen G (1993). Cellular automata and fractal urban form: a cellular modeling approach to the evolution of urban land-use patterns. *Environment and Planning A*, 25(8):

1175-1199

Wilson A G (1968). Modelling and systems analysis in urban planning. *Nature*, 220: 963-966

Wilson A G (1970). Entropy in Urban and Regional Modelling. London: Pion Press

Wilson A G (1981). *Geography and the Environment: Systems Analytical Methods*. New York: John Wiley & Sons

Wilson A G (2000). *Complex Spatial Systems: The Modelling Foundations of Urban and Regional Analysis*. Singapore: Pearson Education Asia

Wilson A G (2010). Entropy in urban and regional modelling: retrospect and prospect. Geographical Analysis, 42 (4): 364-394

Wilson A G 著,蔡运龙译(1997). 地理学与环境:系统分析方法. 北京:商务印书馆

Wilson E O (1992). *The Diversity of Life*. Cambridge, Mass: Belknap Press of Harvard University Press

Zielinski K (1979). Experimental analysis of eleven models of urban population density. *Environment and Planning A*, 11(6): 629-641

Zipf G K (1946). The P_1P_2/D hypothesis: on the intercity movement of persons. *American Sociological Review*, II, 677-686

Zipf G K (1949). Human Behavior and the Principle of Least Effort. Reading, MA: Addison-Wesley: 417-441

艾南山(1993). 曼德布罗特景观和赫斯特现象——分形理论引发的地理学革命. 见:辛厚文(主编). 分形理论及其应用. 合肥:中国科学技术大学出版社: 444—446

艾南山,陈嵘,李后强(1999). 走向分形地貌学. 地理学与国土研究,15(2): 92—96

陈秉钊(1996). 城市规划系统工程学. 上海:同济大学出版社

陈涛(1995). 豫北地区城镇体系的分形研究. 硕士学位论文. 长春:东北师范大学城市与环境学院

陈彦光(2000). 城市人口空间分布函数的理论基础与修正形式——利用最大熵方法推导关于城市人口密度衰减的 Clark 模型. 华中师范大学学报(自然科学版),34(4): 489—492

陈彦光(2008). 分形城市系统:标度、对称和空间复杂性. 北京:科学出版社

陈彦光(2009). 人口与资源预测中 Logistic 模型承载量参数的自回归估计. 自然资源学报, 24(6): 1105—1113

陈彦光(2009a). 基于 Moran 统计量的空间自相关理论发展和方法改进. 地理研究,28(6): 1449—1463

陈彦光(2009b). 空间相互作用模型的形式、量纲和局域性问题探讨. 北京大学学报, 45(2): 333—338

陈彦光(2011). 地理数学方法:基础和应用. 北京:科学出版社

陈彦光(2012). 中国的国土面积究竟有多大?——标度对称与中国陆地面积的分形分析. 地理研究,31(1): 178—186

陈彦光(2013). 城市异速标度研究的起源、困境和复兴. 地理研究,32(6): 1033—1045

陈彦光(2017).城市形态的分维估算与分形判定.地理科学进展,36(5):529—539
陈彦光,刘继生(1999).城市规模分布的分形与分维.人文地理,14(2):43—48
陈彦光,刘继生(2007).城市形态分维测算和分析的若干问题.人文地理,22(3):98—103
陈勇,陈嵘,艾南山,李后强(1993).城市规模分布的分形研究.经济地理,13(3):48—53
冯健(2002).杭州市人口密度空间分布及其演化的模型研究.地理研究,21(5):635—646
冯健(2004).转型期中国城市内部空间重构.北京:北京科学出版社
高安秀树(Takayasu H)著,沈步明、常子文译(1989).分数维.北京:地震出版社
郝柏林(1986).分形与分维.科学,38(1):9—17
何晓群,刘文卿(2001).应用回归分析.北京:中国人民大学出版社
矫希国,孙凤兴,杨恒毅,路来君(1993).多元统计分析方法. 长春:吉林大学出版社
梁进社(1999).逆序的 Beckmann 城镇等级-规模模型及其对位序-规模法则的解释力.北京师范大学学报(自然科学版),35(1):132—135
林炳耀(1985).计量地理学概论.北京:高等教育出版社
林炳耀(1998).城市空间形态的计量方法及其评价.城市规划汇刊,(3):42—45
刘继生,陈彦光(1998).城市体系等级结构的分形维数及其测算方法.地理研究,17(1):82—89
刘式达,刘式适(1993).分形与分维引论.北京:气象出版社
苏宏宇,莫力(2001).Mathcad2000 数据处理应用与实例.北京:国防工业出版社
唐晓峰,李平(2000).文化转向与后现主义代地理学——约翰斯顿《地理学与地理学家》新版第八章述要.人文地理,15(1):79—80
王洁晶(2011).长三角城市用地时空演化特征的分维与异速标度分析.硕士学位论文.北京:北京大学城市与环境学院
王新生,刘纪远,庄大方,王黎明(2005).中国特大城市空间形态变化的时空特征.地理学报,60(3):392—400
杨吾扬,梁进社(1997).高等经济地理学.北京:北京大学出版社
于洪彦(2001).Excel 统计分析与决策.北京:高等教育出版社
周一星(1982).城市化与国民生产总值关系的规律性探讨.人口与经济,(1):246—253
周一星(1995).城市地理学.北京:商务印书馆
周一星,于海波(2004).中国城市人口规模结构的重构(二).城市规划,199(8):33—42